Experimentelle und kritische
Beiträge zur Neubearbeitung der
Vereinbarungen

zur einheitlichen Untersuchung und Beurteilung von Nahrungs- und Genußmitteln sowie Gebrauchsgegenständen für das Deutsche Reich.

II. Band.

Herausgegeben vom

Kaiserlichen Gesundheitsamte.

Springer-Verlag Berlin Heidelberg GmbH

1914

ISBN 978-3-662-33604-5   ISBN 978-3-662-34002-8 (eBook)
DOI 10.1007/978-3-662-34002-8

Sonderabdruck aus

„Arbeiten aus dem Kaiserlichen Gesundheitsamte".

Vorwort zum ersten Bande.

In den Jahren 1894—1902 sind auf Anregung und unter Mitwirkung des Kaiserlichen Gesundheitsamtes von einer Kommission erfahrener Vertreter der Nahrungs-mittelchemie die „Vereinbarungen zur einheitlichen Untersuchung und Beurteilung von Nahrungs- und Genußmitteln sowie Gebrauchsgegenständen für das Deutsche Reich" ausgearbeitet worden. Ohne daß diese Vereinbarungen einen amtlichen oder rechtsverbindlichen Charakter tragen, haben sie doch den Zweck erfüllt, eine gewisse — wenn auch nicht vollkommene — Einheitlichkeit in der Untersuchung und Beurteilung von Lebensmitteln im Deutschen Reiche herbeizuführen und die Bekämpfung von Mißbräuchen auf diesem Gebiete zu erleichtern. Indessen liegt es in der Natur der Sache, daß ein Werk dieser Art in verhältnismäßig kurzer Zeit abänderungs- oder ergänzungsbedürftig wird.

Einmal ist der Gegenstand, um den es sich handelt, die Nahrung- und Genuß-mittel selbst, gewissen Veränderungen seines Bestandes unterworfen. Auf dem Markte der Lebensmittel tauchen neue Erzeugnisse auf, die bisher unbekannt waren oder wenigstens keine Rolle spielten; es ändern sich die Verfahren der Gewinnung, Reinigung, Zurichtung, ferner die Erhaltungsverfahren und — leider nicht zum wenigsten — auch die Mittel zur Nachahmung und Verfälschung.

Zweitens verschieben sich auch die Grundsätze für die Beurteilung der Lebens-mittel, da die Ansprüche an die Reinheit und Unverfälschtheit der Lebensmittel und im Zusammenhang damit an ihre Bezeichnungen und Benennungen, die dem Ver-braucher keinen Zweifel über die Beschaffenheit und Herkunft der Erzeugnisse lassen sollen, in dem Maße eine steigende Ausgestaltung erfahren, als die Erkenntnis in die Zusammensetzung der Lebensmittel tiefer eindringt.

Drittens endlich sind die Verfahren zur Untersuchung von Lebensmitteln in ständiger Entwicklung begriffen. Die Fortschritte der analytischen Wissenschaft, die Heranziehung der neuesten Denk- und Arbeitsweisen der Chemie, Physik und Biologie zur Lösung der auf diesem Sondergebiete sich bietenden Aufgaben, die tägliche Er-fahrung eines immer größer werdenden Stabes von praktisch tätigen Nahrungsmittel-chemikern, schließlich die Notwendigkeit, den neu auftauchenden Fälschungsmitteln auch die Untersuchungsverfahren anzupassen, zeitigen eine Fülle von Vorschlägen zur Ergänzung und Abänderung der üblichen Untersuchungsvorschriften, die in den Fachzeitschriften aller Länder niedergelegt sind. Hatten in die „Vereinbarungen" vielfach solche Untersuchungsverfahren — in Ermangelung von besseren — Aufnahme finden müssen, die einer vielseitigen Nachprüfung und Bestätigung noch bedurften, so ist es nunmehr um so notwendiger geworden, das gewaltig angewachsene Material kritisch zu sichten und durch gründliche experimentelle Studien die für die einzelnen Zwecke jeweils am besten geeigneten Untersuchungsverfahren festzulegen.

Eine Neubearbeitung der „Vereinbarungen" erscheint somit unerläßlich, wobei die Frage, ob es möglich ist, den neuen Bestimmungen einen rechtsverbindlichen Charakter zu geben, einer zukünftigen Gesetzgebung überlassen bleiben muß und hier nicht erörtert werden soll.

Der außerordentlich große Umfang des Gebietes, um das es sich hier handelt, schließt es aus, daß die noch erforderlichen experimentellen und kritischen Vorarbeiten an einer einzelnen Stelle erledigt werden. Im Kaiserlichen Gesundheitsamte sind seit einigen Jahren Arbeiten ausgeführt worden, die von verschiedenen Punkten aus die gestellte Aufgabe systematisch in Angriff nehmen sollten, während anderseits auch bei der Bearbeitung anderer, hiermit nicht unmittelbar zusammenhängender Gegenstände im Gesundheitsamte jede Gelegenheit benutzt wurde, um nebenbei Unterlagen für die Neubearbeitung der „Vereinbarungen" zu gewinnen. Die Ergebnisse solcher Untersuchungen sind jeweils in den „Arbeiten aus dem Kaiserlichen Gesundheitsamte" veröffentlicht worden. Um jedoch das zerstreute Material übersichtlicher darzustellen und allmählich zu einer umfassenden kritischen Grundlage auszugestalten, auf die die Untersuchungsverfahren und Beurteilungsgrundsätze der Neubearbeitung der „Vereinbarungen" sich aufbauen sollen, sind die hierher gehörigen Arbeiten zu besonderen Sammelbänden vereinigt worden, deren erster hiermit der Öffentlichkeit übergeben wird. Ein zweiter Band befindet sich im Druck.

Berlin, im November 1910.

Vorwort zum zweiten Bande.

Im Verfolg der vorstehend gekennzeichneten Bestrebungen **zur** Neugestaltung der „Vereinbarungen" sind inzwischen vom Kaiserlichen Gesundheitsamte „Entwürfe zu Festsetzungen über Lebensmittel" in einzelnen Heften herausgegeben worden. (Verlag von Julius Springer, Berlin.) Bisher sind erschienen: Heft 1. Honig. — Heft 2. Speisefette und Speiseöle. — Heft 3. Essig und Essigessenz. — Heft 4. Käse. — Weitere Hefte befinden sich in Vorbereitung.

Die Ergebnisse der im Kaiserlichen Gesundheitsamte ausgeführten wissenschaftlichen Untersuchungen, die bei der Bearbeitung dieser und der weiteren Entwürfe Verwertung gefunden haben, sind in den folgenden Blättern niedergelegt. Weitere Bände dieser „Experimentellen und kritischen Beiträge" werden folgen.

Berlin, im Juni 1914.

Inhalt des II. Bandes.

Beitrag zur Fettbestimmung in Nahrungsmitteln.

Von

Dr. Eduard Polenske,

Technischem Rat im Kaiserlichen Gesundheitsamte.

I. Einleitung.

Für die Bestimmung des Fettes in Nahrungsmitteln kommt je nach deren Beschaffenheit entweder die Extraktion der getrockneten Substanz, oder die Ausschüttelung
der gelösten Substanz mit Äther oder anderen ähnlichen Fettlösungsmitteln in Betracht.

In nachstehender Abhandlung werden zunächst die an jedes dieser beiden Verfahren geknüpften Bedingungen, sowie ihre Vorzüge und Mängel erörtert werden.
Alsdann werden zwei vom Verfasser ausgearbeitete Ausschüttelungsverfahren mitgeteilt
werden, von denen das eine genaue Fettbestimmungen in pflanzlichen, das andere in
tierischen Nahrungsmitteln in kurzer Zeit auszuführen ermöglicht.

2. Die bisherigen Verfahren zur Bestimmung des Fettes in Nahrungsmitteln.

a) Die Fettbestimmung durch Extraktion der Trockensubstanz im Soxhletschen Extraktions-Apparat.

Dieses Verfahren, welches in die „Vereinbarungen zur einheitlichen Untersuchung
von Nahrungs- und Genußmitteln usw." aufgenommen worden ist, hat zwar den Vorzug,
daß es auf alle Substanzen ausgedehnt werden kann, aus denen sich eine pulverisierte
Trockensubstanz herstellen läßt; eine zweckmäßige Anwendung kann es jedoch nur
bei solchen Substanzen finden, deren Struktur derartig beschaffen ist, daß sie leicht
von dem Äther durchdrungen werden und die vollständige Extraktion des Fettes in
etwa 5 bis 6 Stunden erreicht werden kann.

Nach den bisher gemachten Erfahrungen trifft diese Bedingung für eine weit
geringere Anzahl von Substanzen zu, als man früher angenommen hatte.

Sobald das Ausziehen des Fettes bei einer Substanz aber längere Zeit in
Anspruch nimmt und sich, wie es häufig vorkommt, auf 24 Stunden und länger aus-
dehnt, dann kann dieses Verfahren nicht mehr als praktisch bezeichnet werden.
Außerdem können bei der langen Extraktionsdauer außer Fett schon erheblich ins
Gewicht fallende Mengen von Fremdstoffen in das Ätherextrakt gelangen, die bei
kürzerer Dauer belanglos sind. Dieser Übelstand könnte allerdings durch Reinigen des
Rohfettes beseitigt werden.

Ein weit größerer diesem Verfahren anhaftender Nachteil besteht darin, daß die in manchen Nahrungsmitteln in reichlicheren Mengen vorhandenen gummösen Stoffe, wie z. B. Zucker, Leim, Eiweiß u. dergl., beim Trocknen der Substanz Fetteilchen mit einer für Äther undurchdringlichen Umhüllung einschließen. Ob in solchen Fällen durch mehrmaliges Zerreiben der teilweise entfetteten Substanz eine Freilegung sämtlicher Fetteilchen erreicht wird, ist oft fraglich und muß daher dem Zufall überlassen bleiben. Aus diesen Gründen kann bei den hier in Betracht kommenden wichtigen Nahrungsmitteln wie Fleisch, Milch, Käse und Brot, ein bei fortgesetzter Fettextraktion konstant bleibendes Gewicht des Ätherrückstandes ebensowenig über den Erschöpfungsgrad sichern Aufschluß geben, wie eine fortschreitende Zunahme dieses Gewichts, weil letztere auch von gelösten Fremdstoffen herrühren kann. Dieser Nachteile wegen hat man das Extraktions-Verfahren zur Bestimmung des Fettes in Milch oder Käse schon lange verlassen und durch zweckmäßigere besondere Ausschüttelungs-Methoden ersetzt.

b) Das Ausschüttelungs-Verfahren.

Dieses Verfahren kann mit Erfolg nur bei solchen Substanzen angewendet werden, aus denen sich geeignete Flüssigkeiten herstellen lassen, die das Fett in solchem Zustande enthalten, daß es mit Äther oder ähnlichen Lösungsmitteln ausgeschüttelt werden kann. Zur Herstellung dieser Flüssigkeiten werden Säuren oder Alkalien mit der Vorsicht verwendet, daß eine Zerstörung oder Verseifung des Fettes nicht stattfindet. Von Alkalien kommt zurzeit hauptsächlich nur Ammoniakflüssigkeit, und zwar zur Aufschließung der Milch, in Betracht. Zur Lösung von Fleisch und Käse werden mehr oder weniger verdünnte Säuren verwendet, von denen Salzsäure und Schwefelsäure bevorzugt werden. Die meisten aus dem Tierreiche stammenden Nahrungsmittel werden bis auf das Fett von diesen Säuren vollständig gelöst, während Pflanzenstoffe schon ihres Gehalts an Zellulose wegen nur teilweise gelöst, aber bei geeigneter Behandlung in mehr oder weniger ausreichender Weise aufgeschlossen werden können. Vollständige Lösungen der zu entfettenden Substanzen haben den Vorzug, mit der fettlösenden Ausschüttelungsflüssigkeit keine oder höchstens leicht zerfallende Emulsionen zu bilden, so daß sich beide Flüssigkeiten nach dem Ausschütteln genau voneinander trennen lassen. In diesem Falle kann zur Bestimmung des Fettes sowohl die gesamte Fettlösung als auch ein aliquoter Raum- oder Gewichtsteil derselben verwendet werden. Unvollständige Lösungen dagegen bilden während des Ausschüttelns leicht Emulsionen, die oft erst nach längerer Zeit und auch dann nur teilweise zerfallen, so daß eine vollständige Abscheidung des Äthers nicht stattfindet und die Bestimmung des Fettes nur in einem aliquoten Teil der Fettlösung ausgeführt werden kann.

Die Vorteile des Ausschüttelungsverfahrens gegenüber dem der Extraktion der Trockensubstanz bestehen außer in der schnelleren Ausführung hauptsächlich darin, daß sich durch die in den aufeinanderfolgenden Ausschüttelungen vorhandenen Fettmengen der Abschluß der Fettextraktion genau feststellen läßt. Wie später gezeigt werden wird, enthält bei geeigneten Mengenverhältnissen schon die zweite Ausschüttelung weniger als 1 % des gesamten vorhandenen Fettes. (Vergl. Tab. C.)

Von wesentlichem Einfluß auf die Reinheit des Fettes sind die hierzu verwendeten Ausschüttelungsmittel, von denen in dieser Abhandlung nur auf den Äther (Äthyläther) und eine aus gleichen Raumteilen Äther und Petroläther bestehende Mischung (Äthergemisch) eingegangen werden soll. Für ausreichend rein wird das extrahierte Fett gewöhnlich dann gehalten, wenn es sich in dem Äthergemisch klar löst. Schwache Trübungen werden kaum beanstandet. Zeigen sich jedoch erhebliche Mengen ungelösten Rückstandes, wie es bei der Extraktion von Pflanzenstoffen mit reinem Äther nicht selten vorkommt, dann erscheint eine Reinigung des Fettes geboten, obgleich dies in den „Vereinbarungen" nicht vorgesehen ist.

Sofern schon mit Äther ein einigermaßen reines Fett erhalten wird, wie es bei mehreren aus dem Tierreich stammenden Nahrungsmitteln zutrifft, ist gegen seine Verwendung zur Fettextraktion nichts zu erinnern, zumal Äther andern Fett-Lösungsmitteln dadurch überlegen ist, daß er besser adhäriert und sich mit den Substanzlösungen inniger mischt. Auch wäre noch darauf hinzuweisen, daß die bisherigen Angaben über den Fettgehalt der meisten Nahrungsmittel sich auf das Ätherextrakt beziehen.

Zieht man aber in Erwägung, daß die Milch- und Käsefettbestimmungen — deren Häufigkeit bei der Nahrungsmitteluntersuchung die aller übrigen Fettbestimmungen weit überragt — schon seit langer Zeit mit dem genannten Äthergemisch ausgeführt werden, so liegt kein Hinderungsgrund vor, unter Anwendung des Ausschüttelungs-Verfahrens auch bei Pflanzenstoffen sich dieses Gemisches zu bedienen, sobald hierfür zweckentsprechende Verfahren bekannt geworden sind. Von diesen Verfahren wird demjenigen der Vorzug zu geben sein, welches die vielseitigste Anwendung gestattet.

Im Anschluß an die vorstehenden Erörterungen soll zunächst ein vom Verfasser ausgearbeitetes Ausschüttelungs-Verfahren zur Bestimmung des Fettes in Pflanzenstoffen mitgeteilt werden, welches sich nach den bisher damit gemachten Erfahrungen als sehr zuverlässig erwiesen hat.

3. Neues Ausschüttelungs-Verfahren zur Bestimmung des Fettes in Pflanzenstoffen.

Bei den schon bekannten hierhergehörigen Methoden erstreckt sich die Aufschließung der Pflanzenstoffe lediglich auf die Verzuckerung der Stärke durch Erhitzen der pulverisierten Substanz mit verdünnten Mineralsäuren. Auch in dem vom Verfasser bereits im Jahre 1893 veröffentlichten Ausschüttelungs-Verfahren zur Bestimmung des Fettgehalts in Mehlen und Brot[1]), sowie in einem kürzlich von A. Palmquist empfohlenen Verfahren zur Fettbestimmung in Futtermitteln[2]) handelt es sich bei der Aufschließung der Substanz nur um die Verzuckerung der darin vorhandenen Stärke.

Mit der Verzuckerung der die ganze Substanz durchsetzenden Stärkekörner ist zwar auch eine Auflockerung des Pflanzengewebes verbunden, daß aber hierbei stets

---

[1]) Arb. a. d. Kaiserl. Gesundheitsamte. Bd. VIII, 678 ff., 1893.
[2]) Dieses in „Landwirtsch.-Versuchsstat." 69, 461, 1908 veröffentlichte Verfahren ist seiner umständlichen Ausführung wegen nicht als praktisch zu bezeichnen.

reine vollständige Freilegung des Fettes erreicht wird, konnte durch die in dieser Richtung ausgeführten Versuche nicht bestätigt werden. Nicht nur die mit verschiedenem Säurezusatz oder bei verschieden langer Erhitzungsdauer, sondern auch die unter gleichen Bedingungen ausgeführten Versuche führten oftmals zu ungenügend übereinstimmenden Ergebnissen über den Fettgehalt einer Substanz.

Bei Anwendung stärkerer Säuren erfolgt bei 100^0 eine schnelle Verzuckerung der Stärke und meistens auch eine vollständige Aufschließung der Substanz, aber gleichzeitig entstehen hierbei anderweitige Zersetzungsprodukte, die sich teilweise in Äther lösen und das Fett stark braun färben. Diese Erscheinung machte sich bei einigen Mehlsorten schon nach halbstündiger Erhitzung mit Normal-Schwefelsäure geltend. Bei Verwendung sehr verdünnter Säuren findet langsamere Verzuckerung der Stärke und oftmals eine mangelhafte Aufschließung des Pflanzengewebes statt. Bei den in Tabelle B verzeichneten Versuchen wurden etwa 4 g von den Mehlsorten mit 25 ccm $^n/_2$ Salzsäure 20 Minuten lang im kochenden Wasserbade erhitzt, wodurch wohl die Verzuckerung der Stärke, aber nicht eine genügende Aufschließung der Substanz erreicht wurde.

Die Ursache dafür, daß der unter gleichen Bedingungen ermittelte Fettgehalt einer Substanz verschieden ausfiel, konnte nur in der Einwirkung anderweitiger Bestandteile der Substanz zu suchen sein. Zu den Bestandteilen der Pflanzenstoffe, die hierfür hauptsächlich in Betracht kommen, gehören Zellulose und Eiweißstoffe, von denen die Zellulose bei der Behandlung mit verdünnten Säuren unverändert bleibt, und die Eiweißstoffe durch Gerinnen in einen unlöslichen Zustand übergeführt werden. Infolge des letzteren Vorganges lag die Möglichkeit vor, daß das geronnene Eiweiß eingeschlossene Fettteilchen enthielt, die sich der Ausschüttelung mit Äther entziehen.

Um eine Bestätigung dieser Annahme herbeizuführen, mußte daher versucht werden, die Aufschließung der Substanz auch auf die Lösung der Eiweißstoffe auszudehnen, was in Anlehnung an die Röse-Gottliebsche Milchfettbestimmungsmethode[1] ganz oder doch teilweise zu erreichen war, wenn nach erfolgter Verzuckerung der Stärke die erkaltete Flüssigkeit bis zur stark alkalischen Reaktion mit Ammoniakflüssigkeit versetzt wurde.

Nach dem folgenden unter Berücksichtigung vorstehender Gesichtspunkte ausgearbeiteten Ausschüttelungs-Verfahren sind in einer Reihe verschiedener Pflanzenstoffe Fettbestimmungen ausgeführt worden, deren Ergebnisse hinsichtlich der Ausbeute und Reinheit des Fettes den Schluß zulassen, daß der wirkliche in der Substanz vorhandene Fettgehalt ermittelt wurde.

Zur Ausführung des Verfahrens gebe ich nachstehende Vorschrift:

„Von der sorgfältig durchgemischten, pulverisierten lufttrockenen Substanz werden von Mehlsorten 3—4 g, von fettreicheren Substanzen (z. B. Kakao, Ölsamen u. a.) 1—1,5 g in einem mit Glasstopfen verschließbaren Erlenmeyerschen Kolben aus Jenaer Glase — von etwa 220—250 ccm Rauminhalt, einem unteren Durchmesser von etwa 7 cm, einer Höhe bis zum Halsansatz von etwa 15 cm und etwa 55 g Gewicht mit Stopfen — mit 25 ccm etwa halbnormaler Salzsäure (73 g Salzsäure vom spez.

---

[1] Landwirtsch. Versuchsstat. (1892), **40,** 6.

Gew. 1,125 : 1 L) gemischt und mit aufgesetztem Kühlrohr 20 Minuten lang unter mehrmaligem Umschwenken des Kolbens in einem kochenden Wasserbade (Kolben im siedenden Wasser) erhitzt. Zu der erkalteten Flüssigkeit setzt man unter Kühlen des Kolbens 5 ccm Ammoniakflüssigkeit vom spez. Gew. 0,96 und dann 20 ccm 90 volum-prozentigen Alkohol. Hierauf läßt man aus einer Pipette 50 ccm Äther, bei 18⁰ ab-gemessen, zufließen und schüttelt den Inhalt zwei Minuten lang kräftig durch. Nach weiterem Zusatz von 50 ccm Petroläther vom Siedepunkt 50—55⁰, bei 18⁰ abgemessen, wird die Durchschüttelung eine Minute lang wiederholt. Alsdann stellt man den Kolben in Wasser von 18⁰, um die Schichten sich absetzen zu lassen. Nach Verlauf von etwa 15 bis 20 Minuten entnimmt man sogleich nach dem Öffnen des Kolbens mittels der vorher verwendeten 50 ccm - Pipette, die bei 52 ccm Inhalt mit einer Marke versehen wird, 52 ccm von dem klar abgeschiedenen Äthergemisch und läßt es durch einen geräumigen Trichter, in dessen Ansatzrohr ein fest zusammen-gepreßter, entfetteter, etwa 2 cm langer Wattestopfen sich befindet, in ein tariertes Destillierkölbchen mit solcher Geschwindigkeit fließen, daß die Flüssigkeit in etwa 10 Minuten vollständig durchgeflossen ist. Die Abmessung des Äthers und Petrol-äthers, sowie die Entnahme der Äther-Fettlösung mittels der Pipette erfolgt in der Weise, daß man das betreffende Gefäß mit einem doppelt durchbohrten Stopfen ver-schließt. In der einen Öffnung des Stopfens befindet sich die hinreichend tief in die Äther-Flüssigkeit eintauchende Pipette und in der andern ein Glasröhrchen mit Schlauch-ansatz. Bei vorsichtigem Einblasen von Luft durch den Schlauch wird die Flüssig-keit in die Pipette gedrückt und kann dann leicht in gewünschter Menge abpipettiert werden. Zum Nachwaschen der Trichterwandung und des Wattestopfens werden 3 mal je etwa 2 ccm einer aus gleichen Teilen Äther und Petroläther bereiteten Mischung verwendet. Zur Verhütung einer Siedeverzögerung bringt man in das Filtrat einige un-wägbare Staubteilchen feinsten Bimssteinpulvers und destilliert dann den Äther ab. Hierauf wird das an seiner Außenfläche gereinigte Kölbchen etwa ³/₄ Stunde lang im Wassertrockenschrank getrocknet, worauf man es zuerst etwa 30 Minuten lang im Exsikkator, dann 5 Minuten lang im Wagekasten erkalten läßt und ohne jedes weitere Abreiben mit einem Tuche wägt. Die gefundene Gewichtszunahme des Kölbchens verdoppelt, ergibt den Fettgehalt in der angewandten Substanzmenge".

Zur Begründung der Einzelheiten dieser Vorschrift mögen folgende Erläuterungen dienen:

1. Ein bestimmter Feinheitsgrad des Pulvers der Substanz braucht nicht vor-geschrieben zu werden, weil die Aufschließung der Pflanzenstoffe erfolgt, wenn deren Pulver nicht gröber ist, als das der feinsten Grießsorten.

2. Die zur Aufschließung zu verwendenden Erlenmeyerschen Kolben weichen in der Form von denjenigen, die zur Bestimmung der Jodzahl üblich sind, durch einen geringeren Umfang des Bodens und größere Höhe ab. Hierdurch wird zur bequemen Entnahme der Fettlösung eine genügend hohe Ätherschicht geschaffen. Die Stärke der Kolbenwandung ergibt sich aus dem angegebenen Gewicht.

3. Die zu verwendenden 5 ccm Ammoniakflüssigkeit verteilen sich auf etwa 2,2 ccm zur Neutralisation der Salzsäure und den Rest zum Lösen der Eiweißstoffe.

4. Der Zusatz von Alkohol verhindert die störende Emulsionsbildung, ohne den Übergang des Fettes in die Ätherschicht nennenswert zu beeinflussen.

5. Das Volumen der verwendeten Mischung von 50 ccm Äther und 50 ccm Petroläther wird beim Ausschütteln einerseits durch Abgabe von Äther an das Wasser vermindert, anderseits durch Aufnahme von etwas Alkohol und Fett vermehrt. Während bei Milchfettbestimmungen, die in engen, graduierten Schüttelzylindern ausgeführt werden, das schließliche Volumen der ätherischen Schicht jedesmal unmittelbar abgelesen werden kann, ist dies hier wegen der zur Aufschließung erforderlichen Erhitzung und weil die beiden Schichten oft nicht durch eine scharfe Grenze getrennt sind, nicht ausführbar. Es wurde daher ein für allemal die Volumveränderung der ätherischen Schicht bei Anwendung der angegebenen Mengenverhältnisse festgestellt. Zu diesem Zwecke wurden gewogene Mengen Paraffinöl genau nach der gegebenen Vorschrift behandelt. (Das Erhitzen mit der Säure erwies sich hier ohne Einfluß.) Die in einem gemessenen Raumteil der ätherischen Schicht wiedergefundenen Mengen Paraffinöl ergaben rechnerisch das Gesamtvolumen der Fettlösung (Tabelle A a, Versuch 6—11). Die so ermittelte Volumvermehrung wurde ferner noch durch einige Versuche bestätigt, bei denen in graduierten Zylindern die angegebenen Mengen Salzsäure, Ammoniak, Alkohol, Äther und Petroläther ohne Fett geschüttelt und das Volumen der ätherischen Schicht bei 18° unmittelbar abgelesen wurde (Tabelle A a, Versuch 1—5). Die Abwesenheit von Fett bei den letztgenannten Versuchen beeinflußt das Volumen der ätherischen Schicht nur ganz unwesentlich. Im Hinblick darauf, daß es sich bei diesem Verfahren um die Bestimmung von Fettmengen bis etwa 0,6 g handelt, kommen nur die Versuche 6—9 in Betracht, welche zeigen, daß sich bei einer Temperatur von 18° 103,8 bis 104,3 ccm — im Durchschnitt nahezu 104 ccm — ätherische Schicht abscheiden. Der einfacheren Berechnung wegen empfiehlt es sich daher, in 52 ccm, der durchschnittlichen Hälfte der abgeschiedenen Fettlösung, die in angegebener Weise mit einer Pipette bequem entnommen werden können, den Fettgehalt festzustellen.

Unter b sind in Tabelle A (Seite 7) die Volumina der ätherischen Schicht vermerkt worden, die sich bei dem später angeführten Verfahren zur Bestimmung des Fettes in tierischen Stoffen, wobei Alkohol nicht zugesetzt wird, abscheiden.

6. Durch das Filtrieren, das nur etwa 10 Minuten Zeit in Anspruch nimmt, erhält man stets vollkommen klare Fettlösungen, nachdem schon vorher durch das Absetzenlassen in Wasser von 18° während 15 Minuten sich die ätherische Schicht hatte hinreichend klären können.

7. Werden die das Fett enthaltenden Destillierkölbchen kurz vor der Wägung mit einem Tuche abgerieben, dann machen sich die hierdurch entstehenden elektrischen Ladungen beim Wägen oft in störender Weise bemerkbar; gelangen ferner die Kölbchen gleich nach der Entnahme aus dem Exsikkator zur Wägung, so findet infolge der Ausbildung einer Feuchtigkeitshaut während der Wägung eine mindestens 5 Minuten andauernde Gewichtszunahme statt. Bei der vorgeschriebenen Behandlung der Kölbchen treten diese beiden Erscheinungen nicht auf.

Tabelle A. Volumenbestimmung der ätherischen Schicht.
Temperatur 18°.

Nr. der Versuche	1. Angewandte Menge Paraffinöl g	2. Gefundene Menge Paraffinöl in 50 ccm der ätherischen Schicht g	3. Aus dem **Paraffinölgehalt** (Spalte 2) berechnetes Volumen der ätherischen Schicht ccm
a) Lösung für Pflanzenstoffe.			
1—5 [1]	0	—	103,8—104 [2]
6	0,1295	0,0624	103,8
7	0,0940	0,0452	104,0
8	0,6163	0,2955	104,3 Mittel: **104,1**
9	0,556	0,2665	104,3
10	1,277	0,610	104,8
11	0,9858	0,470	105,0
b) Lösung für tierische Stoffe.			
12—16 [1]	0	—	98,4—98,8
17	0,1263	0,0642	98,4
18	0,082	0,0416	98,6
19	0,5624	0,284	99,0 Mittel: **98,8**
20	0,554	0,279	99,3
21	0,9227	0,462	99,9
22	0,9528	0,475	100,3

8. Nicht nur in lufttrockenen Pflanzenstoffen, sondern auch in frischem Gemüse oder Früchten kann, falls es erforderlich ist, nach diesem Verfahren der Fettgehalt bestimmt werden, indem man, je nach ihrem Wassergehalt, 10 bis 20 g der zu einem gleichmäßigen Brei zerriebenen Substanz mit 1,82 g Salzsäure (spez. Gew. 1,125) und mit Wasser bis zu 25 ccm Verdünnung versetzt und nach der Vorschrift weiter verfährt (vergl. Tabelle B (Seite 8), Versuch 15 und 16).

Die folgende Tabelle B enthält die nach vorstehend beschriebenem Ausschüttelungsverfahren und gleichzeitig auch die nach dem Soxhletschen Extraktionsverfahren ermittelten Ergebnisse über den Fettgehalt einer Reihe verschiedener pflanzlicher Nahrungsmittel.

Die nach dem beschriebenen Ausschüttelungsverfahren ausgeführten Parallelbestimmungen in Tabelle B stimmen untereinander gut überein, weil in diesen Substanzen das Fett gleichmäßig verteilt ist. Die geringere Fettausbeute bei dem Soxhletschen Verfahren muß auf eine ungenügende Extraktion des Fettes zurückgeführt werden. Dies trifft besonders für Brot zu, worauf ich schon 1893 (a. a. O.) aufmerksam gemacht habe. Dagegen rührten die nach dem Ausschüttelungsverfahren erhaltenen niedrigeren Werte gegenüber dem Soxhletverfahren (z. B. bei Linsenmehl, Erbsenmehl und Kakao) von der größeren Reinheit des nach dem Ausschüttelungsverfahren erhaltenen Fettes her, die sich schon durch das Aussehen des Fettes zu erkennen gab.

---

[1] Die Versuche 1—5 und 12—16 wurden in graduierten Zylindern ausgeführt.
[2] Unmittelbar abgelesenes Volumen.

Tabelle B. Fettbestimmung in pflanzlichen Nahrungsmitteln.

Nr. der Ver- suche	Bezeichnung der Substanz	Gefundener Fettgehalt		
		nach dem be- schriebenen Aus- schüttelungs- verfahren $^0/_0$	nach dem Soxhletschen Extraktionsverfahren	
			in 6 Stunden $^0/_0$	in 10 Stunden $^0/_0$
1	Hohenlohes Bohnenmehl . . .	1,68 1,74 1,75	1,41	1,47
2	Knorrs Linsenmehl	1,36 1,39 1,41	1,40	1,56
3	„ Erbsenmehl	1,57 1,60 1,62	1,52	1,79 [1]
4	„ Grünkernextrakt . . .	2,27 2,31 2,32	2,05	2,13
5	Weizenmehl	1,46 1,46 1,48	1,28	1,36
6	Roggenmehl	1,45 1,47 1,50	0,89	1,01
7	Hafermehl	5,89 5,92 5,96	5,30	5,38
8	Gerstenmehl	1,15 1,18 1,18	0,61	0,65
9	Maismehl	0,45 0,46 0,48	0,19	0,32
10	Reismehl	1,10 1,13 1,13	0,64	0,71
11	Backerbrot	0,83 0,85 0,86	0,18	0,20
12	Soldatenbrot	1,03 1,05 1,07	0,26	0,30
13	Kakao	29,38 29,39 29,44	29,90 [1]	29,98 [1]
14	Schokolade	22,94 22,95 23,00	22,60 [1]	22,92 [1]
15	frische Bananen	1,88 1,91	—	—
16	„ grüne Schnittbohnen . .	1,00 1,06	—	—

[1] Sehr unreines Fett.

4. Neues Ausschüttelungsverfahren zur Bestimmung des Fettes in Fleisch und Käse.

Für diese Bestimmung ist kürzlich von E. Baur und H. Barschall[1]) ein beachtenswertes Ausschüttelungsverfahren veröffentlicht und empfohlen worden, auf welches zunächst näher eingegangen werden soll.

Nach der von den genannten Autoren gegebenen Vorschrift läßt man das von Sehnen und anhängendem Fett befreite Muskelfleisch viermal durch die Fleischhackmaschine gehen und zerquetscht dann einen Anteil des zerkleinerten Fleisches in einer Reibschale zu einem gleichmäßigen Brei. Hiervon wägt man für jede Bestimmung etwa 2 g im Standkolben ab und übergießt diese mit 20 ccm eines aus gleichen Raumteilen Wasser und konzentrierter Schwefelsäure (spez. Gew. 1,81) bestehenden Gemisches. Dann wird das Fleisch auf dem siedenden Wasserbade unter zeitweiligem Umschwenken des Kolbens in 20 bis 30 Minuten gelöst. Die mit Wasser auf 100 ccm verdünnte Fleischlösung wird nach dem Erkalten in einem Scheidetrichter mit 100 ccm Äther, in dem das an den Wandungen des Kolbens noch anhaftende Fett vorher gelöst worden ist, ausgeschüttelt. Nach dem Absetzen trennt man beide Schichten und gießt die Ätherschicht in ein Becherglas. Dort läßt man sie eine Zeitlang stehen, damit kleinste Wassertröpfchen, die sie noch enthalten könnte, sich auf dem Boden des Becherglases absetzen. Die Ausschüttelung wird in gleicher Weise noch einmal wiederholt. Aus dem Becherglase gießt man die Ätherlösung vorsichtig in ein gewogenes Destillierkölbchen und destilliert den Äther ab. Der Rückstand wird ½ Stunde lang im Wasserdampfschrank getrocknet und nach dem Erkalten im Exsikkator gewogen.

Zur Kontrolle wurde von den Autoren gleichzeitig der Fettgehalt in mit Pepsin-Salzsäure hergestellten Fleischlösungen festgestellt, der mit dem nach dem gegebenen Verfahren erhaltenen gut übereinstimmte.

Die Nachprüfung dieses Verfahrens führte zu folgenden Bemerkungen und Ergebnissen:

Die Übereinstimmung der Fettmengen in den nach beiden Aufschließungsverfahren hergestellten Fleischlösungen zeigt zwar schon an, daß durch die Behandlung des Fleisches mit der ziemlich konzentrierten Schwefelsäure eine auch nur teilweise Zerstörung des Fettes nicht stattgefunden haben kann; indessen erschien es doch von Interesse, durch Versuche mit bekannten Fettmengen hierfür eine weitere Bestätigung beizubringen und gleichzeitig festzustellen, wie sich die Fettmenge auf die einzelnen Ätherausschüttelungen verteilt. Über diese beiden Punkte gibt Tabelle C (Seite 10) Aufschluß.

Die erste Versuchsreihe in Tabelle C zeigt, daß sich das ursprüngliche Gewicht der drei verschiedenen Fettarten nicht vermindert hat, obgleich die Fette mit je 20 ccm des aus gleichen Raumteilen Wasser und konzentrierter Schwefelsäure (vom spez. Gew. 1,81) hergestellten Gemisches unter Benutzung eines Kühlrohrs und öfterem Umschütteln 20 Minuten lang im kochenden Wasserbade erhitzt worden waren. Ferner zeigt dieser Versuch, daß bei vier aufeinanderfolgenden Ausschütte-

---

[1]) vergl. Experimentelle Beiträge Bd. I, S. 187.

Tabelle C. Fettbestimmung nach Baur und Barschall.

	Rindertalg g	Schweineschmalz g	Butterfett g
	Bezeichnung des Fettes		
Erste Versuchsreihe.			
Angewandte Menge des Fettes	0,477	0,6033	0,5517
Fettgehalt der 1. Ausschüttelung mit 100 ccm Äther	0,4743 ⎫	0,6006 ⎫	0,5480 ⎫
Fettgehalt der 2. Ausschüttelung mit 100 ccm Äther	0,0034 ⎭ 0,4777	0,0030 ⎭ 0,6036	0,0026 ⎭ 0,5506
Fettgehalt der 3. Ausschüttelung mit 100 ccm Äther	0,0006	0,0008	0,0006
Fettgehalt der 4. Ausschüttelung mit 100 ccm Äther	0,0004	0,0003	0,0005
Zweite Versuchsreihe.			
Angewandte Menge des Fettes	0,3985	0,5444	0,4680
Fettgehalt der 1. Ausschüttelung mit 100 ccm Äther	0,3950 ⎫	0,5418 ⎫	0,4643 ⎫
Fettgehalt der 2. Ausschüttelung mit 50 ccm Äther	0,0030 ⎭ 0,3980	0,0028 ⎭ 0,5446	0,003 ⎭ 0,4673
Fettgehalt der 3. Ausschüttelung mit 50 ccm Äther	0,0004	0,0005	0,0004
Fettgehalt der 4. Ausschüttelung mit 50 ccm Äther	0,0004	0,0004	—

lungen mit je 100 ccm Äther fast die gesamte Fettmenge sich schon in der ersten Ausschüttelung befindet; die zweite Ausschüttelung enthält nur noch weniger als 1 % von dem angewandten Fett, und die Rückstände der dritten und vierten Ausschüttelungen können nicht mehr als wägbare Fettmengen bezeichnet werden.

Durch die zweite Versuchsreihe der Tabelle C werden die Ergebnisse der ersten Versuchsreihe bestätigt, außerdem aber wird hierdurch festgestellt, daß unbeschadet der Richtigkeit des Ergebnisses anstatt 100 ccm schon 50 ccm Äther für die zweite Ausschüttelung vollkommen ausreichen.

Da sich bei der Nachprüfung des Verfahrens zuweilen störende Emulsionserscheinungen geltend machten, so halte ich es für notwendig, auf diese hinzuweisen und zu zeigen, wie sie möglichst vermieden werden können.

Meistens treten beim Ausschütteln der vorschriftsgemäß hergestellten Fleischlösungen mit Äther entweder keine oder sehr leicht zerfallende Emulsionsbildungen auf, so daß beide Flüssigkeiten schon kurze Zeit nach der Ausschüttelung durch eine ziemlich scharfe Grenzlinie geschieden werden, wodurch es ermöglicht wird, die Fleischlösung von dem Äther fast genau abzutrennen. In mehreren Fällen jedoch zeigte die entstandene Emulsion einen hartnäckigen Zusammenhalt und hinterließ dann stets bei ihrem oft erst nach mehreren Stunden erfolgenden Zerfall ein sich auf der Grenzlinie beider Flüssigkeiten ansammelndes Gerinnsel von geringerem oder größerem Umfange, wodurch die erforderliche genaue Trennung beider Flüssigkeiten verhindert wurde. Nachdem durch die mikroskopische Untersuchung festgestellt worden war, daß sich in dem Gerinnsel noch nicht gelöste Fleischfasern befanden, welche die Emulsionsbildung verursachten, wurden die Fleischlösungen nicht nur bis zum Verschwinden der Fleischstücke, sondern noch weitere 10 Minuten lang im kochenden Wasserbade erhitzt und hierdurch eine so vollständige Lösung des Fleisches erreicht, daß derartige Emulsionen nicht mehr auftraten.

Es ist ferner empfehlenswert, ein bestimmtes Zeitmaß für das Stehenlassen des Äthers im Becherglase festzusetzen, damit sich auch die letzten Wassertröpfchen abscheiden können. Wie aus der Tabelle D hervorgeht, ist hierfür mindestens $\frac{1}{2}$ Stunde erforderlich.

Auch erwies sich das Filtrieren der Äther-Fettlösung durch einen Wattestopfen, wie es bei der Fettbestimmung in Pflanzenstoffen vorgeschrieben ist, um so empfehlenswerter, als dabei auch die noch vorhandenen Schwefelsäurespuren zurückgehalten werden, was sich an der mehr oder minder starken Verkohlung des scharf getrockneten Wattestopfens deutlich zu erkennen gibt. Auch über diesen Punkt gibt die Tabelle D Aufschluß.

Tabelle D. Reinigung der ätherischen Fettlösung.

Bei den Versuchen I und II wurden anstatt der verdünnten Fleischlösungen Gemische aus 10 ccm konz. Schwefelsäure und 90 ccm Wasser, bei dem Kontrollversuch III 100 ccm destilliertes Wasser ohne Säurezusatz mit je 100 ccm Äther ausgeschüttelt.

	ccm $n/_{100}$ Barytlauge, die zur Neutralisation des in Wasser gelösten Rückstandes von 100 ccm Ausschüttelungs-Äther erforderlich waren	Trübung durch Baryumsulfat bei der Titration	Zustand des getrockneten Wattestopfens an seinem oberen Ende
Versuch I.			
Äther nach 15 Minuten langem Absetzen:			
a) abgegossen	0,4	deutlich	—
b) filtriert	0,25	0	deutlich geschwärzt
Äther nach 30 Minuten langem Absetzen:			
a) abgegossen	0,3	schwach	—
b) filtriert	0,15	0	schwach grau gefärbt
Versuch II.			
Äther nach 15 Minuten langem Absetzen:			
a) abgegossen	0,35	deutlich	—
b) filtriert	0,20	0	schwach grau gefärbt
Äther nach 30 Minuten langem Absetzen:			
a) abgegossen	0,25	0	—
b) filtriert	0,17	0	keine Färbung
Kontroll-Versuch III.			
Äther nach 15 Minuten langem Absetzen:			
a) abgegossen	0,10	0	—
b) filtriert	0,10	0	keine Farbung.

Die Versuche in vorstehender Tabelle zeigen, daß der in ein Becherglas gegossene Äther auch noch nach 30 Minuten langem Absetzen durch die Wattereaktion nachweisbare Spuren von Schwefelsäure enthalten kann. Diese Spuren haben zwar auf das Ergebnis keinen Einfluß, sie können aber durch das Filtrieren gänzlich aus dem Äther entfernt werden, weshalb das nur etwa 15 Minuten Zeit in Anspruch nehmende Filtrieren des Äthers nach 15 oder noch besser nach 30 Minuten langem Absetzen entschieden zu empfehlen ist.

Durch diese Ergänzungen, die sich 1. auf eine vollständigere Lösung des Fleisches, 2. auf eine Herabsetzung der zur zweiten Ausschüttelung verwendeten Äthermenge und 3. auf das Filtrieren des Äthers erstrecken, erhält das Baur-Barschallsche Verfahren, ohne jede Beeinträchtigung des quantitativen Ergebnisses, eine größere Sicherheit in seiner Ausführung.

Hinsichtlich des Abdestillierens des Äthers und der Wägung des Ätherrückstandes ist auf das schon hierüber Gesagte zu verweisen.

Auch in Wurst ist nach diesem Verfahren der Fettgehalt bestimmt worden. Zur Herstellung einer gleichmäßigen Durchschnittsprobe sind die in der Wurst vorhandenen Pfeffer- und Gewürzkörner vor dem sorgfältigen Zerreiben der Wurstmasse zu entfernen. Von fettreicher Wurst sind für den Versuch 1 bis 1,5 g ausreichend. Nach dem ersten Ausschütteln mit Äther sammeln sich auf der Grenzfläche beider Flüssigkeiten manchmal geringe Mengen ungelöster Stoffe an, denen durch die zweite Ausschüttelung mit Äther das darin noch verbliebene Fett entzogen wird.

Daß Fleischlösungen durch reinen Äther außer Fett nur geringe Mengen anderweitiger Bestandteile entzogen werden, ergab sich schon aus der äußeren Beschaffenheit des Destillationsrückstandes und konnte auch noch dadurch nachgewiesen werden, daß er sich in einem Gemisch von Äther und Petroläther ziemlich klar löste und die filtrierte Lösung einen Destillationsrückstand hinterließ, dessen Gewicht nicht erheblich kleiner als das des Rohfettes war.

In Tabelle E (Seite 13) befindet sich eine Gegenüberstellung des Fettgehaltes in einigen Fleisch- und Wurstsorten, wie sie 1. nach dem ursprünglichen Verfahren von Baur und Barschall, 2. nach dem in der beschriebenen Weise ergänzten Verfahren und 3. nach dem Soxhletschen Extraktions-Verfahren ermittelt wurden. Aus den Spalten 2 und 3 ergeben sich die Unterschiede zwischen Rohfett und mit Äther + Petroläther gereinigtem Fett.

Durch die in Tabelle E verzeichneten Ergebnisse wird die schon lange bekannte Tatsache wiederum bestätigt, daß muskelreichem mageren Fleisch nach dem Soxhletschen Extraktionsverfahren kaum die Hälfte seines Fettgehaltes, wie dies auch für Brot zutrifft (vergl. Tab. B) entzogen wird. Die Ursache hierfür ist bereits früher zum Ausdruck gebracht worden.

Wie sich aus den Spalten 1 und 2 ergibt, werden nach dem ursprünglichen Verfahren von Baur und Barschall und dem ergänzten Verfahren gut übereinstimmende Werte erhalten.

Tabelle E. Fettbestimmung in Fleisch und Wurst nach verschiedenen Verfahren.

Fleischsorte	1. Fettgehalt nach dem ursprünglichen Verfahren von Baur und Barschall %	2. Fettgehalt nach dem ergänzten Baur-Barschallschen Verfahren %	3. Fettgehalt durch Reinigung des Fettes der Spalte 2 mit Äther und Petroläther %	4. Fettgehalt nach dem Soxhletschen Extraktionsverfahren nach 6 Stdn. %	10 Stdn. %
Rindfleisch I	0,64 | 0,66	0,63 | 0,66	. . . 0,60	0,31	0,35
„ II	1,60 | 1,72	1,58 | 1,62	. . . 1,54	0,56	0,62
„ III	1,40 | 1,48	1,43 | 1,46	. . . 1,38	0,64	0,73
Schweinefleisch I	2,40 | 2,49	2,38 | 2,46	. . . 2,28	2,07	2,08
„ II	4,70 | 4,82	4,73 | 4,85	. . . 4,68	4,23	4,57
„ III	9,19 | 9,30	9,19 | 9,25	. . . 9,10	9,05	9,11
Cervelat-Wurst I	37,33 | 37,52	37,38 | 37,50	. . . 37,25	37,20	37,35
„ „ II	39,80 | 40,20	39,88 | 40,10	. . . 39,80	39,69	39,92
„ „ III	45,18 | 45,40	45,20 | 45,42	. . . 45,28	45,07	45,24

Die Nachprüfung des Baur-Barschallschen Verfahrens hat zu dem Ergebnis geführt, daß danach besonders unter Berücksichtigung der in Vorschlag gebrachten Ergänzungen der Fettgehalt im Fleisch und in Fleischwaren genau ermittelt wird. Bei dem nunmehr zu beschreibenden, vom Verfasser ausgearbeiteten Verfahren zur Bestimmung des Fettes im Fleisch, in Fleischwaren und im Käse war der Gesichtspunkt maßgebend, es mit dem schon beschriebenen Verfahren zur Bestimmung des Fettes in Pflanzenstoffen möglichst in Einklang zu bringen.

Bei Ausschüttelungsverfahren überhaupt handelt es sich zuerst um die Lösung der Substanz und dann um die Entfettung dieser Lösung durch Ausschüttelung. Die größere Schwierigkeit von beiden verursacht bei tierischen Stoffen die Herstellung geeigneter Lösungen für die Ausschüttelung des Fettes, weil ihrer verschiedenartigen Beschaffenheit wegen ein einheitliches Lösungsverfahren, wie es bei Pflanzenstoffen in Anwendung gebracht worden ist, nicht zum Ziele führt. Nach meiner Erfahrung eignet sich die von Baur und Barschall angewandte Schwefelsäure als Lösungsmittel für Fleisch, auch für Fleischwaren und Käse besser als Salzsäure, die zur Zeit fast ausschließlich zur Lösung von Käse verwendet wird.

Die Vorversuche führten zunächst zu dem Ergebnis, daß zur Lösung von Fleisch eine schwächere als die mit dem gleichen Raumteile Wasser verdünnte Schwefelsäure ungeeignet war, daß dagegen zur Lösung von Käse schon eine mit zwei Raumteilen Wasser verdünnte Schwefelsäure ausreicht. Auch erwies es sich als zweckmäßig, ent-

sprechend der Vorschrift von Baur und Barschall, die Fleischlösung vor der Ausschüttelung soweit zu verdünnen, daß sie nicht mehr als 10 Raumteile konzentrierter
Schwefelsäure in 100 Raumteilen der Lösung enthält. Ferner ging aus diesen Versuchen hervor, daß die Fettbestimmung anstatt mit 2 bis 3 g Fleisch oder Käse ohne
Beeinträchtigung des Ergebnisses schon mit 1 bis 1,5 g Substanz ausgeführt werden
kann und zur Lösung dieser geringeren Substanzmenge schon 5 ccm konzentrierter
Schwefelsäure in den genannten Verdünnungen ausreichend sind. Hierdurch wurde
der Zweck erreicht, die Fleisch- und Käselösungen, in Übereinstimmung mit den Pflanzenstofflösungen, auf das gleiche Volumen von etwa 50 ccm für die Ausschüttelung zu
verdünnen.

Ein Zusatz von Alkohol ist hier nicht notwendig, weil sich beim Ausschütteln
des Fettes keine störenden Emulsionen bilden, wenn die Substanz vollständig gelöst war.

Die Ausschüttelung des Fettes der Fleisch- und Käselösungen erfolgte mit Äther
und Petroläther genau nach der für Pflanzenstofflösungen gegebenen Vorschrift; aber
das sich bei diesen Lösungen bei 18^0 abscheidende Volumen des Äthergewichtes betrug wegen der Abwesenheit von Alkohol nicht wie bei den Pflanzenstofflösungen im
Durchschnitt 104 ccm, sondern nur 98,4 bis 99,3 ccm, im Durchschnitt 98,8 ccm
(vergl. Tab. A, b). Es war daher die für die Bestimmung des Fettgehaltes zu ent-
nehmende Hälfte der Fettlösung abgerundet auf 49,5 ccm zu bemessen.

Auf Grund dieser Ermittelungen wird für die Bestimmung des Fettes in Fleisch
und Fleischwaren folgende Vorschrift gegeben:

„Etwa 1,0 bis 1,5 g[1]) einer sorgfältig hergestellten Durchschnittsprobe von Fleisch oder Fleischwaren werden in einem Erlenmeyerschen Kolben
(wie er zur Aufschließung der Pflanzenstoffe in Anwendung zu bringen ist —
vergl. S. 4) mit einem Gemisch von 5 ccm konz. Schwefelsäure (spez. Gew.
1,81 bis 1,84) und 5 ccm Wasser übergossen und mit aufgesetztem Kühlrohr
in einem kochenden Wasserbade (Kolben im siedenden Wasser) unter häufigem
Umschwenken des Kolbens bis zur Lösung der Substanz und dann noch weitere
10 Minuten lang erhitzt. Die mit 40 ccm Wasser verdünnte Lösung wird nach
dem Erkalten zuerst mit 50 ccm Äther, bei 18^0 abgemessen, und darauf mit
50 ccm Petroläther vom Siedepunkt 50 bis 55^0, bei 18^0 abgemessen, jedesmal
1 Minute lang kräftig durchgeschüttelt und hierauf der Kolben in Wasser von
18^0 gestellt. Nach 15 bis 20 Minuten langem Absetzen entnimmt man sogleich
nach Öffnung des Kolbens in früher angegebener Weise (S. 5) mit einer Pipette 49,5 ccm von dem abgeschiedenen klaren Äthergemisch und verfährt im
übrigen genau nach der für die Bestimmung des Fettes in Pflanzenstoffen gegebenen Vorschrift".

Die Bestimmung des Fettes in Käse ist nach folgender Vorschrift auszuführen:

„Etwa 1,0 bis 1,5 g[1]) einer sorgfältig hergestellten Durchschnitts-

---

[1]) Das Abwägen von Fleisch und Käse kann in schon bekannter Weise durch Einrollen
der Substanz in tarierte Stanniolblättchen (etwa 3,5 : 5 cm) bewerkstelligt werden. Nach Feststellung des Gewichts wird das aufgerollte Blättchen mitsamt der etwas breit gedrückten Substanz
in den Kolben gebracht.

probe des vorher von der harten Rinde befreiten Käses werden in einem Erlenmeyerschen Kolben (wie er zur Aufschließung der Pflanzenstoffe in Anwendung
zu bringen ist — vergl. S. 4) mit 10 ccm Wasser und 5 ccm konz. Schwefelsäure (spez. Gewicht 1,81 bis 1,84) übergossen und mit aufgesetztem Kühlrohr
über einer kleinen Flamme 2 Minuten lang unter beständigem Umschwenken
des Kolbens in schwachem Sieden erhalten. Die durch Zusatz von 35 ccm
Wasser verdünnte Käselösung wird im übrigen genau nach der für die Bestimmung des Fettes im Fleisch vorgeschriebenen Methode behandelt".

Dieses Fettbestimmungs-Verfahren für Fleisch und Käse stimmt mit demjenigen
für Pflanzenstoffe nahe überein. Nach beiden Verfahren wird die Aufschließung bezw.
Auflösung der Substanz und die Ausschüttelung des Fettes in nur einem Gefäße ausgeführt und der in der Substanz vorhandene Fettgehalt in kurzer Zeit ermittelt. Über
den letzteren Punkt geben in Tabelle F (Seite 16) die nach diesem Verfahren im
Vergleich mit dem ergänzten Baur-Barschallschen Verfahren erhaltenen Versuchsergebnisse Aufschluß. Für Käse enthält diese Tabelle auch noch den nach dem
Soxhletschen Extraktions-Verfahren gefundenen Fettgehalt.

Bei einem Vergleich der nach den beiden Ausschüttelungs-Verfahren erhaltenen
Ergebnisse zeigt sich, daß nach dem Baur-Barschallschen Verfahren infolge des
mit Äther allein ausgeschüttelten und daher weniger reinen Fettes meistens ein etwas
höherer Fettgehalt gefunden wird als nach der neuen Methode (vergl. Tabelle E); die
Unterschiede sind jedoch kaum von praktischer Bedeutung. Fettarmen Käsesorten,
wie z. B. Harzer Käse, wird nach dem Soxhletschen Extraktions-Verfahren, ebenso
wie Brot und magerem Fleisch, kaum die Hälfte des darin vorhandenen Fettes
entzogen.

Aus nachstehenden Versuchs-Ergebnissen geht hervor, daß die Qualität des
Käsefettes (Butterfett) durch die Behandlung mit der verdünnten Schwefelsäure nicht
wesentlich verändert wird.

	Reines Butterfett vor der Behandlung	Mit der Säure behandeltes Butterfett
Säurezahl	4,4	7,46
Verseifungszahl	226,5	227,1
Reichert-Meißl-Zahl	28,6	27,6
Flüchtige, ungelöste Fettsäuren (nach Polenske)	2,46	2,5
Refraktion bei 40°	42,2	42,4

Über die Methoden, welche früher zur Bestimmung des Fettes im Käse angewendet worden sind, hat C. Windisch in einer Arbeit „Über Margarinekäse" eine
umfassende Literatur-Zusammenstellung veröffentlicht[1]. In dieser Arbeit empfiehlt
Windisch ein von ihm erprobtes Ausschüttelungs-Verfahren zur Bestimmung des
Käsefettes. Nach diesem Verfahren wird der Käse in Salzsäure (spez. Gew. 1,125),
und zwar 1 Teil Käse auf 3 Teile Salzsäure, bei Siedehitze gelöst, die Lösung mit

---

[1] Arbeiten aus dem Kaiserl. Gesundheitsamte Bd. XIV, S. 528 ff. 1898.

Tabelle F. Fettbestimmung in Fleisch, Wurst und Käse nach dem neuen Verfahren.

Bezeichnung der Substanz	Fettgehalt nach dem vorstehend beschriebenen Verfahren ermittelt %	Fettgehalt nach dem ergänzten Baur- und Barschallschen Verfahren ermittelt %	Fettgehalt nach dem Soxhletschen Extraktionsverfahren ermittelt	
			Nach 6 stündiger Extraktion %	Nach 10 stündiger Extraktion %
Rindfleisch I	0,67 0,69 0,69	0,69 0,76	—	—
Rindfleisch II	1,10 1,11 1,14	1,15 1,18	—	—
Schweinefleisch	4,19 4,23 4,25	4,25 4,35	—	—
Cervelat-Wurst	47,97 48,20 48,05	48,0 48,4	—	—
Harzer Käse I	1,36 1,32 1,35	1,39 1,43	0,41	0,61
Harzer Käse II	1,48 1,51 1,54	1,56 1,60	0,55	0,68
Romadur-Käse	10,90 10,99 11,05	11,10 11,22	10,0	10,34
Soldiner Käschen I . .	17,58 17,68 17,57	17,60 17,71	17,0	17,46
Soldiner Käschen II . .	20,16 20,30 20,32	19,83 20,33	—	—
Schweizer Käse I . . .	29,34 29,42	29,33 29,50	28,27	29,13
Schweizer Käse II . . .	30,20 30,32	30,33 30,47	28,94	29,62
Schweizer Käse III . .	32,75 32,80	32,60 32,90	—	—

der zweifachen Menge Wasser verdünnt und mit einer gewogenen Menge mit Wasser gesättigten Äthers ausgeschüttelt. In einem gewogenen Anteil des abgeschiedenen Äthers wird das Fett bestimmt und die darin gefundene Fettmenge durch Berechnung auf die gesamte zum Ausschütteln verwendete Äthermenge übertragen.

Gegen die Ausführung dieses Verfahrens sind zwar keine besonderen Einwendungen zu machen, denn es ist ziemlich gleichgültig, ob man das Fett in einem aliquoten Gewichts- oder Raumteile des Äthers bestimmt. Jedoch fällt die angegebene Berechnung des Käsefettgehalts der Substanz zu hoch aus, weil Windisch von der nicht zutreffenden Annahme ausgeht, daß in dem abgeschiedenen und in dem von der Salzsäure gelösten Äther das Fett gleichmäßig verteilt ist. Daß die mit Äther einmal ausgeschüttelte Substanzlösung trotz ihres Äthergehaltes nur noch weniger als etwa 1 % von der in der Lösung ursprünglich vorhandenen Fettmenge enthält, darüber gibt Tabelle C genügend Aufschluß. Auch die in dieser Richtung mit bekannten Mengen Butterfett nach dem Windischschen Verfahren ausgeführten Versuche ergaben, daß nach seiner Berechnung ein die angewandte Fettmenge um nahezu 5 % übersteigender Fettgehalt gefunden wird. Anstatt der angewandten Menge Butterfett von 0,982 g wurden nach Windischs Berechnung 1,041 g ermittelt.

Von einer Ausdehnung des oben für die Bestimmung des Fettes im Fleisch und Käse gegebenen Verfahrens auf die Bestimmung des Milchfettes, die versuchsweise auch zu guten Ergebnissen führte, ist deshalb Abstand genommen worden, weil das hierfür zurzeit angewandte Verfahren von Röse-Gottlieb mit dem Apparat von Röhrig[1]) sich als sehr zweckmäßig erwiesen hat.

Für die mir bei Ausführung der Versuche geleistete Unterstützung spreche ich Herrn Dr. Köpke, wissenschaftlichem Hilfsarbeiter im Kaiserl. Gesundheitsamte, meinen verbindlichsten Dank aus.

Berlin, Chemisches Laboratorium des Kaiserl. Gesundheitsamtes, Juli 1909.

---

[1]) Zeitschr. f. Unters. der Nahrungs- und Genußmittel. I, 533 (1905).

Bemerkungen über die Fermente der Milch.

Von

Privatdozent **Dr. Julius Meyer,**
wissenschaftlichem Hilfsarbeiter im Kaiserlichen Gesundheitsamte.

————

Die bekannten Erscheinungen, daß rohe Milch Wasserstoffsuperoxyd zu zersetzen und andrerseits das sogenannte Storchsche Reagens, eine verdünnte Lösung von Wasserstoffsuperoxyd und Paraphenylendiaminchlorhydrat, blau zu färben vermag, werden allgemein auf das Vorhandensein von Fermenten in der rohen Milch zurückgeführt[1]). Der Katalase wird die Eigenschaft zugeschrieben, aus dem Wasserstoffsuperoxyd Sauerstoff abzuspalten, während die Peroxydase das Paraphenylendiamin mit Hilfe des Wasserstoffsuperoxyds direkt zu einem blauen Farbstoff zu oxydieren vermögen soll.

Zwar gehen diese beiden Reaktionen auch in Abwesenheit der Fermente vor sich, jedoch mit so außerordentlicher Langsamkeit, daß die Wasserstoffsuperoxydzersetzung selbst nach sehr langer Zeit nicht merklich geworden ist, während das Storchsche Reagens zur Bläuung viele Stunden erfordert, wie man bei der gekochten und durch Zerstörung der Fermente inaktivierten Milch beobachtet.

Vor einiger Zeit haben nun F. Bordas und F. Touplain[2]) den Nachweis zu führen geglaubt, daß die Annahme der Existenz von Fermenten in der Milch zur Erklärung der Paraphenylendiaminreaktion nicht erforderlich sei. Sie betrachten vielmehr das Kaseïn, oder genauer die Kalkverbindung des Kaseïns als die Ursache der Zersetzung des Wasserstoffsuperoxyds und der Bläuung des Paraphenylendiamins in roher Milch. Daß diese Reaktionen in erhitzter und gekochter Milch nicht eintreten, führen die Verfasser darauf zurück, daß das „lösliche Kaseïn Duclauxs" durch die Erhitzung ausgefällt wird und eine Art Überzug über das suspendierte Kaseïn bildet, wodurch die Zersetzung des Wasserstoffsuperoxyds und damit auch die Storchsche Reaktion der Blaufärbung des Paraphenylendiamins verhindert werde.

Die Verfasser stützen ihre Ansicht auf folgende Versuche:

1. Eine vorübergehend auf 80⁰ erwärmte Milch, bei welcher die Paraphenylendiaminreaktion nicht eintrat, wurde 15 Minuten lang zentrifugiert. Dann wurde die

————

[1]) Vergl. besonders die ausführliche Abhandlung von P. Waentig, Arbeiten aus dem Kaiserl. Gesundheitsamte, **26**, 464 (1907), auch „Experimentelle Beiträge usw.", Bd. I, S. 57.
[2]) Comptes rendus **148**, 1057 (1909).

oben abgeschiedene Sahne, der feste, mit Wasser angerührte Bodensatz und die Magermilch der Storchschen Probe unterworfen. Eine Bläuung trat nur bei der Sahne und bei dem Bodensatze ein, nicht aber bei der dazwischen befindlichen Magermilch. Diese Ergebnisse änderten sich auch nicht bei der Untersuchung von Milchproben, die auf 100° und 120° erhitzt worden waren.

2. Isoliert man aus einer frischen Milch das Kaseïn, so gibt dieses bei der Anwendung des Storchschen Reagenses eine starke Sauerstoffentwicklung und eine sehr intensive Blaufärbung.

3. Wiederholt man diesen Versuch mit einem Kaseïn, das aus einer auf 80°, 100° oder 120° erhitzten Milch gewonnen und dann in Wasser verrieben wurde, so ist das Ergebnis das gleiche.

4. Filtriert man rohe Milch unter einem Druck von 6 kg durch eine Berkefeldkerze, so gibt das Filtrat keine Reaktion mit Wasserstoffsuperoxyd und Paraphenylendiamin. Kocht man das Kaseïn einer rohen Milch in diesem Filtrate, ohne es darin zu verreiben, so erhält man weder Sauerstoffentwicklung noch Blaufärbung.

5. Versetzt man gekochte Milch mit Storchschem Reagens, wirft einige Stückchen Bimsstein hinein und erwärmt das Ganze gelinde, so tritt die Reaktion ein, so daß man auf diese Weise in gekochter Milch einen Zusatz von Wasserstoffsuperoxyd nachweisen kann.

Diese Versuche scheinen indessen nicht völlig einwandfrei und genügend beweiskräftig zu sein, um die Annahme der Existenz von Fermenten in der frischen Milch überflüssig zu machen und um als Ursache der Storchschen Paraphenylendiamin-Reaktion das Kalksalz des Kaseïns hinzustellen. Die Verfasser beachten nicht, daß die Zersetzung des Wasserstoffsuperoxyds unter Sauerstoffentwicklung und die Oxydation des Paraphenylendiamins zwei verschiedene Vorgänge sind, sondern betrachten die Blaufärbung als eine selbstverständliche Folgeerscheinung der Wasserstoffsuperoxydzersetzung, indem sie z. B. sagen, daß das Duclauxsche lösliche Kaseïn infolge des Kochens ausfällt und um das suspendierte Kaseïn eine Hülle bildet „qui empêche la décomposition de l'eau oxygénée et, par conséquent, la reaction colorée de Storch ou de Du Roi." Eine Nachprüfung und Erweiterung der Versuche von F. Bordas und F. Touplain lieferte ferner Ergebnisse, die mit denjenigen der französischen Forscher zum Teil in Widerspruch stehen und keinesfalls Veranlassung geben können, die Annahme von Fermenten in der Milch zu verwerfen.

Die Versuchsbeschreibungen der französischen Forscher sind leider nur sehr allgemein gehalten und gehen auf Einzelheiten nicht ein. Es ist dies umsomehr zu bedauern, als bei diesen Fermentreaktionen häufig ganz geringe Veränderungen der Versuchsbedingungen stark abweichende Ergebnisse zur Folge haben.

Die im folgenden beschriebenen Versuche wurden mit einer Milch ausgeführt, die aus dem Kleinhandel stammte, nach Geruch und Geschmack einwandsfrei war und im frischen Zustande die Storchsche Reaktion mit Paraphenylendiamin und Wasserstoffsuperoxyd bei Zimmertemperatur nach 30—40 Sekunden in vollem Umfange zeigte.

A. Versuche mit zentrifugierter Milch.

1. Frische Milch, die zur Beseitigung des Milchschmutzes durch ein gehärtetes Filter (Schleicher und Schüll, Nr. 575) gepreßt war, wurde 15 Minuten lang auf einer elektrisch betriebenen Zentrifuge entmischt, wodurch sich eine Rahmschicht, eine Magermilchschicht und eine kleine Menge eines festen, schwach grau gefärbten Bodensatzes bildete. Bei der Behandlung jedes dieser drei Teile mit Wasserstoffsuperoxyd zeigte es sich, daß der Rahm vielleicht etwas mehr Sauerstoff entwickelte als die Magermilch, ein Ergebnis, das in einwandfreier Weise schon von Smidt[1]) gefunden worden ist. Der Bodensatz, der mit etwas Wasser verrührt worden war, entwickelte nur Spuren von Sauerstoff.

Das Wasserstoffsuperoxyd spaltende Prinzip, die sogenannte Katalase, geht also in Übereinstimmung mit früheren Beobachtungen leichter in den Rahm, als in die Magermilch. Der feste Bodensatz vermag nur minimale Mengen von Katalase mit niederzureißen.

Die Einwirkung der drei zentrifugierten Anteile auf das Storchsche Reagens lieferte bei der Rahmschicht und bei der Magermilch Blaufärbung von gleicher Stärke, jedoch trat diese beim Rahm etwas langsamer ein. Der feste Bodensatz zeigte nur eine schwache Färbung.

2. Es wurde derselbe Versuch mit frischer Milch gemacht, deren Milchschmutz jedoch nicht entfernt worden war. Hier zeigte der feste Bodensatz nach dem Zentrifugieren eine dunklere Färbung als bei dem vorhergehenden Versuche und entwickelte nach dem Verreiben mit Wasser auf Zusatz von Wasserstoffsuperoxyd bedeutend stärker Sauerstoff als vorher. Die Magermilch und der Rahm verhielten sich gegen Wasserstoffsuperoxyd wie bei Versuch 1. Gegen das Storchsche Reagens war kein Unterschied in der Reaktion zu bemerken.

Es ist demnach sehr wahrscheinlich, daß der Schmutzgehalt der Milch dazu beiträgt, die Wasserstoffsuperoxydzersetzung zu vermehren, wenn der Schmutz in Form von kleinen, festen Teilchen vorhanden ist, die beim Zentrifugieren in den festen Bodensatz gehen.

3. Es wurde eine frische Milchprobe unter Umrühren rasch auf 80° erwärmt und sofort wieder auf Zimmertemperatur abgekühlt. Die Storchsche Reaktion trat bedeutend verlangsamt ein, indem die volle Blaufärbung erst nach 8—9 Minuten beobachtet wurde. Nach dem Zentrifugieren zeigte sich, daß der Rahm und die Magermilch die Storchsche Reaktion ergaben, jedoch sehr langsam. Der feste Bodensatz bewirkte eine geringe Sauerstoffentwicklung aus Wasserstoffsuperoxyd, während der Rahm und die Magermilch dies nicht taten.

4. Eine frische Milchprobe wurde 15 Minuten lang im Wasserbade auf 80° erwärmt. Nach dem Abkühlen auf Zimmertemperatur trat die Storchsche Reaktion nicht ein. Die Probe blieb rein weiß und zeigte erst am andern Tage geringe Blaufärbung, nachdem sie ungefähr 24 Stunden im offenen Reagierglase gestanden hatte. Nach dem Zentrifugieren konnte weder bei der Rahmschicht noch bei der Magermilch

---

[1]) Smidt, Hygien. Rundschau **13**, 1137 (1904).

das Eintreten der Storchschen Reaktion beobachtet werden. Erst am folgenden Tage war eine geringe Verfärbung vorhanden. Der feste Bodensatz zeigte ebenso wie in Versuch 3 keine Neigung zur Blaufärbung, hingegen entwickelte er im Gegensatz zur Rahm- und Magermilchschicht nach Zusatz von Wasserstoffsuperoxyd sehr geringe Mengen Sauerstoff.

5. Es wurde derselbe Versuch mit einer Milch gemacht, die vorübergehend auf 100 ⁰ erhitzt worden war. Die Ergebnisse waren dieselben wie bei Versuch 4.

6. Schließlich wurde eine Milch benutzt, die bis zum Sieden erhitzt worden war. Aber auch hier trat nach dem Zentrifugieren die Storchsche Reaktion nicht ein.

Aus diesen sechs Versuchen ergibt sich demnach, daß eine Milch, welche nach genügend langem Erhitzen auf höhere Temperatur nicht mehr imstande ist, Wasserstoffsuperoxyd zu zersetzen und Paraphenylendiamin bei Gegenwart von Wasserstoffsuperoxyd zu färben, auch durch scharfes Zentrifugieren nicht in Anteile zerlegt wird, welche diese Reaktionen aufweisen, wie dies F. Bordas und F. Touplain für die Rahmschicht und den Bodensatz gefunden haben. Eine Blaufärbung der inaktiven Milch nach mehreren Stunden kommt hierbei nicht in Betracht. Nach Chick[1] u. a. kann inaktiver Milch übrigens durch Impfen mit verschiedenen Bakterien wieder die Fähigkeit verliehen werden, Wasserstoffsuperoxyd zu zerlegen. Auf jeden Fall ist es wohl sicher, daß dasjenige Prinzip, welches in frischer Milch schon nach 30—40 Sekunden eine Blaufärbung des Storchschen Reagenses hervorruft, in genügend erhitzter Milch nicht mehr vorhanden ist und auch durch Zentrifugieren nicht in der Rahmschicht angereichert wird.

Die Sauerstoffentwicklung aus Wasserstoffsuperoxyd, welche der feste Bodensatz bewirkt, ist keine diesem Anteile eigentümliche Erscheinung, sondern wohl auf die Schmutzpartikelchen darin zurückzuführen, welche ebenso wie viele andere fein verteilte Substanzen diese Zersetzung katalytisch beschleunigen.

B. Versuche mit rohem Milch-Kaseïn.

F. Bordas und F. Touplain geben in ihrer kurzen Abhandlung nicht an, auf welche Weise sie das Kaseïn aus der frischen Milch isoliert haben. Von meiner Seite wurden daher verschiedene Methoden zur Kaseïngewinnung benutzt.

1. Frische Milch wurde 24 Stunden auf 35—37 ⁰ erwärmt, sodaß Gerinnen des Kaseïns eintrat. Nach dem Abfiltrieren wurde der Rückstand mehrere Male mit Wasser von Zimmertemperatur ausgeschüttelt und schließlich mit Wasser gut verrieben. Auf Zusatz von einigen Tropfen Wasserstoffsuperoxyd trat, wie auch F. Bordas und F. Touplain gefunden haben, eine starke Sauerstoffentwicklung ein, sodaß sich das Kaseïn an der Oberfläche ansammelte und allmählich durch die Gasentwicklung in die Höhe getrieben wurde. Zu einem anderen Teile des in Wasser suspendierten

---

[1] Chick, Zentralbl. f. Bakt., II. Abt., 7 (1901). — Seligmann, Zeitschr. f. Hygiene u. Infektionskrankh. 52, 161 (1906). — Koning, Milchwirtsch. Zentralbl. 3, (1907). — Jensen, Révue générale du lait, 6 (1906).

Kaseïns wurden dann einige Tropfen Wasserstoffsuperoxyd und Paraphenylendiamin-chlorhydratlösung gegeben. Eine Blaufärbung trat jedoch innerhalb der üblichen Zeit nicht ein. Erst nach einigen Stunden begann eine sehr geringe Verfärbung nach Braunrot hin.

Dieselben Ergebnisse stellten sich ein, als das ausgewaschene Kaseïn in Milch suspendiert wurde, die durch genügendes Erhitzen inaktiviert worden war.

2. Es wurden Kaseïnproben dargestellt, indem frische Milch durch Zusatz von je 5 Tropfen einer 25%igen Trichloressigsäure oder einer 10%igen Essigsäure oder einer 15%igen Chlorcalciumlösung auf 250 ccm Milch und darauf folgendes längeres Erwärmen auf 38—40° zum Gerinnen gebracht wurde. Die jeweils abfiltrierte und mehrfach mit reinem Wasser ausgewaschene Kaseïnprobe wurde mit Wasser verrührt und auf ihr Verhalten gegen Wasserstoffsuperoxyd und gegen das Storchsche Reagens geprüft. Es ergab sich wie bei Versuch 1, daß das Kaseïn wohl imstande ist, aus dem Wasserstoffsuperoxyd Sauerstoff zu entwickeln, daß ihm aber im Gegensatz zu den Beobachtungen von F. Bordas und F. Touplain die Eigenschaft fehlt, mittels des Wasserstoffsuperoxyds das Paraphenylendiamin in einen blauen Farbstoff zu verwandeln.

3. Es wurde ein Kaseïn aus frischer Milch durch Zusatz von 0,5 g Labpulver (J. D. Riedel, 1:100000) auf 250 ccm Milch und Erwärmen auf 37° dargestellt. Auch dieses Kaseïn bewirkte, nachdem es mit Wasser ausgewaschen war, Wasserstoff-superoxydzersetzung; daneben tritt aber auch eine geringe Blaufärbung des Storchschen Reagenses auf, die jedoch bei weitem nicht so stark ist, wie die der rohen Milch.

Aus diesen Versuchen ergibt sich, daß Kaseïn, welches nach den angegebenen Methoden aus roher Milch gewonnen wird, zwar die Eigenschaft besitzt, Wasserstoff-superoxyd in Wasser und Sauerstoff zu zerlegen, daß es aber nicht imstande ist, die Oxydation des Paraphenylendiamins durch das Wasserstoffsuperoxyd zu dem blauen Farbstoffe zu bewirken.

Bei dem Gerinnungsvorgang scheint die Fähigkeit, diese Oxydation zu bewirken, verloren zu gehen, da auch die Kaseïnfiltrate nicht mehr auf das Storchsche Reagens ansprechen.

C. Versuche mit erhitztem Milchkaseïn.

Nach F. Bordas und F. Touplain soll sich das Kaseïn aus erhitzter Milch ebenso verhalten wie dasjenige aus roher Milch. Auch diese Angaben konnten nicht bestätigt werden.

1. Es wurden 250 ccm Milch bis zum Sieden erhitzt, auf 35° abgekühlt und mit 0,5 g Labpulver versetzt. Nach dem Gerinnen wurde das Kaseïn ausgewaschen, mit Wasser verrührt und wie unter B gegen Wasserstoffsuperoxyd und Paraphenylen-diamin geprüft. Es ergab sich, daß keine Sauerstoffentwicklung eintrat und daß sich das Storchsche Reagens nicht blau färbte.

2. Ebenso verhalten sich die Kaseïnproben, die aus gekochter Milch mittels Essigsäure, Trichloressigsäure, Chlorcalcium oder Kupfersulfat gewonnen worden waren.

3. Durch Verreiben des Kaseïns mit erhitzter, inaktiver Milch konnte diese auch nicht wieder aktiv gemacht werden.

Im Gegensatz zu dem Befunde von F. Bordas und F. Touplain ist also das Kaseïn der erhitzten, inaktiven Milch nicht imstande, Wasserstoffsuperoxyd zu zerlegen und Paraphenylendiamin bei Gegenwart von Wasserstoffsuperoxyd zu oxydieren.

D. Versuche mit Milchserum.

F. Bordas und F. Touplain haben das Serum der rohen Milch dadurch gewonnen, daß sie die Milch unter einem Drucke von 6 Atm. durch ein Berkefeldfilter preßten. Sie erhielten so ein inaktives Filtrat. Bei der Wiederholung dieser Versuche zeigte es sich, daß die Berkefeldfilter sehr verschiedene Wirksamkeit haben, indem ein neues Filter bei 1 Atm. Druck in einer Stunde ungefähr 5 ccm klares Serum aus frischer Milch lieferte, ein zweites, vorher ebenfalls unbenutztes Filter aber völlig undurchlässig war. Aus diesem Grunde wurde das Serum dargestellt, indem die Milch im Ultrafiltrationsapparate von Bechhold[1]) durch ein $2^0/_0$iges Kollodiumfilter mit 2,5 Atm. Druck hindurchfiltriert wurde. Das Serum war klar und ebenso wie das Filtrat der Berkefeldkerze völlig inaktiv. Es zersetzte weder Wasserstoffsuperoxyd noch oxydierte es Paraphenylendiamin. Die beiden Sera verhalten sich hier also völlig gleichartig und dürften wohl identisch sein. In Übereinstimmung mit dem Befunde der französischen Forscher zeigte sich, daß dieses inaktive Serum durch Aufkochen mit Kaseïn aus roher Milch nicht aktiviert werden konnte. Aber auch das Verreiben des rohen Kaseïns in der Kälte konnte dem Serum nicht die Fähigkeit verleihen, das Storchsche Reagens zu bläuen, während Wasserstoffsuperoxyd in geringem Maße zersetzt wurde.

E. Versuche zur Reaktivierung gekochter Milch.

Gekochte Milch, die völlig inaktiv war, wurde mit einigen Stückchen Bimstein geschüttelt und gegen das Storchsche Reagens geprüft. Es tritt, auch nach gelindem Erwärmen, nur eine sehr langsame Verfärbung ein. Ebenso schwach reagiert Bimsteinpulver und Kaolin. Eine fast augenblickliche Blaufärbung bewirkt aber Bredigsches Platinsol, welches im Gegensatz zu Bimstein und Kaolin auch auf Wasserstoffsuperoxyd sehr stark zersetzend einwirkte.

Zum Nachweis von Wasserstoffsuperoxyd in gekochter Milch ist daher Platinsol für sich oder in Gegenwart von Paraphenylendiamin viel besser geeignet als der von Bordas und Touplain vorgeschlagene Bimsstein.

Ergebnisse.

Aus den beschriebenen Versuchen muß man in Übereinstimmung mit den meisten früheren Forschern[2]) den Schluß ziehen, daß die Zersetzung des Wasserstoffsuperoxyds durch die Milch wohl zu unterscheiden ist von ihrer Fähigkeit, bei Gegenwart von Wasserstoffsuperoxyd Paraphenylendiamin in einen blauen Farbstoff zu verwandeln. Eine Veranlassung, die Zersetzung des Wasserstoffsuperoxyds dem Kaseïn oder der Kalkverbindung des Kaseïns zuzuschreiben und die Annahme der Existenz einer Katalase als unnötig hinzustellen, liegt nicht vor. Denn der feste Bodensatz, welcher

---

[1]) Bechhold, Zeitschr. physikal. Chem. **60**, 257 (1907).
[2]) Vergl. die Literaturangaben bei P. Waentig, a. a. O., Seite 470 bezw. 63.

sich beim Zentrifugieren abscheidet und zum größten Teile aus Kaseïn besteht, erweist sich als inaktiv, wenn man von den katalytisch wirkenden Schmutzteilchen absieht. Ferner ist das Kaseïn der erhitzten Milch nicht mehr imstande, Wasserstoffsuperoxyd zu zersetzen. Daß die Katalase sich von dem Kaseïn bisher nicht hat trennen lassen, ist in ihrem kolloidalen Zustand begründet.

Das andere Prinzip der Milch, welches die Oxydation des Storchschen Reagenses bewirkt und von F. Bordas und F. Touplain von der Katalase nicht auseinandergehalten wird, die sogenannte Peroxydase der Milch, ist gegen chemische und physikalische Einflüsse bedeutend empfindlicher als die Katalase. Bei der Darstellung des Kaseïns aus roher Milch wird sie, wie es scheint, außerordentlich geschwächt oder wohl auch gänzlich vernichtet. Denn sie haftet dem Rohkaseïn nicht an, ist aber auch nicht im sauren Filtrat, im Serum vorhanden. Da sie sich ferner auch nicht im festen Zentrifugenbodensatze, dem ausgeschleuderten Kaseïn, befindet, so darf das Kaseïn selbst auch nicht als Träger der Peroxydase, oder gar, nach dem Vorgange von Bordas und Touplain, als oxydierendes Prinzip betrachtet werden.

Die Ergebnisse dieser Untersuchung bestehen also darin, daß die Versuchsresultate von F. Bordas und F. Touplain unter den dargelegten Versuchsbedingungen zum großen Teil nicht bestätigt werden konnten, und daß bisher keine Veranlassung vorliegt, von der Annahme abzugehen, daß in der Milch Fermente vorhanden sind, welche Wasserstoffsuperoxyd zersetzen und seine Oxydationswirkung auf andere Verbindungen beschleunigen können.

Berlin, im November 1909.

Über die Bestimmung von Salpeter in Fleisch.

Von

Technischem Rat **Dr. E. Polenske,**   und   **Dr. O. Köpke,**
ständigem Mitarbeiter,   wissenschaftlichem Hilfsarbeiter
im Kaiserl. Gesundheitsamte.

Für die quantitative Bestimmung von Salpeter in Fleisch kommen gegenwärtig drei Verfahren in Betracht, nämlich die Bestimmung durch Überführung in Ammoniak, die gravimetrische Bestimmung mittels Nitron und die Bestimmung durch Überführung in Stickoxyd.

I. Die Bestimmung des Salpeters durch Überführung in Ammoniak.

Die Bestimmung des Salpeters als Ammoniak ist von den vorstehend angegebenen Verfahren der Salpeterbestimmung das am leichtesten ausführbare. Es ist für die Salpeterbestimmung in Fleisch jedoch nicht zu empfehlen, da sich, wie Stüber[1] nachgewiesen hat, bei der Destillation der Fleischauszüge mit Alkali oder Magnesia stets Ammoniak bildet, auch wenn das betreffende Fleisch frei von Salpeter ist. Außerdem ist, wie Polenske[2] gezeigt hat, in altem salpeterhaltigem Pökelfleisch infolge der Reduktion des Salpeters durch Mikroorganismen oft Ammoniak vorhanden.

So zeigte auch ein von uns hergestellter salpeterhaltiger Fleischauszug bereits nach acht Tagen eine starke Ammoniakreaktion (Bildung von starkem Nebel bei Annäherung eines Tropfens Salzsäure), wobei der Salpetergehalt auf 42 % des ursprünglichen gesunken war.

Man erhält also durch die Bestimmung von Ammoniak und Umrechnung auf Salpeter bei Fleischauszügen keine richtigen Werte für den Salpetergehalt der untersuchten Fleischlösung.

II. Die gravimetrische Salpeterbestimmung mittels Nitron.

Die gravimetrische Methode zur Bestimmung des Salpeters mittels Nitron nach Busch[3] beruht auf der Fällung der Nitrate mit einer 10 % igen essigsauren Lösung von Nitron (1,4-Diphenyl-3,5-endanilodihydrotriazol) als Nitronnitrat, das bei Gegenwart von überschüssigem Nitron in kaltem Wasser nur sehr wenig löslich ist.

---

[1] Zeitschr. f. Unters d. Nahrungs- u. Genußmittel **10**. 330. (1905).
[2] Arb. a. d. Kaiserl. Gesundheitsamte IX. 126. (1894).
[3] Ber. d. deutsch. chem. Ges. **38**. 861. (1905).

Die Verwendung des Nitrons für die Bestimmung von Salpeter in Fleisch bietet jedoch Schwierigkeiten, da Nitron nicht nur mit Nitraten, sondern u. a. auch mit Chloriden schwerlösliche Verbindungen bildet, und in salpeterhaltigem Fleisch gewöhnlich beträchtliche Mengen von Kochsalz vorhanden sind. Außerdem enthalten Fleischauszüge organische Stoffe, die sich beim Auskristallisieren des Nitronnitrats mitabscheiden, und solche, die das Auskristallisieren des Nitronnitrats erschweren.

Es sind in der Literatur bisher drei Verfahren beschrieben worden, welche die Anwendung der Salpeterbestimmungsmethode mittels Nitron auf Fleischauszüge ermöglichen sollen.

Das einfachste von diesen Verfahren ist das von Franzen und Löhmann [1]), das zur Salpeterbestimmung in zur Bakterienzüchtung dienenden Fleischauszügen benutzt worden ist, dessen Anwendung auch auf andere Fleischauszüge nahe liegt.

Franzen und Löhmann versetzen die salpeterhaltige Flüssigkeit mit konzentrierter Schwefelsäure (etwa 1 ccm auf 100 cm Flüssigkeit), bevor sie die Nitronlösung zusetzen. Auf diese Weise soll die störende Einwirkung der kolloidalen Stoffe, welche das Auskristallisieren des Nitronnitrats erschweren oder verhindern, behoben werden.

Die Verfasser stellten ihre Versuche mit Lösungen an, die große Mengen von Salpeter enthielten (etwa 0,65 g Salpeter für jeden Versuch) und erhielten bei Anwendung dieser großen Salpetermengen gute Resultate (Fehler von $-0,09\%$ bis $+0,15\%$ des angewandten Salpeters). Da jedoch derartig große Salpetermengen für die Salpeterbestimmung in Fleisch kaum in Frage kommen, so führten wir nach der Vorschrift von Franzen und Löhmann Versuche mit kleineren Salpetermengen aus. Wir fanden dabei, daß 0,08 g Salpeter aus 150 ccm Bouillon (dem eingedampften und filtrierten Auszug von 50 g Fleisch) noch quantitativ als Nitronnitrat gefällt wurden, 0,04 g Salpeter jedoch nur zu $74,5\%$; 0,02 g Salpeter wurden durch Nitronlösung nicht mehr gefällt. Die Methode gibt also bei Anwesenheit von viel Salpeter gute Resultate. Bei Anwesenheit von wenig Salpeter erfolgt die Abscheidung des Nitronnitrats meist nur sehr langsam und erst nach langem Stehen bei niederer Temperatur. Die Resultate sind in solchen Fällen ungenau. Bei sehr geringen Salpetermengen versagt die Methode ganz.

Die günstigen Ergebnisse von Franzen und Löhmann sind also nur auf die Verwendung der großen Salpetermengen zurückzuführen. Überdies enthielten die von den genannten Verfassern benutzten Fleischauszüge nur geringe Mengen von Kochsalz (5 g NaCl im Liter Flüssigkeit, entsprechend 1 g NaCl in 100 g Fleisch), so daß diese bei der Salpeterbestimmung in Pökelfleisch, Schinken usw. auftretende Schwierigkeit bei ihnen sich nicht geltend machte. Die Methode ist für die praktische Fleischuntersuchung nicht verwendbar.

Für kochsalzhaltige Fleischauszüge haben Paal und Mehrtens [2]) ein Verfahren zur Salpeterbestimmung angegeben. Sie behandeln den Fleischauszug mit einer 10%igen Lösung von neutralem Bleiazetat und einigen Tropfen Ammoniak, um so

---

[1]) Journal f. prakt. Chem. **79**. 330. (1909).
[2]) Zeitschr. f. Unters. d. Nahrungs- u. Genußmittel **12**. 410. (1906).

die den Nitronnitratniederschlag verunreinigenden Stoffe abzuscheiden. Außerdem
sollen auf diese Weise auch die Chloride (Kochsalz) größtenteils als Bleichlorid aus
der Lösung entfernt werden. Bei einer Nachprüfung dieses Verfahrens erhielten wir
in einer langen Reihe von Versuchen folgende Ergebnisse:

1. Bei Anwendung größerer Salpetermengen erhält man aus dem mit Bleiazetat
behandelten Fleischauszuge gut kristallisierte, annähernd farblose Niederschläge von
Nitronnitrat; es werden also die sonst mit dem Nitronnitrat ausfallenden Fleisch-
extraktstoffe durch die vorhergehende Behandlung mit Bleiazetat entfernt.

2. Die die Nitronnitratfällung erschwerenden Stoffe werden durch die Blei-
behandlung jedoch nicht vollständig aus dem Fleischauszug ausgefällt; denn die
Kristallisation kleiner Mengen von Nitronnitrat erfolgt aus dem Fleischauszug trotz
der Behandlung mit Bleiazetat schwerer und weniger vollständig als aus rein wässeriger
Lösung. So wurden z. B. 0,01 g Salpeter aus 100 ccm wässeriger Lösung durch
10 ccm der 10 % igen Nitronlösung zu 99,6 % abgeschieden, während dieselbe Menge
Salpeter aus 100 ccm mit Bleiazetat behandeltem Fleischauszug (eingeengter Auszug
von 50 g Fleisch) durch Nitron überhaupt nicht ausgeschieden wurde.

3. Es gelingt, nur einen geringen Teil der Chloride des Fleischauszuges mit
Bleiazetat abzuscheiden, da das Chlorblei in dieser Flüssigkeit, anscheinend unter dem
Einfluß der Azetate, wesentlich leichter löslich ist als in Wasser. Man erhält infolgedessen bei stark kochsalzhaltigen Fleischauszügen trotz der Behandlung mit Bleiazetat
auf Zusatz von Nitron stets eine Abscheidung von Nitronhydrochlorid, das durch eine
langwierige, allmähliche Behandlung mit je 20—30 ccm Wasser unter jedesmaligem
Erwärmen so in Lösung gebracht werden muß, daß es sich beim Abkühlen nicht
wieder abscheidet. Infolge der hierdurch entstehenden großen Verdünnung der Ver-
suchsflüssigkeit wird die Abscheidung von Nitronnitrat dann oft unvollständig oder
erfolgt überhaupt nicht mehr. Aus diesem Grunde gelang es uns nicht, in Fleisch mit
10 % Kochsalz und weniger als 0,05 % Salpeter letzteren als Nitronnitrat zu bestimmen.

Außerdem ist noch zu bemerken, daß bei stark kochsalzhaltigem Fleisch das
Verfahren sehr unbequem ist, da zur Fällung des Kochsalzes große Mengen von Bleiazetat nötig sind (5 g Kochsalz entsprechen theoretisch 16,19 g Bleiazetat), und da
die Beendigung der Fällung sehr schwer erkennbar ist. Auch ist das Auswaschen
des sehr voluminösen Bleiniederschlages recht umständlich.

Wir sind daher bezüglich der praktischen Anwendbarkeit der Methode von
Paal und Mehrtens zu dem Schlusse gekommen, daß sie ähnlich wie die Methode
von Franzen und Löhmann sehr bequem und zuverlässig ist, solange es sich um
Fleisch mit hohem Salpeter- und geringem Kochsalzgehalt handelt, daß sie jedoch
bei geringem Salpeter- und hohem Kochsalzgehalt umständlich und unzuverlässig wird
und bisweilen überhaupt nicht durchführbar ist. Die Methode ist daher zur Anwendung bei der praktischen Fleischuntersuchung nicht zu empfehlen.

Bemerkt sei hier noch, daß auch Kreis [1]), der die Nitronmethode im allgemeinen
empfiehlt, für Salpeterbestimmungen in Fleisch mit weniger als 0,08 % Salpeter eine
andere Methode gewählt hat.

---

[1]) Jahresbericht des kantonalen Laboratoriums Basel-Stadt 1907, S. 20.

Neuerdings haben Paal und Ganghofer[1]) ein anderes Verfahren zur Bestimmung von Salpeter in Fleisch mittels Nitron veröffentlicht. Die Verfasser verzichten dabei auf die von Paal und Mehrtens empfohlene vorhergehende Behandlung des Fleischauszuges mit Bleiazetat. Sie versetzen statt dessen in Anlehnung an das oben besprochene Verfahren von Franzen und Löhmann den Fleischauszug mit starker Schwefelsäure. Sie lassen jedoch diesem Ansäuern mit Schwefelsäure eine Erwärmung mit Natronlauge vorhergehen, wodurch die störenden Kolloide in lösliche, nicht störende Spaltungsprodukte übergeführt werden sollen. Die saure Lösung wird nach dem Filtrieren mit der Nitronlösung versetzt und der Nitronnitratniederschlag durch Waschen mit bei Zimmertemperatur gesättigtem Nitronnitratwasser (30 — 50 ccm) von Verunreinigungen und mitgefälltem Nitronhydrochlorid befreit.

Wir konnten bei einer Nachprüfung dieses Verfahrens in der Behandlung mit Natronlauge einen wesentlichen Einfluß auf das Ergebnis nicht erkennen. Allerdings sagen auch die Verfasser selbst nur, daß die Behandlung mit Natronlauge „im allgemeinen" die Ergebnisse verbessere.

Das wesentlich Neue an dem Verfahren ist also wohl das Auswaschen des erhaltenen Nitronniederschlages mit größeren Mengen Nitronnitratwasser als Ergänzung des Waschens mit 10 ccm Eiswasser, wie Paal und Mehrtens es vorschreiben.

Wir benutzten zu unsern Versuchen die Auszüge von je 50 g Fleisch, welches 10 % Kochsalz und 0,08 % Salpeter enthielt.

Unter diesen Verhältnissen berechnet sich bei der Annahme einer quantitativen Abscheidung der Niederschlag von Nitronnitrat zu etwa 0,15 g und der Niederschlag von Nitronhydrochlorid zu 29,7 g. Es erschien ja allerdings von vornherein bedenklich, aus dem entstehenden Niederschlage bei der sehr geringen Menge von Nitronnitrat die etwa zweihundertfache Menge von Nitronhydrochlorid durch Auswaschen zu entfernen; wir wählten jedoch diese dem Gehalt des Pökelfleisches an diesen Stoffen entsprechenden Mengenverhältnisse, weil man von einer für die praktische Fleischuntersuchung bestimmten Methode verlangen muß, daß sie gerade in solchen Fällen verwendbar ist.

Wir erhielten in allen Versuchen, die wir teils genau nach der Vorschrift von Paal und Ganghofer, teils mit kleinen Abänderungen anstellten, stets schmutzig· graue flockige Niederschläge, in denen Kristalle von Nitronnitrat nicht erkennbar waren. Die Niederschläge ließen sich stets nur sehr schlecht abfiltrieren, so daß die Filtration bezw. das Auswaschen sehr lange dauerte. In einigen Fällen verstopfte sich das Filter (Neubauer- und Goochtiegel) so, daß der Versuch nicht zu Ende geführt werden konnte.

Auch ein Versuch, den nach Paal und Mehrtens mit vorheriger Bleiazetatfällung erhaltenen Niederschlag von Nitronnitrat mit Nitronnitratwasser von Nitronhydrochlorid zu befreien, gelang bei den gewählten Mengenverhältnissen nicht, da sich die Filterschicht des Neubauertiegels schon nach kurzer Zeit so verstopfte, daß der Versuch aufgegeben werden mußte.

[1]) Zeitschr. f. Unters. d. Nahrungs- u. Genußmittel **19**. 322. (1910).

Aus diesen Versuchen geht hervor, daß auch das Verfahren von Paal und Ganghofer eine praktisch brauchbare Verwendung der Nitronmethode bei der Fleischuntersuchung nicht gestattet, da auch dieses Verfahren die störende Wirkung des Kochsalzes nicht in praktisch brauchbarer Weise beseitigt.

Kurz erwähnt sei noch ein von uns gemachter Versuch, die Anwendung der Nitronmethode zur Untersuchung von Pökelfleisch zu ermöglichen und die beobachteten Schwierigkeiten dadurch zu umgehen, daß wir den Salpeter in Stickoxyd überführten, dieses aus der Fleischlösung abdestillierten, in der Vorlage dann zu Salpetersäure oxydierten und diese mit Nitron fällten.

Wir erhitzten zu diesem Zwecke den eingeengten Fleischauszug von 50 g Fleisch mit Eisenchlorür und wenig Salzsäure (etwa 3 ccm Säure vom spezif. Gewicht 1,12) in einem Jenaer Rundkolben von 100 cm Inhalt und destillierten das gebildete Stickoxyd in eine vorgelegte Peligotröhre ab, die mit 3 %iger auf dem Wasserbade erwärmter Wasserstoffsuperoxydlösung beschickt war. Das in der Vorlage zu Salpetersäure oxydierte Stickoxyd wurde dann mit Nitronlösung gefällt.

Die Resultate waren jedoch, da anscheinend die Oxydation unter den gewählten Bedingungen nicht quantitativ erfolgt, stets zu niedrig, so daß wir die Versuche bald wieder aufgaben. Das gefundene Nitronnitrat entsprach immer 80—90 % des angewandten Salpeters.

III. Die volumetrische Bestimmung des Salpeters als Stickoxyd.

Für die von Schlösing-Wagner angegebene Bestimmung des Salpeters durch Überführung in Stickoxyd hat vor einiger Zeit Stüber[1]) eine bequeme Ausführungsform beschrieben, die von Farnsteiner[2]) zur Anwendung empfohlen worden ist. Stüber läßt unter Ausschluß von Luft in eine heiße Lösung von Eisenchlorür und Salzsäure aus einem Tropftrichter die salpeterhaltige Lösung eintropfen. Das dadurch entwickelte Stickoxyd fängt er in einem Schiffschen Azotometer über luftfreier Natronlauge auf und mißt das Gasvolumen.

Wir haben in einer Reihe von Versuchen festgestellt, daß man nach dieser Methode gut übereinstimmende Resultate erhält, die für die Zwecke der praktischen Nahrungsmittelchemie hinreichend genau sind. Wir fanden stets 95—98 % des dem Fleisch zugesetzten Salpeters als Stickoxyd wieder. Soll eine größere Genauigkeit erreicht werden, so muß der richtige Wert durch Umrechnung aus einer Kontrollbestimmung mit Fleisch, dem die annähernd gleiche Menge Salpeter und Kochsalz zugesetzt ist, ermittelt werden[3]).

Wir benutzten für unsere Versuche wie oben die Auszüge von je 50 g Fleisch, welches mit 5 g Kochsalz und wechselnden Mengen Salpeter (0,01 bis 0,1 g) versetzt war. Als Entwicklungsgefäß für das Stickoxyd diente ein Rundkolben aus Jenaer Glas von 100 cm Inhalt, der zu jedem Versuch frisch mit 5 ccm gesättigter Eisenchlorürlösung und 10 ccm Salzsäure (spez. Gew. 1,12) unter Zusatz von etwas grobem

[1]) Zeitschr. f. Unters. der Nahrungs- u. Genußmittel **10**. 330. (1905).
[2])   „   „   „   „   „   „   „   **10**. 329. (1905).
[3]) Treadwell, Lehrb. d. analyt. Chem. Bd. II, S. 333. (1905).

Bimssteinpulver beschickt wurde. Zum Zutropfen der Fleischlösung benutzten wir einen Topftrichter mit eingeschliffenem Glashahn, da etwaige Undichtigkeiten an einem solchen besser erkennbar sind, als an einem mit Gummischlauch und Quetsch-hahn versehenen, wie er von Stüber empfohlen wurde. Durch den Tropftrichter ließen wir bei Beginn des Versuches, d. h. während der Entlüftung des Apparates, 15 ccm ausgekochte etwa 10 %ige Salzsäure zum Ersatz der wegkochenden Flüssig-keit eintropfen. Das Zutropfen wurde so geleitet, daß das Flüssigkeitsvolumen im Kolben während der Bestimmung stets etwa 20 ccm betrug. Geheizt wurde ohne Anwendung eines Drahtnetzes mit einer kleinen rußenden Flamme, die durch einen Blechmantel gegen Zugluft geschützt war. Nachdem die gesamte Fleischlösung und die nötige Waschflüssigkeit zugetropft war, wurde die Flüssigkeit im Kolben auf 5 bis 10 ccm eingedampft. Zum Schluß mußte der Entwicklungskolben meist 3 bis 4 mal durch Abkühlen evakuiert werden, um alles Stickoxyd auszutreiben.

Schließlich sei noch die von Pfyl [1]) beschriebene, ebenfalls auf der Überführung des Salpeters in Stickoxyd beruhende Methode erwähnt, die wohl auch für die Salpeter-bestimmung in Fleisch verwendbar wäre.

Nach Pfyl wird der Salpeter ebenfalls mittels Eisenchlorür und Salzsäure in Stickoxyd übergeführt. Dieses wird dann jedoch nicht volumetrisch gemessen, sondern nach dem Durchlaufen eines mit Alkali beschickten Waschgefäßes von besonderer Form mit Kaliumpermanganat oxydiert. Das unverbrauchte Kaliumpermanganat wird mit Mohrschem Salz zurücktitriert. Die nach dieser Methode erhaltenen Resultate sollen noch genauer sein, als die nach Schlösing, da etwa sich entwickelnde andere Gase, wie z. B. Stickstoff, nicht mitgemessen werden.

Aus Rücksicht jedoch darauf, daß die Schlösingsche Methode in der von Stüber beschriebenen Form bequem ausführbar ist und für die nahrungsmittel-chemische Praxis hinreichend genaue Resultate gibt, haben wir auf eine eingehendere Nachprüfung der Pfylschen Methode verzichtet·

Das Ergebnis vorstehender Arbeit läßt sich kurz folgendermaßen zusammenfassen. Die auf der Überführung der Nitrate in Ammoniak beruhende Methode gibt bei der Salpeterbestimmung in Fleisch fehlerhafte Resultate und ist daher nicht anwendbar. Die Bestimmung mittels Nitron ist für die Salpeterbestimmung in Fleisch ebenfalls nicht zu empfehlen, da sie nur in wenigen Fällen zu richtigen, in anderen Fällen zu un-zuverlässigen Resultaten führt und bisweilen überhaupt nicht durchführbar ist. Es ist also für die Salpeterbestimmung in Fleisch ausschließlich die Schlösing-Wagnersche Methode anzuwenden, und zwar zweckmäßig in der von Stüber empfohlenen Ausführungsform mit den oben beschriebenen Abänderungen.

Berlin, Chemisches Laboratorium des Kaiserlichen Gesundheitsamtes, Mai 1910.

---

[1]) Zeitschr. f. Unters. der Nahrungs- u. Genußmittel **10**. 101. (1905).

Zur Kenntnis der Seychellenzimtrinde.

Von

Dr. Julius Meyer,

früherem wissenschaftlichem Hilfsarbeiter im Kaiserlichen Gesundheitsamte.

———

Seit einiger Zeit wird von den Seychelleninseln eine Zimtrinde eingeführt, über deren Wert als Gewürz beim Beginn der vorliegenden Untersuchung nur wenig bekannt war. Inzwischen erschien eine Abhandlung von L. Rosenthaler und R. Reis[1], welche diese Seychellenzimtrinde auf Grund einer botanischen Untersuchung dem wertvollen Ceylonzimt an die Seite stellt und auf Grund einer chemischen Untersuchung zu dem Ergebnis gelangt, daß die Seychellenzimtrinde der Mehrzahl der Zimtrinden zweifellos gleichwertig und als Gewürz durchaus marktfähig sei. Ferner haben A. Beythien und K. Hepp[2] die Seychellenzimtrinde untersucht und sind zu folgendem Schluß gekommen: „Die ganze Beschaffenheit der Droge, vor allem auch der im Verhältnis zu dem angenehmen Geruch sehr niedrige Gehalt an ätherischem Öl, legt den Gedanken nahe, daß hier eine infolge ungünstiger klimatischer Verhältnisse entartete Zimtrinde vorliegt."

Für die Beurteilung des Gewürzwertes der Seychellenzimtrinde sind auch die in der Literatur vorhandenen Ergebnisse der Untersuchung des Öles wichtig, welches aus dieser Rinde gewonnen wird, da die Zimtöle der einzelnen Rinden eine charakteristische Zusammensetzung aufweisen. Nach einer im Imperial Institute in London[3] ausgeführten Untersuchung ist das Seychellenzimtrindenöl von blaßgelber Farbe, von zimtartigem Geruch und von gewürzigem Geschmack. Es besitzt bei 15° das spezifische Gewicht 0,943 und dreht die Polarisationsebene um 4°30′ nach links. Sein Zimtaldehydgehalt wurde zu nur 21,7 % bestimmt. Ferner wurden noch 8 % Eugenol gefunden.

Die Fabrik ätherischer Öle von Schimmel & Co. in Leipzig[4] untersuchte vier aus dem Hafenplatze Mahé auf den Seychelleninseln stammende Zimtrindenöle, deren spezifisches Gewicht zwischen 0,9464 und 0,9670 lag. Der Zimtaldehydgehalt dieser Öle war niedriger als der des Ceylonzimtöles; er schwankte zwischen 25 und 35 %, während ihr Gehalt an Eugenol sich zwischen 6 und 15 % bewegte. Das optische

[1] Berichte der Deutsch. Pharmazeut. Gesellschaft **19**, 490 (1909.)

[2] Zeitschr. f. Unters. d. Nahr.- und Genußmittel **19**, 367 (1910).

[3] Bull. Imp. Institute **6**, 111 (1908).

[4] Bericht von Schimmel & Co., Oktober 1908, Seite 141.

Drehungsvermögen lag zwischen — $2^0\,30'$ und — $5^0\,10'$, während das Brechungsver-
mögen bei zwei Ölen zu 1,53271 und 1,52843 gefunden wurde. In diesen Seychellen-
zimtrindenölen wurden außerdem noch Kampfer, Caryophyllen, Phellandren und Cymol
gefunden. Auf Grund ihrer Untersuchungen an größeren Mengen dieser Öle kommt
die genannte Firma zu folgendem Ergebnis: „Mit Ausnahme des Kampfers sind die
im Seychellenzimtöl aufgefundenen Bestandteile auch alle im Ceylonzimtöl vorhanden.
In letzterem konnten allerdings noch andere Körper nachgewiesen werden, über deren
Vorkommen im Seychellenöl sich erst nach Untersuchung größerer Mengen dieses Öles
etwas aussagen läßt. Durch seinen geringeren Gehalt an Zimtaldehyd und die Anwesenheit von Kampfer unterscheidet sich das Seychellenöl aber ziemlich erheblich
vom Ceylonzimtöl, und hieraus erklärt es sich, daß es dem Ceylonzimtöl an Feinheit
des Geruchs nicht gleichkommt.“

Infolge seines Gehaltes an Eugenol steht das Seychellenzimtrindenöl dem Ceylon-
zimtrindenöl nahe, welches nach Gildemeister-Hoffmann[1] 65—75 % Zimtaldehyd
und 4—8 % Eugenol enthält, während das im Werte tiefer stehende chinesische
Zimtöl oder Cassiaöl[2]) zu 75—90 % aus Zimtaldehyd besteht und kein Eugenol zu
enthalten scheint.

Nach der Zusammensetzung des Öles zu urteilen, nimmt demnach die Seychellenzimtrinde eine Mittelstellung zwischen dem edlen Ceylonzimt und dem weniger wertvollen chinesischen Zimt ein. Daraus läßt sich aber noch kein Schluß auf die Marktfähigkeit der in Frage stehenden Zimtrinde ziehen. Denn der Gehalt der verschiedenen
Schichten der Zimtrinden an Zimtöl ist, wie noch eingehender dargelegt werden soll,
sehr verschieden und wechselt ebenso in gewissen Grenzen wie die Zusammensetzung
des Öles selbst. Aus diesen Gründen wird z. B. die Rinde des Ceylonzimtstrauches
für den Handel insofern vorbereitet, als die ölarmen und daher als Gewürz wertlosen
Außenschichten der Rinde abgeschält werden.

Um ein Urteil über den Gewürzwert und die Marktfähigkeit der Seychellenzimtrinde zu gewinnen, war daher nicht nur die Ermittelung der Zusammensetzung
ihres ätherischen Öles erforderlich, sondern auch eine Feststellung darüber, ob der
Gewürzwert der verschiedenen Rindenschichten ein gleicher war, oder ob sich darunter
auch wertlose Teile befanden.

Zu der vorliegenden Untersuchung wurde eine Seychellenzimtrinde verwendet,
die von dem „Verein der Drogen- und Chemikalien-Großhändler in Berlin (E. V.)“
dem Kaiserlichen Gesundheitsamte zur Verfügung gestellt worden war und nachweislich von den Seychelleninseln stammte. Die Rinde besteht aus flach zylindrisch
gewölbten, borkigen Stücken verschiedener Größe, von denen einige bis 12 cm lang
und etwa halb so breit sind. Die Dicke liegt zwischen 2,5 und 12 mm. Eine auch
nur oberflächliche Reinigung oder Entfernung der Oberhaut war augenscheinlich nicht
vorgenommen worden, ein Verfahren, das man auch beim minderwertigen Holzzimt
findet. Die dünneren, d. h. die jüngeren Stücke der Seychellenzimtrinde sind auf

---

[1]) E. Gildemeister u. Fr. Hoffmann, Die ätherischen Öle, Berlin 1899, Seite 493.
[2]) Daselbst, Seite 500.

der Außenseite glatt, während die älteren dicken Stücke borkig und runzelig sind. Auf der Außenseite der meisten Rindenstücke sind eingetrocknete Algen und Reste von Flechten sichtbar, die besonders den jüngeren Rinden häufig eine grünlich-weiße Färbung erteilen. Die Innenseite der vorliegenden Zimtrinde ist braun gefärbt. Der Geruch ist kräftig und angenehm zimtartig. Schon durch den Geschmack läßt es sich jedoch erkennen, daß die einzelnen Schichten der Rinde sehr verschiedenen Gewürzwert besitzen. Während die äußere Schicht süßlich und erst nach einiger Zeit schwach gewürzhaft schmeckt, weist die Innenrinde einen ausgesprochenen kräftigen Zimtgeschmack auf, der dem des Ceylonzimtes, der am meisten geschätzten Zimtsorte, nahe steht, sich aber von ihm dadurch unterscheidet, daß er nicht so mild, sondern mehr brennend ist.

Zur chemischen Untersuchung gelangte in erster Linie eine Durchschnittsprobe. Ferner wurden die dickeren Rindenstücke in drei Schichten gespalten, die dann als Innen-, Mittel- und Außenrinde einzeln analysiert wurden. Schließlich wurde noch das Alter der Rinde in Betracht gezogen, indem die jüngeren Rindenstücke, deren Dicke 2,5—4 mm betrug, ausgelesen, analysiert und mit den ältesten, deren Dicke 7—12 mm betrug, verglichen wurden. Die Untersuchung erstreckte sich auf die Bestimmung des Aschengehaltes, der in Salzsäure unlöslichen Bestandteile und der Alkalität der Asche, des alkoholischen Extraktes, der Busseschen Bleizahl und des Rohfasergehaltes. Der Schwerpunkt der Untersuchung lag jedoch in der Bestimmung der Menge und der Zusammensetzung des in der Seychellenzimtrinde enthaltenen flüchtigen Öles.

Zur Bestimmung des Aschengehaltes wurden je 10 g der gemahlenen Substanz in der üblichen Weise im Platinschälchen über kleiner Flamme verascht. Das Pulver begann schon bei niedriger Temperatur zu verglimmen und hinterließ eine fast weiße Asche. Nach Feststellung ihres Gewichtes wurde sie noch mit 10 %iger Salzsäure ausgelaugt, worauf die in Salzsäure unlöslichen Aschenbestandteile ebenfalls zur Wägung gebracht wurden. Die Ergebnisse sind in folgender Tabelle enthalten.

Tabelle 1.

Substanz	Aschen-gehalt %	Mittel %	Gehalt an in Salzsäure un-löslichen Be-standteilen %	Mittel %
1. Durchschnittsrinde	5,43	} 5,50	0,09	} 0,095
„	5,57		0,10	
2. Dünne Rinde 2,5—4 mm Dicke	6,14	—	0,02	—
3. ungespalten	5,00	—	0,01	—
4. innere Schicht	7,58	} 7,59	0,16	} 0,135
„ „	7,60		0,11	
5. mittlere Schicht	—	—	—	— [1]
6. äußere Schicht	4,51	} 4,56	0,09	} 0,06
„ „	4,61		0,03	

Dicke Rinde, 7—12 mm Dicke (Zeilen 3—6)

[1] Aus Mangel an Material nicht bestimmt.

Die „Vereinbarungen" (Heft II, Seite 56) setzen als höchste Grenzzahl für den Aschengehalt bei Ceylon- uud Cassiazimt in Röhrenform 5 % und für den in Salzsäure unlöslichen Anteil 2 % fest. Bei der Gesamtasche der Innenrinde wird diese Grenzzahl nicht unerheblich überschritten, bei der Gesamtrinde immerhin noch um 0,5 %. Rosenthaler und Reis fanden bei ihrer schon erwähnten Untersuchung der Gesamtrinde die noch höhere Zahl 8,6 %, während Beythien und Hepp einen Aschengehalt von 6,69 % feststellten.

Überraschend gering ist der Gehalt der Asche an in Salzsäure unlöslichen Bestandteilen; er beträgt etwa 0,1 %, während die genannten Autoren 0,4 bezw. 0,2 % fanden. Bemerkenswert ist es ferner, daß die inneren Schichten reicher an diesem unlöslichen Anteile sind als die äußeren, welche doch der Verunreinigung durch Staub und dergl. in viel stärkerem Maße ausgesetzt sind.

Die Verschiedenheit der Schichten der Seychellenzimtrinde zeigt sich nicht nur im Außengehalte, sondern auch in der Alkalität der Aschen. Zur Neutralisation erforderte 1 g der Gesamtasche der Innenrinde 16,3 ccm $n/_1$-Salzsäure, der Außenrinde 9,1 ccm, während die Asche der Gesamtrinde 12,7 ccm $n/_1$-Salzsäure verbrauchte. Rosenthaler und Reis fanden für die Alkalität der Asche der Gesamtrinde eine etwas höhere Zahl, nämlich 15,8 ccm $n/_1$-Salzsäure.

Es ergibt sich also, daß der Aschengehalt weder der Gesamtrinde, noch der jungen, dünnen Rinde den Anforderungen der „Vereinbarungen" entspricht. Nur die wertlose Außenrinde erreicht nicht die dort angegebene Grenzzahl von 5 %.

Die Bestimmung des alkoholischen Extraktes wurde mit je 20 g Substanz im Soxhletschen Extraktionsapparate vorgenommen. Es zeigte sich dabei, daß das Extrakt der Innenrinde bedeutend gehaltreicher, aber viel schwächer gefärbt war als dasjenige der Außen- und der Gesamtrinde. Die Ergebnisse sind in Tabelle 2 enthalten.

Tabelle 2.

Substanz		Gehalt an Alkoholextrakt %	Mittel %
Durchschnittsrinde		10,18	10,37
„		10,56	
Dünne Rinde		12,8	12,1
„		11,4	
Dicke Rinde	ungespalten	9,3	9,5
	„	9,7	
	innere Rinde	15,38	15,50
	„ „	15,62	
	äußere Rinde	7,86	7,94
	„ „	8,02	

Rosenthaler und Reis haben die Menge des Alkoholextraktes der Gesamtrinde zu 7,27 % festgestellt, finden also bei ihrer Rinde ungefähr 3 % weniger; Beythien und Hepp geben den Wert zu 11,50 % an. König hat in seiner „Chemie der menschlichen

Nahrungs- und Genußmittel"[1]) die Analysen einer Reihe verschiedener Zimtsorten wiedergegeben. Beim Ceylonzimt beträgt das Alkoholextrakt im Mittel 12,85 %, bei der Cassiarinde 5,32 %. Demnach steht die Durchschnitts-Seychellenzimtrinde in bezug auf den Extraktgehalt zwischen dem Ceylon- und Cassiazimt. Die gewürzreiche Innenrinde übertrifft in dieser Hinsicht sogar noch den Ceylonzimt, während die jungen, dünnen Rinden ihm völlig gleichwertig sind. Für die Bewertung der einzelnen Rindenschichten ist ihr Extraktgehalt von Bedeutung, da der Wert der Zimtrinden in einem ähnlichen Verhältnis steht, wie ihr Extraktgehalt. Der hohe Gewürzwert der jungen Rinden und der inneren Schichten und die untergeordnete Bedeutung der Außenschichten treten daher in der Tabelle 2 deutlich hervor. .

Zur Bestimmung des Zimtöles wurden 100 g oder auch nur 50 g der betreffenden fein gemahlenen Zimtrinde mit heißem Wasser angerührt und das Gemisch mit Wasserdampf destilliert. Das schwach milchige Destillat, in dem Öltröpfchen verteilt waren, wurde mit Äther wiederholt ausgeschüttelt, worauf die ätherische Lösung mit Chlorkalzium getrocknet und filtriert wurde. Nach dem Verdampfen des Äthers wurde das zurückgebliebene, gelbliche, stark gewürzig riechende Öl gewogen. Das Zimtöl der Seychellenzimtrinde hat ungefähr dasselbe spezifische Gewicht wie Wasser. Ein Teil sinkt zu Boden, ein Teil schwimmt auf der Oberfläche des Wassers. Die Tabelle 3, in der das Ergebnis der Einzelbestimmungen niedergelegt ist, zeigt, daß der Gehalt der verschiedenen Teile der Rinde an Zimtöl sehr verschieden ist.

Tabelle 3.

Substanz		Gehalt an Zimtöl %	Mittel %
Durchschnittsrinde		1,12	
"		1,12	1,12
"		1,13	
Dünne Rinde		1,83	1,76
" "		1,69	
Dicke Rinde	ungespalten	0,86	0,90
	"	0,93	
	Innen	2,69	
	"	2,71	2,68
	"	2,64	
	Außen	0,35	
	"	0,35	0,36
	"	0,37	
	Mittel	0,96	0,96

Demnach ist die innere Schicht der Seychellenzimtrinde reich an Zimtöl, und auch der Gehalt der dünnen Rindenstücke ist nicht unbeträchtlich, während die Außenrinde nur wenig Öl besitzt. Nach König (a. a. O.) beträgt der Zimtölgehalt des Ceylonzimtes im Durchschnitt 1,40 %, des Cassiazimtes 1,52 % und der des Holzzimtes 1,21 %. Demnach können die dünnen Rinden des Seychellenzimtes und vor

---

[1]) **Bd. I, S. 972.**

allem die inneren Schichten der Rinde den gehaltreichsten Zimtsorten an die Seite gestellt werden. Die Außenrinde ist jedoch, wie schon aus dem Geschmack geschlossen werden konnte, sehr arm an würzenden Stoffen und hat als Gewürz keinen Wert. Zweifellos drückt daher die Außenrinde den Gewürzwert der dicken Rindenstücke herab und muß, um die Seychellenzimtrinde zu einer marktfähigen Ware zu machen, als unnötiger und schädlicher Ballast entfernt werden, wie dies ja auch bei dem Ceylon- und Cassiazimt in mehr oder weniger ausgedehntem Maße geschieht.

Der Wert des Zimtes richtet sich nun nicht allein nach der darin enthaltenen Menge Zimtöl, sondern auch nach der chemischen Zusammensetzung dieses Öles. Während das weniger wertvolle Cassiaöl zu ungefähr 90% und mehr aus Zimtaldehyd besteht, verdankt das im Preise bedeutend höher stehende Ceylonzimtöl seinen größeren Wert einem recht beträchtlichen Gehalte an Eugenol.

Um die Zusammensetzung der Öle der Seychellenzimtrinde kennen zu lernen, wurden die verschiedenen durch Destillation der Rinde mit Wasserdampf erhaltenen Öle, nachdem sie gewogen waren, mit 3%iger Natronlauge geschüttelt, wodurch die phenolischen Bestandteile als Natrium-Verbindungen in Lösung gehen. Das ungelöste Öl wurde wieder in Äther aufgenommeu und nach dem Trocknen uud Verjagen des Äthers gewogen. Wie aus Tabelle 4 hervorgeht, ist der Gehalt des Seychellenzimtöles an phenolischen Bestandteilen ein recht hoher. Diese wurden zur näheren Charakterisierung aus der alkalischen Lösung durch Ansäuern mit verdünnter Salzsäure frei gemacht und mit Äther ausgeschüttelt. Wie der charakteristische Nelkengeruch des Rückstandes der ätherischen Lösung zeigte, lag hauptsächlich Eugenol vor. Ob neben Eugenol noch andere Phenole vorhanden waren, wurde, da es außerhalb des Rahmens der Untersuchung lag, nicht festgestellt.

Um den Gehalt an Zimtaldehyd zu bestimmen, wurden die von den Phenolen befreiten Zimtöle längere Zeit mit 30%iger Natriumbisulfitlösung auf dem Wasserbade erwärmt. Nach den Untersuchungen von Fr. Heusler[1] bildet sich hierbei zuerst das zimtaldehydschwefligsaure Natrium, ein in Wasser schwer löslicher Stoff.

$$C_6H_5 \cdot CH : CH \cdot CHO + NaHSO_3 \rightleftharpoons$$
$$C_6H_5 \cdot CH : CH \cdot CH\,(OH) \cdot SO_3Na.$$

Diese Doppelverbindung zerfällt beim Erwärmen unter Bildung des wasserlöslichen sulfozimtaldehydschwefligsauren Natriums.

$$2\,C_6H_5 \cdot CH : CH \cdot CH(OH) \cdot SO_3Na =$$
$$C_6H_5 \cdot CH : CH \cdot CHO + C_6H_5 \cdot CH_2 \cdot CH\,(SO_3Na) \cdot CH(OH) \cdot SO_3Na.$$

An dem Verschwinden des charakteristischen Zimtaldehydgeruches läßt sich leicht feststellen, wann die Reaktion genügend weit vorgeschritten ist. Ein anderes Merkmal ist das allmähliche Verschwinden der festen Kristallmasse der Aldehyd-Bisulfitdoppelverbindung und das Zurückbleiben eines dünnflüssigen gelben Öles. Dieses Öl, das wohl hauptsächlich aus Terpenkohlenwasserstoffen besteht, wurde durch Ausschütteln mit Äther gewonnen und gewogen. Aus der gefundenen Gewichtsverminderung ergibt sich dann der Gehalt an Zimtaldehyd. Der Gehalt der ver-

---

[1] Ber. d. Deutsch. Chem. Ges. **24**, 1805 (1891).

schiedenen Zimtöle an Phenolen (Eugenol) und Aldehyd ist in Tabelle 4 angegeben. Der Rest der Zimtöle konnte aus Mangel an Material nicht weiter untersucht werden.

Tabelle 4.

| Substanz | Gehalt an | | Rest |
	Eugenol %	Aldehyd %	%
Dünne Rinde	15,8	71,2	13,0
Dicke Rinde	14,5	68,2	17,3
Außenrinde	15,7	60,1	24,2
Mittelrinde	17,3	72,6	10,1
Innenrinde	16,5	73,5	10,0

Das Öl der Ceylonzimtrinde enthält 65—75% Zimtaldehyd und 4—8% Eugenol; das Zimtblätteröl soll sogar 90% Eugenol enthalten. Demnach besitzt das Seychellenzimtöl einen ebenso hohen Gehalt an Zimtaldehyd wie das Ceylonöl, übertrifft es aber etwas durch seinen Gehalt an Eugenol.

Schimmel & Co. geben in ihrem bereits erwähnten Berichte mehrere Analysen von Seychellenzimtölen an, die 6—15% Phenole enthielten und einen Zimtaldehydgehalt von nur 25—35% besaßen.

Die Zusammensetzung des aus den verschiedenen Rinden und Teilen der Rinde abgeschiedenen Öles scheint nicht erheblich zu variieren. Während aber der hohe Gehalt dieser Zimtöle an Eugenol einen günstigen Schluß auf den Gewürzwert des Seychellenzimtes zuläßt, erregt das Vorhandensein auch ölarmer Rindenteile zum mindesten Bedenken hinsichtlich der Marktfähigkeit des Gewürzes in der vorliegenden Form, in der die ölarme Außenrinde noch vorhanden ist.

Bussesche Bleizahl. Ein weiterer Anhaltspunkt zur Beurteilung des Wertes des Seychellenzimtes wurde durch Bestimmung der Busseschen Bleizahl zu gewinnen versucht, wobei nach der in der Abhandlung von Busse[1] näher angegebenen Methode gearbeitet wurde.

Die so erhaltenen Bleizahlen[2] der Rinden verschiedenen Alters und der verschiedenen Rindenschichten sind in Tabelle 5 wiedergegeben.

Tabelle 5.

Substanz	Bussesche Bleizahl %
Durchschnittsrinde	0,039
Dünne Rinde	0,024
Dicke Rinde — Gesamtrinde	0,056
Dicke Rinde — Außenrinde	0,087
Dicke Rinde — Mittelrinde	0,042
Dicke Rinde — Innenrinde	0,021

[1] Über Gewürze. I. Pfeffer. Arbeiten aus dem Kaiserl. Ges.-Amte, Bd. 9 (1894), S. 529.
[2] Als Bussesche „Bleizahl" wird diejenige Menge metallischen Bleies in g bezeichnet, die durch die in 1 g Gewürzpulver enthaltenen bleifällenden Stoffe gebunden wird.

Aus diesen Zahlen geht hervor, daß die Rinden und Rindenanteile eine um so größere Bleizahl besitzen, je geringer ihr Gehalt an ätherischen Ölen und je geringer daher ihr Gewürzwert ist.

Die Rohfaserbestimmung wurde nach der von König[1]) angegebenen Glyzerin-Schwefelsäure-Methode vorgenommen. Dabei erwies es sich als vorteilhaft und sehr zeitersparend, die Veraschung nicht im Goochtiegel selbst vorzunehmen, sondern in einem Extraktschälchen. Asche und Asbest wurden dann wieder in den Goochtiegel zurückgebracht, nochmals geglüht und gewogen. Das Ergebnis der Bestimmungen ist in folgender Tabelle enthalten:

Tabelle 6.

Substanz	Rohfasergehalt %
Durchschnittsrinde	38,1
Dünne Rinde	39,1
Dicke Rinde — Gesamtrinde.	37,5
Dicke Rinde — Außenrinde	19,5
Dicke Rinde — Mittelrinde	33,6
Dicke Rinde — Innenrinde	40,0

Rosenthaler und Reis fanden 36,04 % Rohfaser, Beythien und Hepp, die nach dem Weender Verfahren arbeiteten, 47,05 %. Die Innenrinde und die dünnen, jungen Rindenstücke zeichnen sich vor den übrigen Anteilen durch einen höheren Rohfasergehalt aus.

Daß der Seychellenzimt dem Ceylonzimt nahe steht, zeigt auch eine von Flückiger angegebene Reaktion[2]). Es wurden 3 g Zimtrinde mit 30 ccm Wasser aufgekocht und koliert. Diese Kolatur gab mit 2 Tropfen Jodtinktur keine Blaufärbung; eine solche zeigt der chinesische Zimt im Gegensatz zu dem Ceylonzimt.

Zucker konnte trotz des deutlich süßen Geschmackes der Innenrinde polarimetrisch nicht mit Sicherheit nachgewiesen werden. Es wurden 10 g Zimtrinde mit 50 ccm Wasser 10 Minuten lang geschüttelt; die erhaltene Lösung wurde nach dem Filtrieren mit einigen ccm Bleiacetatlösung geklärt und nach erneutem Filtrieren im 200-mm-Rohr polarisiert. Es war unsicher, ob eine Linksdrehung vorlag. Auch durch Zusatz einiger Tropfen Salzsäure und Erwärmen auf dem Wasserbade konnte keine merkliche Ablenkung der Polarisationsebene erreicht werden. Mit Fehlingscher Lösung ergab ein wässeriger Auszug der gemahlenen Rinde eine nur sehr schwache Reaktion.

Zusammenfassung der Ergebnisse der chemischen Untersuchung.

Die vorliegende Probe Seychellenzimtrinde enthält neben recht wertvollen, gewürzreichen jungen und inneren älteren Teilen auch ziemlich wertlose äußere, die als Gewürz nicht in Betracht kommen können. Der Aschengehalt der Rinde ist höher,

---

[1]) Zeitschr. f. Untersuch. der Nahr.- u. Genußmittel **12**, 386 (1906).
[2]) Elsner, Praxis des Chemikers, 8. Aufl. S. 697.

als der von den „Vereinbarungen" für Ceylon- und Cassiazimt als höchste Grenzzahl festgesetzte. Die innere Rindenschicht und die junge, dünne Rinde besitzen einen sehr hohen Gehalt an alkohollöslichen Stoffen und an Zimtöl. Das Zimtöl der Seychellenzimtrinde steht dem Ceylonöl nahe, dessen feinen Geruch es jedoch nicht besitzt. Von Bedeutung ist der hohe Eugenol- und Zimtaldehydgehalt des Seychellenzimtöles.

Die chemische Untersuchung liefert somit ein Analysenbild, welches in seiner Gesamtheit zwar charakteristisch für die Seychellenzimtrinde ist; besonders kennzeichnend für diese Droge ist aber der Gehalt an einem einzelnen Bestandteil oder eine sonstige Konstante nicht. Es ist daher bisher nicht möglich, auf chemischanalytischem Wege Seychellenzimtrinde von den andern Zimtsorten mit Sicherheit zu unterscheiden und vor allem nicht ein Gemisch der verschiedenen Zimtsorten zu erkennen.

Um Aufschluß darüber zu gewinnen, ob die Seychellenzimtrinde sich von den andern Zimtrinden in morphologisch-anatomischer Beziehung unterscheidet, wurde von dem Ständigen Mitarbeiter im Kaiserlichen Gesundheitsamte, Herrn Dr. Müller, eine vergleichende mikroskopische Untersuchung an Quer- und Längsschnitten der Rinde vorgenommen, deren Ergebnisse ich mit freundlicher Genehmigung des genannten Herrn hierhersetze.

1. Seychellenzimtrinde. Auf die Korkschichten folgen hauptsächlich auf den Innen- und Radialwänden verdickte, sklerotische Zellen, primäres Rindenparenchym mit viel Stärke und vereinzelte Sekretbehälter. Ein starker Sklerenchymring schließt die sekundäre Rinde (Innenrinde) ein. In dieser finden sich nur vereinzelte Sklerenchymgruppen, dagegen sehr häufig Bastfasern, die in regelmäßigen Reihen mit dem Bastparenchym abwechseln. Sehr auffallend sind die Markstrahlen, die sich infolge ihres ganz außergewöhnlich reichen Gehaltes an vorwiegend nadelförmigen oder langgestreckten rhombischen Oxalatkristallen als dunkle Bänder im Querschnitt abheben. In den weiteren Einzelheiten decken sich die Befunde mit den von Rosenthaler und Reis gemachten Angaben.

2. Chinesischer Zimt. Die Beschaffenheit der primären Rinde (Außenrinde) weicht nicht wesentlich von der der Seychellenzimtrinde ab. Auch hier findet sich ein geschlossener Sklerenchymring, was beweist, daß die Droge nicht von einer Cassiaart abstammt. In der sekundären Rinde sind nur vereinzelte Sklerenchymgruppen und wenig Bastfasern vorhanden. Die letzteren lassen keine regelmäßige Anordnung erkennen. Die Markstrahlen, die bei den durchgehends dünnen Rinden nicht sehr auffällig entwickelt sind, fallen gegenüber denjenigen der Seychellenzimtrinde durch ihre Armut an Oxalatkristallen auf.

3. Saigoncassia. Die primäre Rinde zeigt keine charakteristischen Unterschiede von den beiden oben beschriebenen; nur Sekretzellen wurden hier in etwas größerer Anzahl gefunden. Der Sklerenchymring wird hier durch ausgedehnte Gruppen von Sklerenchymzellen ersetzt, die durch Rindenparenchym voneinander getrennt sind und sich weit in die sekundäre Rinde zwischen die Markstrahlen hinein erstrecken. In der stark entwickelten sekundären Rinde lassen die ziemlich häufigen Bastfasern

eine regelmäßige Anordnung erkennen. Die Markstrahlen fallen durch den reichlichen Gehalt an Oxalatkristallen auf, die hier aber im Gegensatz zur Seychellenzimtrinde fast ausschließlich die Form von Tafeln haben.

4. Während bei diesen drei Drogen die Außenrinde nicht entfernt worden war, fehlt sie beim Ceylonzimt mehr oder weniger vollständig. Korkzellen sind hier daher nur ausnahmsweise zu finden. Auf einen 2—3 Zellen starken, sklerotisierten Ring folgen die Elemente der Innenrinde, in denen sich ganz vereinzelt kleine sklerotisierte Zellgruppen und verhältnismäßig wenig Bastfasern vorfinden, die eine bestimmte Anordnung nicht erkennen lassen. Die wenig auffallenden Markstrahlen sind im Vergleich zur Seychellenzimtrinde kristallarm.

Vorausgesetzt, daß bei einer Untersuchung von Rinden verschiedenen Alters und von verschiedenen Standorten die an dem hier untersuchten Material aufgefundenen Merkmale sich als für die Art charakteristisch erweisen, so würde eine Unterscheidung der erwähnten Zimtsorten an Querschnitten sehr wohl möglich sein. Schwieriger würde, wenn man vom Ceylonzimt absieht, eine Diagnose der Zimtpulver durchzuführen sein, da hier die charakteristische Anordnung der einzelnen Elemente fortfällt, und qualitativ verschiedene Gewebe hier nicht vorhanden sind. Es müßte daher versucht werden, auf Grund des quantitativen Verhältnisses der einzelnen Gewebszellen und ihrer Inhaltsbestandteile eine Unterscheidung zu ermöglichen. Vielleicht wären in diesem Sinne zu verwerten als Charakteristika von

1. Seychellenzimtrindenpulver: zahlreiche Bastfasern und zahlreiche, vorwiegend nadelförmige und gestreckt rhombische Oxalatkristalle in den Markstrahlzellen;

2. Pulver von chinesischem Zimt: wenig Bastfasern, wenig Oxalatkristalle;

3. Pulver von Saigon-Cassia: zahlreiche Bastfasern und ziemlich zahlreiche, meist tafelförmige Oxalatkristalle in den Markstrahlzellen.

4. Von diesen drei Arten würde, vorausgesetzt, daß sie nicht auch nach Entfernung der Außenrinde im Handel vorkommen, der Ceylonzimt ohne Schwierigkeit durch das Fehlen oder nur ganz vereinzelte Vorkommen von Korkzellen zu unterscheiden sein.

Vorstehende Arbeit wurde im Sommer 1910 im chemischen Laboratorium des Kaiserlichen Gesundheitsamtes ausgeführt.

Zum Schluß ist es mir eine angenehme Pflicht, den Ständigen Mitarbeitern im Kaiserlichen Gesundheitsamte Herrn Dr. Lange für Hinweise und Unterstützung bei der chemischen Untersuchung, Herrn Dr. Müller für Überlassung der Ergebnisse seiner botanischen Untersuchung der Seychellenzimtrinde verbindlichst zu danken.

Berlin, im August 1910.

Beiträge zum Nachweis der Benzoesäure in Nahrungs- und Genußmitteln.

Von

Dr. Ed. Polenske,

Technischem Rat im Kaiserlichen Gesundheitsamte.

I. Über die quantitative Bestimmung der gesamten Benzoesäure in Preißelbeeren und in Preißelbeerkompot.

Das natürliche Vorkommen der Benzoesäure im Pflanzenreich gehört nicht zur Seltenheit. In größerer Menge ist diese Säure in den Preißelbeeren (Vaccinium vitis idaea), Moosbeeren (Vacc. oxycoccos) und Kranbeeren (Vacc. marcrocarpum) nachgewiesen worden. Nach Untersuchungen von C. Griebel[1]) enthalten die genannten drei Beerenfrüchte neben freier, auch noch als Glycosid esterartig gebundene Benzoesäure.

Über die Gesamtmenge der in Preißelbeeren vorhandenen Benzoesäure zeigen die Literaturangaben große Unterschiede, die zum Teil auf den verschiedenen Reifezustand der Beeren, teilweise aber wohl auch auf die Anwendung verschiedener Untersuchungsmethoden zurückgeführt werden müssen. Die nachstehende Arbeit hat lediglich die Mitteilung einer zweckmäßigen Methode zum Gegenstande, nach der in Preißelbeeren und in Preißelbeerkompot der Gesamtgehalt der Benzoesäure mit guter Übereinstimmung bestimmt werden kann.

Das vorliegende Verfahren, welches zu gleichem Zweck auch auf andere Pflanzenstoffe angewandt werden kann, zerfällt 1. in die Auslaugung des Rohstoffs, 2. in die Herstellung der Rohbenzoesäure, 3. in die Reinigung der Rohsäure durch das Oxydationsverfahren mit Permanganat nach C. v. d. Heide und F. Jakob[2]), 4. in die Sublimation und das Titrieren der reinen Benzoesäure; es wird folgendermaßen ausgeführt. „50 g der zu einem Brei zerquetschten oder zerriebenen Substanz werden in einem Kolben von 500 ccm Inhalt mit 300 ccm 96 %igem Alkohol gemischt. Nach Verbindung des Kolbens mit einem Kühlrohr wird das Gemisch unter öfterem Umschütteln auf dem Wasserbade bei etwa 70° 1 Stunde lang erhitzt. Darauf wird das auf etwa 40° abgekühlte Gemisch mit starker Natronlauge (1 + 2) alkalisch gemacht und dann mit noch soviel Lauge versetzt, bis sich ein grüner Farbumschlag zeigt, wobei sich die Flüssigkeit aufhellt. Hierauf wird das auf 15° abgekühlte Gemisch

---

[1]) Zeitschr. f. Unters. d. Nahrungs- und Genußmittel. 1910, 19, 241.
[2]) Ebenda. 1910, 19, 138.

mittels einer Wasserstrahlluftpumpe durch eine Wittsche Platte filtriert und der auf der Platte zusammengepreßte Rückstand 5 mal mit je 20 ccm 96 %igem Alkohol ausgelaugt. Das alkalische klare Filtrat wird zuerst durch Destillation und dann durch Verdunsten in einer Schale auf dem Wasserbade vom Alkohol befreit. Der noch warme Rückstand, dessen Volum etwa 40 ccm beträgt, wird alsdann mit verdünnter Schwefelsäure (1 + 3) stark angesäuert und noch warm durch ein gut anliegendes, genäßtes Filter in einen Schüttelzylinder von 300 ccm Inhalt filtriert. Schale und Rückstand werden alsdann mit angesäuertem warmen Wasser solange gewaschen, bis das letzte Filtrat farblos abfließt. Das etwa 80 ccm betragende klare Filtrat wird zuerst mit 50 ccm Äther 1 Minute lang und dann nach Zusatz von 50 ccm Petroläther vom Siedepunkt 50 ° mindestens ebensolange kräftig durchgeschüttelt. Nachdem sich das Äther-Petroläthergemisch scharf abgeschieden hat, trennt man es von der sauren Flüssigkeit und entzieht ihm durch Ausschütteln mit 10 ccm einer 5 %igen Natronlauge die Benzoesäure. Mit dem von der benzoathaltigen Lauge sich abscheidenden Äther-Petroläthergemisch werden alsdann noch weitere vier Ausschüttelungen der sauren Flüssigkeit ausgeführt, mit den so erhaltenen Ausschüttelungen wird unter Anwendung derselben Lauge in gleicher Weise wie vorher verfahren. Die wässerige, alkalische, benzoathaltige Lauge nebst Waschwasser gibt man in eine Porzellanschale, erwärmt auf dem Wasserbad und zerstört nunmehr durch tropfenweisen Zusatz einer gesättigten Permanganatlösung, bis die Rotfärbung einige Minuten bestehen bleibt, die organischen Beimengungen der in Lösung befindlichen Benzoesäure. Nach Beendigung der Oxydation setzt man zur Entfernung des überschüssigen Permanganats tropfenweise eine gesättigte Lösung von Natriumsulfit hinzu, säuert dann mit verdünnter Schwefelsäure an und bringt den ausgeschiedenen Braunstein durch weiteren vorsichtigen Zusatz von Natriumsulfitlösung gerade in Lösung.

Der klaren, farblosen Flüssigkeit, in der sich beim Erkalten zuweilen schon kristallisierte Benzoesäure abscheidet, wird die Benzoesäure durch viermaliges Ausschütteln mit je 15 ccm Äther entzogen.

Die vereinigten Ätherauszüge läßt man in einem trockenen Becherglase ½ Stunde lang absetzen und filtriert die ätherische Lösung dann durch einen in das Trichterrohr eingeschobenen, etwa 2 cm langen entfetteten und getrockneten Wattestopfen, in ein Destillierkölbchen. Nach dem Abdestillieren des Äthers aus einem Wasserbade von 37—38° bringt man den in etwa 8—10 ccm Äther gelösten Rückstand unter Zusatz einiger Stäubchen Bimssteinpulvers in ein Reagenzglas von etwa 16 cm Länge und 1½ cm lichter Weite und destilliert den Äther aus dem Wasserbade bei 37—38° ab. Der trockene Rückstand wird zuerst mit 2 g trockenem, gereinigten Seesand bedeckt, darauf durch eine etwa 12—13 cm tief eingeschobene Scheibe Filtrierpapier von dem oberen, rein gebliebenen Teile des Reagenzglases getrennt und dann sublimiert. Als Heizbad für die Sublimation verwendet man ein 7 cm hohes und 3½ cm weites Wägegläschen, welches 4 cm hoch mit Paraffinöl gefüllt wird. Die Öffnung des Glases bedeckt man mit einer Scheibe von Kartenpappe, in der sich zwei passende Öffnungen für das Reagenzglas und Thermometer befinden. Das Paraffinbad stellt man auf ein mit Asbesteinlage versehenes Drahtnetz, dann wird das mit einem Uhrglas bedeckte Reagenzglas senkrecht etwa 4 cm tief in das Paraffinöl gehängt und durch 4 Stunden langes Erhitzen des Paraffinbades auf 180—190° die Sublimation der Benzoesäure bewerkstelligt. Nach Beendigung der Sublimation befindet sich das farblose, kristallinische Sublimat unmittelbar oberhalb der Pappscheibe an den Wandungen des Reagenzglases. Das außen gesäuberte Reagenzglas wird etwa 1 cm unterhalb des Sublimatansatzes mit einem scharfen Feilstrich versehen und der untere Teil des Glases mit einem glühenden Glasstabe abgesprengt. Nachdem das Gewicht der Röhre mit dem Sublimat festgestellt worden ist, werden die Kristalle in neutralem Alkohol gelöst und unter Zusatz von Phenolphthalein mit $n/10$ Lauge titriert. 1 ccm $n/10$ Lauge entspricht 0,0122 g Benzoesäure.

Das Sublimat besteht aus farblosen, federförmigen Kristallen, deren Schmelzpunkt bei 121°, dem Schmelzpunkte der Benzoesäure, liegt. Die neutralisierte wässerige Lösung des Sublimats gibt mit Ferrichloridlösung den charakteristisch fleischfarbigen Niederschlag von Ferribenzoat.

Um bei einer Nachprüfung des Verfahrens einen sicheren Erfolg zu verbürgen, hielt ich es für notwendig, das Verfahren möglichst eingehend zu beschreiben.

Die nach diesem Verfahren ausgeführten Bestimmungen der Benzoesäure erstreckten sich auf mehrere Proben frischer Preißelbeeren von verschiedener Reife, auf eine Probe getrockneter Preißelbeeren (Handelsware) und einige Proben in verschiedenen Haushaltungen mit und ohne Zuckerzusatz eingekochten Preißelbeerkompots. Die erhaltenen Untersuchungsergebnisse befinden sich in folgender Tabelle (S. 44).

Aus nachstehender Tabelle geht hervor, daß die in den untersuchten Proben frischer Preißelbeeren natürlich vorkommende Gesamtmenge von Benzoesäure, je nach dem Reifezustand der Beeren, 0,089—0,206 % betrug. Die nahe Übereinstimmung der Werte in den Spalten 3 und 4 der Tabelle beweist, daß die nach vorstehendem Verfahren durch Sublimation erhaltene Benzoesäure nahezu rein ist. Die Werte für den Prozentgehalt des jeweiligen Ausgangsmaterials an Benzoesäure in der letzten Spalte der Tabelle sind mit Hilfe der Werte in Spalte 4 der Tabelle berechnet.

Zu einem ähnlichen Ergebnis bezüglich des Benzoesäuregehalts der Preißelbeeren kam auch Griebel (a. a. O.).

Nach dem Verfahren von Griebel, unter Anwendung der Wasserdampf-Destillation, wurde eine etwas geringere Menge Benzoesäure erhalten, als nach dem Sublimationsverfahren. Die Versuche Nr. 1 und 4 ergaben nach dem Wasserdampf-Destillationsverfahren nur 0.109 bezw. 0.192 % Benzoesäure.

In je 100 g Heidelbeeren (Vacc. myrtillus) und Wald-Erdbeeren konnte nach meinem Verfahren weder Benzoesäure noch Salizylsäure nachgewiesen werden.

II. Über den Nachweis von Benzoesäure im Wein.

Zu den bisher bereits bekannten Verfahren zum Nachweis der Benzoesäure im Wein ist kürzlich ein neues Verfahren[1] von C. v. d. Heide und F. Jakob „Über den Nachweis der Benzoesäure, Zimtsäure und Salizylsäure im Wein" getreten.

---

[1] Zeitschr. f. Unters. d. Nahrungs- und Genußmittel. 1910. 19. S. 137 ff.

4*

Tabelle über den Benzoesäuregehalt der Preißelbeeren und des
Preißelbeerkompots.

Ver- suche	Beschaffenheit der Substanz	Angewandte Substanz- menge g	Gewicht des Sublimats g	Gewicht der titrierten Benzoesäure g	Gehalt des Ausgangs- materials an Benzoesäure %
1	I. Frische Wald-Preißelbeeren, ungleichmäßig reif	50 50	0,062 0,060	0,059 0,058	0,117
2	Desgl.	50 50	0,073 0,072	0,068 0,069	0,137
3	Gleichmäßiger reife Beeren	50 50	0,091 0,093	0,088 0,090	0,178
4	Desgl.	50 50	0,118 0,115	0,105 0,101	0,206
5	II. Frische Gebirgs-Preißelbeeren, ungleichmäßig reif	50 50	0,061 0,064	0,056 0,058	0,114
6	Desgl.	50 50	0,049 0,047	0,045 0,044	0,089
7	Reifere Beeren	50 50	0,072 0,075	0,068 0,069	0,137
8	Desgl.	50 50	0,084 0,087	0,081 0.083	0,164
9	III. Lufttrockene Preißelbeeren (Handelsware) Wassergehalt 12%	10 [1]) 10	0,038 0,041	0,035 0,036	— —
10	IV. Preißelbeerkompot, ohne Zucker eingekocht	50 50	0,074 0,072	0,069 0,069	0,138
11	Mit 40% Zucker eingekocht	50 50	0,042 0,043	0,040 0,040	0,080
12	Mit 50% Zucker eingekocht	50 50	0,030 0,033	0,028 0,031	0,059

Dieses Verfahren erscheint so beachtenswert, daß ich bei Gelegenheit der vorstehend geschilderten Versuche Veranlassung genommen habe, es nachzuprüfen, soweit
die Benzoesäure in Betracht kommt. Die hierbei gemachten Beobachtungen und Ergebnisse sind nachstehend erörtert.

Das in Rede stehende Verfahren zerfällt in zwei Abschnitte, in die Isolierung und
in die Identifizierung der genannten drei Säuren.

1. Zur Isolierung der Benzoesäure aus dem Wein.

In diesem Abschnitt handelt es sich zuerst um die Herstellung einer für die
Ausschüttelung der Rohbenzoesäure geeigneten Weinlösung und dann um die Reinigung
der Rohsäure durch das von den beiden genannten Autoren in Anwendung gebrachte
Oxydationsverfahren mit Permanganat.

---

[1]) Die getrockneten Beeren wurden mit 40 g Wasser zu einem Brei zerrieben.

Wenn vorschriftsgemäß 50 ccm schwach alkalisch gemachter Wein bis auf 10 ccm verdunstet und der mit 5 ccm verdünnter Schwefelsäure angesäuerte Rückstand darauf mit 20—40 ccm Äther ausgeschüttelt wurde, dann entstanden fast ausnahmslos hartnäckig zusammenhaltende Emulsionen, die auch auf Zusatz größerer Äthermengen höchstens nur zum Teil zerfielen. Eine glatte Abscheidung der Ätherschicht fand niemals statt. Dieser Übelstand mag bei Gegenwart größerer Mengen von Benzoesäure im Wein von geringerer Bedeutung sein; handelt es sich aber um den Nachweis von etwa nur 2 mg der Säure in 100 ccm Wein, dann ist für ihren Nachweis eine möglichst quantitative Ausschüttelung mit Äther erforderlich, die jedoch nur bei glatter Abscheidung der gesamten Ätherschicht erzielt werden kann. Dies wurde erreicht, wenn die angesäuerte Weinlösung in klar filtriertem Zustande zur Ausschüttelung mit Äther verwendet wurde. Man verfährt also in der Weise, daß man die Weinlösung für die Ausschüttelung mit Äther vorher klar filtriert, wodurch sich, mit Einschluß des Waschwassers, das Volumen der Flüssigkeit um etwa 10 ccm vermehrt, und das Filtrat dreimal mit je 15 ccm Äther ausschüttelt; dann waren bei weiterer Ausführung der Vorschrift der genannten Autoren noch 2 mg Benzoesäure in 100 ccm Wein nachweisbar.

Durch das Oxydationsverfahren mit Permanganat wurden auch bei Wein stets farblose Benzoatlösungen erhalten, deren Ätherausschüttelungen Rückstände von genügender Reinheit für den Nachweis der Benzoesäure hinterließen. Auch konnten die Angaben der genannten Forscher bestätigt werden, daß gleichzeitig vorhandene Salizylsäure durch das Oxydationsverfahren zerstört wird.

2. Zur Identifizierung der Benzoesäure.

Von den Identitätsreaktionen, die von K. Fischer und O. Gruenert[1]) sowie auch von v. d. Heide und Jakob (a. a. O.) eingehend auf ihren Wert geprüft worden sind, haben sich für den Nachweis von Benzoesäure die Mohlersche Reaktion in der von v. d. Heide und Jakob abgeänderten Ausführung und die von Fischer und Gruenert in Vorschlag gebrachte Überführung der Benzoesäure in Salizylsäure durch Schmelzen mit festem Ätzkali (Salizylsäure-Probe) am empfindlichsten erwiesen. Auch die von mir erhaltenen Ergebnisse bestätigen diese Angaben. Indessen soll darauf hingewiesen werden, daß bei der Salizylsäure-Probe die Kalischmelze mit großer Vorsicht auszuführen ist, was meiner Ansicht nach in der Vorschrift von Fischer und Gruenert nicht genügend zum Ausdruck gebracht worden ist. Nur auf diesen Umstand sind die von anderer Seite und auch anfangs von mir mit dieser Methode erhaltenen Mißerfolge zurückzuführen.

Bei folgender Ausführung erhalte ich jetzt stets sehr gute Ergebnisse: Der die zu prüfende Substanz und 2 g grobgepulvertes Ätzkali enthaltende Silbertiegel (Gewicht 28 g, Höhe 4 cm, Bodenweite 2 cm) wird so tief in ein Tondreieck gestellt, daß der Tiegelboden von der Öffnung eines Bunsenbrenners, bei 3 cm hoher Flamme, $2^{1}/_{2}$ cm entfernt ist und die Flammenspitze beinahe die ganze Bodenfläche des Tiegels berührt.

---

[1]) Zeitschr. f. Unters. d. Nahrungs- und Genußmittel. 1909. 17. 721.

Nachdem das Ätzkali während des Umrührens mit einem starken Platindraht innerhalb 35—45 Sekunden geschmolzen ist, wird die Schmelze noch weitere 2 bis höchstens $2^{1}/_{2}$ — im ganzen also etwa 3 Minuten lang erhitzt. Während dieser Zeit macht sich plötzlich eine lebhaftere Reaktion, unter Graufärbung der Schmelze, bemerkbar. Im übrigen ist nach der in Rede stehenden Vorschrift weiter zu verfahren.

In vorgeschriebener Weise ausgeführt, ist die Salizylsäure-Probe zuverlässig und mindestens ebenso empfindlich wie die Mohlersche Probe.

Vorstehende Untersuchung wurde im chemischen Laboratorium des Kaiserlichen Gesundheitsamts ausgeführt.

Berlin, im Januar 1911.

Über den Nachweis von Kokosnußfett in Butter und Schweineschmalz.

Von

Dr. Eduard Polenske,

Technischem Rat im Kaiserlichen Gesundheitsamte.

I. Einleitung.

Geschichtlich ist über den vorliegenden Gegenstand kurz zu erwähnen, daß Verfälschungen der Butter und des Schweineschmalzes mit Palmfetten (Kokosnußfett), schon seit längerer Zeit vorgekommen sind. Die Butterverfälschungen hatten in den Jahren 1902/03 einen ganz bedeutenden Umfang angenommen, indessen konnten nach den damals bekannten Untersuchungsmethoden selbst gröbere Zusätze der genannten Fette zur Butter und Schmalz nicht sicher nachgewiesen werden. Dieser Umstand veranlaßte eine Anzahl von Landwirtschaftskammern im Verein mit den Ältesten der Kaufmannschaft in Berlin, für die Ausarbeitung einer Methode zur schnellen, sicheren und wenig kostspieligen Ermittelung dieser Verfälschungen ein Preisausschreiben ergehen zu lassen, das im Deutschen Reichsanzeiger vom 15. Februar 1904 veröffentlicht wurde. Als Preise wurden ausgesetzt: 3000 M. für Ermittelung eines Verfahrens zur Feststellung von Palmfetten in der Butter. 1000 M. für Ermittelung eines Verfahrens zur Feststellung von Palmfetten in Schweineschmalz. 2000 M. für Ermittelung eines Verfahrens zur Feststellung von Schweineschmalz in Butter. Der Preisbewerb wurde insbesondere an folgende Bedingungen geknüpft: Die ermittelte Untersuchungsmethode muß in größeren, geeignet eingerichteten chemischen Laboratorien in einem Tage ausgeführt werden können und darf bei einem sicheren Nachweis von schon 15 % des Fremdfettes nicht mehr als 6 M. Kostenaufwand verursachen.

Nach einer Mitteilung der Landwirtschaftskammer für die Provinz Brandenburg[1] hat die Preisgerichtskommission mit Zustimmung sämtlicher am Preisausschreiben beteiligter Korporationen am 7. Oktober 1909 beschlossen, die für die Erteilung von Preisen verfügbare Summe von 4000 M. an Dr. Fendler, Steglitz und Dr. Erich Ewers, Magdeburg, für ihre eingereichten Arbeiten und die darin mitgeteilten Verfahren zu gleichen Teilen (je 2000 M.) zu verteilen.

Über den Nachweis von Kokosfett in Butter sind schon vor dem Jahre 1904

---

[1] Zeitschr. f. öff. Chemie 1910, S. 131.

von A. Reychler[1]), Wauters[2]), F. H. van Leent[3]) und andern Forschern Methoden veröffentlicht worden, nach denen das Vorhandensein von Kokosfett in Butter an der Menge der flüchtigen, im wässerigen Destillate gelösten und ungelösten Fettsäuren erkannt werden soll.

Zu gleichem Zweck und auf gleicher Grundlage aufbauend, habe auch ich im Jahre 1904 „Eine neue Methode zur Bestimmung des Kokosnußfettes in der Butter"[4]) veröffentlicht, in der ich zugleich auf die den Methoden der oben genannten drei Autoren anhaftenden Mängel hingewiesen habe. Zur Nachprüfung des Ewersschen und Fendlerschen Verfahrens habe ich nun neuerdings eine größere Anzahl reiner Butterproben und Gemische derselben mit 10% Kokosnußfett sowohl nach diesen beiden Verfahren als auch gleichzeitig nach meinem Verfahren untersucht.

In nachstehender Abhandlung sollen die nach diesen drei Verfahren erhaltenen Versuchsergebnisse miteinander verglichen werden.

II. Die zur Untersuchung verwendeten Butterproben.

Bei der Wahl der zu den Versuchen verwendeten Butterproben ist absichtlich eine größere Anzahl von Proben mit möglichst niedrigen und hohen Reichert-Meißl-Zahlen berücksichtigt worden, weil an derartigen Proben am sichersten die Zuverlässigkeit der in Rede stehenden Methoden beurteilt werden kann. Ferner wurden sowohl vom April und Mai als auch vom Oktober und November des Jahres 1910 herstammende Butterproben als Untersuchungsmaterial verwendet, wodurch gleichzeitig die Unterschiede, welche Butter bekanntlich im Frühjahr und Herbst aufweist, berücksichtigt worden sind.

Über die Herkunft der untersuchten Butterproben, die zu einem Zweifel an ihrer Reinheit keinen Anlaß geben, ist Folgendes zu beachten:

1. April- und Mai-Butter.

Die Proben Nr. 1, 2 und 3[5]) waren holländische Staatskontrollbutter mit hohen Reichert-Meißlschen Zahlen, die mir durch Vermittelung des Herrn Dr. Fritzsche in Cleve von Herrn van Gulick in Grevenhagen, Direktor der Butterkontrollstation im Haag, eingesandt wurden. Gleicher Herkunft waren die Butterproben Nr. 4 bis 9 mit niedrigen Reichert-Meißlschen Zahlen.

Die Proben Nr. 10—14 erhielt ich von Herrn Dr. Siegfeld vom Milchwirtschaftlichen Institut in Hameln a. W.

Probe Nr. 15 wurde in einer Berliner Butterhandlung (Vereinigte Pommersche Meiereien) und Probe Nr. 16 von der Berliner Molkerei Bolle anfangs Mai 1910 angekauft.

---

[1]) Bull. de la Soc. Chim. Paris 1901, **25**, 142.

[2]) Rev. internat. des falsificat. 1901, **14**, 89/94. Zeitschr. f. Unters. der Nahrungs- und Genußmittel usw. 1902, S. 222.

[3]) Chemisch Weekblad 1903, I, 17.

[4]) Arb. a. d. Kaiserl. Gesundheitsamte 1904. Bd. XX, Heft 3, S. 545 ff.

[5]) Die hier aufgeführten Nummern entsprechen der laufenden Nummer der Butterproben in den Tabellen B, C und D dieser Abhandlung.

Probe Nr. 17 wurde anfangs April 1910 und Probe Nr. 18 anfangs Mai 1910 von der Molkereischule Brehna bei Halle a. S. bezogen. Die Proben Nr. 19—21 übersandte mir Herr Dr. Fritsche-Cleve. Hiervon waren Nr. 19 als Bauernbutter und Nr. 20 und 21 als Molkereibutter dortiger Gegend bezeichnet.

Probe Nr. 22 war eine von Herrn Dr. Fischer-Bentheim eingesandte Gutsbutter und Nr. 23 war anfangs April 1910 angekaufte Butter bester Qualität der Molkerei Bolle-Berlin.

2. Oktober- und November-Butter.

Von diesen 11 Butterproben waren:

Probe Nr. 24 angekaufte Meiereibutter von unbekannter Herkunft.

Die Proben Nr. 25 und 26 sind von der Molkereischule Brehna b. Halle und die Proben Nr. 27 und 28 durch Vermittelung des Herrn Dr. Fritzsche-Cleve von der Molkerei Magdeburg bezogen worden. Die Proben Nr. 29—31 überließ mir Herr Dr. Fritzsche-Cleve. Hiervon stammen die Proben Nr. 29 und 30 von der Molkerei Griethausen bei Cleve und Nr. 31 von der Lehr-Molkerei Boß im Allgäu her. Die Proben Nr. 32—34 waren wieder holländische, unter Staatskontrolle hergestellte Butter, eingesandt von Herrn van Gulick-Grevenhagen.

3. Ältere Butterproben.

Außer den vorstehend bezeichneten 34 frischen Butterproben sind noch die folgenden 7 älteren Butterproben untersucht worden, die zum Teil jahrelang im Eisschrank aufbewahrt worden waren, sich aber in Farbe und Geruch noch ziemlich gut erhalten hatten.

Von diesen älteren Butterproben waren:

die Proben Nr. 35 bis 39 seinerzeit von Herrn Dr. Fritzsche-Cleve als Gutsbutter dortiger Gegend eingesandt worden. Die Proben Nr. 40—42 waren mir von Herrn Dr. Siegfeld-Hameln überlassen. Diese drei Proben stammen von einem von Dr. Siegfeld in den Jahren 1904/6 ausgeführten Fütterungsversuch von Kühen mit Zuckerrübenabfällen her[1].

III. Nachprüfung des Verfahrens von Ewers[2].

Das Ewerssche Verfahren beruht darauf, daß die hochmolekularen Fettsäuren durch die Schwerlöslichkeit ihrer Magnesiumsalze zunächst von den mittel- und niedrigmolekularen Fettsäuren abgeschieden werden, worauf die mittelmolekularen Fettsäuren wiederum von den niedrigmolekularen durch ein Ausschüttelungsverfahren mit Petroläther, in dem die letzteren leicht löslich sind, getrennt werden. Durch Titration der aus dem wässerigen Rückstand durch Destillation mit Wasserdämpfen übergehenden Fettsäuren und der im Petroläther gelösten Fettsäuren erhält man zwei Größenwerte, die nach Ewers bei Butterfett eine ziemlich konstante Differenz liefern. Da nun die Fettsäuren aus den löslichen Magnesiumsalzen des Kokosfettes im Gegen-

---

[1] Zeitschr. f. Untersuchung der Nahrungs- und Genußmittel 1907, **13**, S. 513.
[2] Zeitschr. f. öffentl. Chemie 1910, S. 131.

satz zu denen der Butter fast vollständig durch Petroläther ausziehbar sind, so muß sich nach Ewers der Zusatz von Kokosfett zu Butter durch eine Erniedrigung der Differenz bemerkbar machen.

Nach der von Ewers gegebenen Vorschrift werden 5 g Butterfett mit 20 ccm einer etwa $1^{1}/_{4}$ normalen, alkoholischen Kalilauge (20 ccm = 50 ccm $^{1}/_{2}$ normaler Säure) von etwa 70 Vol.-$^{0}/_{0}$ Alkoholgehalt auf dem Wasserbade in üblicher Weise verseift. Nachdem dann durch Zurücktitrieren des überschüssigen Alkalis mit $^{1}/_{2}$ normaler Schwefelsäure die Verseifungszahl des Fettes festgestellt worden ist, wird der Alkohol aus der Seifenlösung verjagt und der Rückstand mit etwa 180 ccm Wasser in einen 250 ccm-Kolben gespült. Die auf 20° abgekühlte Lösung wird zunächst mit 50 ccm einer etwa $^{1}/_{2}$ normalen Magnesiumsulfatlösung (61,5 g $MgSO_4 + 7\,H_2O : 1\,l$ Wasser) versetzt, dann bis zur Marke mit Wasser aufgefüllt und durch kräftiges Schütteln gut gemischt. Von diesem Gemisch werden 200 ccm Flüssigkeit mit Hilfe einer Saugpumpe abfiltriert. Das klare Filtrat wird in einem Scheidetrichter von ca. 1 l Inhalt mit 10 ccm $^{1}/_{2}$ normaler Schwefelsäure angesäuert und dann zweimal mit je 50 ccm und einmal mit 25 ccm leicht siedendem Petroläther ausgeschüttelt, wobei die Flüssigkeiten im Scheidetrichter durch 100, 75 resp. 50 Schüttelschläge gemischt werden. Die so erhaltenen Petrolätherlösungen werden in einem zweiten Scheidetrichter von gleicher Größe vereinigt und dann zweimal mit je 40 ccm, und einmal mit 20 ccm Wasser gewaschen. Mit den ersten 40 ccm Waschwasser wird vorher der entleerte erste Scheidetrichter nachgespült. Von der mit Petroläther aus-geschüttelten wässerigen Flüssigkeit, deren Volumen mit Einschluß des Waschwassers 310 ccm betragen soll, werden aus einem 750 ccm fassenden Erlenmeyerkolben nach Zusatz von 1 ccm verdünnter Schwefelsäure (1 + 3) und einigen Bimssteinstückchen durch Erhitzung auf einem Drahtnetz 250 ccm abdestilliert. Diese Destillation dauert etwa 1 Stunde. Das Destillat wird unter Zusatz von 0,5 ccm Phenolphthaleinlösung mit $^{1}/_{10}$ normaler Kalilauge titriert. Die zu dieser Titration verbrauchte Anzahl Kubikzentimeter $^{1}/_{10}$ normaler Lauge bezeichnet Ewers als Destillat-Magnesium-Zahl (D.M.Z.).

In gleicher Weise wird die Anzahl Kubikzentimeter $^{1}/_{10}$ normaler Kalilauge er-mittelt, die nach Zusatz von 50 ccm neutralem 50$^{0}/_{0}$igem Alkohol zum Neutralisieren der Fettsäuren erforderlich ist, die in der gewaschenen Petrolätherlösung sich befinden. Die Anzahl der hierfür verbrauchten Kubikzentimeter $^{1}/_{10}$ normaler Kalilauge stellt die „Petroläther-Magnesium-Zahl" (= P.M.Z.) dar. Von diesen Zahlen werden die bei einem blinden Versuch erhaltenen entsprechenden Werte in Abzug gebracht. Die Summe der D.M.Z. und P.M.Z. wird als „Gesamt-Magnesium-Zahl" (= G.M.Z.) bezeichnet.

Aus der D.M.Z. minus der P.M.Z. ergibt sich die nach Ewers für die Beurteilung der Butter maßgebende „Differenz".

Die von Ewers bei reiner Butter beobachtete „Differenz" bewegte sich inner-halb der Grenzzahlen 10—12. Die Destillat-Magnesium-Zahlen betrugen 17,8—20,8; die Petroläther-Magnesium-Zahlen 7,7—10,1 und die Gesamt-Magnesium-Zahlen 25,5 bis 30,4. Diese Zahlen selbst waren schwankend und abhängig von der Höhe der

Verseifungs-Zahlen (225,2—232,5) und der Reichert-Meißl-Zahlen (26,4—30,4), während die „Differenz" von 10—12 nach Ewers konstant bleiben soll. Mit Rücksicht darauf, daß ein Zusatz von 10% Kokosfett die „Differenz" bereits um etwa 3,5 erniedrigt, und unter Belassung eines gewissen Spielraums hat Ewers für reine Butter als unterste Grenze die „Differenz 9" aufgestellt. Wird diese Zahl bei einem Butterfette unterschritten, so soll eine Fälschung desselben mit Palmfett vorliegen.

Nach diesem Verfahren sollen durch die Behandlung der neutralisierten, aus 5 g Butterfett hergestellten Seifenlösung mit 50 ccm Magnesiumsulfatlösung die Fettsäuren mit höherem Molekulargewicht als unlösliche Magnesiumseife ausgefällt werden und die Magnesiumsalze der Fettsäuren mit niedrigerem Molekulargewicht gelöst bleiben.

Um diese Annahme nachzuprüfen, wurden Versuche mit den hier in Frage stehenden Säuren: Myristin-, Laurin-, Caprin-, Capryl-, Capron- und Buttersäure in der Weise ausgeführt, daß wässerige mit Alkalilauge neutralisierte Lösungen von etwa 0,15—0,25 g dieser Säuren im übrigen unter genau denselben Bedingungen wie die nach der oben angegebenen Vorschrift aus Butterfett erhaltenen Seifenlösungen mit 50 ccm Magnesiumsulfatlösung behandelt wurden. Die hierbei erhaltenen Ergebnisse sind in nachstehender Tabelle A verzeichnet.

Tabelle A.

Bezeichnung der Säure	Angewandte Menge der Säure	Verhalten der neutralisierten Fettsäurelösungen auf Zusatz von 50 ccm Magnesiumsulfatlösung	Verhalten der von den unlöslichen Magnesiumsalzen abfiltrierten Lösung (200 ccm)		
			Auf Zusatz von 10 ccm $\frac{n}{2}$ Schwefelsäure	Gehalt der Petrolätherlösung an Fettsäure	Gehalt des wässerigen Destillates (250 ccm) an Fettsäure
Myristinsäure ($C_{14}H_{28}O_2$)	0,204 g	starke Fällung	Lösung bleibt klar	etwa 1% der angewandten Säure	0% der angewandten Säure
Laurinsäure ($C_{12}H_{24}O_2$)	0,199 „	desgl.	schwache Trübung	etwa 3% der angewandten Säure	desgl.
Caprinsäure ($C_{10}H_{20}O_2$)	0,151 „	nach $^1/_2$ Stunde schwache Fällung	starke Fällung	etwa 77,5% der angewandten Säure	desgl.
Caprylsäure ($C_8H_{16}O_2$)	0,150 „	Lösung bleibt klar	starke Trübung	etwa 71,3% der angewandten Säure	etwa 6,3% der angewandten Säure
Capronsäure ($C_6H_{12}O_2$)	0,160 „	desgl.	Lösung bleibt klar	etwa 39,3% der angewandten Säure	etwa 38,6% der angewandten Säure
Buttersäure ($C_4H_8O_2$)	0,250 „	desgl.	desgl.	etwa 0% der angewandten Säure	etwa 77,6% der angewandten Säure

Aus diesen Versuchen geht hervor, daß nach der Behandlung der neutralisierten Lösungen der vorgenannten Säuren mit Magnesiumsulfat in der abfiltrierten wässerigen Lösung außer geringen Mengen von Myristinsäure (1%) und Laurinsäure (3%) die gesamte Caprin- Capryl- Capron- und Buttersäure enthalten sind.

Ferner zeigt dieser Versuch, daß bei der Behandlung des wässerigen Filtrats mit Petroläther unter Berücksichtigung, daß anstatt des gesamten Filtrates nur 200 ccm, somit nur $^4/_5$ der ursprünglichen Menge Fettsäure angewandt wurden, die Caprinsäure vollständig, die Caprylsäure größtenteils, Capronsäure etwa zur Hälfte und keine Buttersäure von dem Petroläther gelöst werden, während sich im Destillat die Buttersäure vollständig, die Capronsäure etwa zur Hälfte, die Caprylsäure nur in geringer Menge und keine Caprinsäure vorfindet.

Die nachstehende Tabelle B enthält nun die genau nach dem Ewersschen Verfahren ausgeführten Untersuchungsergebnisse für die vorher genannten 42 Butterproben.

Aus nachstehenden Untersuchungsergebnissen (Tabelle B, S. 53) geht hervor, daß die von Ewers bei reiner Butter als konstant angenommene „Differenz" 10—12 bei mehreren Butterproben mit höheren und niedrigeren Verseifungs- und Reichert-Meißl-Zahlen, als sie Ewers vorlagen, ganz erheblich über- und unterschritten worden ist. Den „Differenzen" der Proben Nr. 5 und Nr. 25 zufolge müßte die Ewerssche „Differenz 10—12" auf 8,5—14,3 erweitert werden, wodurch sie an Wert erheblich verlieren würde. Denn die Spalte 8 der Tabelle B zeigt, daß in den mit 10% Kokosfett gefälschten Butterproben Nr. 1, 2, 4, 5 und 6 diese Fälschung durch das Verfahren von Ewers nicht nachgewiesen wird, weil die von Ewers für reine Butter aufgestellte unterste Differenz 9 bei diesen Proben nicht unterschritten ist. Anderseits zeigen die reinen Butterproben Nr. 23, 25 und 26 mit verhältnismäßig hohen Reichert-Meißl-Zahlen eine kleinere Differenz als 9, würden also nach dem Ewersschen Verfahren als verfälscht zu beurteilen sein.

Während der Drucklegung dieser Arbeit erschien in der „Zeitschrift für Untersuchung der Nahrungs- und Genußmittel sowie Gebrauchsgegenstände" 1911, **21**, S. 598 eine Arbeit von C. Amberger betitelt: „Die Beurteilung des Butterfettes auf Grund des Ewersschen Verfahrens". Amberger hat insbesondere den Einfluß der Laktation und der Fütterung der Kühe auf die Ewerssche Differenz untersucht und kommt in Übereinstimmung mit meinen Untersuchungsergebnissen zu dem Schluß: „auch die Magnesiummethode von Ewers ist meines Erachtens noch weit davon entfernt, in einfacher Weise bereits einen Palmfettzusatz von nur 10% in jedem Falle zu entdecken' und ‚einen Zusatz von 10% Palmfett in Butterfett auf einfache, leicht ausführbare Weise sicher nachzuweisen' ".

IV. Nachprüfung des Verfahrens von Fendler.

Fendler hat zum Nachweis von Kokosfett zwei Verfahren ausgearbeitet. Das eine Verfahren (A) beruht auf der verschiedenen Löslichkeit der nach Bestimmung der Reichert-Meißl-Zahl im Destillationskolben zurückbleibenden und mit Petroläther zu isolierenden Fettsäuren in 60 volumprozentigem Alkohol. Die im Kokosfett hauptsächlich vorkommenden nichtflüchtigen Fettsäuren, die Laurin- und Myristinsäure, zeichnen sich durch ihre leichte Löslichkeit in 60%igem Alkohol aus, hingegen sind die in Butter und Schweineschmalz enthaltenen Fettsäuren, die Palmitin-, Stearin- und Ölsäure, in diesem Alkohol schwerer löslich.

Tabelle B. Untersuchungsergebnisse nach der Methode von Ewers.

1	2	3	4	5	6	7	8
Laufende Nummer der Butterproben	Verseifungszahl	Reichert-Meißl-Zahl	Gesamt-Magnesium-Zahl G.M.Z.	Destillat-Magnesium-Zahl D.M.Z.	Petroläther-Magnesium-Zahl P.M.Z.	„Differenz"	Butterfett + 10% Kokosfett. „Differenz"

Frische Butter, vom April und Mai 1910.

1	226,3	30,1	29,0	21,4	7,6	13,8	9,2
2	227,3	30,9	30,6	22,3	8,3	14,0	9,7
3	227,2	31,0	30,6	21,4	9,2	12,2	7,2
4	215,6	22,7	22,0	17,5	4,5	13,0	9,6
5	216,4	23,4	22,3	18,3	4,0	14,3	9,3
6	216,4	22,6	21,9	17,9	4,0	13,9	9,6
7	220,1	25,4	24,0	18,8	5,2	13,6	8,9
8	217,5	22,8	22,0	16,3	5,7	10,6	6,9
9	218,8	22,9	24,4	16,6	5,8	10,8	7,0
10	231,9	31,3	31,0	21,0	10,0	11,0	—
11	231,0	30,0	30,8	20,8	10,0	10,8	—
12	229,0	29,7	30,5	21,0	9,5	11,5	—
13	230,0	29,9	29,1	20,2	8,9	11,3	—
14	229,5	30,4	29,9	21,2	8,7	12,5	—
15	229,6	27,7	25,9	18,3	7,6	10,7	—
16	230,8	27,6	26,5	18,3	8,2	10,1	—
17	230,2	28,5	27,6	19,4	8,2	11,2	—
18	228,0	26,4	26,1	18,7	7,4	11,3	—
19	231,9	31,4	32,3	22,4	9,9	12,5	—
20	233,2	31,5	31,5	21,4	10,1	11,3	—
21	233,0	31,8	31,5	21,5	10,0	11,5	—
22	220,0	22,7	22,3	17,1	5,2	11,9	—
23	233,1	29,9	30,2	19,5	10,7	8,8	—

Frische Butter, vom Oktober und November 1910.

24	222,0	23,5	21,4	16,0	5,4	10,6	—
25	238,0	31,2	31,9	20,2	11,7	8,5	—
26	235,8	30,5	30,7	19,7	11,0	8,7	—
27	234,5	31,2	31,2	20,4	10,8	9,6	—
28	234,0	30,4	29,7	19,5	10,2	9,3	—
29	222,3	24,8	23,4	17,0	6,4	10,6	—
30	222,0	24,1	23,0	16,7	6,3	10,4	—
31	224,3	26,8	25,3	18,0	7,3	10,7	—
32	219,0	22,4	20,7	15,5	5,2	10,3	—
33	217,3	21,6	19,9	14,8	5,1	9,7	—
34	217,2	21,1	19,4	14,5	4,9	9,6	—

Alte Butterproben.

35	225,0	27,7	25,7	19,3	6,4	12,9	—
36	218,7	23,0	23,3	17,5	5,8	11,7	—
37	215,8	22,6	20,3	15,2	5,1	10,1	—
38	216,0	22,3	22,3	16,6	5,7	10,9	—
39	219,5	22,5	23,8	17,8	6,0	11,8	—
40	246,3	35,0	34,2	20,3	13,9	6,4	—
41	244,3	31,6	33,0	20,0	13,0	7,0	—
42	250,0	34,5	38,1	23,0	15,1	7,9	—

Das zweite Verfahren (B), das im allgemeinen nach Fendler nur zur Bestätigung eines beim ersten Verfahren (A) erhaltenen positiven Ergebnisses heranzuziehen ist, gründet sich auf die Verschiedenheit der Siedepunkte der aus den Fettsäuren eines Fettes gewonnenen Äthylester. Die Siedepunkte dieser Fettsäureäthylester steigen mit der Anzahl ihrer Kohlenstoffatome.

Verfahren A.

Fendler bestimmt zunächst in 5 g Butterfett nach der in den „Vereinbarungen pp." Heft 1 S. 85 gegebenen Vorschrift die Reichert-Meißl-Zahl. Alsdann werden von dem mit 50 ccm Petroläther behandelten Destillationsrückstand 25 ccm, also die Hälfte der Petrolätherlösung in einem Stehkolben von etwa 200 ccm Inhalt mit 10 g neutralem, gepulvertem und getrocknetem Bimsstein versetzt, worauf die Masse durch Erwärmen und Ausblasen bis zur vollständigen Entfernung des Petroläthers ausgetrocknet wird. Der erkaltete Trockenrückstand wird mit 50 ccm Alkohol vom spez. Gewicht 0,9123 (bei 15^0) 5 Minuten lang geschüttelt und darnach 1 Stunde lang unter häufigem Umschütteln in ein Wasserbad von 15^0 gestellt. Darauf wird die Lösung durch ein trocknes Filter filtriert. In 10 ccm des Filtrats wird nach Titration mit $^1/_{10}$ normaler Kalilauge die Menge der in Alkohol löslichen Säure bestimmt. Die verbrauchten Kubikzentimeter Lauge, mit 10 multipliziert, geben die Menge der in 5 g Butterfett vorhandenen, in dem wässerigen Alkohol löslichen Fettsäuren an. Fendler hat bei seinen Versuchen bei reinen Butterfetten Zahlen von 40 bis etwa 50 erhalten. Obgleich sich eine bestimmte Grenze nach oben, wie auch Fendler zugibt, erst bei ausreichenden Erfahrungen festsetzen lassen wird, glaubt er doch, daß eine Butter mit der Zahl 60 oder mehr bestimmt als gefälscht anzusehen ist.

Verfahren B.

Dies Verfahren ist, wie schon oben angedeutet, auf die verschiedenen Siedepunkte der Fettsäure-Äthylester gegründet, von denen die hier in Betracht kommenden Ester folgende Siedepunkte haben:

Buttersäure-Äthylester	. . .	$119,9^0$
Capronsäure- ,,	. . .	$167,0^0$
Caprylsäure- ,,	. . .	$208^{\ 0}$
Caprinsäure- ,,	. . .	$245^{\ 0}$
Laurinsäure- ,,	. . .	$269^{\ 0}$
Myristinsäure- ,,	. . .	$295^{\ 0}$

Nach Fendler muß „bei der fraktionierten Destillation der aus einem Fette erhaltenen Äthylester die etwa zwischen 240 und 300^0 liegende Fraktion um so reichlicher ausfallen, je mehr Laurin- und Myristinsäureglyzeride, d. h. je mehr Kokosöl das Fett enthielt".

Zur Gewinnung der Äthylester werden 85 g geschmolzenes Butterfett verwendet. Eine Wiederholung der Angaben Fendlers über die partielle Verseifung des Fettes, die fraktionierte Destillation der Fettsäureäthylester und die Einzelheiten der Ausführung der Destillation dürfte sich hier erübrigen; ich verweise daher auf die Fendlersche Originalarbeit.

Die bei der fraktionierten Destillation der Fettsäureäthylester einer Butter erhaltene Anzahl Kubikzentimeter, die innerhalb eines gewissen Zeitraums bei der Temperatur von 190 bis 300° bei genau regulierter Flamme übergehen, bezeichnet Fendler als „Destillatzahl".

Bei 66 reinen Butterproben, die von Fendler nach seinem Verfahren untersucht wurden, schwankte die Destillatzahl zwischen 2,5 und 6,1. Durch den Zusatz von Kokosfett wird nach Fendler die Destillatzahl folgendermaßen erhöht:

Gehalt an Kokosfett   10 — 15 — 20 — 25 — 30%

Mittlere Erhöhung der Destillatzahl 3,4 — 5,2 — 7,7 — 10,2 — 12,1

Hat das Verfahren A eine höhere „Löslichkeitszahl" der nichtflüchtigen Fettsäuren als 60 ergeben und nähert die „Destillatzahl" (Verfahren B) sich der Zahl 6,0 oder übersteigt diese, so glaubt Fendler eine Verfälschung der Butter mit Kokosfett annehmen zu können.

Tabelle C. **Versuchsergebnisse nach den Fendlerschen Verfahren A und B.**

Frische Butter von den Monaten April und Mai 1910

1. Lfde. Nummer der Butterproben	2. Reichert-Meißl-Zahl	3. Verfahren A — Anzahl verbrauchter ccm ¹/₁₀ norm. Kalilauge zur Sättigung der in 60 vol. % Alkohol gelösten aus 5 g Fett gewonnenen Fettsäuren: Reine Butter	4. Verfahren A — Butter+10% Kokosfett	5. Verf. B — Anzahl d. zwischen 190 und 300° erhaltenen ccm Äthylester-Destillat
1	30,1	48,0	70,0	
2	30,9	48,2	68,5	
3	31,0	46,9	68,8	
4	22,7	30,6	47,0	Mit diesen Butterproben ist das Verfahren B nicht ausgeführt worden.
5	23,4	29,8	47,2	
6	22,6	28,7	46,0	
7	25,4	31,6	49,2	
8	22,8	33,5	54,0	
9	22,9	34,0	55,9	
10	31,3	55,7—56,5	—	
11	30,0	57,4—58,0	—	
12	29,7	53,4—54,2	—	
13	29,9	52,6	—	
14	30,4	51,7	—	
15	27,7	64,1—64,6	—	
16	27,6	62,1—63,0	—	
17	28,5	64,0—64,5	—	
18	26,4	50,7—51,0	—	
19	31,4	50,0	—	
20	31,5	55,5—56,0	—	
21	31,8	55,0—55,3	—	
22	22,7	35,4	—	
23	29,9	66,4—66,7	87,3	

Frische Butter von den Monaten Oktober und November 1910

1. Lfde. Nummer der Butterproben	2. Reichert-Meißl-Zahl	3. Verfahren A — Reine Butter	4. Verfahren A — Butter+10% Kokosfett	5. Verf. B — Anzahl d. zwischen 190 und 300° erhaltenen ccm Äthylester-Destillat
24	23,5	34,0—35,0	—	3,2— 3,4
25	31,2	80,0—81,0	—	10,6—11,0
26	30,5	79,0—80,0	—	9,5— 9,6
27	31,2	73,0—74,0	—	9,0
28	30,4	74,0—76,0	—	9,0— 9,2
29	24,8	42,0—43,0	—	4,2— 4,5
30	24,1	39,0—40,0	—	3,8— 4,0
31	26,8	43,0—43,5	—	5,5— 5,8
32	22,4	35,0—35,3	—	3,4
33	21,6	35,0—35,5	—	3,5
34	21,1	33,0—34.0	—	2,8— 2,9

Alte Butterproben

1. Lfde. Nummer der Butterproben	2. Reichert-Meißl-Zahl	3. Verfahren A — Reine Butter	4. Verfahren A — Butter+10% Kokosfett	5. Verf. B
35	27,7	43,4	—	—
36	23,0	37,0	60,1	—
37	22,6	36,0	58,6	—
38	22,3	36,5	58,3	—
39	22,5	35,8	59,0	—
40	35,0	70,6	—	—
41	31,6	71,4	—	—
42	34,5	75,7	—	—

Bei genauer Ausführung der Fendlerschen Vorschriften habe ich nun nach den beiden Fendlerschen Verfahren A und B die in vorstehender Tabelle C verzeichneten Ergebnisse erhalten.

Bei der Destillation der Ester nach Verfahren B wurde ein Messingdrahtnetz mit 36 Maschen auf 1 qcm verwendet.

Nach den Angaben von Fendler sollen sich, wie schon oben erwähnt, bei reiner Butter nach dem Verfahren A (Spalte 3 in vorstehender Tabelle) die Zahlenwerte zwischen 40—60 bewegen, bei Zahlenwerten über 60 soll die Butter als mit Kokosfett verfälscht angesehen werden.

Aus Tabelle C geht hervor, daß bei den vorliegenden frischen Butterproben Grenzzahlen von 28,7—81 (vergl. Vers. Nr. 6 und 25) erhalten wurden. Hieraus, wie auch aus den Zahlen der Spalte 4 ergibt sich, daß nach dem Fendlerschen Verfahren ein Zusatz von 10% Kokosfett zur Butter nicht immer nachweisbar ist und anderseits unzweifelhaft reine Butter unter Umständen eines solchen Zusatzes verdächtig erscheinen würde. Es ist zwar nicht durch Versuche festgestellt worden, aber an der Hand der erhaltenen Zahlen zu berechnen, daß auf Grund der von mir gefundenen Grenzzahlen bis zur Höhe von 81 selbst Zusätze von 15—20% Kokosfett in einigen Buttersorten mit niedrigen Reichert-Meißl-Zahlen nicht nachgewiesen werden könnten.

Auch das Verfahren B gab bei der Nachprüfung der Herbstbutter von den beiden bekannten Molkereien Brehna b. Halle und Magdeburg (Nr. 25 bis 28) weit größere Mengen an Ester-Destillat als 6,1 ccm, wie sie Fendler für reine Butter als oberste Grenze angibt. Den bei diesen 4 Proben reiner Butter erhaltenen Ester-Destillaten von 9—11 ccm zufolge müßten diese Butterproben mit 15—20 % Kokosfett gefälscht sein.

Aus diesen Versuchen geht somit hervor, daß die beiden Fendlerschen Verfahren, ebenso wie das Ewerssche Verfahren als ein sicherer Nachweis von Kokosfett in Butter nicht angesehen werden können.

V. Untersuchungsergebnisse nach Polenskes Verfahren.

Nach meinem (a. a. O.) genau vorgeschriebenen Destillationsverfahren werden die Reichert-Meißl-Zahl und die bei ihrer Bestimmung übergehenden, in Wasser unlöslichen flüchtigen Fettsäuren der Butter ermittelt. Bei reiner Butter stehen diese beiden flüchtigen Fettsäuregruppen insofern in Beziehung zueinander, als niedrigen Reichert-Meißl-Zahlen geringere und höheren Reichert-Meißl-Zahlen größere Mengen ungelöster flüchtiger Fettsäuren entsprechen.

Durch den Zusatz von Kokosfett wird die Reichert-Meißl-Zahl der Butter erniedrigt, die Menge der ungelösten, flüchtigen Säure (neue Butterzahl — n. B.Z. oder Polenske-Zahl — P.Z.) aber so bedeutend erhöht, daß schon 10% Kokosfett in Butter nachgewiesen werden können.

Wegen der für reine Butter als höchstzulässig anzusehenden neuen Butter-Zahlen verweise ich auf die in meiner Arbeit gegebene Tabelle B (a. a. O. S. 553).

Im Anschluß an die wenig befriedigenden Ergebnisse der Nachprüfung der Verfahren von Ewers und Fendler lasse ich nunmehr in der folgenden Tabelle D

(S. 58) die nach meinem Verfahren gefundenen Ergebnisse, folgen, die bei den gleichen 39 Proben[1]) reiner Butter und den mit 10 %/0 Kokosfett versetzten Proben erhalten wurden.

Die Ergebnisse bei den Butterproben Nr. 35—39 sind früheren Untersuchungen entnommen, als die Butter noch frisch war.

Die + Werte in Spalte 6 der nachstehenden Tabelle D zeigen, daß in den Butterproben Nr. 1—39 der Zusatz von 10 %/0 Kokosfett zweifellos nachgewiesen worden ist.

Von Ewers und Fendler ist mein Verfahren zwar erwähnt, aber angeblich nicht nachgeprüft worden. Anderseits jedoch liegen seit der Veröffentlichung meiner Abhandlung aus den verflossenen 7 Jahren so zahlreiche Nachprüfungen und Kritiken darüber vor, daß zurzeit wohl ein objektives Urteil über den Wert des Verfahrens abgegeben werden kann.

Darnach kann als festgestellt gelten, daß sich bei dem Verfahren zwar vereinzelte Mängel herausgestellt haben, daß es sich sonst aber als durchaus brauchbar erwiesen hat und allgemeine Anwendung findet. Hinsichtlich der Ausführung des Verfahrens hat W. Arnold[2]) in anerkennenswerter Weise statt des anfangs von mir benutzten Drahtnetzes einen mit einem kreisrunden Ausschnitt von 6,5 ccm Durchmesser versehenen Asbestteller und die Erhitzung des Destillationskolbens mit direkter Flamme eingeführt. Ferner ist durch den Vorschlag von Fritzsche[3]) die Menge und der Feinheitsgrad des zu verwendenden Bimssteinpulvers genauer geregelt worden, wodurch eine gleichmäßigere Destillation erzielt wird. Anderseits ist bezüglich der nach meinem Verfahren erhaltenen Ergebnisse darauf hingewiesen worden, daß die in Spalte 2 meiner Tabelle B (a. a. O. S. 553) aufgestellten, mit den Reichert-Meißl-Zahlen korrespondierenden Polenske-Zahlen manchmal zwar unter- und überschritten werden; auf Grund meiner weiteren Versuche kommt diesen geringen Abweichungen eine den Wert des Verfahrens beeinträchtigende Bedeutung indessen nicht zu. Dies um so weniger, als die Zahlen der Spalte 3 in genannter Tabelle B die maßgebenden sind und bei reiner Butter höchstens erreicht und bei mit Kokosfett gefälschter Butter überschritten werden. Die von den Zahlen der Spalte 3 in dieser Tabelle B ganz vereinzelt beobachteten abweichenden Ergebnisse sind fast ausschließlich auf solche Butter zurückzuführen, die von Kühen während einer abnormen Fütterungsperiode mit Kokoskuchen und besonders mit Zuckerrüben-Abfällen herstammte, wie dies z. B. bei den Butterproben Nr. 40—42 in vorliegenden Tabellen der Fall war.

Daß eine mäßige, landesübliche Rübenfütterung der Kühe keinen erheblich nachteiligen Einfluß auf die Polenske-Zahlen, wohl aber einen solchen auf die Ewerssche „Differenz"[4]) und auf die von Fendler aufgestellten Grenzzahlen ausüben könnte, zeigen die Butterproben der Magdeburger Molkerei (vergl. Nr. 27 und 28 der Tabellen B,

---

[1]) Bei den Proben Nr. 40, 41 und 42, die nach der Fütterung von Kühen mit abnormen Mengen von Zuckerrüben-Abfällen erhalten wurden, ist der Nachweis von Kokosfett auch nach meinem Verfahren nicht möglich.

[2]) Zeitschr. f. Unters. d. Nahrungs- und Genußmittel 1907, **14**, S. 150.

[3]) Zeitschr. f. Unters. d. Nahrungs- und Genußmittel 1908, **15**, S. 195.

[4]) Vergl. Amberger a. a. O.

Tabelle D. Versuchsergebnisse nach dem Verfahren von Polenske.

1	2	3	4	5	6
Laufende Nummer der Butterprobe	Reine Butter		Butter + 10% Kokosnußfett		Die höchst zulässige Zahl für reine Butter ist bei den m. Kokosfett verfälschten Butterproben überschritten etwa um:
	Reichert-Meißl-Zahl	Polenske-Zahl	Reichert-Meißl-Zahl	Polenske-Zahl	
Frische Butter von den Monaten April und Mai 1910					
1	30,0	2,5	27,8	3,4	+ 0,7
2	30,9	2,7	28,5	3,8	+ 0,9
3	31,0	3,1	28,9	4,1	+ 0,6
4	22,7	1,1	21,2	2,2	+ 0,3
5	23,4	1,2	21,9	2,3	+ 0,3
6	22,6	1,0	21,2	2,2	+ 0,3
7	25,4	1,3	23,7	2,7	+ 0,5
8	22,8	1,5	21,7	2,6	+ 0,6
9	22,9	1,6	21,7	2,6	+ 0,6
10	31,3	3,1	29,5	4,2	+ 0,7
11	30,0	2,8	28,2	3,6	+ 0,6
12	29,7	2,4	27,9	3,6	+ 0,9
13	29,9	2,5	28,1	3,6	+ 0,6
14	30,4	2,8	28,7	4,0	+ 1,0
15	27,7	2,5	26,2	3,2	+ 0,7
16	27,6	2,4	26,2	3,2	+ 0,7
17	28,5	2,7	26,8	3,5	+ 1,0
18	26,4	1,9	24,6	3,0	+ 0,7
19	31,4	2,9	29,5	4,2	+ 0,7
20	31,5	3,4	29,7	4,2	+ 0,7
21	31,8	3,4	29,8	4,2	+ 0,7
22	22,7	1,5	21,1	2,5	+ 0,5
23	29,9	3,3	27,3	4,4	+ 1,6
Frische Butter von den Monaten Oktober und November 1910					
24	23,5	1,6	22,3	2,6	+ 0,5
25	31,2	4,0	29,6	5,5	+ 2,0
26	30,5	3,8	28,8	5,0	+ 1,5
27	31,2	3,8	29,4	5,1	+ 1,6
28	30,4	3,6	27,8	4,4	+ 1,7
29	24,8	1,8	23,5	3,2	+ 1,0
30	24,1	1,7	22,4	3,0	+ 0,9
31	26,8	2,0	24.7	3,2	+ 0,9
32	22,4	1,5	21,2	3,0	+ 1,0
33	21,6	1,3	20,6	2,8	+ 0,9
34	21,1	1,2	19,9	2,7	+ 0,9
Alte Butterproben					
35	27,7	2,0	26,0	3,0	+ 0,6
36	23,0	1,5	21,9	2,5	+ 0,5
37	22,6	1,4	21,6	2,4	+ 0,4
38	22,3	1,3	21,0	2,4	+ 0,5
39	22,5	1,5	21,4	2,3	+ 0,3
40	35,0	5,4	—	—	—
41	31,6	5,1	—	—	—
42	34,5	5,2	—	—	—

C und D). Denn nach einer mir vom 31. Oktober 1910 vorliegenden Mitteilung des Herrn Dr. Fritzsche-Cleve hatte das Futter der Kühe, von denen diese Butter herstammte, folgende Zusammensetzung:

25 Pfund Rübenblätter

40 „ Rübenschnitzel

5 „ Heu

5 „ Kraftfutter (Kleie, Erdnuß- und Baumwollsamenmehl).

VI. Über den Nachweis von Kokosfett im Schweineschmalz.

Hinsichtlich des leicht zu erbringenden Nachweises dieser Fälschung kann ich mich kurz auf den Hinweis auf die in meiner früheren Arbeit „Eine neue Methode zur Bestimmung des Kokosnußfettes in der Butter"[1] gemachten Angaben, besonders auf die dort aufgestellte Tabelle E beschränken, aus der hervorgeht, daß die Reichert-Meißl-Zahl des reinen Schweineschmalzes von etwa 0,4 und dessen Polenske-Zahl von etwa 0,6 schon durch einen Zusatz von 10 % Kokosfett zum Schweineschmalz auf 2,0 bezw. 1,9 erhöht werden. Zahlen von dieser Höhe sind in reinem Schweineschmalz bisher niemals beobachtet worden.

Auf Grund vorstehender Erörterungen komme ich zu dem ganz objektiven Ergebnis, daß mein Verfahren zum Nachweis von Kokosfett in Butter und Schweineschmalz sicherere Ergebnisse liefert, als die Verfahren von Ewers und Fendler und daß ihm ein nicht unwesentlicher Anteil an dem seit seiner Veröffentlichung beobachteten Rückgange der Butterfälschungen mit Palmfetten nicht abzusprechen sein dürfte.

Berlin, Chemisches Laboratorium des Kaiserlichen Gesundheitsamtes Februar 1911.

---

[1] Arbeiten aus dem Kaiserlichen Gesundheitsamte 1904, Bd. XX, 3, S. 556.

Über den Gehalt des Wurstfettes der Dauerwurst an freier Säure.

Von

dem † Technischen Rat **Dr. Ed. Polenske,**
vormaligem ständigen Mitarbeiter im Kaiserlichen Gesundheitsamte.

Als Ergänzung zu der Verordnung des schweizerischen Bundesrats betr. die Einfuhrsendungen von Fleisch und Fleischwaren vom 29. Januar 1909 (Veröffentl. d. Kaiserl. Gesundheitsamtes 1909, S. 689) hat das schweizerische Landwirtschaftsdepartement durch eine Verfügung vom 16. November 1909 (Veröffentl. d. Kaiserl. Gesundheitsamtes 1909, S. 1437) bestimmt, daß Dauerwurst von der Einfuhr in die Schweiz zurückzuweisen ist, wenn das Wurstfett einen höheren Säuregrad als 12 hat.

Die Tatsache, daß das Wurstfett einwandfreier Dauerwurst oftmals einen höheren Säuregrad als 12 zeigt, ist allgemein bekannt. Gleichwohl nahm das Kaiserl. Gesundheitsamt infolge der genannten schweizerischen Verfügung Veranlassung, eine Reihe von frischen Würsten, die als Dauerwurst für die Ausfuhr, insbesondere nach der Schweiz bestimmt waren, auf den Säuregehalt des Wurstfettes zu untersuchen, um festzustellen, wie hoch dieser unter Umständen steigen kann.

Es gelangten die folgenden 10 Wurstproben zur Untersuchung, die von anerkannt guten Wurstfabriken in Thüringen und Braunschweig bezogen waren.

I. Von der Firma A.

Probe Nr. 1 Salamiwurst in Blase
   „   „ 2   „   im Fettdarm
   „   „ 3 Zervelatwurst im Rindsdarm
   „   „ 4   „   im Fettdarm
} eingesandt am 16. Februar 1910.

Diese 4 Würste waren nach den Angaben der Firma Mitte Dezember 1909 aus prima ausgesehntem Fleisch, bestem Gewürz und frischem Rückenspeck gefertigt.

II. Von der Firma B.

Probe Nr. 5 Salamiwurst in Blase
   „   „ 6   „   „   „
   „   „ 7 Zervelatwurst im Fettdarm
   „   „ 8   „   „   „
} eingesandt am 16. Februar 1910.

Diese 4 Würste waren nach Angabe am 16. und 23. Dezember 1909 aus $\frac{1}{3}$ Rind-, $\frac{2}{3}$ Schweinefleisch und fast nur aus Rückenfett angefertigt.

III. Von der Firma C.

Probe Nr. 9 Salamiwurst
„ „ 10 Zerverlatwurst } eingesandt am 19. Dezember 1909.

Beide Würste waren nach Angabe der Firma 4 Wochen alt und enthielten ausschließlich Rückenfett. Das zu den Würsten verwendete Fleisch war nicht näher bezeichnet.

Zur Säurebestimmung wurde das aus etwa 30 g von jeder Wurst mit Wasser von 100^0 ausgeschmolzene und filtrierte Fett verwendet. Die Untersuchung der Würste fand am 17. Februar 1910, 20. Mai 1910, 5. Oktober 1910, 2. Februar 1911, 20. Mai 1911 und 15. September 1911 statt. Die Ergebnisse sind in der unten folgenden Tabelle zusammengestellt.

Außer dem mit heißem Wasser ausgeschmolzenen Fett wurde auch einmal, am 17. Februar 1910, das nach Soxhlet 1 Stunde lang mit Äther ausgezogene Fett untersucht (vergl. Spalte 10 der Tabelle). Dieses Fett hatte fast in allen Fällen einen höheren Säuregrad, als das mit heißem Wasser abgeschmolzene, zu gleicher Zeit untersuchte Fett. Als maßgebend für den Säuregrad ist das mit heißem Wasser ausgeschmolzene Fett angenommen worden.

Am 17. Februar 1910, also etwa 1—2 Monate nach Herstellung der Würste, hatten 3 von den 10 Wurstfetten (Nr. 2, 7 und 8) einen Säuregrad von 15,0, 15,8 und 15,4, demnach einen höheren Säuregrad als 12.

Nach einer etwa 3 Monate längeren Lagerung im Kellerraum des Gesundheitsamtes, also bei einem Alter der Würste von 4—5 Monaten, hatte das Wurstfett aller 10 Würste den Säuregrad von 12 schon erheblich überstiegen und an den späteren Untersuchungsterminen zeigte sich eine stetige Zunahme des Säuregehalts im Fett, so daß er bei der letzten Untersuchung am 15. September 1911, also in den fast $1^3/_4$ Jahre alten Würsten, auf 53—83 Säuregrade gestiegen war.

Über den äußeren Zustand der Würste ist folgendes zu bemerken: Im Laufe der Zeit hatten die meisten Würste durch Wasserverlust an Härte wesentlich zugenommen. Eine Ausnahme hiervon machten die Zervelatwürste im Fettdarm, die sich noch bis zum Schluß der Untersuchung ziemlich weich erhalten hatten. Ferner hatten sich fast alle Würste, mit Ausnahme der beiden Zervelatwürste Nr. 3 und 7, am Schluß der Untersuchung stark grau verfärbt, besonders die Salamiwürste.

Anderseits aber konnte durch mehrere voneinander unabhängige Beobachter festgestellt werden, daß noch am 5. Oktober 1910 die etwa 10 Monate alten Würste, trotz der hohen Säuregrade des Wurstfettes von 31,2 bis 51,7, in Farbe, Geruch und Geschmack sich gut erhalten hatten, woraus hervorgeht, daß bei einem erheblich höheren Säuregrad des Wurstfettes als 12 die Wurst dennoch tadellos sein kann, wenn sie nur sauber und aus einwandfreiem Material hergestellt worden ist. Auch am 2. Februar 1911 waren die Würste nach Geruch und Geschmack noch als genießbar zu bezeichnen. Darnach nahmen sie im Aussehen, Geruch und Geschmack an Genußwert in steigendem Maße ab, ohne daß man die Ware jedoch schließlich als untauglich für den menschlichen Genuß hätte bezeichnen können.

Daß man in neuerer Zeit auch in der Schweiz zu dieser Ansicht gelangt ist, geht aus folgender Mitteilung aus dem Laboratorium des schweizerischen Gesundheitsamtes hervor: „Um Anhaltspunkte zur Beurteilung des Verdorbenseins von Wurstwaren zu erhalten, wurden neben Salami und Salametti auch einige andere gangbare Wurstsorten zur Untersuchung herangezogen und in der Ätherfettlösung der Säuregrad bestimmt. Die Zahlen liegen auch bei unverdorbener Ware innerhalb sehr weiter Grenzen, so daß man den Säuregrad des Fettes nur in ganz extremen Fällen wird zur Beurteilung heranziehen können." (Mitteil. a. d. Gebiet der Lebensmitteluntersuchung und Hygiene, Veröffentl. d. Schweiz. Gesundheitsamtes 1910, Bd. 1, S. 156).

Untersuchungsergebnisse über die Zunahme des Säuregrades des Wurstfettes von 10 Dauerwürsten bei der Aufbewahrung der Würste.

1	2	3	4	5	6	7	8	9	10
		Zeit der Herstellung der Würste	Säuregrade:						..b) mit Äther extrahiertes Fett
Wurstsorte	Fabrikant		a) mit heißem Wasser ausgezogenes Fett						
			Untersucht am:						
			17. 2. 10	20. 5. 10	5. 10. 10	2. 2. 11	20. 5. 11	15. 9. 11	17. 2. 10
1. Salami in Blase	A.	Mitte Dez. 1909	9,9	25,2	41,5	45,2	46,9	53,0	11,3
2. Salami im Fettdarm	„	„	15,0	32,9	47,7	52,4	74,0	82,5	14,6
3. Zervelat i. Rindsdarm	„	„	8,7	25,4	40,3	52,2	59,6	83,0	9,8
4. Zervelat im Fettdarm	„	„	10,6	28,6	47,1	52,4	68,2	75,0	11,7
5. Salami in Blase	B.	23. 12. 09	7,3	28,5	42,6	53,2	54,8	76,7	8,2
6. desgl.	„	„	7,4	24,8	47,1	52,1	60,7	70,0	8,4
7. Zervelat im Fettdarm	„	16. 12. 09	15,8	30,7	51,7	63,9	70,6	80,0	17,5
8. desgl.	„	„	15,4	28,4	50,6	62,5	68,2	79,5	18,7
9. Salami	C.	19. 11. 09	5,7	17,6	31,2	36,1	41,8	71,0	7,6
10. Zervelat	„	„	9,7	23,7	45,2	54,0	61,4	72,2	10,3

Berlin, Chemisches Laboratorium des Kaiserl. Gesundheitsamtes, September 1911.

Über verbesserte Herstellung von Milchseren und ihre Anwendbarkeit zur Untersuchung der Milch.

Von

Dr. B. Pfyl   und   **Dr. R. Turnau,**

wissenschaftlichen Hilfsarbeitern im Kaiserlichen Gesundheitsamte.

Übersicht: 1. Einleitung. — 2. Herstellung der verbesserten Seren (Tetraserum I u. II.) — 3. Eigenschaften der Tetraseren im Vergleich zu andern Milchseren. — Durchsichtigkeit. — Fettgehalt. — Verhalten beim Erhitzen. — Peroxydasengehalt. — Mineralstoffgehalt. — Stickstoffverbindungen. — Lichtbrechung. — Spez. Gewicht. — Einfluß der selbsttätigen Änderung der Milch. — Einfluß der Melkart, Melkzeit, Fütterung, Laktationszeit usf. — Einfluß der Erhitzung. — Einfluß von Zusätzen. — 4. Anwendbarkeit der Tetraseren im Vergleich zu andern Seren. — Prüfung auf Milchwässerung. — Nachweis von Nitraten, Nitriten, Ammoniak. — Prüfung auf Milcherhitzung. — Prüfung auf abnorme Milch. — Bestimmung von Albumin und Globulin. — Bestimmung von Milchzucker. — Prüfung auf Zusätze. — Sonstige Anwendungen. — 5. Zusammenfassung.

I. Einleitung.

Für die Untersuchung der Milch werden in steigendem Maße solche aus der Milch hergestellte Flüssigkeiten angewendet, denen gewisse die Analyse störende Milchbestandteile entzogen sind. Diese Flüssigkeiten werden in der Regel als „Serum" bezeichnet, obwohl man unter Milchserum im physiologisch.chemischen Sinne nur die von den aufgeschwemmten oder emulgierten Stoffen abgetrennte, klare Milchflüssigkeit zu verstehen hätte. Ein derartiges Milchserum ließe sich voraussichtlich durch Filtration der Milch mittels Tonzellen, tierischer Membranen, Gelatine- oder Kollodiumfilter erhalten; hierbei müßte aber ein Verlust an Kohlendioxyd und die damit im Zusammenhang stehende Abscheidung von Carbonaten durch Anwendung eines Überdruckes von Kohlendioxydgas verhindert werden. Versuche dieser Art sind im chemischen Laboratorium des Kaiserl. Gesundheitsamtes von **Dr. J. Meyer** unter anderem auch mit dem Bechholdschen Ultrafiltrationsapparat ausgeführt worden. Es zeigte sich aber, daß eine solche Filtration nicht ohne praktische Schwierigkeiten durchführbar ist und daß je nach der Dichte der Filter nicht nur Kasein, sondern auch gerinnbares Eiweiß (Albumin und Globulin) zurückgehalten wird.

Die sonstigen für die Untersuchung der Milch vorgeschlagenen Milchflüssigkeiten werden durch chemische Eingriffe oder nach natürlichen Veränderungen der Milch hergestellt und würden daher den Namen „Serum", streng genommen, nicht mehr verdienen. Doch sind die Bezeichnungen: Spontanserum, Labserum, Essigsäureserum, Chlorcalciumserum, Asaprolserum, Bleiserum allgemein gebräuchlich.

Unter diesen Seren haben wohl die Essigsäureseren bis in die neueste Zeit hinein am meisten Beachtung gefunden, die sie auch wegen ihrer vielseitigen Verwendbarkeit verdienen. Die Herstellung von Milchseren durch Essigsäure beruht der Hauptsache nach auf der Ausfällung des Kaseins durch den Säurezusatz, wobei gleichzeitig das Milchfett zum größten Teil mitgerissen wird.

Die Beschaffenheit und chemische Zusammensetzung der hiernach erhaltenen Seren ist von den näheren Bedingungen der Herstellung in hohem Maße abhängig. Die einzelnen Analytiker haben jeweils für besondere Zwecke besondere Vorschriften zur Herstellung der Seren gegeben. Waren diese Anweisungen nicht genau umschrieben, so wurden von anderer Seite abweichende Ergebnisse erhalten. So kommt es, daß eine große Zahl verschiedener Essigsäureseren der Milch beschrieben worden ist, die jeweils nur beschränkte Anwendung fanden.

Eine vergleichende Prüfung der Herstellungsvorschriften dieser Seren läßt erkennen, daß hiernach im allgemeinen Seren erhalten werden, die der Hauptsache nach von Fett und Kasein befreit sind, daß sie aber das gerinnbare Eiweiß zum Teil noch vollständig, zum Teil gar nicht mehr, z. T. in unbestimmter Menge enthalten. Wenn auch von einzelnen Seiten darauf hingewiesen wurde, daß die Seren je nach Erwärmungstemperatur und -dauer mehr oder weniger gerinnbares Eiweiß enthalten, so wurde im allgemeinen zwischen diesen 3 Gruppen von Seren nicht unterschieden. Infolgedessen wurden mit den Essigsäureseren vielfach ungünstige Erfahrungen gemacht, so daß die an sich sehr zweckmäßige Herstellung von Milchseren mittels Essigsäure durch andere, mit tiefern Eingriffen verbundene Gewinnungsarten analytisch mehr oder weniger brauchbarer Milchflüssigkeiten zum Teil verdrängt wurde. Diese Seren haben sich um so leichter in die Praxis eingeführt, je klarer und je rascher sie herstellbar waren.

Es ist uns nun gelungen, die Gewinnung der Essigsäureseren aus Milch so zu vereinfachen, zu verbessern und in den Bedingungen festzulegen, daß danach mit Leichtigkeit aus jeder frischen oder älteren Milch zwei unter sich nur durch die An- oder Abwesenheit des Gesamtalbumins und -Globulins verschiedene, sonst aber streng vergleichbare und stets gleichmäßig ausfallende Seren bereitet werden können, die klar und fettfrei sind, ein äußerst vielseitiges Anwendungsgebiet für die Milchuntersuchung besitzen und die Herstellung anderer Seren entbehrlich machen.

Im folgenden soll zunächst die Vorschrift zur Herstellung der neuen Seren gegeben werden, wie sie von uns nach Durchsicht der gesamten umfangreichen Literatur auf Grund kritischer Überlegungen, zahlreicher Vorversuche und analytischer Untersuchungen ausgearbeitet worden ist.

2. Herstellung der neuen Essigsäureseren.

Albumin- und globulinhaltiges Serum.

(Tetrachlorkohlenstoff-Essigsäureserum I oder kurz: **Tetraserum I.**)

„50 ccm Milch werden mit etwa 5 ccm Tetrachlorkohlenstoff in einer Stöpsel-flasche 5—10 Minuten gut durchgeschüttelt, mit 1 ccm einer 20% igen Essigsäure versetzt, nochmals einige Minuten geschüttelt und zentrifugiert."

Die über dem zusammenhängenden Kuchen sich abscheidende Flüssigkeit ist klar und braucht nur für die pyknometrische Bestimmung des spezifischen Gewichtes und für die Messung der Polarisation gegebenenfalls von etwa losgelösten Fetzchen filtriert zu werden.

Wo eine Zentrifuge nicht zur Verfügung steht, kann das Koagulum auch durch Filtrieren abgetrennt werden, was rasch und ohne Schwierigkeiten von statten geht.

Bei Kolostrum oder bei Milch kranker Tiere kann es erforderlich werden, die doppelte Menge Essigsäure anzuwenden. Bei der Verwendung derartiger Seren zur Messung der Lichtbrechung ist der vermehrte Essigsäurezusatz durch Abzug von 0,2 Refraktometergraden zu berücksichtigen.

Der Tetrachlorkohlenstoff muß rein sein. Insbesondere darf er bei längerem Schütteln mit Wasser und nachfolgendem Zentrifugieren oder Filtrieren die Licht-brechung des Wassers höchstens um 0,2 Refraktometergrade ändern.

Von gerinnbarem Eiweiß freies Serum.

(Tetrachlorkohlenstoff-Essigsäureserum II oder kurz: **Tetraserum II.**)

„Die Milch wird 20 Minuten lang in einem Glaskolben mit Rückflußrohr in kochendem Wasserbade erwärmt. Nach dem Erkalten wird das im Kühlrohr befind-liche Kondenswasser mit der Milch im Kolben heruntergespült. 50 ccm der Flüssig-keit werden sodann in gleicher Weise wie zur Herstellung des Tetraserums I behandelt."

Begründung:

Bei der Herstellung der neuen Seren war zunächst die Erwägung maßgebend, daß diejenigen Seren, welche eine unkontrollierbare Menge Eiweiß enthalten, für Untersuchungszwecke überhaupt nicht in Frage kommen können, daß dagegen einer-seits ein nach einem einheitlichen Verfahren hergestelltes Serum, welches alle analy-tisch feststellbaren albumin- und globulinartigen Stoffe noch enthält, anderseits ein mit diesem Serum vergleichbares, von gerinnbarem Eiweiß freies Serum für Unter-suchungszwecke von großer Wichtigkeit sei, wenn es gelänge, diese zwei Seren den Bedürfnissen der Praxis entsprechend rasch und bequem herzustellen.

Die Beibehaltung der Essigsäure zur Abscheidung von Kasein erschien uns zweckmäßig, weil anzunehmen war, daß verdünnte Essigsäure im Überschuß zugesetzt einerseits als sehr schwache Säure Kasein nicht als Acetat löst, anderseits aber alle in Milch außer Fett und Kasein vorkommenden Stoffe in Lösung hält.

Zur Bestätigung der ersten Annahme haben wir einen durch Zusatz von 1 ccm 20% iger Essigsäure und Tetrachlorkohlenstoff abgeschiedenen Fett-Kaseinkuchen, der von Tetrachlorkohlenstoff und sonstigen Beimengungen durch Behandeln mit Wasser, Filtrieren und Zentrifugieren gereinigt war, mit einem Gemisch von 50 ccm Wasser und 1 ccm 20%iger Essigsäure 10 Minuten lang geschüttelt und dann wieder zentrifugiert. Die Refraktion der Flüssigkeit blieb vor und nach dem Schütteln dieselbe. In 25 ccm der mit dem Kuchen geschüttelten Säure wurden ferner nach Kjeldahl auch nicht Spuren von Stickstoff gefunden.

Daß anderseits alle Mineralstoffe gelöst bleiben, ergeben folgende Versuche: 53,35 ccm Milch, entsprechend 50 ccm Serum, wurden mit 1 ccm 20%iger Essigsäure und 5 cm Tetrachlorkohlenstoff geschüttelt und zentrifugiert. 25,5 ccm des abpipettierten Serums ergaben 0,035 g CaO[1]). Der Rest des Serums zusammen mit dem Kaseinkuchen enthielt dieselbe Calciummenge, 0,036 g CaO[1]).

Durch Essigsäure werden allerdings die in Milch enthaltenen Kaseinate und Carbonate, letztere unter Verlust von Kohlendioxyd, in Acetate überführt und allenfalls ungelöste Calciumphosphate und -Citrate, womit jedoch nur in erhitzter Milch zu rechnen ist, in lösliche Salze umgewandelt. Aber hierin erblicken wir im Gegensatz zu andern Behauptungen (vergl. S. 104) einen Vorteil der Essigsäureseren, weil die hierdurch gelösten Salze zu den Bestandteilen der „fett- und kaseinfreien Trockenmasse" gehören, die nach Cornalba[2]) unter allen analytischen Werten der Milch die kleinsten Schwankungen zeigt. Demgegenüber werden bei Anwendung von Chlorcalcium als Abscheidungsmittel der Eiweißstoffe die Carbonate, Phosphate, Citrate und der Kaseinkalk der Milch zum Teil ausgefällt und dadurch der Mineralstoffgehalt des Milchserums und weiterhin die „fett- und kaseinfreie Trockenmasse" je nach der Acidität der Milch mehr oder weniger verändert. Die Menge der hierbei nicht gelösten oder abgeschiedenen Salze ist, wie nachfolgender Versuch zeigt, nicht unerheblich:

60 ccm Milch, entsprechend 57,2 ccm Serum, wurden nach Ackermann mit Chlorcalcium versetzt und im Wasserbade erhitzt; 28,6 ccm des abgegossenen Serums enthielten 0,026 g CaO[1]), die andere Hälfte mit dem Niederschlag zusammen verascht, ergab dagegen bedeutend mehr Kalk: 0,187 g CaO[1]).

War somit die Zweckmäßigkeit der Essigsäure als Ausfällungsmittel erwiesen, so handelte es sich weiter um die anzuwendende Menge.

Das allgemein übliche Verhältnis von 1 ccm 20%iger Essigsäure auf 50 ccm Milch ist in den meisten Fällen das geeignete. Nur bei Kolostrum, das mehr Kaseinkalk enthält, und bei Milch kranker Tiere, die oft alkalisch reagiert, ist ein größerer Säurezusatz erforderlich und auch in obiger Vorschrift vorgesehen. Dagegen würde es sich nicht empfehlen, allgemein einen höheren Säurezusatz anzuwenden, weil man dadurch die Zusammensetzung und damit die Lichtbrechung und das spezifische Gewicht sowie die sonstige Beschaffenheit des Serums unnötigerweise verändern würde. Ebenso wäre es unzweckmäßig, die gleiche Menge Säure in konzentrierterer Form zuzusetzen, weil dann leicht störende Überschreitungen der erforderlichen Menge vorkommen könnten.

Zur experimentellen Prüfung des Einflusses der Essigsäure auf die Lichtbrechung des Serums haben wir die Lichtbrechung von Wasser, von Milch-

---

[1]) Mittel aus 2 Versuchen.
[2]) Rev. gén. du Lait **7**, 33 u. 56 (1908).

zuckerlösungen verschiedener Konzentration, von verschiedenen Milchseren vor und nach dem Zusatz der üblichsten Mengen von Essigsäure miteinander verglichen.

Tabelle 1. Einfluß eines Zusatzes von 20%iger Essigsäure[1]
auf die Lichtbrechung von Lösungen.

R = Skalenteile des Zeißschen Eintauchrefraktometers bei 17,5°.

Lösung	Lichtbrechung vor dem Zusatz der Essigsäure	Lichtbrechung nach Zusatz von 20%iger Essigsäure zu je 50 ccm Lösung		
		0,5 ccm	1 ccm	2 ccm
	R	R	R	R
Wasser	15,0	—	15,8	—
Milchzucker[2]				
1,9 %	22,2	—	22,9	—
2,85 „	25,8	—	26,4	—
4,76 „	33,2	—	33,6	—
6,8 „	40,1	—	40,35	40,5
7,7 „	43,9	—	44,1	44,3
Tetraserum I				
Milch a	42,4	42,5	42,6	—
„ b	44,2	44,3	44,35	—
Spontanserum				
Milch c	42,1	—	42,3	—
„ d	43,1	—	43,35	—

Aus den in Tabelle 1 angeführten Versuchen ergibt sich, daß die Lichtbrechung der gewöhnlichen Milchseren oder einer etwa ebenso stark brechenden Lösung von Milchzucker durch den Zusatz von 1 ccm 20%iger Essigsäure zu 50 ccm Flüssigkeit durchschnittlich um etwa 0,2 Refraktometergrade erhöht wird; diese Erhöhung bleibt auch bei kleinen Veränderungen der Konzentration (z. B. um etwa 1 % Milchzuckergehalt) gleich. Durch besondere Versuche wurde ferner festgestellt, daß die Umwandlung der geringen in der Milch vorkommenden Mengen Carbonate in Acetate ohne Einfluß auf die Lichtbrechung ist.

In Verallgemeinerung dieser Ergebnisse und in Berücksichtigung der von Wagner[3] für die Salzlösungen usf. mitgeteilten Werte der Lichtbrechung läßt sich vorstehende graphische Darstellung (Fig. 1) des Einflusses der Essigsäure geben.

Fig. 1. Einfluß eines Zusatzes von 2% einer 20%igen Essigsäure auf die Refraktion von Milchzuckerlösungen.

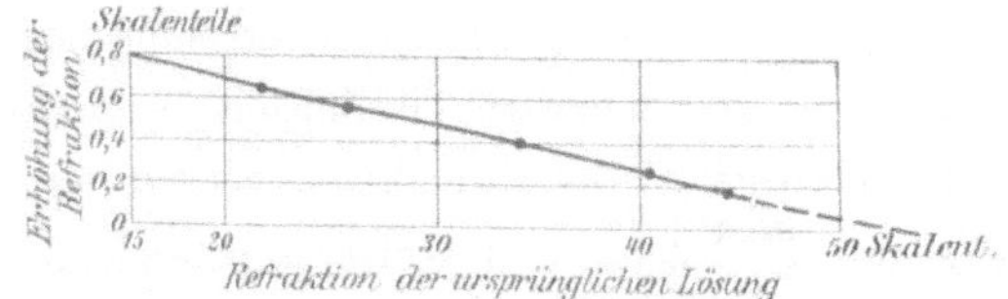

Refraktion von Wasser = 15 Skalenteile
„ „ 20%iger Essigsäure = 53 Skalenteile.

---

[1] 20 g Essigsäure in 100 g Lösung von der Refraktion R = 53.

[2] Wasserfrei, mehrfach umkristallisiert.

[3] Wagners Tabellen zum Eintauchrefraktometer. 1907. Selbstverlag, Sondershausen.

Weiter folgt aus der Tabelle, daß bei Verdoppelung des üblichen Essigsäurezusatzes, wie er bei physiologisch und pathologisch veränderter Milch in Frage kommen kann, die Refraktion sich um weitere 0,2 Skalenteile erhöht. Hieraus ergibt sich ferner, daß geringe Über- oder Unterschreitungen der vorgeschriebenen Menge Essigsäure — im Gegensatz zum Chlorcalciumzusatz beim Chlorcalciumserum — ohne beachtenswerten Einfluß auf die Lichtbrechung sind.

Eine der Hauptschwierigkeiten, welche der allgemeinen Einführung der Essigsäureseren insbesondere für die Massenkontrolle im Wege stand, war die üble Eigenschaft dieser Seren, trüb und langsam zu filtrieren. Insbesondere waren die albumin- und globulinhaltigen Seren oft kaum klar zu bekommen. Auch die neuerdings von Fendler und Stüber[1], Burr, Berberich und Lauterwald[2] verbesserten Seren filtrieren zwar mitunter klar, meistens aber sehr langsam. Gegen langsam filtrierende globulin- und albuminhaltige Seren wurde mit Recht der Einwand erhoben[3], daß je nach der Dichte des Filters und der Art des Filtrierens verschiedene Mengen von Eiweiß gelöst gehalten werden.

Nachdem wir nun zunächst vergeblich versucht hatten, durch Erwärmen auf geeignete Temperaturen und nachfolgende Eiskühlung, sowie durch Anwendung von verschiedenen Essigsäurekonzentrationen, ferner durch Einleiten von Kohlendioxyd bei gleichzeitiger Kühlung, durch Zentrifugieren, Anwendung von Ausflockungsmitteln usf. klare und sich rasch absetzende Seren zu bekommen, half uns schließlich ein Kunstgriff über diese Schwierigkeiten hinweg.

Als nämlich verschiedene Essigsäureseren zentrifugiert wurden, schied sich zwar das Kasein mehr oder weniger vollständig ab, die Seren waren jedoch immer, insbesondere in den obern Schichten, durch Fettemulsionen getrübt. Wir schüttelten daher vor dem Zusatz der Essigsäure die Milch mit Chloroform oder mit Tetrachlorkohlenstoff, in der Voraussetzung, daß das Fett zum Teil gelöst, zum Teil beim Zentrifugieren mit dem Kasein ausgeschleudert und vom Chloroform oder Tetrachlorkohlenstoff zurückgehalten werde. Die Versuche verliefen nun besonders mit Tetrachlorkohlenstoff nach Wunsch, indem sich das Kasein mit dem Fett in einem festen zusammenhängenden Kuchen abschied und keine Fetttröpfchen mehr an die Oberfläche stiegen. Da Tetrachlorkohlenstoff in Wasser, Milchzuckerlösung und in einem Essigsäureserum praktisch unlöslich ist und hiermit geschüttelt, wie aus den in Tabelle 2 verzeichneten Versuchen hervorgeht, die Refraktion des Wassers oder des Serums und der Milchzuckerlösung um höchstens 0,2 Refraktometergrade, das spezifische Gewicht nur um etwa 0,2 Laktodensimetergrade ändert, so gaben wir diesem den Vorzug.

Es zeigte sich aber weiterhin, daß das Zentrifugieren nach Bedarf auch durch Filtration ersetzt werden kann. Im Gegensatz zu den früheren Essigsäureseren zeigen die bei Gegenwart von Tetrachlorkohlenstoff hergestellten die Eigenschaft, rasch und klar zu filtrieren, ohne daß irgendwie wesentliche Bestandteile vom Filter zurückgehalten werden.

---

[1] Zeitschr. f. Unters. d. Nahr.- u. Genußm. **20**, 157 (1910).
[2] Milchw. Zentralbl. **4**, 219 (1908).
[3] Bialon, Milchw. Zentralbl. **1**, 363 (1905).

Tabelle 2. Einfluß des Tetrachlorkohlenstoffs[1]) auf Lichtbrechung und spezifisches Gewicht von Wasser und wässerigen Lösungen.

R = Skalenteile des Zeißschen Eintauchrefraktometers bei 17,5°.

d_4^{15} = spezifisches Gewicht bei 15° bezogen auf Wasser von 4°.

Lösung	Refraktion der Lösung		Spezifisches Gewicht der Lösung	
	vor	nach	vor	nach
	dem Schütteln mit Tetrachlorkohlenstoff		dem Schütteln mit Tetrachlorkohlenstoff	
	R	R	d_4^{15}	d_4^{15}
Wasser	15,0	15,1	0,9991	0,9993
Milchzuckerlösungen				
etwa 5,5 %	35,5	35,65		
„ 7,2 „	42,2	42,4		
„ 7,7 „	43,9	44,1		
„ 10,5 „	55,1	55,2		
Spontanserum				
Milch a	43,1	43,2		
„ b	43,3	43,5	1,0284	1,0286
„ c	41,0	41,2	1,0263	1,0265

Dies geht aus den nachfolgenden Versuchen hervor, bei denen die Lichtbrechung verschiedener aus derselben Milch hergestellten, filtrierten und zentrifugierten Seren verglichen worden ist. Tabelle 3 zeigt zunächst, daß das Tetraserum I, mittels Zentrifugieren aus derselben Milch zu wiederholten Malen hergestellt, stets gleichmäßig ausfällt.

Tabelle 3. Nachweis, daß unter denselben Bedingungen aus derselben Milch stets das gleiche Tetraserum I entsteht.

R = Lichtbrechung in Skalenteilen des Zeißschen Eintauchrefraktometers bei 17,5°.

Milch Nr.	Probe a R	Probe b R	Probe c R	Probe d R	Probe e R	Probe f R
1	42,8	42,8	42,9	42,8	42,8	42,8
2	42,6	42,6	42,6			
3	42,9	42,9	42,9	42,9	42,9	
4	42,0	42,1	42,0	42,0		
5	42,3	42,3	42,3	42,3		
6	42,0	42,0	42,0	42,0		

Tabelle 4 (S. 70) beweist die Gleichwertigkeit des Filtrierens mit dem Zentrifugieren, wobei auch die einzelnen Teile der Filtrate voneinander nicht zu unterscheiden sind.

Bei den nach frühern Verfahren bei 40° hergestellten Seren konnten dagegen kleine Abweichungen zwischen den ersten und letzten Anteilen des Filtrates beobachtet werden, die um so stärker auftraten, je mehr sich die Poren des Filters verstopften.

---

[1]) Es wurden die Marken „Kohlenstofftetrachlorid CCl_4" und „Kohlenstofftetrachlorid gereinigt" von Kahlbaum benutzt.

Tabelle 4. Beeinflussung der Lichtbrechung der Tetraseren I beim Filtrieren durch Papierfilter verschiedener Dichte.

R = Skalenteile des Zeißschen Eintauchrefraktometers bei 17,5°.

Milch		Tetraserum I dargestellt durch				
			Filtrieren durch Filter Schleicher-Schüll[1]			
	Zentrifugieren		Nr. 588		Nr. 584	Nr. 572$^{1}/_{2}$
			erste Hälfte	zweite Hälfte		
			des Filtrats			
Nr.	R		R	R	R	R
1	43,7		43,7	43,7	43,7	
2	42,3		42,3	42,3	42,3	42,3
3	44,2		44,2	44,2		
4	44,3		44,2			

Durch die Anwendung von Tetrachlorkohlenstoff erübrigte sich auch die bisher zur Erleichterung der Klärung des Serums angewandte Erwärmung der Milch auf 40°, und wir konnten die Herstellung des Serums I vollständig bei Zimmertemperatur vornehmen, wobei jede Abscheidung von Albumin und Globulin ausgeschlossen ist.

Anderseits haben wir für das Tetraserum II die vorangehende Erwärmung im kochenden Wasserbade für 20 Minuten vorgeschrieben, weil dabei die Abscheidung alles gerinnbaren Eiweißes mit Sicherheit erfolgt und die Bedingungen für die Erwärmung bequem einzuhalten sind.

Um das Anwendungsgebiet beider Seren beurteilen zu können, war es notwendig die Beschaffenheit und chemische Zusammensetzung der Tetraseren festzustellen und mit denen der bisher üblichen Seren zu vergleichen und weiterhin zu ermitteln, inwieweit die verschiedenen Seren durch das Altern der Milch, durch Melkart, Melkzeit, Laktationsstadium, Fütterung, Gesundheitszustand der Tiere usw., ferner durch Erhitzen der Milch und durch Zusätze von Wasser und Fremdstoffen beeinflußt werden. Davon ist in den folgenden Abschnitten die Rede.

3. Eigenschaften der Tetraseren im Vergleich zu anderen Milchseren.

Zum Vergleich mit den Tetraseren wurden die wichtigsten der bisher üblichen Milchseren herangezogen. Diese Seren wurden folgendermaßen hergestellt.

Chlorcalciumserum nach Ackermann[2]): 30 ccm Milch wurden mit 0,25 ccm Chlorcalciumlösung, deren spezifisches Gewicht 1,1375 und deren Refraktion nach zehnfacher Verdünnung 26° des Eintauchrefraktometers beträgt, eine Viertelstunde lang im siedenden Wasserbad in einem Probierrohr von 25 cm Länge und 2,5 cm innerem Durchmesser mit Rückflußrohr von 22 cm Länge und 0,7 cm innerem Durchmesser erhitzt. Nach dem Abkühlen wurde die geringe Menge Kondenswasser im obern Teil des Probierrohres und im Kühlrohr durch vorsichtiges Umkehren (ohne Schütteln) mit dem neben dem Kaseinfettkuchen abgeschiedenen Serum vereinigt und dieses abgegossen.

---

[1]) Filter Nr. 588 ist ziemlich dünn, Nr. 584 ist dichter und Nr. 572$^{1}/_{2}$ am dichtesten.
[2]) Zeitschr. f. Unters. d. Nahr. u. Genußm. **13**, 186 (1907).

Asaprolserum nach Baier und Neumann[1]): 15 ccm Milch wurden mit 15 ccm Asaprol-lösung (30 g Asaprol = β-Naphthol-α-sulfosaures Calcium und 55,8 g kristallisierte Citronensäure mit Wasser zu einem Liter aufgelöst) durchgeschüttelt und das Kasein-Fettgerinsel vom Serum durch Filtration abgetrennt.

Spontanserum: Milch wurde mit einer Spur geronnener Milch versetzt und bei Zimmer-temperatur in einem zugepfropften Kolben bis zur Gerinnung sich selbst überlassen; nach etwa 48 Stunden wurde das Serum abfiltriert.

Albumin- und globulinhaltiges Essigsäureserum nach Burr, Berberich und Lauterwald[2]): 100 cm Milch wurden mit 2 ccm einer 20%igen Essigsäure versetzt, 20 Minuten lang auf dem Wasserbade auf 40° erwärmt, hierauf in Eiswasser abgekühlt und filtriert.

Albumin- und globulinhaltiges Essigsäureserum nach Stüber[3]): 100 ccm Milch wurden in einer Standflasche mit 2 ccm 20%iger Essigsäure (statt 0,4 ccm Eisessig) durchge-schüttelt, die Flasche 1—2 Stunden in ein Wasserbad von 50—60° eingehängt und das abge-schiedene Serum nach Eiskühlung durch Doppelfilter filtriert.

Von gerinnbarem Eiweiß freies Essigsäureserum (ohne Tetrachlorkohlenstoff): Die Milch wurde etwa 30 Minuten in einem Kolben mit Rückflußrohr erwärmt und nach dem Erkalten das Kondenswasser mit der Milch vereinigt. 100 ccm davon wurden mit 2 ccm einer 20%igen Essigsäure versetzt, kräftig durchgeschüttelt und filtriert, wobei bisweilen die ersten Anteile, weil sie zu trüb waren, weggegossen wurden.

Bleiserum nach Rothenfußer[4]) (für den Nachweis der Peroxydasen der Milch): 100 ccm Milch wurden mit 5—6 ccm Bleiessiglösung versetzt, stark geschüttelt und filtriert.

Durchsichtigkeit.

Das Tetraserum I war bei mehreren hundert Darstellungen immer so klar, daß die Lichtbrechung mit großer Schärfe bestimmt werden konnte. Das Tetraserum II war wasserklar, so daß es ohne weiteres für Polarisationsmessungen brauchbar war und dem Asaprolserum an Durchsichtigkeit kaum nachstand. Beide Tetraseren erwiesen sich klarer, als die zugehörigen Chlorcalcium-, Spontan- und die gewöhnlichen Essigsäureseren. Im Gegensatz zu den bei letztern oft beobachteten nachträglichen Trübungen haben wir bei den Tetraseren keine nachträglichen Veränderungen wahr-genommen.

Fettgehalt.

Da eine etwaige Fettemulsion im Serum die Ablesung der Refraktometer- und Polarisationswerte stört und insbesondere das spezifische Gewicht verringert (0,25% Fett würden etwa 0,16 Laktodensimetergraden entsprechen), so ist es als Vorzug der Tetra-seren anzusehen, daß sie im Gegensatz zu den gewöhnlichen Essigsäureseren, Spontan- und Chlorcalciumseren praktisch fettfrei sind, wie folgende Tabelle 5 (S. 72) zeigt.

Verhalten beim Erhitzen.

Bei allen Seren, die noch Albumin enthalten, erhält man beim Erhitzen über freier Flamme, je nach der Menge des gerinnbaren Eiweißes einen in der Kälte nicht löslichen Niederschlag oder wenigstens eine Trübung.

---

[1]) Zeitschr. f. Unters. d. Nahr. u. Genußm. **13**, 369 (1907).
[2]) Milchw. Zentralbl. **4**, 219 (1908).
[3]) Zeitschr. f. Unters. d. Nahr. u. Genußm. **20**, 157 (1910).
[4]) Zeitschr. f. Unters. d. Nahr. u. Genußm. **16**, 63 (1908).

Tabelle 5.   Fettgehalt der verschiedenen Milchseren.

f = Gramme Fett in 100 ccm Milch.

| Milch | Tetraserum | | Chlorcalcium-serum | Spontanserum | Gewöhnliches Essigsäure-serum[2] |
| | I | II | | | |
Nr.	f	f	f	f	f
1	0,001	0,001	0,03	—	
2	0,001	0,001	0,04	0,02	
3	0,002	0,001	0,02	0,05	
4	0,003	0,001	—	0,02	
—	—	—	0,035[1]	—	0,24[2]

Die Tetraseren II sowie die albuminfreien gewöhnlichen Essigsäureseren geben beim Erhitzen über freier Flamme, soweit unsere Beobachtungen reichen, immer einen in der Kälte sich wieder lösenden Niederschlag, während das Chlorcalciumserum sich hierbei zuweilen, das Asaprolserum nie trübt. Ob diese Ausscheidungen auf Citrate oder andere, bisher nicht bekannte Stoffe zurückzuführen sind, sollen spätere Versuche erweisen.

Während wir beim Tetraserum I bei kurzem Erhitzen auf 65° in vorgewärmtem Wasserbade immer eine deutliche Trübung beobachten konnten, war dies bei den albuminhaltigen gewöhnlichen Essigsäureseren und beim Spontanserum schon wegen ihrer opaleszierenden Eigenschaften schwer oder nicht zu erkennen. Bei kurzem Erhitzen auf 70° erhält man im Tetraserum I starke Trübungen oder Fällungen; filtriert man davon ab, so ist bei etwa 90° eine zweite starke Fällung zu beobachten. Das Spontanserum scheint sich hierbei nach eigenen und andern Versuchen[3] in der Regel ähnlich zu verhalten. Bei den gewöhnlichen über 65° hergestellten Essigsäureseren hängt das Verhalten beim Erhitzen naturgemäß ganz von der Darstellungsart ab. (Vgl. hierzu die weiter unten angeführten Versuche über Seren von auf verschiedene Temperatur erhitzter Milch, S. 94 u. 95.)

Das Tetraserum II läßt bei andauerndem Erhitzen im kochenden Wasserbad oder bei 100° keine Änderung der Refraktion erkennen, wenn Wasserverluste vermieden werden. Auch beim Erhitzen auf 110°—120° in geschlossenen Gefäßen waren durch das Eintauchrefraktometer höchstens Änderungen von etwa 0,2° festzustellen.

Peroxydasengehalt.

Wie das Spontanserum und die unter 60° hergestellten gewöhnlichen Essigsäureseren, so enthält auch das Tetraserum I die Stoffe, welche die Peroxydasenreaktion geben. Die mit Phenylendiaminchlorhydrat-Guajakol (vergl. S. 93) ausgeführte Reaktion wurde

---

[1] nach Wiegner, Milchw. Zentralbl. 5, 486 (1909). Mittel aus 2 Analysen.

[2] nach Burr, Berberich und Lauterwald, Milchw. Zentralbl. 4, 224 (1908). Mittel aus 8 Analysen.

[3] Koning, Milchw. Zentralbl. 6, 127, 171, 222, 264 (1910). Mitunter beobachteten wir, wie Koning, beim Erhitzen von Spontanseren roher Milch auf 70—100° nur geringe Trübungen.

beschleunigt oder fiel momentan stärker aus, wenn die den Verlauf der Reaktion hemmende Säure bis zur beginnenden Trübung des Serums (Abscheidung von Calciumphosphaten) neutralisiert wurde, und war dann fast ebenso empfindlich als wenn sie nach Rothenfußer mit dem Bleiserum ausgeführt wurde (vergl. S. 93). Selbst an Tetraseren I, die 6 Monate im Eisschrank gestanden hatten, ließ sich die Peroxydasenreaktion noch nachweisen.

Mineralstoffgehalt.

Während bei der Bereitung des Chlorcalciumserums die Milch je nach ihrer Acidität beim Zusatz von Chlorcalcium wechselnde Mengen von Kaseinkalk, Calciumphosphaten, -citraten, -carbonaten abscheidet, so daß der Gehalt des Serums an Mineralstoffen auch bei derselben Milch in unvorhergesehener Weise wechseln kann, enthalten die beiden Tetraseren — und ebenso die gewöhnlichen Essigsäureseren, das Asaprol- und das Spontanserum — noch alle Salze der Milch gelöst, da die Calciumcarbonate, -phosphate, -citrate sowohl in Essigsäure als in der in Asaprollösung enthaltenen Citronensäure, wie auch in der beim Spontanserum durch Gärung gebildeten Milchsäure löslich sind.

Dies wurde durch eine Reihe von Versuchen bestätigt, bei denen in den verschiedenen Seren aus den gleichen Milchsorten der Gehalt an Calcium (Ca) und Phosphat (PO₄) bestimmt und unter Berücksichtigung der Verdünnung der Seren durch die Zusätze sowie beim Chlorcalciumserum unter Berücksichtigung des zugefügten Chlorcalciums auf den Ca- und PO₄-Gehalt der unveränderten Milch umgerechnet wurde. Die so berechneten, in Tabelle 6 (S. 74 u. 75) aufgenommenen Werte stimmen für die Tetraseren, Spontan- und Asaprolseren überein, während das Chlorcalciumserum hiernach viel weniger Calciumsalze und Phosphate enthält.

Stickstoffverbindungen.

Die Ergebnisse vergleichender Stickstoffbestimmungen in den verschiedenen Seren sind in Tabelle 7 (S. 74 u. 75) zusammengestellt. Der Gesamtstickstoffgehalt des Tetraserums I ist hiernach ebenso hoch wie im Spontanserum. In den von gerinnbarem Eiweiß befreiten Seren ist er naturgemäß geringer und zwar im Tetraserum II ungefähr so hoch wie im Chlorcalciumserum, während das Asaprolserum auch nach Berücksichtigung der Verdünnung die kleinsten Werte zeigt. Die gewöhnlichen Essigsäureseren enthalten um so weniger Gesamtstickstoff, je höher die Temperatur der Herstellung ist, weil der gerinnbare Stickstoff hierbei abnimmt.

Das Tetraserum I stimmt mit dem Spontanserum nicht nur im Gesamtstickstoff sondern auch in dem durch Gerbsäure fällbaren Stickstoff überein. Trotzdem ist sein Gehalt an gerinnbarem Eiweiß höher. Um zu prüfen, ob diese Beobachtung etwa darauf zurückzuführen sei, daß durch die gegenüber der Essigsäure stärkere Milchsäure des Spontanserums albuminartige Stoffe in Lösung gehalten werden, haben wir den Stickstoff des gerinnbaren Eiweißes in zwei Tetraseren, in Vergleich mit dem Stickstoff des zugehörigen Spontanserums, vor und nach der Neutralisation und nach

Tabelle 6. Calcium- und Phosphatgehalt

Milch Nr.	Tetraserum I				Tetraserum II			
	Ca		PO$_4$		Ca		PO$_4$	
					In 100 ccm Serum sind			
	gefunden	umgerechnet auf unverdünntes Serum	gefunden	umgerechnet auf unverdünntes Serum	gefunden	umgerechnet auf unverdünntes Serum	gefunden	umgerechnet auf unverdünntes Serum
1	0,097	0,099	0,210	0,214	0,097	0,099	0,212	0,216
2	0,114	0,116	0,202	0,206	0,114	0,116	0,205	0,209
3	0,115	0,117	0,234	0,238	0,116	0,118	0,236	0,240
4	0,115	0,117	0,228	0,232	0,115	0,117	0,227	0,231
5	—	—	—	—	0,115	0,117	0,241	0,245
6')	—	—	—	—	0,127	0,129	0,225	0,229
7	—	—	—	—	0,121	0,123	0,218	0,222
8	—	—	—	—	0,105	0,107	0,221	0,225
9	—	—	—	—	0,123	0,125	0,242	0,246
10')	—	—	—	—	0,105	0,107	0,221	0,225
11	—	—	—	—	0,103	0,105	0,232	0,236
12	—	—	—	—	0,110	0,112	0,214	0,218
13	—	—	—	—	0,109	0,111	0,221	0,225
14')	—	—	—	—	0,104	0,106	0,216	0,220

Tabelle 7. Vergleichende Bestimmung des

Die Zahlen bedeuten Gramme Stickstoff in 100 ccm Serum. Die eingeklammerten

| Milch Nr. | Tetraserum I | | | | | | Tetraserum II | | | |
	Gesamtstickstoff		Gerbsäurestickstoff		Gerinnungsstickstoff		Gesamtstickstoff		Gerbsäurestickstoff	
1	0,125	(0,127)	—	—	—	—	0,044	(0,044)	—	—
2	0,106	(0,108)	—	—	—	—	0,029	(0,029)	—	—
3	0,114	(0,116)	—	—	—	—	0,053	(0,053)	—	—
4	0,119	(0,121)	0,098	(0,10)	—	—	0,057	(0,057)	0,026	(0,026)
5	0,118	(0,120)	0,111	(0,113)	0,085	(0,087)	0,029	(0,029)	0,017	(0,017)
6	0,119	(0,121)	—	—	0,079	(0,081)	0,040	(0,040)	—	—
7	0,124	(0,126)	0,100	(0,10)	0,076	(0,078)	0,044	(0,044)	0,025	(0,025)
8	0,124	(0,126)	—	—	0,079	(0,081)	0,051	(0,051)	—	—

') Bei Milch Nr. 6 betrug die Differenz der Refraktion zwischen **Tetraserum II** und **Chlor-calciumserum** 1,4°. Die der Differenz des Calciumgehaltes sowie Phosphatgehaltes beider Seren entsprechenden Mengen Calciumcarbonat und Phosphorsäure erhöhten, in einer 7%igen Milchzuckerlösung unter Zuhilfenahme von 20%iger Essigsäure gelöst, deren Refraktionswert um 1,3°.

der verschiedenen Milchseren.

Spontanserum		Chlorcalciumserum				Asaprolserum			
enthalten in Grammen									
Ca	PO$_4$	Ca		PO$_4$		Ca		PO$_4$	
		ge-funden	umge-rechnet auf unverdünn-tes Serum ohne Zusatz	ge-funden	umge-rechnet auf unverdünn-tes Serum	ge-funden	umge-rechnet auf unverdünn-tes Serum	ge-funden	umge-rechnet auf unverdünn-tes Serum
0,100	0,218	0,062	0,009	0,087	0,088	—	—	—	—
0,117	0,205	0,068	0,015	0,087	0,088	—	—	—	—
0,115	0,236	0,064	0,011	0,096	0,097	—	—	—	—
0,115	0,233	0,063	0,010	0,100	0,101	—	—	—	—
—	—	—	—	—	—	0,149	0,114	0,119	0,238
—	—	0,067	0,014	0,104	0,105	—	—	—	—
—	—	0,072	0,019	0,117	0,118	—	—	—	—
—	—	0,069	0,016	0,094	0,095	—	—	—	—
—	—	0,057	0,004	0,120	0,121	—	—	—	—
—	—	0,062	0,009	0,112	0,113	—	—	—	—
—	—	0,062	0,009	0,107	0,108	—	—	—	—
—	—	0,063	0,010	0,104	0,105	—	—	—	—
—	—	0,060	0,007	0,109	0,110	—	—	—	—
—	—	0,062	0,009	0,109	0,110	—	—	—	—

Stickstoffgehaltes der verschiedenen Milchseren.

Zahlen beziehen sich auf unverdünntes Serum nach Abzug der Zusätze.

Spontanserum				Chlorcalciumserum				Asaprolserum	
Gesamt-stickstoff	Gerbsäure-stickstoff	Gerinnungs-stickstoff		Gesamt-stickstoff		Gerbsäure-stickstoff		Gesamt-stickstoff	
—	—	—	—	—	—	—	—	—	—
0,110	—	—	—	0,032	(0,032)	—	—	—	—
0,118	—	—	—	0,058	(0,058)	—	—	—	—
0,112	0,100	—	—	0,060	(0,060)	0,029	(0,029)	0,011	(0,022)
0,120	0,112	0,064	—	0,031	(0,031)	0,021	(0,021)	—	—
—	—	0,072	—	—	—	—	—	—	—
0,128	0,114	0,058	—	0,046	(0,046)	0,027	(0,027)	—	—
—	—	—	—	—	—	—	—	—	—

²) Bei Milch Nr. 10 betrug die Differenz der Refraktion zwischen Tetraserum II und Chlorcalcium 1,1°. In gleicher Weise wie bei Milch Nr. 6 wurde eine Refraktionserhöhung von 1,2° beobachtet.

³) Bei Milch Nr. 14 betrug die Differenz der Refraktion zwischen Tetraserum II und Chlorcalciumserum 1,0°. In gleicher Weise wie bei Milch Nr. 6 wurde eine Erhöhung von 1,1° beobachtet.

Zusatz von soviel Milchsäure, als geronnener Milch entspricht, bestimmt. Es wurde gefunden auf 100 ccm Serum g N:

<table>
<tr><td>a) im Tetraserum I</td><td>b) im Spontanserum</td></tr>
<tr><td>vor der Neutralisation   0,076; 0,079</td><td>0,058; 0,059</td></tr>
<tr><td>nach „   „   0,075; 0,080</td><td></td></tr>
<tr><td>nach Zusatz von Milchsäure 0,076; 0,080</td><td></td></tr>
</table>

Es ergibt sich daher, daß die Säure bei dieser Verdünnung ohne wesentlichen Einfluß auf die Menge der geronnenen Eiweißstoffe ist. Deren Verminderung im Spontanserum im Gegensatz zu den durch Gerbsäure fällbaren Eiweißstoffen glauben wir daher mit Hofmeister[1]) auf die Einwirkung peptolytischer Fermente zurückführen zu dürfen.

Das Tetraserum II und ebenso das Chlorcalciumserum enthalten noch geringe Mengen solcher Eiweißstoffe, die durch Gerbsäure fällbar sind, während das Asaprolserum davon frei ist.

Die Differenz zwischen dem Stickstoffgehalt der Tetraseren I und II entspricht dem gerinnbaren Eiweiß des Tetraserums I.

Die Differenz zwischen dem Gesamtstickstoff des Tetraserums II und des Asaprolserums nach Berücksichtigung der Verdünnung entspricht dem Gerbsäurestickstoff des Tetraserums II.

Sonstige gelöste Stoffe.

Es ist nicht anzunehmen, daß die Tetraseren, die gewöhnlichen Essigsäureseren, das Chlorcalcium- und Asaprolserum abgesehen von dem Gehalt an Eiweiß, Calcium, Phosphorsäure und Citronensäure in dem Gehalt an andern gelösten Verbindungen voneinander wesentlich abweichen. Dagegen ist beim Spontanserum damit zu rechnen, daß die ursprünglich vorhandene Laktose mindestens z. T. in Milchsäure, die Citronensäure in Essigsäure und Kohlendioxyd übergegangen ist.

Lichtbrechung.

In Tabelle 8 sind die Lichtbrechungen verschiedener Seren für eine große Reihe von Milchsorten, nach der Höhe der Lichtbrechung des Tetraserums I geordnet, zusammengestellt. Die gewöhnlichen Essigsäureseren sind hierbei nicht berücksichtigt, weil schon aus einigen Versuchen hervorging, daß sich ihre Lichtbrechung, um immer dieselbe Differenz von 0,2 Refraktometergraden von den Tetraseren unterscheidet, sofern bei ihrer Herstellung die Erwärmungs- und Filtrationsbedingungen derart waren, daß ihr Gehalt an Eiweiß dem der Tetraseren entspricht.

Aus der Tabelle 8 geht hervor, daß in allen Fällen die Tetraseren I die höchste, die Tetraseren II eine um 1,5—3 $^{\circ}$ geringere Lichtbrechung aufweisen. Dieser Unterschied ist auf den Gehalt des Tetraserums I an gerinnbarem Eiweiß zurückzuführen. In der Tat zeigt Tabelle 9, daß der Brechungsunterschied der beiden Seren für eine Reihe darauf untersuchter Milchsorten dem Unterschied des Stickstoffgehaltes proportional ist, und zwar entspricht eine Differenz der Lichtbrechung von 1 Refraktometergrad durchschnittlich einer Differenz von 0,329 g Stickstoff in 100 ccm

---

[1]) Zeitschr. f. physiol. Chem. **2**, 294 (1878/79).

Tabelle 8. Vergleichende Zusammenstellung der Lichtbrechung verschiedener Milchseren.

R = Skalenteile des Zeißschen Eintauchrefraktometers bei 17,5°.

Milch Nr.	Tetraserum I R	Tetraserum II R	Chlorcalciumserum R	Spontanserum R	Asaprolserum R	Differenz der Lichtbrechung zwischen		
						Tetraserum I und II	Tetraserum II und Chlorcalciumserum	Tetraserum I und Spontanserum
1	45,3	42,5	41,0	—	—	2,8	1,5	—
2	45,1	42,4	41,0	—	—	2,7	1,4	—
3	44,7	41,6	40,1	43,8	—	3,1	1,5	0,9
4	44,7	41,6	40,1	43,7	—	3,1	1,5	1,0
5	44,3	41,3	—	—	—	3,0	—	—
6	44,2	41,2	39,6	—	—	3,0	1,6	—
7	44,2	41,1	39,6	—	—	3,1	1,5	—
8	44,2	41,2	39,6	—	—	3,0	1,6	—
9	44,1	41,0	39,6	—	—	3,0	1,4	—
10	44,1	41,6	40,2	—	—	2,5	1,4	—
11	44,1	41,8	40,3	43,3	—	2,3	1,5	0,8
12	44,0	42,1	41,0	—	—	1,9	1,1	—
13	44,0	40,8	—	—	—	2,2	—	—
14	44,0	41,9	40,6	—	—	3,1	1,3	—
15	44,0	41,0	39,5	—	—	3,0	1,5	—
16	44,0	40,9	39,4	—	—	3,1	1,5	—
17	44,0	41,0	39,6	—	—	3,0	1,4	—
18	44,0	42,0	40,4	43,2	—	2,0	1,6	0,8
19	44,0	42,2	40,9	—	—	1,8	1,3	—
20	43,9	40,8	39,5	—	—	3,1	1,3	—
21	43,9	42,1	40,7	—	—	1,8	1,4	—
22	43,9	40,9	39,4	—	—	3,0	1,5	—
23	43,9	41,0	39,6	—	—	2,9	1,4	—
24	43,8	42,1	40,9	—	—	1,7	1,2	—
25	43,8	42,0	39,7	—	—	1,8	1,3	—
26	43,7	42,1	41,1	—	—	1,6	1,0	—
27	43,6	40,7	39,4	—	—	2,9	1,3	—
28	43,6	42,1	41,0	—	—	1,5	1,1	—
29	43,6	40,7	39,2	—	—	2,9	1,5	—
30	43,6	40,7	39,1	—	—	2,9	1,6	—
31	43,6	41,2	39,8	—	—	2,4	1,4	—
32	43,6	40,7	39,2	—	—	2,9	1,5	—
33	43,6	42,0	40,9	—	—	1,6	1,1	—
34	43,6	40,7	39,3	42,8	—	2,9	1,4	0,8
35	43,6	41,5	40,1	—	—	2,1	1,4	—
36	43,6	40,7	39,3	42,6	—	2,9	1,4	1,0
37	43,6	41,5	40,3	—	—	2,1	1,2	—
38	43,5	40,7	39,2	—	—	2,8	1,5	—
39	43,5	42,0	40,9	—	—	1,5	1,1	—
40	43,5	41,8	40,8	—	—	1,7	1,0	—

Milch Nr.	Tetra- serum I R	Tetra- serum II R	Chlor- calcium- serum R	Spon- tan- serum R	Asaprol- serum R	Differenz der Lichtbrechung zwischen		
						Tetra- serum I und II	Tetra- serum II und Chlor- calcium- serum	Tetra- serum I und Spontan- serum
41	43,5	42,0	40,9	—	—	1,5	1,1	—
42	43,4	41,7	40,6	—	—	1,7	1,1	—
43	43,4	41,2	39,8	—	—	2,2	1,4	—
44	43,4	41,2	39,9	—	—	2,2	1,3	—
45	43,3	40,9	39,6	—	—	2,4	1,3	—
46	43,3	41,7	40,6	—	—	1,6	1,1	—
47	43,3	40,5	39,2	42,4	—	2,8	1,3	0,9
48	43,2	41,1	39,9	—	—	2,1	1,2	—
49	43,1	41,0	39,4	42,3	—	2,1	1,6	0,8
50	43,1	41,0	39,7	—	—	2,1	1,3	—
51	43,1	40,5	39,0	—	38,4	2,6	1,5	—
52	43,0	40,9	39,7	—	—	2,1	1,2	—
53	43,0	40,8	39,5	—	—	2,2	1,3	—
54	43,0	40,8	39,6	—	—	2,2	1,2	—
55	42,9	41,2	40,2	—	—	1,7	1,0	—
56	42,9	40,6	39,3	—	—	2,3	1,3	—
57	42,8	41,2	39,8	—	—	1,6	1,4	—
58	42,8	40,4	39,0	—	—	2,4	1,4	—
59	42,8	40,5	39,2	—	—	2,3	1,3	—
60	42,8	40,5	39,2	—	—	2,3	1,3	—
61	42,8	40,5	39,2	—	—	2,3	1,3	—
62	42,8	40,4	39,0	41,8	—	2,4	1,4	1,0
63	42,7	40,5	39,2	—	—	2,2	1,3	—
64	42,7	40,3	—	—	—	2,4	—	—
65	42,7	40,6	39,3	—	—	2,1	1,3	—
66	42,7	40,6	39,3	—	—	2,1	1,3	—
67	42,7	40,4	39,0	—	—	2,3	1,4	—
68	42,6	39,5	—	—	—	3,1	—	—
69	42,6	40,3	39,8	—	—	2,3	1,5	—
70	42,5	40,2	38,7	41,5	—	2,3	1,5	1,0
71	42,5	40,3	—	41,4	—	2,2	—	1,1
72	42,5	40,4	38,9	41,6	38,0	2,1	1,5	0,9
73	42,5	40,0	38,5	41,4	38,0	2,5	1,5	1,1
74	42,5	40,3	39,0	—	—	2,2	1,3	—
75	42,3	39,7	—	—	—	2,6	—	—
76	42,3	40,7	39,5	—	—	2,6	1,2	—
77	42,3	39,6	38,1	—	—	2,7	1,5	—
78	42,3	40,3	38,9	—	—	2,0	1,4	—
79	42,3	40,3	38,9	—	—	2,0	1,4	—
80	42,3	40,5	39,0	—	—	1,8	1,5	—
81	42,2	40,5	39,1	—	—	1,7	1,4	—
82	42,2	40,2	38,2	—	—	2,0	1,4	—
83	42,2	39,6	38,1	—	—	2,6	1,5	—
84	42,2	40,1	38,7	—	—	2,1	1,4	—
85	42,1	40,1	—	—	—	2,0	—	—
86	42,1	39,5	38,0	41,0	—	2,6	1,5	1,1
87	42,1	39,8	38,3	41,1	—	2,3	1,5	1,0

Milch	Tetra-serum I	Tetra-serum II	Chlor-calcium-serum	Spon-tan-serum	Asaprol-serum	Differenz der Lichtbrechung zwischen		
						Tetra-serum I und II	Tetra-serum II und Chlor-calcium-serum	Tetra-serum I und Spontan-serum
Nr.	R	R	R	R	R			
88	42,1	39,6	38,1	—	—	2,5	1,5	—
89	42,1	40,0	38,5	41,1	—	2,1	1,5	1,0
90	42,1	39,6	38,1	—	—	2,5	1,5	—
91	42,1	39,8	38,2	41,3	—	2,3	1,6	0,8
92	42,1	39,7	38,2	—	37,4	2,4	1,5	—
93	42,0	39,6	—	—	—	2,4	—	—
94	42,0	39,8	38,5	—	—	2,2	1,3	—
95	42,0	39,4	38,2	—	—	2,6	1,2	—
96	41,4	39,2	37,8	—	—	2,2	1,4	—
97	40,9	38,6	37,1	—	—	2,3	1,5	—
98	40,3	38,3	—	—	—	2,0	—	—
99	39,9	37,9	—	—	—	2,0	—	—
100	39,4	37,3	—	—	—	2,1	—	—

Tabelle 9. Vergleich der Refraktometerdifferenz
von Tetraserum I und II mit der Differenz des Stickstoffgehalts.

R = Skalenteile des Zeißschen Eintauchrefraktometers bei 17,5°.
N = Gramme Stickstoff in 100 ccm.

Milch	Differenz zwischen Tetraserum I und II		Ein Grad Unterschied der Refraktometeranzeige entspricht daher Grammen Stickstoff $\dfrac{N_I - N_{II}}{R_I - R_{II}}$		
Nr.	$N_I - N_{II}$	$R_I - R_{II}$	im Einzelnen	im Durchschnitt	berechnet nach Wiegner
1	0,081	2,5	0,0324		
2	0,077	2,3	0,0334		
3	0,062	2,0	0,0310		
4	0,062	1,9	0,0326	0,0329	0,0337
5	0,089	2,6	0,0343		
6	0,079	2,4	0,0329		
7	0,080	2,5	0,0320		
8	0,073	2,1	0,0347		

Milch. Hiermit stimmt es vorzüglich überein, daß nach Wiegners Beobachtungen[1])
für je 0,0337 g Stickstoff einer Eiweißlösung (Pepton) sich ebenfalls eine Lichtbrechung
von 1° berechnen läßt. Aus der Tabelle 8 geht weiter hervor, daß die Lichtbrechung
vom Chlorcalciumserum um 1,0—1,6° geringer ist als die des Tetraserums II.
Würde keine chemische Einwirkung durch den Zusatz von Chlorcalcium stattfinden, so
sollten die beiden Lichtbrechungen übereinstimmen, da durch besondere Versuche
festgestellt wurde, daß der Einfluß der Zusätze an sich in beiden Fällen die gleiche Er-

[1]) Milchw. Zentralbl. 5, 524 (1909).

höhung der Lichtbrechung um etwa 0,4—0,5 Refraktometergrade bewirkt. Die geringere Brechung der Chlorcalciumseren muß also auf die Entfernung von Lösungsbestandteilen und zwar im wesentlichen auf die oben schon nachgewiesene Ausfällung von Calciumsalzen zurückgeführt werden. Dies konnte durch den Versuch bestätigt werden: In einer etwa 7%igen Milchzuckerlösung, die mit der für das Serum vorgeschriebenen Menge Essigsäure versetzt war, wurde soviel Calciumcarbonat und Phosphorsäure aufgelöst wie bei der Herstellung der Chlorcalciumseren ausfällt; die erforderlichen Mengen wurden nach den Ergebnissen der Tabelle 6 S. 74/75 für einige Milchsorten mit bekannten Refraktometerwerten der beiden Seren berechnet. Diese Zusätze bewirkten eine Erhöhung der Lichtbrechung der Milchzuckerlösung um a) 1,3; b) 1,2; c) 1,0 [1]) Refraktometergrade, während die Differenzen zwischen den Lichtbrechungen vom Tetraserum II und Chlorcalciumserum a) 1,4; b) 1,1; c) 1,0[1]) betrugen. Die Differenz der Lichtbrechung beider Seren ist also im wesentlichen durch die Ausfällung von Kalksalzen und Phosphaten bedingt. Citrate und Magnesiumsalze sind hierbei nicht berücksichtigt worden, obwohl sie vielleicht bei größeren Differenzen in Frage kommen können.

Auf Grund dieser Ergebnisse kann die Annahme von Ackermann[2]), daß durch den Zusatz von 0,25 ccm 15%iger Chlorcalciumlösung zu 30 ccm Milch die Lichtbrechung des Milchserums unbedeutend geändert werde, nicht bestätigt werden.

Das Spontanserum zeigt eine um 0,8—1° niedrigere Brechung als das Tetraserum I. Diese Differenz ist zum Teil (0,4°) auf die Abwesenheit der Essigsäure und des Tetrachlorkohlenstoffes, zum andern Teil aber auf die mit der freiwilligen Gerinnung der Milch vor sich gehenden Umsetzungen des Milchzuckers in Laktose und der Citronensäure in Essigsäure und Kohlendioxyd zurückzuführen. Die Umwandlung des gerinnbaren Eiweißes in seine Abbauprodukte ist ohne Einfluß auf die Lichtbrechung.

Da man bei der Untersuchung von geronnener Milch auf das Spontanserum angewiesen ist, so erscheint es bemerkenswert, daß die Differenz zwischen Spontanserum und Tetraserum I trotz der scheinbar unkontrollierbaren Gärungsvorgänge in der gerinnenden Milch nahezu konstant ist.

Erhitzt man das Spontanserum 20 Minuten im kochenden Wasserbade, so verringert sich naturgemäß die Lichtbrechung durch das Ausfallen der Eiweißstoffe; aber wie aus der Tabelle 10 hervorgeht, ist die Abnahme geringer als die Differenz der Lichtbrechung der Tetraseren I und II, weil, wie schon oben gezeigt wurde, die gerinnbaren Eiweißstoffe im Spontanserum zum Teil abgebaut sind (vgl. S. 72, 73 u. 76).

Das Asaprolserum sollte eine nur wenig geringere Lichtbrechung als das Tetraserum II zeigen, da beide Seren mit Ausnahme einer geringen Eiweißmenge, die für die Refraktion nicht in Betracht kommt, dieselben Milchbestandteile enthalten und die Fällungslösung des Asaprolserums so gewählt ist, daß sie seine Lichtbrechung nicht ändert, während die des Tetraserums II durch seine Zusätze um 0,4° erhöht wird.

---

[1]) Mittel aus je zwei Versuchen.
[2]) Zeitschr. f. Unters. d. Nahr- u. Genußm. **13**, 186 (1907).

Tabelle 10. Veränderung der Lichtbrechung des Spontanserums vor und nach dem Erhitzen im kochenden Wasserbade im Vergleich zur Lichtbrechung der Tetraseren.

R = Skalenteile des Zeißschen Eintauchrefraktometers bei 17,5°.

Milch	Tetraserum		Differenz	Spontanserum		Differenz
	I	II		vor	nach	
				dem Erhitzen		
Nr.	R	R		R	R	
1	42,1	39,5	2,6	41,0	38,8	2,2
2	44,7	41,6	3,1	43,9	41,2	2,7
3	44,7	41,6	3,1	43,8	41,0	2,8
4	43,1	41,0	2,1	42,3	40,5	1,8

In Wirklichkeit wurden jedoch wie Tabelle 8 zeigt viel geringere Brechungen des Asaprolserums erhalten. Für diese überraschende Beobachtung bot sich die Erklärung, daß bei der Fällung des Kaseins ein Teil des Asaprols, sei es als salz-artige Kaseinverbindung oder adsorbiert, mitgerissen wird. Es gelang uns auch, in der gut ausgewaschenen Kaseinfällung Asaprol durch die Diazoreaktion nachzuweisen und in dem überstehenden Serum durch die Bestimmung des Schwefelgehaltes einen Verlust von Asaprol festzustellen.

Spezifisches Gewicht.

Wie die Lichtbrechung, so ist auch das spezifische Gewicht eine annähernd additive Eigenschaft der Lösung, d. h. eine solche, deren Werte sich aus den einzelnen Lösungsbestandteilen nach der Mischungsregel zusammensetzen. Beide Eigenschaften werden also den Gehalt der Milchseren an den in wechselnden Mengen vorkommenden Stoffen annähernd erkennen lassen, und es fragt sich nur, ob die Lichtbrechung oder das spezifische Gewicht hierfür empfindlicher und daher besser geeignet ist. Um dies zu entscheiden, haben wir für eine größere Reihe von Milchsorten die Lichtbrechung der beiden Tetraseren mit den zugehörigen spezifischen Gewichten verglichen. Die Ergebnisse sind in der nachstehenden Tabelle 11, nach der Höhe der Refraktion geordnet, zusammengestellt. Die spezifischen Gewichte wurden mit dem Pyknometer bei 15° bestimmt und auf Wasser von 4° bezogen.

In der weiteren Tabelle 12 sind die entsprechenden Vergleiche für das Chlor-calciumserum nach den Messungen von Wiegner[1] und für eine weitere Reihe von Spontanseren nach Messungen von Matthes und Müller[2] wiedergegeben. In allen Fällen haben wir die spezifischen Gewichte auf die hoffentlich immer mehr An-wendung findende Einheit: Wasser von 4° (d_4^{15}) umgerechnet und daraus die Lakto-densimetergrade: $L_4^{15} = (d_4^{15} - 1) \cdot 1000$ berechnet. Die Laktodensimetergrade sind von

---

[1]) Milchw. Zentralbl. **5**, 473, 521 (1909).
[2]) Zeitschr. f. öffentl. Chem. **1903**, 173.

Tabelle 11. Vergleich von Lichtbrechung und spezifischem Gewicht
der beiden Tetraseren.

R = Skalenteile des Zeißschen Eintauchrefraktometers bei 17,5 °.

d_4^{15} = spezifisches Gewicht bei 15 ° bezogen auf Wasser von 4 °.

L_4^{15} = Laktodensimetergrade bei 15° bezogen auf Wasser von 4° = $(d_4^{15} - 1) \cdot 1000$.

Milch Nr.	Tetraserum I			R—15+0,4	Milch Nr.	Tetraserum II			R—15+1,7
	R	d_4^{15}	L_4^{15}			R	d_4^{15}	L_4^{15}	
1	44,7	1,0301	30,1	30,1	6	41,7	1,0286	28,6	28,4
2	44,1	1,0294	29,4	29,5	1	41,6	1,0283	28,3	28,3
3	44,0	1,0293	29,3	29,4	2	41,6	1,0284	28,4	28,3
4	43,8	1,0291	29,1	29,2	7	41,1	1,0278	27,8	27,8
5	43,6	1,0289	28,9	29,0	3	41,0	1,0278	27,8	27,7
6	43,5	1,0290	29,0	28,9	8	41,0	1,0278	27,8	27,7
7	43,3	1,0287	28,7	28,7	4	40,9	1,0274	27,4	27,6
8	43,1	1,0282	28,2	28,5	10	40,6	1,0275	27,5	27,3
9	42,8	1,0283	28,3	28,2	12	40,4	1,0270	27,0	27,1
10	42,7	1,0281	28,1	28,1	5	40,2	1,0269	26,9	26,9
11	42,5	1,0279	27,9	27,9	9	40,1	1,0269	26,9	26,8
12	42,3	1,0280	28,0	27,7	14	39,8	1,0264	26,4	26,5
13	42,3	1,0276	27,6	27,7	17	39,6	1,0261	26,1	26,3
14	42,1	1,0276	27,6	27,5	15	39,5	1,0263	26,3	26,2
15	42,1	1,0271	27,1	27,5					
16	42,1	1,0278	27,8	27,5					
17	41,8	1,0274	27,4	27,2					

derselben Größenordnung wie die Refraktometergrade und haben auch annähernd dieselbe Messungsgenauigkeit.

Aus Tabelle 11 ergibt sich zunächst, daß bei jedem der beiden Tetraseren spezifisches Gewicht und Lichtbrechung miteinander parallel laufen, daß aber der gleichen Lichtbrechung beim Tetraserum II ein höheres spezifisches Gewicht entspricht als beim Tetraserum I. Es folgt schon hieraus, daß der Eiweißgehalt des Tetraserums I die Lichtbrechung in höherem Maße beeinflußt als das spezifische Gewicht.

Zieht man von den Refraktometergraden die der Lichtbrechung des Wassers entsprechenden 15 ° ab, so ist diese Differenz beim Tetraserum I im Mittel um 0,4, beim Tetraserum II im Mittel um 1,7 Einheiten geringer als die Laktodensimetergrade. Auf Grund dieser Beziehung lassen sich daher die Laktodensimetergrade aus den Refraktometergraden berechnen und umgekehrt, wie aus den betreffenden Spalten der Tabelle hervorgeht. (Bezieht man das spezifische Gewicht auf Wasser von 15 °, so sind die Differenzen um 0,9 Einheiten größer.)

Der gleiche Unterschied zwischen Refraktometer- und Laktodensimetergraden wie beim Tetraserum I berechnet sich in der Regel (vgl. Tab. 12) auch beim Spontanserum aus den Messungen von Matthes und Müller, während beim Chlorcalciumserum die um 15 verminderten Refraktometergrade im Mittel um 1,1 Einheiten hinter den Laktodensimetergraden zurückbleiben.

Tabelle 12. Vergleich von Lichtbrechung und spezifischem Gewicht des Chlorcalcium- und Spontanserums.

R = Skalenteile des Zeißschen Eintauchrefraktometers bei 17,5°.

d_{15}^{15} = spezifisches Gewicht bei 15° bezogen auf Wasser von 15°.

d_{4}^{15} = spezifisches Gewicht bei 15° bezogen auf Wasser von 4°.

L_{4}^{15} = Laktodensimetergrade bei 15° bezogen auf Wasser von 4° = $(d_{4}^{15} - 1) \cdot 1000$.

Chlorcalciumserum — Milch nach Beobachtungen von Wiegner

Nr.	R	d_{15}^{15}	d_{4}^{15}	L_{4}^{15}	$R-15+1{,}1$	Quelle
1	38,5	1,0253	1,0244	24,4	24,6	Tabelle 1 S. 482
2	38,9	1,0257	1,0248	24,8	25,0	
3	38,8	1,0260	1,0251	25,1	24,9	
4	38,5	1,0251	1,0242	24,2	24,6	
5	38,6	1,0256	1,0247	24,7	24,7	
6	38,8	1,0259	1,0250	25,0	24,9	
7	39,1	1,0264	1,0255	25,5	25,2	Tabelle 2 S. 482
8	40,2	1,0272	1,0263	26,3	26,3	
9	40,8	1,0276	1,0267	26,7	26,9	
10	39,7	1,0269	1,0260	26,0	25,8	
11	40,0	1,0270	1,0261	26,1	26,1	
12	40,1	1,0273	1,0264	26,4	26,2	
13	40,0	1,0273	1,0264	26,4	26,1	
14	39,5	1,0267	1,0258	25,8	25,6	
15	39,2	1,0257	1,0248	24,8	25,3	
16	39,7	1,0264	1,0255	25,5	25,8	
17	40,0	1,0268	1,0259	25,9	26,1	Tabelle 3 S. 483
18	39,9	1,0268	1,0259	25,9	26,0	
19	39,8	1,0268	1,0259	25,9	25,9	
20	40,0	1,0271	1,0262	26,2	26,1	
21	39,6	1,0270	1,0261	26,1	25,7	
22	40,5	1,0278	2,0269	26,9	26,9	
23	39,8	1,0266	1,0257	25,7	25,9	
24	40,3	1,0270	1,0261	26,1	26,4	
25	38,7	1,0257	1,0248	24,8	24,8	Tab. 4 S. 484
26	39,1	1,0258	1,0249	24,9	25,2	
27	39,6	1,0266	1,0257	25,7	25,7	
28	38,5	1,0265	1,0266	26,6	25,5	
29	36,8	1,0240	1,0231	23,1	22,9	Tabelle 5 S. 484
30	37,7	1,0245	1,0236	23,6	23,8	
31	37,1	1,0237	1,0228	22,8	23,2	
32	36,7	1,0239	1,0230	23,0	22,8	
33	37,8	1,0230	1,0221	22,1	23,9	
34	36,8	1,0241	1,0232	23,2	22,9	
35	37,3	1,0255	1,0246	24,6	23,4	
36	36,6	1,0240	1,0231	23,1	22,7	
37	37,8	1,0248	1,0239	23,9	23,9	
38	37,3	1,0244	1,0235	23,5	23,4	
39	37,4	1,0249	1,0240	24,0	23,5	
40	37,5	1,0243	1,0234	23,4	23,6	

Spontanserum — Milch nach Beobachtungen von Matthes u. Müller

Nr.	R	d_{15}^{15}	d_{4}^{15}	L_{4}^{15}	$R-15+0{,}4$	Quelle
1	44,0	1,0328	1,0319	31,9	29,4	Tabelle 1 S. 482
2	43,8	1,0301	1,0292	29,2	29,2	
3	43,6	1,0299	1,0290	29,0	29,0	
4	43,8	1,0297	1,0288	28,8	29,2	
5	43,1	1,0297	1,0288	28,8	28,5	
6	43,0	1,0294	1,0285	28,5	28,4	
7	42,6	1,0293	1,0284	28,4	28,0	
8	42,7	1,0292	1,0283	28,3	28,1	
9	43,0	1,0291	1,0282	28,2	28,4	Tabelle 2 S. 482
10	42,5	1,0289	1,0280	28,0	27,9	
11	42,4	1,0289	1,0280	28,0	27,8	
12	42,4	1,0289	1,0280	28,0	27,8	
13	42,3	1,0288	1,0279	27,9	27,7	
14	42,2	1,0287	1,0278	27,8	27,6	
15	42,4	1,0287	1,0278	27,8	27,8	
16	42,4	1,0286	1,0277	27,7	27,8	
17	42,2	1,0286	1,0277	27,7	27,6	
18	42,9	1,0285	1,0276	27,6	27,8	Tabelle 3 S. 483
19	42,6	1,0285	1,0276	27,6	28,0	
20	42,2	1,0284	1,0275	27,5	27,6	
21	41,9	1,0283	1,0274	27,4	27,3	
22	41,8	1,0282	1,0273	27,3	27,2	
23	41,5	1,0282	1,0273	27,3	26,9	
24	41,9	1,0281	1,0272	27,2	27,3	
25	42,0	1,0280	1,0271	27,1	27,4	
26	41,3	1,0278	1,0269	26,9	26,7	Tab. 4 S. 484
27	41,3	1,0277	1,0268	26,8	26,7	
28	41,3	1,0276	1,0267	26,7	26,7	
29	41,2	1,0275	1,0266	26,6	26,6	
30	41,3	1,0276	1,0267	26,7	26,7	
31	41,2	1,0274	1,0265	26,5	26,6	
32	40,9	1,0273	1,0264	26,4	26,3	
33	40,1	1,0272	1,0263	26,3	25,5	Tabelle 5 S. 484
34	40,6	1,0272	1,0263	26,3	26,0	
35	40,7	1,0270	1,0261	26,1	26,1	
36	40,1	1,0268	1,0259	25,9	25,5	
37	40,6	1,0266	1,0257	25,7	26,0	
38	40,0	1,0264	1,0255	25,5	25,4	
39	39,9	1,0263	1,0254	25,4	25,3	
40	39,8	1,0261	1,0252	25,2	25,2	
41	39,4	1,0259	1,0250	25,0	24,8	
42	39,1	1,0256	1,0247	24,7	24,5	
43	39,0	1,0255	1,0246	24,6	24,4	
44	38,2	1,0246	1,0237	23,7	23,6	
45	36,8	1,0233	1,0224	22,4	22,2	
46	37,3	1,0231	1,0222	22,2	22,7	

Die Abweichungen sind darauf zurückzuführen, daß die in den verschiedenen Seren verschiedenen Mengen der gelöst bleibenden Stoffe Refraktion und Dichte nicht ganz in derselben Weise beeinflussen. Insbesondere gilt dies, wie schon oben erwähnt, von Eiweißstoffen. Besonders deutlich geht dies aus Tabelle 13 hervor. Darnach sind die Differenzen zwischen den Laktodensimetergraden von Tetraserum I und II durchschnittlich um die Hälfte kleiner als die entsprechenden Differenzen der Refraktometergrade.

Die oben aufgeworfene Frage nach der Empfindlichkeit ist also dahin zu beantworten, daß wenigstens für den Gehalt an Eiweißstoffen **die Lichtbrechung wesentlich empfindlicher ist als das spezifische Gewicht.**

Tabelle 13. Vergleich zwischen der Differenz der Lichtbrechung und der Differenz der spezifischen Gewichte von Tetraserum I und II.

R = Skalenteile des Zeißschen Eintauchrefraktometers bei 17,5 °.
L = Laktodensimetergrade bei 15 °, bezogen auf Wasser von 4 °.

| Milch | Refraktion des | | Laktodensimetergrade des | | | |
| | Tetraserums I | Tetraserums II | Tetraserums I | Tetraserums II | | |
Nr.	R^I	R^{II}	L^I	L^{II}	$R^I - R^{II}$	$L^I - L^{II}$
1	44,7	41,6	30,1	28,4	3,1	1,7
2	44,7	41,6	30,1	28,4	3,1	1,7
3	44,1	41,0	29,4	27,8	3,1	1,6
4	44,1	41,0	29,4	27,8	3,1	1,6
5	44,0	41,0	29,3	27,7	3,0	1,6
6	44,0	41,0	29,3	27,7	3,0	1,6
7	43,8	40,9	29,1	27,4	2,9	1,7
8	43,5	41,7	29,0	28,6	1,8	0,4
9	43,3	41,4	28,7	27,8	1,9	0,9
10	43,1	41,0	28,2	27,8	2,1	0,4
11	42,8	40,1	28,4	26,9	2,7	1,5
12	42,5	40,2	27,9	26,9	2,3	1,0
13	42,3	40,4	28,0	27,0	1,9	1,0
14	42,1	39,5	27,6	26,3	2,6	1,3
15	42,1	40,0	27,1	26,8	2,1	0,3
16	41,8	39,6	27,4	26,1	2,2	1,3

Einfluß der selbsttätigen Veränderung der Milch.

In Tabelle 14 ist die Veränderung der Lichtbrechung und des spezifischen Gewichtes der Tetraseren, des Chlorcalciumserums und des Spontanserums verschiedener Milchproben mit dem Alter der Milch dargestellt. Um die Werte der Lichtbrechung und des spezifischen Gewichtes der Tetraseren geronnener Milch mit denen frischer Milch unmittelbar vergleichen zu können, wurden abgemessene Volumina Milch der Säuerung überlassen und nach dem Gerinnen mit denselben Mengen Essigsäure und Tetrakohlenstoff versetzt wie nichtgeronnene Milch. Entsprechend wurde beim Chlorcalciumserum verfahren. Aus der Tabelle geht hervor, **daß die Lichtbrechung bei den Tetraseren**

Tabelle 14. Verhalten der Milchseren beim Altern der Milch.

R = Lichtbrechung in Graden des Zeißschen Eintauchrefraktometers bei 17,5°.

d_4^{15} = spezifisches Gewicht bei 15° bezogen auf Wasser von 4°.

S = Säuregrade nach Soxhlet-Henkel.

Milch Nr. und Tag der Messung	S	Tetraserum I		Tetraserum II		Chlor-calcium-serum	Spontanserum	
		R	d_4^{15}	R	d_4^{15}	R	R	d_4^{15}
1) 1. Tag	7,2	43,7	—	40,9		39,3		
2. „	7,5	43,6	1,0287	40,8	—	39,3	—	—
3. „	26,0 [1]	42,8	—	40,0		40,5 [2]		
2) 1. Tag	7,8	43,5	—	40,7	—	39,2		
2. „	15,3	43,3	1,0286	40,5	1,0274	39,3 [2]	—	—
3. „	25,0 [1]	42,9	—	40,3	1,0271	40,2 [2]		
3) 1. Tag	7,0	43,6	1,0289	40,7		39,2	—	
2. „	9,3	43,6	—	40,7		39,2	—	
3. „	19,0	43,0	1,0281	40,5	—	40,5 [2]	—	—
4. „	26,0 [1]	42,8	1,0280	40,2		41,0 [2]	42,5	
4) 1. Tag	6,6	43,9		41,0		39,6		
2. „	16,9	43,6	—	40,9	—	39,8 [2]	—	—
3. „	25,2 [1]	43,4		40,5		40,2 [2]		
5) 1. Tag	6,0	42,3	1,0276	39,7		38,0		
2. „	10,9	42,2	—	39,6	—	38,1 [2]	—	—
3. „	26,0 [1]	41,7	1,0270	39,0		39,0 [2]		
6) 1. Tag	6,8	44,1		41,2		39,7	—	—
2. „	—	—	—	—	—	—	—	—
3. „	24,5 [1]	43,4		—		—	43,1	1,0284
7) 1. Tag	6,8	44,1	1,0294	41,0	—	39,6		
2. „	16,7	43,8	1,0291	40,9	1,0274	39,8 [2]	—	—
3. „	25,0 [1]	43,5	—	40,4	—	40,5 [2]		
8) 1. Tag	6,6	42,5	—	40,2	—	38,7	—	—
2. „	16,5	42,4		40,1		38,9 [2]		
9) 1. Tag	6,6	42,1	1,0276	39,5	—	38,0	—	
2. „	16,5	41,8	1,0273	39,2	1,0258	38,3 [2]	—	—
3. „	22,0	41,6	1,0271	39,0	—	39,0 [2]	41,0	
10) 1. Tag	6,7	42,7	—	40,6	—	39,0	—	
2. „	14,6	42,4	—	40,1	—	38,9 [2]	—	—
3. „	18,9	42,3	1,0280	40,4	1,0270	39,3 [2]	—	
4. „	26,2 [1]	41,9	—	—		—	41,5	
11) 1. Tag	7,0	43,1	1,0282	41,0		39,4	—	
2. „	18,3	42,6	—	40,8	—	39,7 [2]	—	—
3. „	—	—	—	—		—	42,3	
12)	—	44,1	1,0294	—		—	43,1	1,0284
13)	—	44,1	1,0294	—		—	43,3	1,0284
14)	—	44,0	1,0293	—	—	—	43,3	1,0283
15)	—	43,6	1,0289	—		—	42,7	1,0277
16)	—	43,1	1,0282	—		—	42,3	1,0275

[1] Die Milch war geronnen.

[2] Das Serum mußte filtriert werden.

mit steigendem Alter der Milch abnimmt, wie es im Hinblick auf die bekannten Gärungsvorgänge zu erwarten ist, bei denen Milchzucker in Milchsäure, Citronensäure in Essigsäure und Kohlendioxyd umgesetzt wird. Auf 0,5 % Milchzucker würde sich, falls die Umsetzung quantitativ nach der Gleichung

$$C_{12} H_{22} O_{11} + H_2 O = 4 C_3 H_6 O_3$$

verlaufen würde, eine Verminderung von 0,3 Refraktometergraden, auf die Umsetzung von 0,2 % Citronensäure in Essigsäure und Kohlendioxyd ebenfalls eine Verminderung um etwa 0,3, zusammen also eine Verminderung von 0,6 Refraktometergraden berechnen. Nach vorliegenden Versuchen werden diese Werte erst nach dem Gerinnen der Milch erreicht, während bis zu etwa 15—16 Säuregraden (nach Soxhlet) nur eine ganz unwesentliche Abnahme der Refraktion erfolgt.

Im Gegensatz hierzu nimmt, wie die Tabelle zeigt, die Lichtbrechung des Chlorcalciumserums bei freiwilliger Säuerung der Milch zu. Dies ist jedoch nicht, wie Mai und Rothenfusser[1] irrtümlicherweise annehmen, auf die entsprechend stärkere Lichtbrechung der Milchsäure gegenüber Laktose, sondern auf den Umstand zurückzuführen, daß die entstandene Milchsäure die durch die Einwirkung des Chlorcalciums abgeschiedenen Calciumsalze wieder auflöst.

Durch besondere Versuche, bei denen das Calcium im Chlorcalciumserum frischer und gesäuerter Milch bestimmt wurde, konnte diese Schlußfolgerung bestätigt werden. Die Zunahme der Lichtbrechung des Chlorcalciumserums ist indessen bis zu etwa 16 Säuregraden (nach Soxhlet) ebenfalls ganz unerheblich. Die Chlorcalciumseren werden jedoch im Gegensatz zu den gleichmäßig klar herstellbaren Tetraseren schon bei beginnender, noch mehr bei vorgeschrittener Säuerung der Milch trübe, so daß die Lichtbrechung ohne Filtration der Seren überhaupt nicht und selbst nach Filtration oft nur unscharf zu bestimmen war (vergl. S. 105).

Die Refraktometerwerte des Spontanserums liegen auch hier um etwa 0,8—1,1 niedriger als die des Tetraserums I von frischer Milch. Von dem Tetraserum I eben geronnener Milch unterscheiden sie sich jedoch nur um die durch den Zusatz von Essigsäure und Tetrachlorkohlenstoff bewirkte Erhöhung der Lichtbrechung.

Tabelle 15. Veränderung der Lichtbrechung des Spontanserums mit dem Alter der Milch.

R = Skalenteile des Zeißschen Eintauchrefraktometers bei 17,5°

Milch	Tetraserum I	Spontanserum		
		am dritten	am vierten	am fünften
		Tage nach der Melkung		
Nr.	R	R	R	R
1	43,6	42,5	42,4	42,3
2	44,1	43,4	43,3	43,3
3	43,6	42,7	42,6	42,4
4	44,7	43,9	43,8	43,6

[1] Zeitschr. f. Unters. d. Nahr. u. Genußm. **16**, 14 (1908).

In einigen besondern Versuchen (Tab. 15) wurde in Übereinstimmung mit den Ergebnissen anderer Analytiker gefunden, daß die Lichtbrechungen der innerhalb einiger Tage nach dem Melken hergestellten Spontanseren unwesentlich von einander abweichen.

Daß die Lichtbrechung des Asaprolserums sich beim Altern der Milch ähnlich verhalten muß wie die der Tetraseren, ist ohne weiteres zu erwarten. Da aber die in Betracht kommenden, die Lichtbrechung beeinflussenden Stoffe durch die Asaprollösung auf das Doppelte verdünnt werden, so sind die zu beobachtenden Abnahmen der Lichtbrechung um die Hälfte geringer und daher bei geringern Säuregraden kaum noch wahrnehmbar.

Im Hinblick auf die früher erörterten Beziehungen zwischen Lichtbrechung und spezifischem Gewicht war zu erwarten, daß auch bei zunehmendem Altern der Milch diese beiden Werte sich annähernd parallel ändern, wie dies Tabelle 14 auch zeigt.

Einfluß der Melkart, Melkzeit, Fütterung, Laktationszeit, Individualität, Rasse, Gesundheitszustand der Kühe usf.

Für die Frage der Verwendbarkeit der Tetraseren war es von besonderer Wichtigkeit zu wissen, inwieweit die Lichtbrechung durch. die in der Überschrift genannten Faktoren beeinflußt werde. Ohne daß über alle diese Punkte ausgedehnte Versuchsreihen vorliegen, läßt sich schon jetzt eine Reihe von wichtigen Schlüssen ziehen.

Die Lichtbrechung des Tetraserums I setzt sich zusammen aus der des Milchzuckers, der Citronensäure, der Mineralstoffe und der albumin- und globulinartigen Stoffe. Im Tetraserum II fehlen die letztern bis auf einen kleinen sich nahezu gleich bleibenden Rest. Es ist nun aus bisher ausgeführten Milchanalysen ersichtlich, daß durch Melkzeit und Melkart der Gehalt der fettfreien Milch an Milchzucker, an Mineralstoffen und an albumin- und globulinartigen Stoffen nicht wesentlich verändert wird. Durch Fütterungswechsel bei bekömmlichem Futter hat man nur kleine unerhebliche Änderungen im Gehalt an Eiweißstoffen beobachtet. Über die Veränderung von Citronensäure durch diese Einflüsse ist bisher nichts bekannt. Nimmt man an, daß der Gehalt der Milch einer Kuh an Citronensäure um die Hälfte seines mittlern Wertes schwankt, so würde selbst dann nur mit einer Verschiebung der Refraktometergrade um etwa 0,2 zu rechnen sein, was etwas über den Fehlergrenzen liegt.

Mit der Individualität und Rasse der Kühe können sich allerdings die Mengen der in den Seren gelösten Stoffe mehr verschieben. Bei Sammelmilch scheinen jedoch auch hier keine großen Abweichungen vorzukommen; denn nach Cornalba[1] ist der fett- und kaseinfreie Trockenrückstand der Herdenmilch von allen analytisch bekannten Werten der Milch den kleinsten Schwankungen unterworfen. Hätte Cornalba die Werte nicht auf die ganze Milch, sondern auf fett- und kaseinfreie Milch bezogen, so würde er die Schwankungen noch kleiner gefunden haben, weil dann die Beeinflussung der Zahlen durch den schwankenden Fett- und Kaseingehalt fortfällt. Die auf fett- und kaseinfreie Milch bezogenen Zahlen entsprechen nun den im Tetraserum I

---

[1] Rev. gén. du Lait 7, 33 und 56 (1908).

gelösten Stoffen. Da bei gleichem Trockenrückstand des Serums kleine Verschiebungen der einzelnen darin enthaltenen Stoffe die Lichtbrechung ungefähr gleich beeinflussen, so kann die Lichtbrechung ebenfalls nur geringen Schwankungen unterliegen. Auch die Lichtbrechung des Tetraserums II wird annähernd dieselben geringen Abweichungen zeigen, da der Gehalt an albumin- und globulinartigen Stoffen in Sammelmilch nur sehr geringen Schwankungen unterliegt.

Diese Annahmen werden, soweit sie Einzelmilch betreffen, durch eine Reihe von Messungen bestätigt, die wir an den Seren der Milch einzelner Kühe längere Zeit fortgesetzt haben und deren Ergebnisse in den Tabellen 16 und 17 zusammengestellt sind.

Tabelle 16. Lichtbrechung der beiden Tetraseren sowie des Chlorcalciumserums der Milch von Einzelkühen

a) bei gebrochenem Melken; b) bei Morgen-, Mittag- und Abendmilch.

R = Skalenteile des Zeißschen Eintauchrefraktometers bei 17,5°.

a)

Milch Nr.	Tetraserum I		Tetraserum II		Chlorcalciumserum	
	Anfangs-Gemelk R	End-Gemelk R	Anfangs-Gemelk R	End-Gemelk R	Anfangs-Gemelk R	End-Gemelk R
1	42,2	42,2	40,1	40,1	38,7	38,7
2	42,3	42,3	40,3	40,3	38,9	38,9
3	42,3	42,3	40,5	40,5	39,0	39,0
4	42,2	42,2	40,2	40,2	38,8	38,8
5	43,0	43,0	40,9	40,9	39,7	39,7
6	41,6	41,6	—	—	—	—
7	41,6	41,7	—	—	—	—
8	42,8	42,8	41,2	41,2	39,8	39,8

b)

Milch Nr.	Art der Milch nach der Tageszeit	Tetraserum		Chlorcalciumserum
		I R	II R	R
1	Morgenmilch	42,8	40,5	39,2
	Mittagmilch	42,7	40,5	39,2
	Abendmilch	42,8	40,5	39,2
2	Morgenmilch	42,9	40,6	39,3
	Mittagmilch	42,8	40,5	39,2
	Abendmilch	42,7	40,3	39,1

Aus Tabelle 16 ist zu ersehen, daß die Lichtbrechung beider Tetraseren durch Melkzeit und gebrochenes Melken sich gar nicht ändert, aus Tab. 17, daß die täglichen Schwankungen, d. h. die Schwankungen von einem Tag zum andern bei derselben Melkzeit bei Milch einer Kuh im Maximum 0,8° betragen. Bei verschiedenen Kühen sind die Unterschiede naturgemäß wesentlich größer.

Tabelle 17.

Tägliche Schwankungen der Lichtbrechung des Tetraserums I und II sowie des Chlorcalciumserums der Milch von Einzelkühen.

R = Skalenteile des Zeißschen Eintauchrefraktometers bei 17,5°.

Kuh E (Morgenmilch)[1]

Datum Jahr 1911	Tetraserum I R	Tetraserum II R	Chlorcalciumserum R
5. 1.	44,2	41,0	39,5
6. 1.	44,2	—	—
2. 2.	44,2	41,2	39,6
3. 2.	44,1	41,2	39,8
4. 2.	44,2	41,3	—
6. 2.	44,2	41,2	39,6
8. 2.	43,9	40,8	39,5
9. 2.	43,6	40,7	39,4
11. 2.	44,0	41,1	39,6
13. 2.	44,0	40,8	—
15. 2.	44,0	40,9	39,4
16. 2.	44,2	41,1	39,5
17. 2.	43,9	40,9	39,4
27. 2.	43,5	40,8	—
1. 3.	43,7	40,9	—
2. 3.	43,6	40,7	39,2
4. 3.	43,5	40,7	39,2
7. 3.	43,6	40,7	39,2
10. 3.	43,9	41,0	39,6
11. 3.	44,1	41,2	39,7
17. 3.	44,1	41,0	39,6
18. 3.	44,0	41,0	39,6

Kuh A (Mittagmilch)[2]

Datum Jahr 1911	Tetraserum I R	Tetraserum II R	Chlorcalciumserum R
13. 10.	42,2	40,1	38,7
14. 10.	42,3	40,3	38,9
23. 10.	42,3	40,5	39,0
24. 10.	42,2	40,5	39,1
25. 10.	42,2	40,2	39,8
26. 10.	43,0	40,9	39,7
27. 10.	42,7	40,6	39,3
28. 10.	43,1	41,0	39,7
30. 10.	43,6	41,5	40,3

Kuh A (Mittagmilch)[2]

Datum Jahr 1911	Tetraserum I R	Tetraserum II R	Chlorcalciumserum R
31. 10.	43,4	41,2	39,8
1. 11.	43,4	41,2	39,9
2. 11.	43,4	41,0	39,9

Kuh K (Mittagmilch)[3]

Datum Jahr 1911	Tetraserum I R	Tetraserum II R	Chlorcalciumserum R
3. 11.	44,0	42,2	40,9
4. 11.	43,8	42,0	40,6
6. 11.	43,9	42,1	40,7

Kuh N (Mittagmilch)[4]

Datum Jahr 1911	Tetraserum I R	Tetraserum II R	Chlorcalciumserum R
20. 11.	44,0	42,1	41,0
21. 11.	43,8	42,1	40,9
22. 11.	43,5	42,0	40,9
23. 11.	43,3	41,7	40,6
24. 11.	43,4	41,7	40,6
25. 11.	43,6	42,0	40,9
27. 11.	43,5	41,8	40,8
18. 12.	43,5	42,0	40,9
Jahr 1912			
4. 1.	43,6	42,1	41,0
22. 1.	43,7	42,1	41,1

Kuh Q (Mittagmilch)[5]

Datum Jahr 1911	Tetraserum I R	Tetraserum II R	Chlorcalciumserum R
13. 12.	42,6	40,3	38,9
14. 12.	42,7	40,4	39,0
15. 12.	42,8	40,4	39,0
16. 12.	42,8	40,5	39,2
18. 12.	42,9	40,6	39,3
19. 12.	42,7	40,5	39,2

Da die Schwankungen des Chlorcalciumserums denen der Tetraseren nahezu parallel gehen, so kann man annehmen, daß bei Sammelmilch die Tetraseren in ihrer Lichtbrechung nur denselben geringen Schwankungen unterliegen, die Mai und

---

[1] Die Kuh E befand sich zu Beginn der Untersuchung im 6. Monat der Laktationsperiode.
[2] Die Kuh A befand sich am Ende des 2. Monats der Laktationsperiode.
[3] Die Kuh K befand sich im 5. Monat der Laktationsperiode.
[4] Die Kuh N befand sich zu Beginn der Untersuchung im 5. Monat der Laktationsperiode.
[5] Die Kuh Q befand sich im 5. Monat der Laktationsperiode.

Rothenfußer für das Chlorcalciumserum nachgewiesen haben. Überhaupt läßt sich nach den bisherigen Erfahrungen voraussagen, daß die Zusammensetzung und somit auch die Lichtbrechung des Tetraserums I und II bei normaler Milch höchstens nur im selben Grade abhängig von den oben erwähnten Einflüssen ist wie diejenige aller bisher benutzten Seren. Da bei ihrer Herstellung die Mängel des Spontanserums (Abbau von Milchbestandteilen), der gewöhnlichen Essigsäureseren (unkontrollierbarer Eiweißgehalt), des Chlorcalciumserums (Ausfällen von Calciumsalzen) und des Asaprolserums (zu große Verdünnung und anderes) vermieden sind, so dürfte ihre Lichtbrechung eher noch kleineren Schwankungen unterworfen sein, als man bisher bei andern Seren beobachtete.

Wesentlich größere Schwankungen der Lichtbrechung der Tetraseren und auch der andern Seren sind zu erwarten bei abnormer Milch, d. h. bei Milch von kranken Tieren oder von Tieren, die eben gekalbt haben (Kolostrum), am Ende der Laktation nicht mehr regelmäßig gemolken werden, durch schlechte Fütterung gesundheitlich heruntergekommen oder durch Brunst hochgradig erregt sind.

Der Einfluß von Krankheiten auf die in den Essigsäureseren gelösten Stoffe besteht nach übereinstimmenden Beobachtungen darin, daß die albumin- und globulinartigen Stoffe im allgemeinen stark vermehrt (bis auf das doppelte), der Milchzucker aber stark vermindert ist (bis zum Verschwinden). Auch die Aschenmenge der Milch scheint im allgemeinen um etwa 15% seines normalen Wertes erhöht und die Acidität oft stark vermindert zu sein, so daß z. B. die Milch eutertuberkulöser Tiere meistens alkalische Reaktion gegen Lackmus zeigt. Bei Eutertuberkulose hat Storch[1], ferner Monvoisin[2] eine wesentliche Zunahme, Seel[3] dagegen eine Abnahme des Chlorgehaltes beobachtet. Monvoisin stellte ferner bei Eutertuberkulose eine beträchtliche Abnahme von Calcium und Phosphorsäure fest. Mezger, Fuchs und Jesser[4] fanden bei abnormen Sekreten sowohl erhöhten als erniedrigten Chlorgehalt, ferner erniedrigten Stickstoff- und Phosphorsäuregehalt neben niedrigem Milchzucker- und erhöhtem Aschengehalt.

Bei Kolostrum und bei Milch von durch Brunst hochgradig erregten Tieren wurden ähnliche Abweichungen wie bei Milch von kranken Tieren gefunden. Auch hier ist der Gehalt an albumin- und insbesondere globulinartigen Stoffen sehr stark erhöht, der Gehalt an Milchzucker in der Regel vermindert. Die Aschenmenge wurde oft höher gefunden, als bei durch Krankheit veränderter Milch.

Auch Milch von Kühen, die am Ende der Laktation nicht mehr regelmäßig gemolken werden, enthält oft abnorme Mengen albumin- und globulinartiger Stoffe.

Entsprechend diesen wesentlichen Änderungen der Bestandteile der Essigsäureseren ist zu erwarten, daß in der Regel die Tetraseren I und II abweichende Werte der Lichtbrechung zeigen. Da aber beim Tetraserum I die durch den geringen Gehalt an Milchzucker verursachte geringere Lichtbrechung durch den erhöhten Gehalt an ge-

---

[1] Nord. Med. Arch. **16**, Nr. 16 (1884).

[2] Journ. de Physiol. et de Pathol. générale **12**, 50 (1910).

[3] Zeitschr. f. Unters. d. Nahrungs- u. Genußm. **21**, 129 (1911).

[4] Zeitschr. f. Unters. d. Nahrungs- u. Genußm. **19**, 724 (1910).

rinnbaren Eiweißstoffen ausgeglichen sein kann, so lassen sich unter Umständen auch normale Werte für dieses Serum voraussehen. Auch die Lichtbrechungswerte der von gerinnbarem Eiweiß freien Tetraseren II können dann normal ausfallen, wenn die durch den niedrigen Gehalt an Milchzucker erniedrigte Refraktion durch den erhöhten Mineralstoffgehalt kompensiert wird.

Eine derart veränderte Milch läßt sich jedoch einerseits an der abnormen, den gerinnbaren Eiweißstoffen entsprechenden Differenz der Lichtbrechung beider Tetraseren, anderseits an dem Mißverhältnis zwischen Lichtbrechung und Polarisation des Tetraserums II erkennen. Da nämlich die Polarisation nur dem Milchzucker, die Lichtbrechung der Hauptsache nach der Summe der Mineralstoffe und des Zuckers entspricht, so wird man in obigem Falle normale Lichtbrechung, aber ganz abnorme Polarisation finden. Was für die Tetraseren gilt, ist natürlich auch bei den entsprechenden Essigsäureseren zutreffend.

An einem Ziegenkolostrum konnten wir die den Eiweißstoffen entsprechende, abnorm hohe Differenz zwischen den beiden Tetraseren beobachten.

Ziegenkolostrum	Refr. des Tetraserums I	Refr. des Tetraserums II	Differenz
24 Stunden nach dem Werfen	80,3	51,3	29 (!)
72 Stunden nach dem Werfen	66,5	49,5	17 (!)
etwa 4 Wochen später . .	45,1	41,5	3,6

Ferner wurden wir zufällig durch die Beobachtung ungewöhnlich großer täglicher Schwankungen der Lichtbrechung bei den Tetraseren der Milch zweier Kühe auf die alsbald bestätigte Vermutung gebracht, daß die Kühe sich noch im Anfang der Laktation befanden. Tabelle 18 gibt die entsprechenden Messungen wieder.

Tabelle 18. Tägliche Schwankungen der Lichtbrechung der Seren der Milch von Kühen im Anfang der Laktation.

R = Skalenteile des Zeißschen Eintauchrefraktometers bei 17,5°.

Datum	Kuh P[1]) (Mittagmilch)			Datum	Kuh P (Mittagmilch)		
	Tetraserum		Chlor-calcium-serum		Tetraserum		Chlor-calcium-serum
Jahr 1911	I	II		Jahr 1912	I	II	
	R	R	R		R	R	R
6. 11.	44,1	41,6	40,2	4. 1.	43,6	41,0	39,7
7. 11.	43,6	41,2	39,8	8. 1.	43,5	41,0	39,7
8. 11.	41,4	39,2	37,9				
9. 11.	42,0	39,8	38,5	Kuh S[2]) (Mittagmilch)			
10. 11.	43,0	40,8	39,5	16. 1.	45,3	42,6	41,0
11. 11.	43,2	41,1	39,9	17. 1.	45,1	42,4	41,0
13. 11.	43,6	41,4	40,2	18. 1.	44,5	41,9	40,4
14. 11.	44,0	41,9	40,6	19. 1.	44,1	41,5	40,3
15. 11.	42,7	40,6	39,3	20. 1.	45,0	42,5	41,1
16. 11.	43,0	40,8	39,6	22. 2.	43,7	41,2	39,8
17. 11.	43,3	40,9	39,6				

[1]) Die Kuh P befand sich zu Beginn der Untersuchung im ersten Monate der Laktation (14 Tage nach dem Kalben).

[2]) Die Kuh S befand sich im ersten Monate der Laktation.

An Milch kranker Kühe die oben begründeten Vermutungen über das Verhalten der Lichtbrechung und der Polarisation der Tetraseren zu bestätigen, hatten wir bis jetzt keine Gelegenheit. Die bei gewöhnlichen albumin- und globulinfreien Essigsäureseren und beim Chlorcalciumserum gefundenen außergewöhnlichen niedrigen Werte für Lichtbrechung und Polarisation[1], [3], anderseits die sich widersprechenden Angaben über die Refraktion von eiweißhaltigen gewöhnlichen Essigsäureseren der Milch kranker Kühe[2], ferner die abnormen Differenzen, die sich aus den für abnorme Milch festgestellten Werten für das spezifische Gewicht des bei 45° hergestellten Essigsäureserums und der Lichtbrechung des Chlorcalciums berechnen lassen, sprechen für die Richtigkeit obiger Ausführungen. Beim Chlorcalciumserum ist die niedrige Lichtbrechung von Milch kranker Tiere nicht bloß auf den verminderten Milchzuckergehalt, sondern auch teilweise darauf zurückzuführen, daß infolge verringerter Acidität oder Alkalität der Milch durch den Zusatz von Chlorcalcium mehr Calciumsalze ausgefällt worden als bei normaler Milch.

Nach den Angaben von Mezger, Fuchs und Jesser[3] ist es bei der Herstellung des Chlorcalciumserums von Milch mit abnormer Zusammensetzung oft erforderlich, den Chlorcalciumzusatz auf das Doppelte zu erhöhen. Eine entsprechende Abänderung der Herstellungsvorschrift der Tetraseren durch Verdoppelung des Essigsäurezusatzes bei Milch von alkalischer Reaktion ist, wie oben erwähnt, ebenfalls vorgesehen.

Einfluß der Erhitzung.

Je nach der Temperatur und der Dauer des Erhitzens der Milch ist die Veränderung der in den Seren gelösten Stoffe eine mehr oder weniger tiefgreifende. Dabei kommt es wesentlich darauf an, ob man die Milch in offenen oder in geschlossenen Gefäßen, mit oder ohne Rührer, in nicht- oder vortemperierten Bädern oder über freier Flamme erhitzt. Bei offenen Gefäßen hat man z. B. neben Zersetzungen mit Verflüchtigung von Wasser und daher mit einer Anreicherung an den übrigen Stoffen zu rechnen.

Im allgemeinen kommen auf Grund zahlreicher Arbeiten, besonders den interessanten Versuchen von Jensen und Plattner[4], folgende chemische Veränderungen beim Erhitzen der Milch in Betracht.

Bereits unterhalb der Gerinnungstemperatur der eiweißartigen Stoffe wird Kohlendioxyd frei, wobei sich gleichzeitig unlösliche Calciumsalze abscheiden; bei etwa 65° beginnt die Gerinnung der Eiweißstoffe, bei etwas höherer Erhitzung (z. B. $^1/_2$ Stunde auf 73°) werden auch diejenigen Stoffe vernichtet, welche die Peroxydasenreaktionen geben; bei noch höhern Temperaturen soll auch die Citronensäure z. T. zerstört werden; beim Erhitzen im geschlossenen Gefäß auf Temperaturen über 100° (z. B. $^1/_2$ Stunde auf 110° oder $^1/_4$ Stunde auf 120°) wird auch der Milchzucker und das Kasein verändert, wobei die Extraktivstoffe zunehmen.

---

[1] Monvoisin, Journ. de Physiol. et de Pathol. générale 12, 50 (1910); — Ackermann, Chem. Ztg. 28, 1155 (1904).

[2] Vergl. S. 116.

[3] Zeitschr. f. Unters. d. Nahrungs- u. Genußm. 19, 724 (1910).

[4] Landw. Jahrb. der Schweiz 19, 233 (1905).

Da die zuerst sich abscheidenden Calciumsalze bei der Herstellung der Essigsäureseren in Essigsäure oder beim Spontanserum durch die Milchsäure, beim Asaprolserum durch die Citronensäure gelöst werden, so ist vorauszusehen, daß die Lichtbrechung dieser Seren durch die unter 65° vor sich gehenden Veränderungen nicht
beeinflußt wird.

Aber auch als wir einerseits frische, anderseits auf 60 und 65° erwärmte Milch
zentrifugierten (wobei etwa ungelöstes Calciumcarbonat und Calciumphosphat im
Bodensatz bleiben mußten) und aus den mittleren Schichten der zentrifugierten Milch
das Tetraserum I herstellten, zeigte das Serum der auf 60° erhitzten Milch dieselbe
Lichtbrechung wie das der frischen, und die Lichtbrechung des Serums der auf 65°
erhitzten Milch war nur unwesentlich geringer. Daraus geht hervor, daß jedenfalls
größere Mengen von Calciumcarbonat und Calciumphosphat durch Erwärmen der
Milch bis zu 65° sich nicht abscheiden.

Die über 65° vor sich gehenden Veränderungen beeinflussen die Lichtbrechung
und das spezifische Gewicht derjenigen Seren, bei deren Herstellung die albumin-
und globulinartigen Stoffe nicht schon ausgefällt sind, also insbesondere die des
Tetraserums I.

Die Abweichung des Tetraserums I aus erhitzter Milch von dem aus frischer
Milch ist auch äußerlich daran zu erkennen, daß es beim Erhitzen über freier Flamme
oder auf bestimmte Temperaturen schwächere oder nur solche Trübungen oder
Fällungen gibt, die sich in der Kälte wieder lösen.

Im Tetraserum I einer größern Anzahl Proben von über 65°, aber unter 80°
erhitzter Milch trat in einem auf 65° vorgewärmten Wasserbade keine Fällung mehr
ein; je nach der Dauer und der Temperatur des vorangegangenen Erhitzens der
Milch erhielt man im Serum bei 70° oder im siedenden Wasserbade oder über freier
Flamme eine in der Kälte unlösliche Fällung oder Trübung. Genauere Mitteilungen
über die Versuche, die ein Erkennen der Erhitzungsart der Milch versprechen,
behalten wir uns noch vor. Bei entsprechenden eiweißhaltigen, gewöhnlichen Essigsäureseren und bei Spontanseren war wegen der opaleszierenden Eigenschaften bei
65° kein deutlicher Unterschied zwischen roher und erhitzter Milch zu sehen. In
einer größern Versuchsreihe haben wir die Abnahme der Lichtbrechung des Tetraserums I beim Erhitzen der Milch beobachtet. Die Erhitzung wurde z. T. in auf
bestimmte Temperatur vorgewärmten Wasserbädern, z. T. in Thermostaten vorgenommen. Konzentrationsänderungen der Seren durch Verdunstung wurden dadurch
vermieden, daß die Milch in Kölbchen mit Rückflußrohren erhitzt wurden, wobei
etwaiges Kondenswasser mit der Hauptmenge durch Umschütteln vereinigt wurde.
Gleichzeitig mit der Beobachtung der Lichtbrechung wurde in einigen Fällen der
Verlauf der Peroxydasenreaktion geprüft, wobei die von Rothenfußer[1]) empfohlene
Lösung von p-Phenylendiaminchlorhydrat-Guajakol benutzt wurde. Es war erforderlich, auch das reinste p-Phenylendiaminchlorhydrat des Handels mehrfach aus
15%iger Salzsäure umzukristallisieren, um unzweideutige Reaktionen zu bekommen.

---

[1]) Zeitschr. f. Unters. d. Nahr. u. Genußm. **16**, 63 (1908).

Tabelle 19. Lichtbrechung und Peroxydasenreaktion beim Tetraserum I

R = Skalenteile des Zeißschen Eintauchrefraktometers bei 17,5°. P = Ausfall der Peroxydasen-

Milch Nr.		1		2		3		4		5		6		7		8		9		10		11		12		13		14	
T	Z	R	P	R	P	R	P	R	P	R	P	R	P	R	P	R	P	R	P	R	P	R	P	R	P	R	P	R	P
Zimmertemperatur		40,3	+	39,7	+	42,7	+	43,7	+	43,0	+	44,2	+	43,0	+	43,2	+	44,2	+	44,3	+	44,3	+	44,0	+	44,0	+	44,0	+
60°	60'											44,1	+					44,2	+										
	120'																	44,1	+										
65°	60'							43,3	+																				
	120'															42,9	+												
	180'																												
	240'																												
	300'																												
70°	2'																												
	5'																												
	10'																												
	20'			38,7	+									42,1	+														
	25'									42,0	+																		
	40'									41,9	+																		
	60'													41,8	−														
	120'																	42,9	+										
	180'																												
75°	30'																					42,1	+						
	60'																					41,5	−−						
76,5°	10'																												
	30'																							42,0	−	40,9	−		
	45'																									40,8	−		
	80'																							41,0	−	40,8	−		
80°	1'																												
	10'																	41,4	−										
	20'									39,6	−																		
	30'	38,3	−																										
90°	20'			37,4	−																								
100°	5'									39,6	−																		
	10'	38,3	−					40,3	−									41,2	−										
	20'			37,4	−	39,9				39,6	−	41,0	−							41,3		41,3	−	41,0	−	41,9	−	40,8	−
	45'					39,9		40,3	−																				
105°	1'																												
	10'																												
	20'																												
110°	20'																												
120°	60'																												

Aus den in Tabelle 19 wiedergegebenen Versuchen ergeben sich die wichtigen Schlußfolgerungen:

1. daß bei 65° trotz sehr lang andauernden Erhitzens nur ein Teil der gerinnbaren Eiweißstoffe gefällt wird, (wahrscheinlich Globulin) und daß der zweite Teil bei andauerndem Erhitzen auf 70°, über 70° aber um so rascher koaguliert wird, je höher die Erhitzungstemperatur war;

nach dem Erhitzen der Milch auf verschiedene Temperaturen.

reaktion. T = Temperatur der Milcherhitzung. Z = Dauer der Erhitzung in Minuten.

15		16		17		18		19		20		21		22		23		24		25		26		27		28		29		30	
R	P	R	P	R	P	R	P	R	P	R	P	R	P	R	P	R	P	R	P	R	P	R	P	R	P	R	P	R	P	R	P
42,6	+	42,6	+	44,0	+	44,2	+	43,9	+	43,5	+	43,7	+	43,6	+	43,6	+	43,6	+	42,5	+	43,5	+	42,3	+	42,6	+	42,2	+	42,3	+
42,6	+																														
42,6	+									43,5	+			43,6	+																
				43,7	+															42,1	+	43,1	+								
				43,6	+					43,0	+			43,4	+					42,0	+	43,0	+								
																				42,0	+										
																				42,0	+	43,0	+								
																													42,2	+		
																													42,0	+		
																													41,8	+		
						42,2	+	42,3	+													41,0	+	41,9	+	41,6	+	41,0	+		
						41,7	+	41,6	+													40,9	−	41,4	−	41,0	−	40,6	−		
																								41,2	−						
40,3	−																														
		39,6	−																												
		39,5	−																												
39,5	−	39,5	−	40,9	−	41,1	−	40,9	−	40,8	−	40,9	−	40,7	−	40,7	−					40,0	−	40,5	−	40,3	−	40,2	−		
												40,9	−																		
												41,0	−	40,7	−			40,8	−												
																40,8	−	40,9	−												
									41,3	−																					

2. daß die Peroxydasenreaktion schon negativ ausfällt, wenn noch nicht alles Eiweiß geronnen ist;

3. daß durch Erhitzen der Milch über 100° die Lichtbrechung nur unbedeutend mehr verändert wird als durch Erhitzen bis 100°. Diese letztere Beobachtung war im Hinblick auf die Versuche Jensens (vergl. S. 114), wonach der lösliche Gesamtstickstoff beim Erhitzen der Milch über 100° zunimmt, nicht zu erwarten. Vielleicht

wird einerseits durch die Zunahme der Extraktivstoffe eine Erhöhung, anderseits durch den Abbau des Milchzuckers und die Zerstörung der Citronensäure, die nach Obermeier[1]) schon bei 70⁰ beginnen soll, eine Erniedrigung der Lichtbrechung bewirkt, so daß unter Umständen ein Ausgleich der Wirkungen zu normalen Brechungen erfolgt. Auch im Chlorcalciumserum war in der Lichtbrechung trotz längern Erhitzens der Milch über 100⁰ keine Veränderung zu beobachten.

Einfluß von Zusätzen.

a) Zusatz von Wasser.

Es läßt sich erwarten, daß durch die Wässerung der Milch die Lichtbrechung und das spezifische Gewicht der verschiedenen Seren um so empfindlicher beeinflußt werden, je größere Mengen von Milchbestandteilen sie enthalten. Ackermann[2]) hat bereits darauf hingewiesen, daß das Spontanserum gegenüber Wasserzusätzen am empfindlichsten sei und daß er leider zur Herstellung des Chlorcalciumserums gezwungen war, alle Albuminate auszufällen, um ein Serum zu erhalten, das man nicht zu filtrieren braucht.

In Tabelle 20 sind die Änderungen der Lichtbrechung und des spezifischen Gewichtes der Tetraseren durch den Einfluß der Wässerung in Vergleich mit dem Spontan-, Asaprol und Chlorcalciumserum auf Grund von vergleichenden Untersuchungen zusammengestellt. Es ist zu ersehen:

1. Daß das Tetraserum I am empfindlichsten, das Asaprolserum am unempfindlichsten ist[3]);

2. daß die Wässerung die Lichtbrechung praktisch in demselben Maße beeinflußt, wie das spezifische Gewicht, wobei durchschnittlich auf etwa 1 Skalenteil des Eintauchrefraktometers etwa 1 Laktodensimetergrad zu rechnen ist[4]). Immerhin sind die Änderungen des spezifischen Gewichtes nicht so regelmäßig, wie die der Refraktion, was vielleicht z. T. darauf zurückzuführen ist, daß die Grenze der Empfindlichkeit der Bestimmung mit dem 50 g-Pyknometer etwas früher erreicht ist, als die der Refraktion.

Fig. 2. Refraktion des Tetraserums II einer gewässerten Milch.

Refraktion des Serums der ungewässerten Milch = 40 Skalenteile
„   „   Wassers = 15 Skalenteile

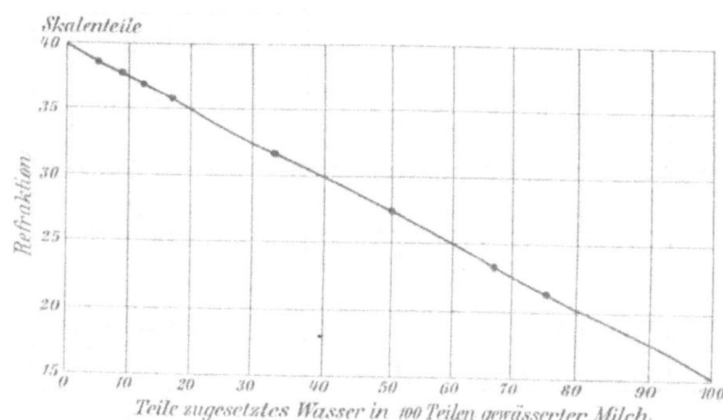

---

[1]) Arch. f. Hyg. **50**, 53 (1904).

[2]) Zeitschr. f. Unters. d. Nahr. u. Genußm. **16**, 588 (1908).

[3]) Ackermann kam ebenfalls zu dem Ergebnis, daß das Asaprolserum bedeutend weniger empfindlich ist als das Chlorcalciumserum; seine Berechnungen sind jedoch deshalb nicht maßgebend, weil die von ihm benutzten Zahlen für das Chlorcalciumserum sich auf Veränderung der Lichtbrechung durch Zusatz von x g Wasser zu 100 Milch beziehen, während die entsprechenden des Asaprolserums x g Wasser in 100 Mischung angeben.

[4]) Zu annähernd demselben Ergebnis kam Wiegner beim Chlorcalciumserum. Milchw. Zentralbl. **5**, 530 (1909).

Tabelle 20. Einfluß der Wässerung der Milch auf die Seren.

R = Lichtbrechung in Skalenteilen des Zeißschen Eintauchrefraktometers bei 17,5°.

d_4^{15} = Spezifisches Gewicht bei 15° bezogen auf Wasser von 4°.

Milch Nr.	Gramm zugesetztes Wasser auf 100 g Milch	Gramm zugesetztes Wasser in 100 g Mischung	Tetraserum I		Tetraserum II		Chlorcalciumserum	Spontanserum	Asaprolserum
			R	d_4^{15}	R	d_4^{15}	R	R	R
1	0	0	43,5	1,0290	41,7	1,0286	40,2	–	–
	5	4,75	42,1	1,0275	40,4	1,0271	38,9	—	—
	10	9,1	40,7	1,0258	39,2	1,0258	37,9	—	—
2	0	0	42,8	1,0284	40,1	1,0269	38,6	42,0	—
	5	4,75	41,4	1,0272	38,8	—	37,4	40,7	—
	10	9,1	40,0	1,0256	37,7	1,0242	36,3	39,4	—
3	0	0	43,3	1,0287	41,1	1,0278	39,5	—	—
	5	4,75	41,9	1,0275	39,8	1,0267	38,2	—	—
	10	9,1	40,6	1,0265	38,7	1,0254	37,1	—	—
4	0	0	44,7	1,0301	41,6	1,0283	40,1	.	—
	5	4,75	43,2	1,0283	40,2	1,0269	38,7	—	—
	10	9,1	41,9	1,0270	38,9	1,0260	37,6	—	—
5	0	0	42,1	1,0271	40,0	1,0268	38,5	—	—
	5	4,75	40,8	1,0256	38,7	1,0255	37,3	—	—
	10	9,1	39,6	1,0247	37,6	1,0249	36,3	—	—
6	0	0	42,1	—	39,7	—	—	—	37,4
	5	4,75	40,8	—	38,4	-	—	—	36,9
	10	9,1	39,6	—	37,2	—	—	—	36,5
7	0	0	42,5	—	—	—	—	41,6	—
	5	4,75	41,2	—	—	—	—	40,3	—
	10	9,1	40,0	—	—	—	—	39,1	—

Bei der graphischen Darstellung der Änderung der Lichtbrechung durch den Wasserzusatz (vgl. Fig. 2) ergibt sich eine gerade Linie, wenn man g zugesetztes Wasser in 100 g Mischung, dagegen eine Kurve, wenn man g zugesetztes Wasser auf 100 g Milch einträgt.

Die Teile zugesetzten Wassers in 100 Teilen Mischung (x) lassen sich, wie eine einfache Rechnung ergibt, mit ziemlicher Annäherung auf Grund der Formel ermitteln:

$$x = \frac{100\,(R-R')}{R-15}$$

worin R die Refraktion vor, R' die nach der Wässerung bedeuten; die zu 100 Teilen reiner Milch zugesetzten Teile Wasser (y) lassen sich nach der Formel:

$$y = \frac{100\,(R-R')}{R'-15}$$

berechnen (vgl. Tabelle 21).

Tabelle 21. Einfluß der Wässerung auf die Lichtbrechung des
Tetraserums II.

R = Lichtbrechung des ungewässerten Serums in Skalenteilen des Zeißschen Eintauchrefraktometers bei 17,5°.

R' = Lichtbrechung des gewässerten Serums in Skalenteilen des Zeißschen Eintauchrefraktometers bei 17,5°.

Milch Nr.	Zu 100 Teilen Milch waren zugesetzt worden Teile Wasser	Aus der Abnahme der Lichtbrechung berechnet $y = 100 \frac{R-R'}{R'-15}$	In 100 Teilen Mischung waren vorhanden Teile Wasser	Aus der Abnahme der Lichtbrechung berechnet $x = 100 \frac{R-R'}{R-15}$	Lichtbrechung des Tetraserums II R und R'
1	0	0	0	0	40,7
	5	5,3	4,7	5,1	39,4
	10	10,8	9,1	9,7	38,2
	15	16,3	13,0	14,0	37,1
	20	21,2	16,7	17,5	36,2
	50	50,3	33,3	33,4	32,1 [1]
	100	107	50,0	51,8	27,4 [1]
	200	199	66,7	66,6	23,6 [1]
2	0	0	0	0	40,0
	5	5,0	4,7	4,8	38,8
	10	10,1	9,1	9,2	37,8
	15	15,2	13,0	13,2	36,7
	20	19,6	16,7	16,4	35,9
	50	49,7	33,3	33,2	31,7 [1]
	100	100	50,0	50,0	27,5 [1]
	200	198	66,7	66,4	23,4 [1]
	300	297	75	74,8	21,3 [1]

b) Zusatz von gekochter Milch zu roher Milch und umgekehrt.

In Mischungen von roher und gekochter Milch ist natürlich der Gehalt an gerinnbarem Eiweiß des Tetraserums I (und des Spontanserums), somit auch deren spezifisches Gewicht und Lichtbrechung niedriger als bei reiner roher Milch.

Über die Empfindlichkeit der Änderung der Lichtbrechung des Tetraserums I bei Zusatz von gekochter Milch gibt die graphische Darstellung Fig. 3, welcher Versuche an einer Milch von mittlerem Albumin und Globulingehalt zugrunde liegen, ein Bild.

Fig. 3. Änderung der Refraktion des Tetraserums I einer rohen Milch bei Zusatz gekochter Milch.

Refraktion der rohen Milch = 42,5 Skalenteile
„   „   gekochten Milch = 40,0 Skalenteile

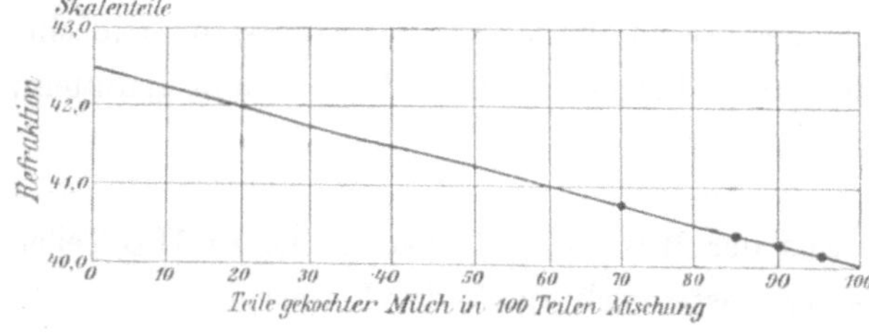

---

[1]) Oberhalb 50°/₀ **Wasserzusatz** wurden zur Herstellung des Serums auf 50 ccm Milch nicht 1 ccm 20 °/₀iger Essigsäure zugesetzt, sondern entsprechend weniger, um die durch den Zusatz verursachte Refraktionserhöhung des Serums möglichst auszuschalten.

Auf die Lichtbrechung derjenigen Seren, die kein gerinnbares Eiweiß enthalten, hat der Zusatz von gekochter Milch natürlich keinen Einfluß.

Ein Zusatz schon von 1—2 % roher zugekochter Milch läßt sich im Tetraserum I dadurch erkennen, daß es beim Erhitzen über freier Flamme eine in der Kälte nicht verschwindende Trübung gibt. Auch verläuft mit einem derartigen Serum nach Neutralisation mit 0,1 n-Alkali bis zur beginnenden Phosphatfällung (vgl. S. 73) die Peroxydasenreaktion positiv. In Tabelle 22 ist das Verhalten des ursprünglichen und neutralisierten Tetraserums I von Mischungen gekochter Milch mit 1—3 % roher Milch beim Erhitzen und beim Versetzen mit Rothenfußers Reagens in Vergleich zu dem von Rothenfußer angegebenen Bleiserum wiedergegeben. Hieraus ist zu ersehen, daß das Bleiserum im Gegensatz zum Tetraserum I keine Eiweißfällung gibt und daß seine Peroxydasenreaktion nicht viel empfindlicher ist als diejenige des Tetraserums I.

Tabelle 22. Nachweis geringer Mengen roher in gekochter Milch im Tetraserum I und im Bleiserum.

Milch Nr.	In 100 Teilen gekochter Milch waren enthalten:														
	1 Teil rohe Milch					2 Teile rohe Milch					3 Teile rohe Milch				
	Trübung beim Erhitzen des		Peroxydasenreaktion des			Trübung beim Erhitzen des		Peroxydasenreaktion des			Trübung beim Erhitzen des		Peroxydasenreaktion des		
			Tetraserums I		Bleiserums			Tetraserums I		Bleiserums			Tetraserums I		Bleiserums
	Tetraserums I	Bleiserums	ohne Veränderung	nach d. Neutralisation		Tetraserums I	Bleiserums	ohne Veränderung	nach d. Neutralisation		Tetraserums I	Bleiserums	ohne Veränderung	nach d. Neutralisation	
1	sehr schwach	nicht vorhanden	negativ	ganz schwach	ganz deutlich	merklich	nicht vorhanden	deutlich	stärker	stark	deutlich	nicht vorhanden	deutlich	stärker	stark
2	„	„	„	deutlich	deutlich	„	„	„	„	„	„	„	stark	„	„
3	„	„	„	ganz schwach	„	„	„	schwach	„	„	„	„	deutlich	stark	sehr stark
4	„	„	„	„	schwach	„	„	„	„	„	„	„	stark	—	sehr stark
5	„	„	ganz schwach	„	deutlich	„	„	deutlich	„	„	„	„	deutlich	—	stark
6	„	„	negativ	„	ganz deutlich	„	„	schwach	„	deutlich	schwach	„	„	—	„
7	„	„	ganz schwach	deutlich	„	„	„	deutlich	starker	stark	deutlich	„	„	stark	„
8	„	„	„	ganz schwach	„	„	„	„	„	„	„	„	„	„	„

Die Empfindlichkeit der gewöhnlichen bei 45 ° hergestellten Essigsäureseren gegen Zusatz von roher zu erhitzter Milch war schon deshalb geringer, weil diese Seren nicht so klar waren wie das Tetraserum I. Beim Spontanserum war außerdem zu berücksichtigen, daß das gerinnbare Eiweiß durch peptolytische Fermente verändert wird.

c) Zusatz von Stoffen zur Verdeckung der Wässerung.

Die hauptsächlichsten hierfür in Betracht kommenden Fälschungsmittel: Rohrzucker, Dextrin, Kochsalz werden in dem Serum nicht verändert und müssen daher proportional ihrer Konzentration die Lichtbrechung und das spezifische Gewicht der Milchseren ändern. Auf Grund von Wagners Tabellen[1]) läßt es sich berechnen, daß man etwa 0,35 g Rohrzucker oder 0,3 g Kochsalz zu 100 ccm Milch mit einer mittleren Lichtbrechung von 42 Skalenteilen zusetzen muß, um eine 5 %ige Wässerung zu verdecken, was durch experimentelle Versuche bestätigt wurde (vgl. Tabelle 23).

d) Konservierungsmittel.

Hydroperoxyd wird bekanntlich von roher Milch unter Entwicklung von Sauerstoff zersetzt. Es war interessant zu erfahren, inwieweit etwaige sonstige Änderungen in der Zusammensetzung der Milch infolge der oxydierenden Wirkung des Hydroperoxyds durch die Lichtbrechung des Tetraserums I und II zu erkennen seien, wenn man Hydroperoxyd in derjenigen Konzentration zur Einwirkung brachte, wie sie z. B. de Waele, Sugg und Vandevelde[2]) zur Herstellung einer absolut keimfreien Milch verwendeten, wobei das überschüssige Hydroperoxyd durch Hepin entfernt wurde. Die dahingehenden Versuche haben ergeben, daß die Lichtbrechung hierbei nicht abnimmt (s. Tabelle 23). Ferner wurde festgestellt, daß Hydroperoxyd auch in der Kälte in Konzentrationen, die es eben noch durch den Geschmack erkennen lassen, die Lichtbrechung nicht verändert und daß es selbst in Konzentrationen, wie sie bei der Konservierung der Milch zu analytischen Zwecken üblich sind, die Lichtbrechung kaum beeinflußt.

Formaldehyd reagiert bekanntlich mit Amidosäuren und daher auch mit Kasein und den albumin- und globulinartigen Stoffen. Da Kasein gegenüber Albumin in bedeutend größeren Mengen vorhanden ist, so läßt sich erwarten, daß Formaldehyd auch in Mengen, wie es zur Konservierung der Milch zu Analysenzwecken verwendet wird, der Hauptsache nach mit Kasein reagiert und daher die Brechung des Tetraserums I nicht erheblich ändert. Ein Einfluß auf die Lichtbrechung des Tetraserums II oder auf das Chlorcalciumserum war erst recht nicht anzunehmen, weil etwa entstandenes Formalineiweiß nach Trillat und Sauton[3]) beim Erhitzen ausfallen müßte. Die Versuche bestätigten die Erwartungen (vgl. Tabelle 23).

Durch den Zusatz von größern Mengen Soda zu saurer Milch bis zur neutralen Reaktion läßt sich eine verhältnismäßig kleinere Zunahme der Lichtbrechung der Seren erwarten, als durch Zusatz von Soda zu Wasser, weil im ersteren Falle Kohlendioxyd freigemacht wird. Aus der Tabelle 23 ergibt es sich, daß bei Zusatz von etwa 0,3 g Soda zu 100 ccm Milch von 16 Säuregraden eine Zunahme der Lichtbrechung des Tetraserums I um 0,9 Skalenteile stattfindet, was etwa eine Wässerung von etwa 4 % verdecken könnte. Bei Zusatz von Soda bis zur alkalischen Reaktion ist beim Chlorcalciumserum zu berücksichtigen, daß hierdurch bei dessen Herstellung mehr Calciumsalze ungelöst bleiben als bei neutraler oder saurer Reaktion, so daß dessen Lichtbrechung in Vergleich zu den Essigsäureseren weniger erhöht wird.

---

[1]) Vgl. S. 67.
[2]) Zentralbl. f. Bakteriol. u. Parasitenk. **13**, 30 (1904).
[3]) Ann. chim. analyt. **11**, 205 (1906).

Tabelle 23. Einfluß von Zusätzen auf die Lichtbrechung der Tetraseren I, II und des Chlorcalciumserums.

R = Skalenteile des Zeißschen Eintauchrefraktometers bei 17,5°.
Z = Zusatz zur Milch.
G = Menge des Zusatzes in Grammen zu je 100 ccm Milch.

Z	G	Tetraserum I		Chlorcalciumserum	
		vor	nach	vor	nach
		dem Zusatz		dem Zusatz	
		R	R	R	R
Rohrzucker	0,3	42,3	43,4	—	—
„	0,3	43,1	44,2	—	—
„	1,0	43,0	46,8	—	—
Kochsalz	0,3	42,3	43,7	—	—
„	0,3	43,1	44,4	—	—
Natriumcarbo-	0,3	42,0')	43,4')	—	—
nat (wasserfrei)	1,0	42,8')	46,0')	—	—
Borsäure	0,3	42,2	42,8	~	—
„	0,3	43,2	43,9	—	—
Borax (kristall.)	0,1	42,0	42,3	—	—
„	0,3	42,2	43,1	—	—
„	0,3	43,1	43,9	—	—
Salicylsäure	0,1	44,3	44,65	40,0	40,5
„	0,2	44,3	44,95	40,0	41,0
Salicylsaures Natrium	0,075	42,0	42,25	—	—
	0,1	44,3	44,6	40,0	40,4
	0,2	44,3	44,95	—	—
Benzoesäure	0,1	44,3	44,6	40,0	40,4
„	0,2	44,3	44,9	40,0	41,0
Benzoesaures Natrium	0,1	42,0	42,3	—	—
	0,1	42,0	42,3	—	—
	0,1	44,3	44,6	40,0	40,4
	0,2	44,3	45,0	—	—

Z	G	Tetraserum I		Tetraserum II	
		vor	nach	vor	nach
		dem Zusatz		dem Zusatz	
		R	R	R	R
Formaldehyd	0,05	42,0	42,0		
„	0,1	42,1	42,1	39,7	39,7
„	0,1	43,0	42,9		
Wasserstoff-superoxyd	0,2	43,0	43,0		
	0,1	43,2	43,2	40,8	40,8
dasselbe nach Zusatz v. Hepin			43,2		40,8
Wasserstoff-superoxyd	0,1	42,5	42,4	40,1	40,1
dasselbe nach Zusatz v. Hepin			42,4		40,1
Wasserstoff-superoxyd	0,1	43,1	43,1	40,6	40,6
dasselbe nach Zusatz v. Hepin			43,1		40,6

Benzoesäure und Salicylsäure und deren Natriumsalze in Mengen von 0,1 g auf 100 ccm Milch verändern die Lichtbrechung des Tetraserums I nur um etwa 0,2—0,3 Refraktometergrade. Die Beeinflussung des Chlorcalciumserums ist kaum merklich höher. Der Unterschied in der Beeinflussung der beiden Seren ist auf eine geringe Löslichkeit der Benzoe- und Salicylsäure in Tetrachlorkohlenstoff zurückzuführen.

Borax und Borsäure verändern die Lichtbrechung proportional ihrer Konzentration, beim Chlorcalciumserum ist jedoch außerdem mit dem bei Soda angegebenen Einfluß auf die Calciumsalze der Seren und daher mit einer im Verhältnis weniger erhöhten Lichtbrechung zu rechnen.

In Mengen wie sie durch den Geschmack eben noch erkannt werden, wurde für die Borsäure (0,3 g in 100 ccm) ein Brechungsunterschied des Tetrachlorkohlenstoffserums I von 0,6, für Borax von 0,8 festgestellt.

') Die Milch, zu der Natriumcarbonat zugesetzt worden war, war bereits in Säuerung übergegangen.

Verwendbarkeit der Tetraseren in Vergleich zu andern Seren.

Anwendung der Tetraseren zur Prüfung auf Milchwässerung auf Grund der Lichtbrechung und des spezifischen Gewichtes.

Auf die Zweckmäßigkeit der Bestimmung des spezifischen Gewichtes des Essigsäureserums hat zuerst Dietzsch[1]) aufmerksam gemacht. Er schreibt 1884: „Wird die Milch durch einige Tropfen Essigsäure koaguliert und aufgekocht, dann von Kasein und Albumin abfiltriert, so zeigt das fast wasserhelle Serum von ganzer Milch ein spezifisches Gewicht von 1,027—1,029 usf.“ Man hat sehr bald eingesehen, daß diese Vorschrift zu allgemein ist, um übereinstimmende Ergebnisse im spezifischen Gewicht zu erhalten, und es wurde in der Folge eine Reihe von Vorschlägen gemacht, die die Konzentration und Menge der Essigsäure, die Höhe der Temperatur, die Zeit des Erhitzens, die Art des Filtrierens (Abkühlen vor dem Filtrieren, Zurück- oder Fortgießen der ersten Anteile usf.) näher umschreiben. Hierbei war man auf der einen Seite bestrebt, die Gerinnung der albumin- und globulinartigen Eiweißstoffe möglichst zu verhindern, auf der andern Seite brachte man absichtlich alles gerinnbare Eiweiß zur Abscheidung, weil insbesondere Reich[3]) bezweifelte, daß man alle globulin- und albuminartigen Eiweißstoffe in Lösung behalten könne. Um ja vor der Ausscheidung dieser Stoffe durch die Hitze sicher zu sein, hat die „Freie Vereinigung deutscher Nahrungsmittelchemiker“ die Erhitzungstemperatur auf 40° heruntergesetzt. Trotzdem sollte es nach Bialon[3]) fraglich sein, ob nicht schon unter dieser Temperatur Eiweiß ausgeschieden werde und ob nicht diese Stoffe durch Filtration mit Papier zum Teil zurückgehalten werden. Das nach der Vorschrift der Freien Vereinigung hergestellte Essigsäureserum filtriert meistens langsam und oft trüb. Burr, Berberich und Lauterwald[4]), sowie Stüber[4]) glauben diese Schwierigkeit dadurch beseitigt zu haben, daß sie das Serum erst nach dem Abkühlen mit Eiswasser filtrieren. Die erstern bemängeln auch den erheblichen und dabei schwankenden Fettgehalt der Essigsäureseren (im Mittel 0,24%) gegenüber dem Spontanserum, das im Mittel nur 0,05% Fett enthielt.

Nach der Vorschrift von Reich[5]), die Fritzmann[6]) an Stelle derjenigen der Freien Vereinigung empfiehlt, werden zur Herstellung eines von gerinnbarem Eiweiß freien Essigsäureserums 100 ccm Milch mit 0,4 ccm Eisessig zuerst 5—6 Minuten auf 60—65°, dann nach dem Abgießen vom Kaseinfettkuchen nochmals in einem Kölbchen mit engem Hals 5—6 Minuten im kochenden Wasserbad erhitzt und von geronnenem Eiweiß abfiltriert usf.

Auch nach der Vorschrift von v. Raumer und Späth[7]), wonach 200—250 ccm Milch mit 2 cm 20%iger Essigsäure etwa ¹/₂ Stunde im Wasserbade unter Ersatz des verdunsteten Wassers erhitzt werden, erhielt man ein von gerinnbarem Eiweiß freies Serum.

Die nach den Vorschriften von Radulescu[8]) (10 Minuten langes Erhitzen in einem auf 75—80° erhitzten Wasserbade), nach Woodman[9]) (20 Minuten langes Erhitzen in einem auf 70° erhitzten Wasserbade), nach Fendler, Borkel und Reidemeister[10]) (Erhitzen innerhalb unbestimmter Zeit in einem auf 65—70° erhitzten Wasserbad), nach Schoorl und Con[11]) (2—5 Minuten langes Erhitzen auf 70—75°) hergestellten Seren enthalten je nach der Sorgfalt der Herstellung mehr oder weniger gerinnbares Eiweiß. Dietzsch[12]) hat seinerzeit neben dem Essigsäureserum das Spontanserum, Sambuc[13]) etwas später an Stelle des Essigsäureserums ein

---

[1]) Chem. Ztg. **8**, 323 (1884).
[2]) [3]) Milchztg. **21**, 274 (1892).
[3]) Milchw. Zentralbl. **1**, 363 (1905).
[4]) Vergl. S. 253.
[5]) Zeitschr. f. öffentl. Chem. 1898, S. 544.
[6]) Zeitschr. f. angew. Chem. 1896, S. 46 u. 70.
[7]) Mitt. a. d. pharm. Inst. u. Labor. f. ang. Chem. d. Univers. Erlangen **3**, 93 (1890).
[8]) Journ. Amer. Chem. Soc. **21**, 503 (1899).
[9]) Zeitschr. f. Unters. d. Nahr. u. Genußm. **20**, 157 (1910).
[10]) Zeitschr. f. Unters. d. Nahr. u. Genußm. **14**, 632 (1907).
[11]) Dietzsch, Die wichtigsten Nahrungs- und Genußmittel, 1884, S. 36.
[12]) Journ. de Pharm. et de Chim. **5**, 95 (1884); Ref. Chem. Ztg. **8**, 767 (1884).

bei 45° mit Weinsäure hergestelltes Serum, Lescoeur[1] ein durch Einwirkung von Lab gewonnenes Serum empfohlen, und man war anfänglich der Meinung, daß die spezifischen Gewichte dieser Seren sich nicht unterscheiden, bis durch die Arbeiten von Reich[2], Tiemann[3], Teichert[4], Burr, Berberich und Lauterwald[5] die Verschiedenheit bewiesen wurde. Das Serum nach Sambuc sowie das Labserum werden zurzeit kaum in der Praxis benutzt, während das Spontanserum, trotz mehrfach geäußerter Bedenken wegen der durch Einwirkung zufälliger Kleinlebewesen veränderlichen chemischen Zusammensetzung, noch ausgedehnte Anwendung findet. Aus dem umfangreichen Analysenmaterial von v. Raumer und Späth[6], Reinsch und Lührig[7], Lührig[8], Burr, Berberich und Lauterwald, Koning[9] usw. geht nämlich hervor, daß die Werte für das spezifische Gewicht des Spontanserums trotz dessen chemischer Veränderung kaum schwanken. Reinsch und Lührig machen insbesondere darauf aufmerksam, daß trotz Veränderung der fettfreien Trockenmasse das spezifische Gewicht des-Spontanserums innerhalb dreier Tage konstant bleibt.

Auf die Zweckmäßigkeit der Bestimmung der Lichtbrechung des Essigsäureserums haben zuerst Villiers und Bertault[10] hingewiesen. Sie benutzten ein Essigsäureserum, welches durch Zusatz des halben Volumens einer 1%igen Essigsäure zu Milch, Kochen am Rückflußkühler und Filtration hergestellt ist. Die Lichtbrechung wird mit dem Apparat von Jean und Amagat[11] bestimmt. Die hiernach erhaltenen Zahlen entsprechen beinahe den am Eintauchrefraktometer abgelesenen, sind aber wegen abweichender Maßeinheit durchaus nicht mit diesen zu vergleichen. Das Verfahren scheint nach den Mitteilungen von Jean[11], Basset[12], Ducrus und Imbert[13], Cotherau[14] wohl in Frankreich, nicht aber in Deutschland sich eingebürgert zu haben. Es dürfte dies umso weniger bedauerlich sein, als an dem Serum die unzweckmäßig große Verdünnung, wodurch die Empfindlichkeit der Lichtbrechung gegenüber der Wässerung erheblich herabgesetzt ist, zu bemängeln ist. In Deutschland benützt man zur Bestimmung der Lichtbrechung sowohl andere Apparate als auch andere Seren. Es finden hauptsächlich folgende Apparate Verwendung: das Wollnysche Milchrefraktometer, das Refraktometer der Firma Reichert in Wien, das Abbesche Universalrefraktometer und in neuester Zeit das Zeißsche Eintauchrefraktometer, das wohl wegen seiner Handlichkeit und Empfindlichkeit (3,8 Einheiten in der 5. Dezimale = 0,1 Skalenteile, lassen sich noch genau ablesen) am meisten in Gebrauch ist.

Bei der Herstellung der Essigsäureseren zur Bestimmung der Lichtbrechung hat man außerhalb Frankreichs von der Entwicklung der Verfahren in der Bereitung der Essigsäureseren zur Bestimmung des spezifischen Gewichtes scheinbar gar keine Notiz genommen. Nur so konnte es kommen, daß in der Literatur nur von Seren die Rede ist, welche nach ihrem Herstellungsverfahren eines Teiles des gerinnbaren Eiweißes beraubt sind.

Nach Ripper[15], der die Lichtbrechung des Essigsäureserums zuerst nur für die Prüfung auf pathologisch oder physiologisch veränderte Milch, später auch für den Nachweis der Wässerung vorschlug, existieren bereits 2 Vorschriften (!): 10 ccm Milch werden mit 5 Tropfen 20%iger Essigsäure 1—2 Minuten in einem Gefäß auf 80° erhitzt usf., und 100 ccm Milch werden mit 2 ccm 20%iger

---

[1] Zeitschr. f. Fleisch- und Milchhyg. **4**, 241 (1896).

[2] Milchztg. **21**, 274 (1892).

[3] Ber. d. Versuchsstat. u. Lehranst. f. Molk. Wreschen 1903/1904.

[4] Teichert, Methoden zur Untersuchung von Milch und Molkereiprodukten, 1909, S. 47.

[5] Milchw. Zentralbl. **4**, 210 (1908).

[6] Zeitschr. f. angew. Chem. 1896, S. 46 u. 70.

[7] Zeitschr. f. Unters. d. Nahr. u. Genußm. **13**, 280 (1907).

[8] Molkereiztg. Hild. **22**, 1291 (1908).

[9] Milchw. Zentralbl. **6**, 179 (1910).

[10] Bull. Soc. chim. [3], **19**, 305 (1898).

[11] L'Industrie Laitière **31**, 36 (1906); Ref. Milchw. Zentralbl. **2**, 470 (1906).

[12] Bull. Soc. Pharm. Bordeaux 1904, S. 313.

[13] Bull. Scienc. Pharm. **7**, 65 (1905).

[14] Bull. Soc. chim. Paris [3] **33**, 234 (1905).

[15] Wiener Landw. Ztg. 1903; Milchztg. **32**, 610 (1903).

Essigsäure 10 Minuten auf kochendem Wasserbad erhitzt, wobei sich die Milch auf etwa 65° erwärmt (!) usf. Mansfeld[1]) erhitzt 20 ccm Milch mit 4 ccm 20%iger Essigsäure im bedeckten Becherglas auf etwa 85° etwa 10 Minuten usf. Nach Versuchen von Utz[2]), der allerdings das Essigsäureserum für die Lichtbrechung nicht empfiehlt, wird die Milch am besten mit 4 ccm einer Essigsäure von der Refraktion des Spontanserums bei etwa 80° erwärmt usf. Henseval und Mullic[3]) benützen ein nach Radulescu (vgl. S. 102) hergestelltes Serum. Nach Leach[4]) erhitzt man 100 ccm Milch mit 2 ccm 20%iger Essigsäure 20 Minuten auf 70°, nach Schoorl und Con[5]) mit 14%iger Essigsäure (gleiche Refraktion wie Spontanserum) 2—5 Minuten auf 70—75°; nach Lythgoe und Nurenberg[6]) und Sleeter Bull[7]) mit 2 ccm 25%iger Essigsäure 20 Minuten auf 70° usf.

Es ist nicht zu verwundern, daß bei derartigen Vorschriften Widersprüche gegen die Anwendung der Essigsäureseren entstanden.

Rievel[8]), der das Rippersche Verfahren inbezug auf den Nachweis der Wässerung und von pathologisch veränderter Milch nachprüfte, mißt ihm gar keinen praktischen Wert bei, da die Lichtbrechung bei normaler Milch viel zu großen Schwankungen unterliege. Bialon[9]) hält es für unmöglich, eine einheitliche Regelung der Serumherstellung zu erzielen, weil man die durch Essigsäure oder Lab erhaltenen Zahlen beliebig verändern kann, je nachdem man kürzere oder längere Zeit erhitzt oder ein oder mehrere Mal filtriert. Der Grund dieser Erscheinung liege darin, daß je nach der Behandlung der Milch verschiedene Mengen Calcium, Phosphorsäure und Kasein im Serum gelöst bleiben.

Utz[10]) hält die Essigsäureseren deshalb nicht für vorteilhaft, weil die Essigsäure die Refraktion beeinflusse. Nachdem er jedoch später eine Essigsäure von derselben Brechung wie die der Spontanseren anwendet, kommt er zu dem Ergebnis, daß zwar bei normaler Milch ein Zusatz von Essigsäure keinen Einfluß auf die Refraktion ausübe, daß aber die Refraktion gewässerter Milch gegenüber dem Spontanserum vermindert wäre. Ferner bemängelt Utz, daß es beim Essigsäureserum sehr auf den Grad der Klarheit des Serums und die Temperatur der Herstellung ankäme, indem z B. die ersten trüben Anteile eine Brechung von 1,3444, ein vollständig blankes Serum eine Brechung von 1,3441, nach dem Aufkochen aber eine Brechung von 1,3434 ergebe. In neuester Zeit wird von Mai und Rothenfußer[11]) behauptet, daß die Essigsäure zur Herstellung eines Serums zur Bestimmung der Lichtbrechung durchaus ungeeignet sei, weil ihr Lichtbrechungsvermögen von dem der Laktose zu stark abweiche, die Essigsäure nicht ohne Einwirkung auf die Milchbestandteile sei und der mit der Essigsäure in die Probe gelangte Wassergehalt die Brechung beeinflusse, ferner daß die Essigsäure mehr oder weniger tief greifende Veränderungen des Kaseins bewirke und daß man bei höherer Temperatur, wenn die Erhitzung nicht in geschlossenen Gefäßen vorgenommen werde, nie vor Verdunstungsverlusten und dadurch bewirkten Konzentrationsänderungen sicher sei.

Trotz dieser Einwände soll es indessen nach Mai und Rothenfußer möglich sein, auch bei den Essigsäureseren zu vergleichbaren Werten zu gelangen, wenn ein genau festgestelltes Herstellungsverfahren vereinbart wäre.

Wohl infolge der eben erörterten und ähnlicher, die Bedeutung der Essigsäureseren herabsetzenden Ansichten und infolge der besprochenen, zum Teil berechtigten Einwände werden zur-

---

[1]) Mansfeld, Die Unters. d. Nahr. u. Genußm., 1897, S. 17; Österr. Chem. Ztg. 8, 546 (1905).
[2]) Molk. Ztg. Hild. 16, 109 u. 123 (1906).
[3]) Rev. génér. du Lait. 4, 529 (1905).
[4]) Journ. Amer. Chem. Soc. 26, 1195 (1904).
[5]) Zeitschr. f. Unters. d. Nahr. u. Genußm. 14, 637 (1907).
[6]) Journ. of Ind. and Eng. Chem. 1, 38 (1909).
[7]) Journ. of Ind. and Eng. Chem. 3, 543 (1911).
[8]) Deutsche tierärztl. Wochenschr. 13, 133 (1905).
[9]) Milchw. Zentralbl. 1, 363 (1905).
[10]) Österr. Chem. Ztg. 4, 509 (1901); Milchw. Zentralbl. 1, 209 (1905); Molk. Ztg. Hild. 16, 119 u. 123 (1906).
[11]) Zeitschr. f. Unters. d. Nahr. u. Genußm. 16, 8 (1908); 18, 737 (1909); 21, 23 (1911); Molkereiztg. Berlin 19, 37, 1909; Milchw. Zentralbl. 6, 145 (1910).

zeit neben den Essigsäureseren das von Ackermann[1] in Vorschlag gebrachte Chlorcalciumserum, ferner das von Utz empfohlene Spontanserum und das von Baier und Neumann[2]
eingeführte Asaprolserum benützt. Das vor allen andern Seren zur Bestimmung der Lichtbrechung von Jörgensen[3] vorgeschlagene Labserum konnte jedoch keine Anhänger finden[4],
und auch das nach Baier und Neumann[5] bei der Wollnyschen refraktometrischen Fettbestimmung erhaltene Kupferserum dürfte von untergeordneter Bedeutung sein.

In dem Umstand, daß das Chlorcalciumserum nicht erst filtriert zu werden braucht,
erblicken Mai und Rothenfußer einen gar nicht hoch genug zu schätzenden Vorzug desselben,
insbesondere für die Massenkontrolle der Milch. Mai und Rothenfußer zeigen ferner auf Grund
sehr ausgedehnter Versuchsreihen die große Beständigkeit der Lichtbrechung dieses Serums.
Die Zweckmäßigkeit des Chlorcalciumserums wird auch von anderer Seite bestätigt[6]. Lührig
und Sartori[7], sowie Benz[8] bemängeln dagegen das Chlorcalciumserum, weil nur frische Milch
damit untersucht werden könne. Mai und Rothenfußer erwidern darauf, daß Milch mit
9—12 Säuregraden allerdings ein mehr oder weniger stark trübes Chlorcalciumserum gebe,
daß dessen Brechung aber trotzdem bestimmbar sei, wenn man es vorher soweit klärt, daß es
genügend Licht durchläßt. Nur müsse man selbstverständlich in solchen Fällen die durch die
entstandene Milchsäure verursachte Erhöhung der Brechung entsprechend berücksichtigen.

Von ganz wesentlicher Bedeutung sei beim Chlorcalciumserum der Umstand, daß jede
durch Säuerung bedingte Veränderung der Milch stets eine Erhöhung der Brechung bewirke,
also zugunsten des Angeschuldigten ausfalle, während das spezifische Gewicht des Spontanserums mit
fortschreitender Zersetzung eher abnähme, sich also zu ungunsten des Angeschuldigten verändere.

Gegenüber Th. Henkel[9], der auf Grund der Lichtbrechung des Chlorcalciumserums von
2093 selbst entnommenen Milchproben zur Vorsicht in der Beurteilung der Wässerung mahnt,
wird von Mai und Rothenfußer der Einwand gemacht, daß es sich bei den Proben mit abnormen Lichtbrechungen offenbar um pathologisch verändertes Eutersekret handle, das selbstverständlich mit dem Begriff Milch im nahrungsmittelchemischen Sinne nichts zu tun habe.

Aus den Arbeiten von Mezger, Fuchs und Jesser[10], Obladen[11], Alpers[12], Lührig[7]
geht hervor, daß die Lichtbrechung des Chlorcalciumserums insbesondere als Vorprobe zum
Nachweis der Wässerung von Sammelmilch sehr brauchbar ist, daß man aber bei der Beurteilung
der Wässerung von Einzelmilch sehr vorsichtig sein muß, da einerseits die Milch kranker
Kühe abnorm niedrige Lichtbrechung zeigt, andererseits auch die Lichtbrechung der Milch ge-
sunder Tiere von einem Tag zum andern erheblichen Schwankungen unterliegen kann. Lythgoe[13]
bemängelt das Chlorcalciumserum, weil es schwierig herzustellen und trübe sei.

Gegen die Bestimmung der Lichtbrechung des Spontanserums wenden sich insbesondere
Burr, Berberich und Lauterwald[14], Mai und Rothenfußer, weil die Zusammensetzung
dieses Serums von dem Grade der Zersetzung abhängig und daher unkontrollierbar sei. Aus

---

[1] Chem. Ztg. **28**, 952 u. 1155 (1904); Ber. über Jahresvers. des Ver. schweiz. analyt.
Chem. 1905, S. 225; Zeitschr. f. Unters. d. Nahr. u. Genußm. **13**, 186 (1907); **16**, 486 (1908);
Mitt. aus d. Geb. d. Lebensmittelunters. u. Hyg. **1**, 263 (1910).

[2] Zeitschr. f. Unters. d. Nahr. u. Genußm. **13**, 381 (1907).

[3] Landw. Jahrb. **11**, 699 (1882).

[4] Utz, Chem. Ztg. **30**, 844 (1906).

[5] Zeitschr. f. Unters. d. Nahr. u. Genußm. **3**, 644 (1900).

[6] Vergl. Zeitschr. f. Unters. d. Nahr. u. Genußm. **21**, 25 (1911) und Jahresberichte der
deutschen und schweizerischen Untersuchungsämter.

[7] Jahresber. d. chem. Untersuchungsamtes d. Stadt Breslau 1908/09, S. 22 und 1911/12, S. 25.

[8] 24. Jahresber. des Untersuchungsamtes Heilbronn 1908, S. 6.

[9] Molk. Ztg. Berl. **18**, 613 (1908).

[10] Zeitschr. f. Unters. d. Nahr. u. Genußm. **19**, 720 (1910).

[11] Zeitschr. f. Fleisch- u. Milchhyg. **22**, 212 (1912).

[12] Zeitschr. f. Unters. d. Nahr. u. Genußm. **23**, 211 (1912).

[13] Rep. Food and Drug Insp. Massachusets 1908, S. 37; Ref. Zeitschr. f. Unters. d. Nahr.
u. Genußm. **23**, 497 (1912).

[14] Milchw. Zentralbl. **4**, 224 (1908).

dem Zahlenmaterial von Burr, Berberich und Lauterwald, sowie aus den Arbeiten von Matthes und Müller[1]), Lam[2]), Lythgoe und Nurenberg[3]), Koning[4]) geht jedoch hervor, daß trotzdem die Lichtbrechung des Spontanserums, besonders innerhalb der ersten 3 Tage sehr kleinen Schwankungen unterliegt.

Das Asaprolserum läßt sich rasch und bequem herstellen und ist durch seine klare, wasserhelle Beschaffenheit ausgezeichnet. Mai und Rothenfußer, ferner Ackermann[5]) bemängeln jedoch an dem Serum, daß durch den Zusatz der Asaprollösung (vergl. S. 71) das eigentliche Milchserum zu sehr verdünnt werde, wodurch dessen Empfindlichkeit gegenüber der Wässerung herabgesetzt sei (vergl. S. 96).

Die Frage, inwieweit die Bestimmung des spezifischen Gewichtes und der Lichtbrechung nebeneinander berechtigt sind, ist besonders in neuester Zeit in den Vordergrund getreten, ohne eine Lösung gefunden zu haben.

Kreis[6]) betont als wichtige Vorzüge der Bestimmung der Lichtbrechung des Chlorcalciumserums gegenüber der bisher ausgeführten Bestimmung des spezifischen Gewichts des Essigsäure- und Spontanserums die viel raschere und einfachere Ausführbarkeit und die gleichmäßigeren Ergebnisse. Wagner[7]) weist darauf hin, daß man durch die Lichtbrechung genauere Anhaltspunkte für die Beurteilung der Milch erhält als durch die Bestimmung des spezifischen Gewichts des Essigsäureserums. Lührig und Sartori[8]) treten jedoch für die Überlegenheit der Bestimmung des spezifischen Gewichts schon aus dem Grunde ein, weil diese Bestimmung keine frische Milch voraussetzt. Ähnlich urteilt Benz[9]).

Wiegner[10]) ist auf Grund von experimentellen Versuchen und theoretischen Erwägungen zu dem Ergebnis gekommen, daß die Bestimmung von spezifischem Gewicht und Lichtbrechung beim Chlorcalciumserum wissenschaftlich gleichberechtigt seien, und hat für die gegenseitige Umrechnung Formeln angegeben, deren Richtigkeit von Ackermann[11]) bestätigt wurde. Auch Mai und Rothenfußer[12]) haben schon früher auf die theoretische Gleichwertigkeit der Lichtbrechung und des spezifischen Gewichts des Chlorcalciumserums hingewiesen, betonen indessen den praktischen Vorzug der viel weniger umständlichen Bestimmung der Lichtbrechung. Die von Wiegner bewiesene theoretische Gleichwertigkeit der Bestimmungen gelte nur für das Chlorcalciumserum, und es gehe nicht an, die Lichtbrechung des Chlorcalciumserums mit dem spezifischen Gewicht eines durch freiwilliges Gerinnen der Milch, durch Lab oder durch Zusatz von Essigsäure oder Milchsäure gewonnenen Serums in Beziehung zu bringen.

Fendler, Borkel und Reidemeister[13]) veröffentlichen vergleichende Messungen des spezifischen Gewichts des bei 45° hergestellten Essigsäureserums und der Lichtbrechung des Chlorcalciumserums derselben Milchproben. Aus der Zusammenstellung geht hervor, daß diese Werte nicht gleichberechtigt sind. Sleeter Bull[14]) hat die Lichtbrechung und das spezifische Gewicht eines Essigsäureserums gemessen und kommt zu dem Ergebnis, daß beide Bestimmungen

[1]) Zeitschr. f. Unters. d. Nahr. u. Genußm. **5**, 1037 (1902); Arch. d. Pharm. **4**, 241 (1903); Zeitschr. f. analyt. Chem. **43**, 74 (1904); Zeitschr. f. öffentl. Chemt. **9**, 173 (1903); **11**, 62 (1905).

[2]) Rev. intern. falsif. **17**, 159 (1904); Zeitschr. f. Unters. d. Nahr. u. Genußm. **3**, 521 (1910); Chem. Ztg. **27**, 280 (1903).

[3]) Journ. of Ind. and Eng. Chem. **1**, 38 (1909).

[4]) Milchw. Zentralbl. **6**, 179 (1910).

[5]) Zeitschr. f. Unters. d. Nahr. u. Genußm. **16**, 586 (1909).

[6]) Ber. über die Tätigk. des kantonalen chem. Laborat. Basel 1907, S. 34.

[7]) Ber. über die Tätigk. d. öffentl. Nahrungsm.-Unters.-Amtes f. d. Fürstentum Schwarzburg-Sondershausen 1907/09, S. 22.

[8]) Jahresber. des chem. Unters.-Amtes der Stadt Breslau 1908/09, S. 22.

[9]) Jahresber. d. Unters.-Amtes Heilbronn 1908, S. 6.

[10]) Milchw. Zentralbl. **5**, 473 u. 521 (1909).

[11]) Mitteil. aus d. Geb. d. Lebensmittelunters. u. Hyg. **1**, 263 (1910).

[12]) Milchw. Zentralbl. **6**, 145 (1910).

[13]) Zeitschr. f. Unters. d. Nahr. u. Genußm. **20**, 156 (1910).

[14]) Journ. of Ind. and Eng. Chem. **3**, 543 (1911).

wichtig seien, da oft auf Grund des spezifischen Gewichts eine Wässerung festgestellt werden konnte, während dies mit der Lichtbrechung nicht möglich war, und umgekehrt. Ackermann[1] stellte an verschiedenen Milchproben bei gleicher Refraktion des Chlorcalciumserums verschiedene spezifische Gewichte des Essigsäureserums fest. Er schließt hieraus, daß das Essigsäureserum eine sehr schwankende Zusammensetzung habe, und begründet damit die Streichung der Bestimmung des spezifihen Gewichts des Essigsäureserums aus dem Schweizerischen Lebensmittelbuch.

Durch die Anwendung der Tetraseren werden nun die bei den bisherigen Seren gerügten Mängel und Widersprüche beseitigt. Außerdem bieten sich bei Anwendung der Tetraseren I und II nebeneinander neue Gesichtspunkte zur richtigen Beurteilung der Milchwässerung und zur Vereinfachung in der Gesamtanalyse der Milch, da andere Seren hiermit entbehrlich werden.

Wie oben gezeigt wurde, sind beide Tetraseren rasch mit oder ohne Filtration herstellbar, so daß sie sich zur Massenkontrolle sehr gut eignen. Während beim Chlorcalciumserum die geringsten Abweichungen in der Menge des zugesetzten Chlorcalciums Abweichungen in der Lichtbrechung verursachen, ist dies bei Abweichungen in der Menge der zugesetzten Essigsäure bei den Tetraseren nicht der Fall. Zum Unterschied von allen bisherigen Seren sind beide Tetraseren praktisch fettfrei und immer so klar, daß die Refraktion mit großer Schärfe bestimmt werden kann. Da die Mängel der Herstellung der andern Seren vermieden sind (vergl. S. 90), so dürfte die Lichtbrechung der Tetraseren bei normaler Milch eher kleineren Schwankungen unterliegen als die bisher beobachtete der andern Seren.

Auf Grund der chemischen Zusammensetzung der verschiedenen Seren läßt sich voraussagen, daß die Tetraseren von den bei normaler Milch in Betracht kommenden Schwankungen höchstens im gleichen Grade beeinflußt werden wie die bisher gebräuchlichen Seren.

Durch eigene Versuche wurde gezeigt, daß die Tetraseren durch Melkzeit und Melkart ebenso wenig beeinflußt werden wie das Chlorcalciumserum. Auch die täglichen Schwankungen von Einzelmilch sind nach unsern Erfahrungen mindestens ebenso gering wie beim Chlorcalciumserum.

Das Altern der Milch hat keinen Einfluß auf die Herstellung der Tetraseren (im Gegensatz zum Chlorcalciumserum); die Lichtbrechung ändert sich dabei nur unwesentlich.

Formaldehyd, Hydroperoxyd, Salicylsäure, Benzoesäure und deren Salze in Mengen bis zu 0,1 g auf 100 ccm Milch haben keinen oder einen geringen Einfluß auf die Lichtbrechung der Tetraseren. Auch größere zu Analysenzwecken verwendete Mengen von Formaldehyd oder Hydroperoxyd beeinflussen die Lichtbrechung der Tetraseren unwesentlich.

Zur allgemeinen Prüfung auf Wässerung kommt zunächst die Lichtbrechung des Tetraserums I in Betracht und zwar aus folgenden Gründen:

1. Das Tetraserum I ist bei gewöhnlicher Temperatur herstellbar.

2. Die Lichtbrechung des Tetraserums I entspricht der fett- und kaseinfreien Trockenmasse, die nach Cornalba[2] die geringsten Schwankungen von allen

---

[1] Zeitschr. f. Unters. d. Nahr. u. Genußm. **22**, 405 (1911).
[2] Rev. gén. du Lait **7**, 33 und 56 (1908).

analytischen Werten der Milch zeigt, genauer als die Lichtbrechung der bisherigen Seren.

3. Die Lichtbrechung des Tetraserums I wird durch die Wässerung empfind-licher beeinflußt als alle von Albumin und Globulin zum Teil oder ganz befreiten Seren.

Da der Unterschied zwischen Lichtbrechung des Tetraserums I und des Chlor-calciumserums durchschnittlich etwa 3,5° beträgt, so wird die Lichtbrechung des Tetra-serums I von Mischmilch voraussichtlich etwa zwischen 41,5 und 43,5 Skalenteilen des Eintauchrefraktometers schwanken, wenn man die von Mai und Rothenfußer für das Chlorcalciumserum angegebenen Werte zugrunde legt.

Zur Beurteilung, ob nicht solche Umstände vorliegen, die eine Wässerung entweder vortäuschen oder verdecken, kann nun das Tetraserum II neben dem Tetraserum I in folgender Weise herangezogen werden.

1. Eine vorangegangene Erhitzung der Milch oder eines Teiles davon macht sich durch die geringe Differenz der Lichtbrechung der Seren I und II (vgl. S. 93), durch die Eiweißgerinnungsprüfung und die Peroxydasenreaktion (S. 99) des Tetraserums I kenntlich.

2. Täuschende Zusätze wie Kochsalz, Soda, Borat, Rohrzucker, Zuckerkalk lassen sich im Tetraserum II nachweisen (vgl. S. 119).

3. Die Gegenwart von Kolostrum oder von sonst physiologisch oder pathologisch veränderter Milch macht sich durch die abnorm große Differenz der Lichtbrechung beider Seren bemerkbar; auch ist in solchen Fällen vielfach die Refraktion und Polarisation des Tetraserums II ungewöhnlich niedrig (vgl. S. 115 und 90).

Die Bestimmung des spezifischen Gewichts neben der Refraktion ist ent-behrlich, weil das spezifische Gewicht bei normaler Milch der Lichtbrechung völlig gleichwertig, aber seine Bestimmung für die Praxis viel umständlicher ist. Zur Beurteilung aber, ob pathologisch oder physiologisch veränderte oder erhitzte Milch eine Wässerung vortäuscht oder verdeckt, ist die Bestimmung des spezifischen Gewichts deshalb weniger geeignet, weil durch das gerinnbare Eiweiß das spezifische Gewicht um die Hälfte weniger empfindlich beeinflußt wird als die Lichtbrechung.

Bei geronnener Milch hätte die Herstellung des Tetraserums I keinen be-sonderen Vorteil. Es wurde gezeigt, daß die Lichtbrechung des Spontanserums bei nicht länger als 3 Tage geronnener Milch sich im Mittel etwa um 0,9° von der des Tetraserums I unterscheidet. Für die Beurteilung, ob erhitzte oder pathologisch oder physiologisch veränderte Milch vorliegt, ist jedoch die Lichtbrechungsdifferenz des erhitzten und nicht erhitzten Spontanserums nicht immer maßgebend, da das gerinnbare Eiweiß im Spontanserum bereits verändert ist.

Anwendung der Tetraseren zur Prüfung auf Nitrate, Nitrite und Ammoniak.

Zur Prüfung auf durch Wässerung in die Milch gelangte Nitrate wird zurzeit wohl am häufigsten die bekannte Diphenylaminreaktion benützt. Wenn auch vereinzelte Chemiker[1] glaubten, daß die Reaktion geradeso gut mit

---

[1] Szilasi, Rep. f. analyt. Chem. **6**, 436 (1886). — Reiß, Pharm. **Ztg. 49**, 608 (1904).

Milch wie mit Milchseren ausführbar sei, so hat man sich doch meist für die Anwendung von Milchseren entschieden.

Die Ansichten über den Wert der Diphenylaminreaktion haben sich mit der Zeit wesentlich geändert, während die Technik der Ausführung der Probe sowie der Bereitung der hierzu benutzten Milchseren erheblich verbessert wurde. Die Literatur dieser Entwicklung hat Tillmans[1] in neuester Zeit zusammengestellt. Wir möchten nur hinzufügen, daß nicht Soxhlet, sondern Uffelmann[2] zuerst die Diphenylaminprobe vorgeschlagen hat, wobei er ein mit Essigsäure hergestelltes Serum benützte.

Was den Wert der Diphenylaminprobe anbelangt, so können wir aus den bis jetzt vorliegenden Arbeiten schließen:

1. daß durch Fütterung von nitrathaltigen Futtermitteln bei normalen, gesunden Kühen Nitrate nicht in die Milch gelangen;

2. daß durch Auswaschen der Milchgefäße mit stark nitrathaltigem Wasser die Diphenylaminreaktion der Milch zwar positiv ausfallen kann, daß aber dann, wie Rothenfußer[3] zeigte, das Wasser zum Genuß untauglich und die damit verschmutzte Milch als verdorben anzusehen ist;

3. daß auch durch Milchschmutz die Diphenylaminreaktion ausgelöst werden kann, jedoch nur bei derartigen Mengen, daß die Milch ebenfalls als verdorben gelten muß;

4. daß bei Anwesenheit auch anderer anorganischer oxydierender Stoffe z. B. Eisenchlorid, Kaliumdichromat, Hydroperoxyd die Diphenylaminreaktion positiv verläuft.

Der Wert der Reaktion liegt daher nicht im Nachweis von gewässerter Milch, sondern darin, daß man beim positiven Ausfall der Reaktion schließen kann, daß die Milch entweder mit nitrathaltigem Wasser oder mit oxydierenden Konservierungsmitteln versetzt und daher verfälscht oder mit zum Genuß untauglichem Wasser oder mit Schmutz derart verunreinigt ist, daß sie als verdorben beanstandet werden muß.

Was hiervon zutreffend ist, muß gegebenenfalls eine eingehendere Untersuchung erweisen. Zweifellos wird es hierbei sehr zweckmäßig sein, nach dem Vorschlage von Tillmans die Menge der Nitrate quantitativ zu bestimmen; noch wichtiger aber halten wir die bereits von Uffelmann empfohlenen Ergänzungsproben der Nitratreaktion, welche auf dem Nachweis von Ammoniak und Nitrit im Essigsäureserum beruhen.

Um die Technik der Diphenylaminreaktion und der Herstellung eines geeigneten Serums hat sich wohl Tillmans am meisten verdient gemacht. Er hat in einer gründlichen Arbeit gezeigt, daß es hierbei auf die Verwendung von nicht filtrierten und von chlorhaltigen Seren ankommt, ferner darf das Serum weder Fett noch Eiweißstoffe enthalten. Er unterzieht daher ein nach Ackermann hergestelltes Chlorcalciumserum einer nachträglichen Behandlung mit Äther und Kalkmilch. Hierdurch und durch die Anwendung einer zweckmäßigen Konzentration der Schwefelsäure, bei welcher der durch die Oxydation aus dem Diphenylanim entstehende Farbstoff nicht verändert wird, gelang es Tillmans, noch 0,25 mg N_2O_5 in 1 l Milch nachzuweisen und die Reaktion als Grundlage einer kolorimetrischen Bestimmung auszuarbeiten.

In neuster Zeit wird von Tillmans und Splittgerber[4] an Stelle des mit Äther und Kalkmilch behandelten Chlorcalciumserums ein mit Quecksilberchlorid hergestelltes Milchserum angegeben, das sich zur Massenkontrolle der Milch besser eignen soll. Hiernach werden 25 ccm Milch mit 25 ccm einer Mischung von 5%igem Quecksilberchlorid und einer 2%igen Salzsäure versetzt, geschüttelt und filtriert(!). Zur Vorprobe auf Nitrate glaubt ferner Tillmans[5] die Serumbereitung zu erübrigen, wenn 5 ccm Milch mit 15–20 ccm seiner Diphenylaminlösung geschüttelt und die entstehenden Färbungen beobachtet werden. Wenn hiernach in 3—5 Minuten eine grüne Färbung entsteht, so sind mehr als 3 mg N_2O_5 in 1 l Milch enthalten. Da 1—2 mg durch das Spülen der Gefäße in Milch gelangen könnten, so sieht Tillmans in der geringeren Empfindlichkeit des Verfahrens einen Vorteil zum Nachweis der Wässerung.

[1] Zeitschr. f. Unt. d. Nahr.- u. Genußm. **20**, 676 (1910).

[2] Deutsche Vierteljahrsschrift f. öff. Gesundheitspflege **15**, 663 (1883).

[3] Zeitschr. f. Unt. d. Nahr - u. Genußm. **18**, 353 (1909).

[4] Zeitschr. f. Unt. d. Nahr.- u. Genußm. **22**, 401 (1911).

[5] Chem. Ztg. **36**, 81 (1912).

Da nun das von uns hergestellte von gerinnbarem Eiweiß freie Essigsäureserum (Tetraserum II) nicht filtriert zu werden braucht, da es ferner kein Fett und etwas weniger Eiweiß als das Chlorcalciumserum enthält, war anzunehmen, daß es zur Diphenylaminprobe ebenso gut oder noch besser geeignet sei als das nach Tillmans bearbeitete Chlorcalciumserum.

Tabelle 24. Nachweis von Nitraten und Nitriten in den Tetraseren.
a) Nitrate mittels der Diphenylaminreaktion im Tetraserum II.

Milch	$1\,l$ Milch enthielt mg NO_3					
Nr.	5	2	1	0,5	0,25	0,1
1	momentane Reaktion sehr stark	Reaktion sehr stark	Reaktion stark	Reaktion deutlich	Reaktion schwach	Reaktion negativ
2	"	"	"	"	"	"
3	"	"	"	"	"	"
4	"	"	"	"	"	"
5	"	"	"	"	"	"
6	"	"	"	"	"	"
7	"	"	"	"	"	"
8	"	"	"	"	"	"
9	"	"	"	"	"	"
10	"	"	"	"	"	"

b) Nitrite mittels der Reaktion nach Grieß-Lunge (Sulfanilsäure $+$ α Naphthylamin) im Tetraserum I.

Milch	$1\,l$ Milch enthielt mg NO_2			
Nr.	1	0,1	0,01	0,001
1	Reaktion sehr stark	Reaktion sehr stark	Reaktion stark	Reaktion sichtbar
2	"	"	"	"
3	"	"	"	"
4	"	"	"	"
5	"	"	"	"

In der Tat wurde durch die in Tabelle 24 aufgenommenen Versuchen festgestellt, daß im Tetraserum II die Nitrate bis zu der von Tillmans angegebenen Verdünnung noch scharf nachgewiesen werden können, wenn man je 2 ccm Serum und Diphenylaminlösung nach Tillmans in Arbeit nimmt. Versuche über die quantitative Bestimmung der Nitrate im Tetraserum II nach dem von Tillmans für das Chlorcalciumserum ausgearbeiteten Verfahren sind vorgesehen.

Wie bereits erwähnt wurde, hat Uffelmann gleichzeitig mit der Diphenylaminreaktion im Essigsäureserum auch den Nachweis von Nitriten und Ammoniak verbunden, um durch die Anwesenheit dieser Stoffe, die er in normaler Milch nicht finden konnte, geringste Mengen von gesundheitsgefährlichem verdorbenem Wasser nachzuweisen.

Da außer Uffelmann auch Trillat und Sauton[1]), Berg und Sherman[2]) in reinlich gemolkener Milch kein Ammoniak finden konnten, da ferner die Abwesenheit von Nitriten auf Grund des negativen Ausfalles der bekannten Diazoreaktionen durch die Arbeiten von Uffelmann, Riegler[3]), Wefers und Bettink[4]) und auch dadurch erwiesen scheint, daß die gegen Spuren von Nitriten empfindliche Diphenylaminreaktion in normaler Milch negativ verläuft, da endlich gefunden wurde, daß beim Verderben der Milch durch peptonisierende Bakterien Ammoniak entsteht[5]), so halten wir diese Reaktionen für ebenso wichtig wie die Nitratprobe. Die Prüfung auf Ammoniak wird insbesondere da zweckmäßig sein, wo es sich um den Nachweis von sterilisierter verdorbener Milch handelt, bei der sich bekanntlich die peptonisierenden Bakterien infolge der Abtötung der andern Keime am besten entwickeln[6]).

Uffelmann verfährt bei der Herstellung des Essigsäureserums und der Ausführung der Reaktionen folgendermaßen:

Etwa 350 ccm Milch werden mit soviel verdünnter Essigsäure versetzt, als zur Gerinnung erforderlich ist, und filtriert. Von dem Filtrat dienen 100 ccm zum Nachweis von Ammoniak, 60 zum Nachweis von Nitriten und der Rest zum Nachweis von Nitraten. Zum Nachweis von Ammoniak werden 50 ccm des Filtrates mit 3 Tropfen Salzsäure aufgekocht und filtriert. In einem Teile dieses zweiten Filtrats werden die alkalischen Erden und das Acidalbumin durch Neutralisation mit Natronlauge, in dem andern Anteil mit Kalilauge und Carbonat ausgefällt. Von der in dem ersten Anteil erhaltenen Fällung gießt man ab und prüft mit Neßlerreagens; die in dem zweiten Anteil erhaltene Fällung wird abfiltriert, worauf man destilliert und im Destillat mit Neßlerreagens auf Ammoniak prüft. Zum Nachweis von Nitrit werden die obigen 60 ccm Filtrat ohne Salzsäure gekocht, filtriert und ein Teil des Filtrats mit Diamidobenzol, der andere mit Jodzinkstärkelösung geprüft.

Zum Nachweis von Nitrit versetzt Riegler[7]) 20 ccm Milch mit einem Tropfen einer Mischung aus gleichen Teilen Naphthionsäure und β-Naphthol sowie mit 5 Tropfen Salzsäure, schüttelt eine Minute und gibt 1—2 ccm konzentriertes Ammoniak zu. Bei Anwesenheit von Nitriten tritt eine rote oder rosarote Färbung auf.

Da Wefers und Bettink[8]) in einer mit 20 % eines nitrathaltigen Wassers versetzten Milch nach dem Verfahren von Riegler Nitrit nicht nachweisen konnte, änderte er dieses in folgender Weise ab: 20 ccm Milch werden mit 12 Tropfen starker Salzsäure versetzt, kräftig geschüttelt, die geronnene Masse filtriert, das klare Filtrat mit 50 mg einer Naphthol-Naphthionsäure-Mischung versetzt, eine Minute kräftig geschüttelt und dann 2 ccm Ammoniak zugefügt, der Niederschlag filtriert, mit starkem Alkohol ausgezogen; Rotfärbung des Alkohols läßt auf Nitrit schließen.

Einfacher und zweckmäßiger als bisher gestaltet sich nun die Ausführung der Nitritreaktion, wenn an Stelle der bisherigen Seren das Tetraserum I verwendet wird, da dieses Serum klar ist und bei gewöhnlicher Temperatur erhalten wird, so daß eine Zersetzung der Nitrite durch etwa anwesendes Ammoniak oder Amidosäuren nicht zu befürchten ist. Als zweckmäßiges Diazoreagens hat sich hierbei eine von Lunge und Lwoff[9]) angegebene Lösung erwiesen: 0,1 g reines Naphthylamin, 5 ccm Eisessig, 200 ccm Wasser und 1 g Sulfanilsäure.

Die von Wefers und Bettink angegebene, umständliche Behandlung des Azoproduktes ist hierbei nicht erforderlich. Aus Tabelle 24 geht hervor, daß man mit

[1]) Revue génér. du Lait **4**, 542 (1905).
[2]) Journ. Amer. Chem. Soc. **27**, 601 (1905).
[3]) [7]) Pharm. Zentralhalle **38**, 223 (1897).
[4]) [8]) Niederl. Tijdschr. Pharm. Chem. en Toxicol. **13**, 67 (1901); Ref. Zeitschr. f. Unters. d. Nahr.- u. Genußm. **4**, 897 (1901).
[5]) Whitman und Sherman, Journ. Amer. Chem. Soc. **30**, 1288 (1908). — Löffler, Berliner klin. Wochenschr. **24**, 655 (1887).
[6]) Literaturzusammenstellung u. Versuche siehe besonders bei Knüsel, Studien über die sogenannte sterilisierte Milch des Handels, In.-Dissertation, Berlin (1908).
[9]) Zeitschr. f. angew. Chem. 1894, S. 348; 1906, S. 283.

— 112 —

der Lunge-Lwoffschen Lösung im Tetraserum I noch 0,01 mg NO_2 in 1 l Milch mit Sicherheit erkennen kann.

Zur Prüfung auf Ammoniak mit dem Neßlerschen Reagens hat sich weder das nach Uffelmann hergestellte Essigsäureserum noch unser Tetraserum II als geeignet erwiesen, und zwar deshalb, weil dieses Reagens von dem in den Seren enthaltenen Milchzucker in kurzer Zeit reduziert wird, wodurch die Ammoniakreaktion sehr undeutlich zu sehen ist. Es ist jedoch zu erwarten, daß es gelingen wird, im Tetraserum II Ammoniak nachzuweisen, wenn eine Reaktionsflüssigkeit verwendet wird, die weder von Milchzucker noch von dem im Tetraserum II enthaltenen Eiweißrest beeinflußt wird. Mit Versuchen in dieser Richtung sind wir zurzeit noch beschäftigt.

Anwendung der Tetraseren zum Nachweis von erhitzter Milch.

Vieth[1]) und Soxhlet[2]) dürften zuerst ein albumin- und globulinhaltiges Essigsäureserum zum Nachweis von erhitzter Milch empfohlen haben. Nach Soxhlet wird die Milch mit soviel Essigsaure versetzt, wie eben zur Ausfällung des Kaseins und zur Erzielung eines klaren Filtrates notwendig ist. Das Filtrat von ungekochter Milch gibt nach dem Aufkochen einen flockigen Niederschlag von Milchalbumin, während das von gekochter Milch nur opalisierend wird. Weber[3]) fand, daß hiernach hergestellte Essigsäureseren von Milch, die auf 30°, 40°, 50°, 60°, 75° erhitzt war, stets ein reichliches Koagulum von Albumin erkennen ließen; Milch, die auf 80°, 85°, 90° erhitzt war, ergab dagegen in dem zum Sieden erhitzten klaren Filtrat eine kaum merkliche Trübung, aber keine Albuminausscheidung. Der Unterschied gegen rohe Milch trat trotzdem deutlich hervor; in Milch, die auf 100° erhitzt war, ließ sich selbst nach wiederholtem Erhitzen des klaren Filtrates keine Spur einer Trübung feststellen.

Bernstein[4]) gibt eine genauere Vorschrift zur Herstellung des Essigsäureserums. Auf 50 ccm Milch werden hiernach 4,5 ccm n-Essigsäure verwendet. Serum von Milch, welche unter 70° kurze Zeit erhitzt war, gab bei 90° noch ein reichliches Koagulum.

Seligmann[5]) verdünnt 0,5 ccm verschiedenartig erhitzte Milch mit 25 ccm Wasser und setzt einen Tropfen 25%ige Essigsäure zu; beim Erhitzen des Serums ergab sich folgendes:

	1 Min.	5 Min.	10 Min.	15 Min.	30 Min.	1 h	2 h	3 h	4 h
72°	+	+	+	+	+	+	+	+	+
75°	+	+	+	+	+	±	±	—	—
79°	+	+	+	+	+	±	±	—	—
81°	+	+	—	—					
82°	+	+	—	—					
83°	+	+	—						
85°	+	—							
86°	—	—							

° Temperatur, Min. Minuten, h Stunden der Milcherhitzung; ⊥ deutliche, + schwache, + sehr schwache, — keine Trübung des Serums beim Erhitzen.

[1]) Jahresber. des milchw. Inst. Hameln 1895, S. 27.
[2]) Stohmann, Milch- und Molkereiprodukte, 1898, S. 338.
[3]) In.-Dissert. Leipzig 1902; Milchztg. **31**, 657 (1902); Zeitschr. f. Fleisch- und Milchhyg. **13**, 84 u. 112 (1903).
[4]) Zeitschr. f. Fleisch- und Milchhyg. **11**, 80 (1901).
[5]) Zeitschr. f. angew. Chem. 1906, S. 1510.

Nach Kroon[1] eignet sich folgendes Essigsäureserum zum Nachweis von pasteurisierter und gekochter Milch am besten: 15 ccm Milch werden mit 5—10 Tropfen 30%iger Essigsäure versetzt und so lange auf 35° erwärmt, bis völlige Abscheidung erfolgt ist. Das hiernach erhaltene, stets etwas opalisierende Filtrat wird beim Erhitzen trübe, wenn die Milch kurze Zeit nicht höher als auf 85° erhitzt war, und zwar um so trüber, je niedriger die Temperatur der Erhitzung war. Nach 1, 5, 10, 20, 30 Minuten langem Erhitzen auf 70° und 80° wurden auch noch Trübungen erhalten; wenn jedoch mehr als ½ Stunde auf 80° erhitzt wurde, blieb das Filtrat klar. Bei Anwendung von 20%iger Essigsäure blieb die Trübung schon nach dem Erhitzen auf 75° aus.

Über die Empfindlichkeit dieser Eiweißprobe zum Nachweis der Milcherhitzung bei Seuchengefahr, wo es sich darum handelt, nicht nur die Höhe der Erhitzungstemperatur, sondern auch nachträgliche Zusätze oder Verunreinigungen mit roher Milch nachzuweisen, sind bis jetzt keine eingehenden Angaben zu finden.

Vermutlich waren die bisherigen Essigsäureseren wegen ihrer opalisierenden oder trüben Beschaffenheit nicht geeignet, noch die durch etwa 3% rohe Milch verursachte Trübung zu erkennen.

Zur einigermaßen sicheren Bestimmung der Erhitzungsart von pasteurisierter Milch oder zum Nachweis von Mischungen roher Milch mit erhitzter Milch mit den Essigsäureseren war man bisher darauf angewiesen, hierin eine quantitative Bestimmung der albumin- und globulinartigen Stoffe entweder durch Gerinnung nach Hoppe-Seyler[2] oder durch Fällung mit Gerbsäure nach Sebelien[3] auszuführen (vergl. Seite 116).

Steiner[4] erhielt in dem nach Hoppe-Seyler bereiteten Essigsäureserum je nach der Höhe der Temperatur und der Zeit des Erhitzens folgende Mengen mit Gerbsaure fällbarer Eiweißstoffe:

Erhitzungsart	Gesamtalbumin in 100 g Milch	% der Abnahme des Albumins
nicht pasteurisiert	0,2719 g	—
25 Min. 60°	0,3125 „	—
20 „ 70°	0,2581 „	6,9
5 „ 80°	0,1227 „	55,7
10 „ 90°	0,0656 „	67,5
5 „ 95°	0,0592 „	78,6
3 „ 100°	0,0538 „	82,5

Von Stewart[5], der im Serum nach Hoppe-Seyler das gerinnbare Eiweiß bestimmte, rührt die nachfolgende Tabelle her:

Lösliches Albumin in 100 g frischer Milch	Erhitzungsart	Lösliches Albumin in 100 g erhitzter Milch
0,423 g	10 Min. 60°	0,418 g
0,435 „	30 „ 60°	0,427 „
0,395 „	10 „ 65°	0,362 „
0,395 „	30 „ 65°	0,333 „
0,422 „	10 „ 70°	0,269 „
0,421 „	30 „ 70°	0,253 „
0,380 „	20 „ 75°	0,07 „
0,380 „	30 „ 75°	0,05 „
0,375 „	10 „ 80°	0,00 „
0,375 „	30 „ 80°	0,00 „

[1] Landbouwkundig Tijdschrift **12**, 51 (1904); Ref. Zeitschr. f. Unters. d. Nahr.- und Genußmittel **9**, 160 (1905).

[2] Zeitschr. f. physiolog. Chem. **9**, 246 (1884/85).

[3] Zeitschr. f. physiolog. Chem. **13**, 143 (1889).

[4] Molkereiztg. Hildesh. **15**, 402 (1901); Milchztg. **30**, 401 u. 435 (1901).

[5] Leffmann und Beam, Food Analysis, 1901, S. 224.

Jensen und Plattner[1]) haben Milch kurze Zeit auf 75°, 80°, 90°, dann 5 Minuten, ¹/₄, ¹/₂, 2 Stunden auf 50°, 60°, 70°, 75°, 77°, 77,5°, 80°, 90°, 100°, 110°, 120°, 130°, 140°, und 5 Stunden auf 50°, 60°, 70° erhitzt und im Essigsäureserum den gerinnbaren Stickstoff bestimmt. Aus den umfangreichen Tabellen geht hervor, daß schon bei 60° ein Teil des **Albumins** gerinnt, wenn die Milch 5 Stunden bei dieser Temperatur erhitzt wird, daß aber **größere** Mengen erst bei 70—75° ausgeschieden werden und die Milch 1 Stunde auf 77,5°, ¹/₂ Stunde auf 80° oder 5 Minuten auf 90° erwärmt werden muß, um das Albumin vollständig zu koagulieren. Der Stickstoffgehalt des Serums, der ebenfalls bestimmt wurde, nimmt zunächst ab, dann über 100° wieder zu.

Zu ähnlichen Ergebnissen ist auch Sidler[2]) gelangt.

Obwohl man zweifellos auf Grund der angeführten Werte imstande ist, gegebenenfalls Milchmischungen oder die Art des Erhitzens von pasteurisierter oder sterilisierter Milch zu erkennen, so haben doch die Methoden in der Praxis zur systematischen Kontrolle von pasteurisierter Milch und von Milchmischungen wegen ihrer Umständlichkeit keinen Eingang gefunden.

Aus diesem Grunde hat man versucht, die durch physikalische Methoden gefundenen Werte der Milchseren zum Nachweis der Milcherhitzung nutzbar zu machen. Kroon[3]) spricht aber auch diesen Methoden jeden praktischen Wert ab.

Zur Prüfung der Milcherhitzung auf Grund der Peroxydasenreaktion benutzten Wilkinson und Peters[4]) ein Essigsäureserum und fanden, daß darin mit Benzidin und Hydroperoxyd noch 15°/₀ rohe Milch, 5°/₀ aber nicht mehr nachweisbar sind. Rothenfußer[5]) bemerkt, daß die von ihm schon früher in Vorschlag gebrachte Benzidinreaktion, womit er noch 1°/₀ rohe Milch erkennen kann, ihren eigentlichen Wert und ihre höhere Leistungsfähigkeit erst in der Verwendung bei dem von ihm empfohlenen Bleiserum erhalte. Aus den Arbeiten von Storch[6]), Siegfeld[7]), Schaffer[8]), Herholz[9]), Kastle und Porch[10]), Wäntig[11]), Hesse und Kooper[12]) geht hervor, daß die Peroxydasenreaktion mit p-Phenylendiamin empfindlich gegen Säuren ist, weshalb die Essigsäureseren vor der Ausführung dieser Reaktion neutralisiert werden müssen. Die Überlegenheit der Benzidinreaktion und der Guajakol-p-Phenylendiaminreaktion von Rothenfußer kann daher voraussichtlich nur auf eine günstigere Wasserstoffionenkonzentration zurückgeführt werden.

An Stelle des Essigsäureserums zum Nachweis erhitzter Milch hat Kirchner[13]) das Spontanserum vorgeschlagen, und Koning[14]) zeigt in neuster Zeit, daß man durch die Temperatur, bei welcher die Gerinnung des Eiweißes beginnt, die Art des Erhitzens feststellen kann.

Da das Spontanserum meistens opalisiert und, wie Koning beobachtete, einen Verlust an gerinnbarem Eiweiß erleidet (vergl. S. 69), ließ sich schon aus diesen Gründen annehmen, daß das Spontanserum zum Nachweis der Milcherhitzung nicht gut geeignet ist.

---

[1]) Landw. Jahrb. d. Schweiz **19**, 233 (1905).
[2]) Schweiz. Wochenschr. f. Chem. und Pharm. **41**, 205 u. 217 (1903).
[3]) Landbouwkundig Tijdschrift **12**, 51 (1904); Ref. Zeitschr. f. Unters. d. Nahr.- u. Genußm. **9**, 160 (1905).
[4]) Zeitschr. f. Unters. d. Nahr.- u. Genußm. **16**, 172 (1908).
[5]) Milchw. Zentralbl. **6**, 468 (1910).
[6]) Milchztg. **31**, 81 (1902).
[7]) Zeitschr. f. angew. Chem. 1903, S. 764.
[8]) Schweiz. Wochenschr. f. Chem. u. Pharm. **38**, 169 (1900).
[9]) Milchw. Zentralbl. **4**, 445 (1908).
[10]) Journ. of Biol. Chem. **4**, 301 (1908); Ref. Chem. Zentralbl. 1908, 1, 2107.
[11]) Arb. a. d. Kaiserl. Gesundheitsamte **26**, 464 (1907).
[12]) Zeitschr. f. Unters. d. Nahr.- u. Genußm. **21**, 385 (1911).
[13]) Nach Siegfeld, Zeitschr. f. angew. Chem. 1903, S. 764.
[14]) Milchw. Zentralbl. **6**, 141 u. 179 (1910).

Von Rubner[1]) wurde ein durch Ausfällen des Kaseins und Fettes mit Kochsalz hergestelltes Serum zum Nachweis der Milcherhitzung empfohlen. Middelton[2]) verwendet dieses Serum auch zum Nachweis von Mischungen roher und gekochter Milch und zwar auf Grund der Bestimmung des gerinnbaren Eiweißes. An Stelle von Kochsalz benützt De Jager[3]) Magnesiumsulfat zum Aussalzen von Kasein und Fett. Auch diese Seren sind nicht so klar, daß sie sich zum Nachweis von 2—3% roher Milch in erhitzter Milch eignen würden.

Die Tetraseren sind nun zur Prüfung auf Milcherhitzung besser geeignet als alle bisherigen Seren, weil sie klarer als diese sind, rascher hergestellt werden können und nicht bloß zu diesem Zwecke dienen. Ferner ergibt sich bei der Anwendung beider Seren nebeneinander für die Beurteilung der Milcherhitzung ein neuer Gesichtspunkt insofern, als die Lichtbrechungsdifferenz der beiden Seren als Maßstab für die Menge des gerinnbaren Eiweißes der Milch dienen kann. Ein besonderer Vorteil des Tetraserums I ist in dem Umstande gegeben, daß es sich gleichzeitig zur Ausführung der Peroxydasen- und Albuminprobe eignet, wodurch die Sicherheit des Nachweises der Milcherhitzung verschärft wird. Wie oben (S. 99) gezeigt wurde, sind mit diesem Serum auf Grund dieser zwei Proben noch 2—3% roher Milch in erhitzter Milch erkennbar, weshalb es insbesondere für die sichere Entscheidung der Frage, ob bei Seuchengefahr die Milch ausreichend erhitzt und nicht nachträglich durch rohe Milch infiziert wurde, zu empfehlen ist.

Für den Nachweis von erhitzter Milch in Milchmischungen, die sowohl die Peroxydasenreaktion als die Albuminprobe geben, wird die umständliche Bestimmung des gerinnbaren Eiweißes entbehrlich gemacht, weil sich aus der Differenz der beiden Seren ein Anhaltspunkt für dessen Menge ergibt. Zur näheren Unterscheidung, ob bei kleiner Differenz hoch pasteurisierte oder eine Mischung von roher Milch mit gekochter oder sterilisierter Milch vorliegt, dient das Verhalten des Tetraserums I beim Erwärmen auf 65°. Scheidet sich bei dieser Temperatur noch Eiweiß, d. h. ein in der Kälte nicht wieder löslicher Niederschlag ab, so erklärt sich eine abnorm kleine Differenz der Refraktion beider Seren nur durch die Annahme einer Mischung von roher und über 65° erhitzter Milch; bleibt jedoch das Serum vollständig klar, so hat man es zweifellos mit hochpasteurisierter Milch zu tun.

Anwendung der Tetraseren zur Prüfung auf pathologisch oder physiologisch veränderte Milch.

Ripper[4]) machte beim internationalen milchwirtschaftlichen Kongreß in Brüssel die Aufsehen erregende Mitteilung, daß Milch kranker Tiere mit dem einfachen Verfahren der Bestimmung der Lichtbrechung des Essigsäureserums, dessen Lichtbrechungswert in solchen Fällen bedeutend unter die Durchschnittswerte normaler Seren sinke, erkannt werden könne. Das Verfahren wurde von Ertel[5]), Rievel[6]), Mayrhofer[7]), Wittmann[8]), Schnorf)[9], Koning[10]) nachgeprüft, mit dem Ergebnis, daß auch bei kranker Milch, insbesondere bei Milch

[1]) Hyg. Rundschau 5, 1021 (1895); Jahresber. d. Tierchem. 25, 213 (1895).
[2]) Hyg. Rundschau 11, 601 (1901).
[3]) Zentralbl. f. med. Wissensch. 34, 146 (1896).
[4]) Wien. Landw. Ztg. 1903. — Milchztg. 32, 610 (1903).
[5]) Milchztg. 33, 81 (1903). — Österr. Molker.-Ztg. I, 1 (1904).
[6]) Deutsche tierärztl. Wochenschr. 13, 133 (1905).
[7]) Wien. Landw. Ztg. 6, 20. Jan. 1904.
[8]) Österr. Molk.-Ztg. 15. März 1904. — Österr. Molk.-Ztg. 12, 75 (1905).
[9]) Neue physik.-chem. Untersuchungen der Milch. 1905.
[10]) Milchw. Zentralbl. 4, 160 (1908).

eutertuberkulöser Tiere ganz normale Werte der Lichtbrechung der Essigsäureseren gefunden wurden. Diese sich widersprechenden Befunde lassen sich erklären, wenn man bei der Durchsicht der betreffenden Arbeiten auf die Herstellung der Essigsäureseren näher eingeht. Es zeigt sich nämlich, daß selbst Ripper zwei Vorschriften angibt, wonach Essigsäureseren mit verschiedenem Gehalt an gerinnbarem Eiweiß erhalten werden und daß die Nachprüfer auf genaue Einhaltung der Temperatur und Zeit des Erhitzens kein Gewicht legen, so daß Seren von ganz verschiedenem Gehalt an gerinnbarem Eiweiß zur Bestimmung der Lichtbrechung benutzt wurden. Schon bei normaler Milch beträgt der Unterschied zwischen der Lichtbrechung eines Serums, welches alle albumin- und globulinartigen Stoffe noch enthält und derjenigen eines von gerinnbarem Eiweiß freien Serums 2—3 Refraktometergrade und entspricht daher fast dem Unterschied der von Ripper angegebenen Grenzzahlen; ferner kann, wie oben erörtert wurde, bei pathologisch und physiologisch veränderter Milch der Gehalt an gerinnbarem Eiweiß auf das Vielfache ansteigen, der Milchzucker dagegen zum Teil oder fast ganz verschwinden. Es läßt sich daher voraussehen, daß ein Serum, welches z. B. bei 45 ° hergestellt wurde, ganz normale Werte, dagegen ein Serum einer längere Zeit im Wasserbade erhitzten Milch abnorm niedrige Zahlen liefert, da sich im ersten Fall die durch den niedrigen Milchzuckergehalt erniedrigte Lichtbrechung durch den erhöhten Gehalt an gerinnbarem Eiweiß ausgleichen kann. Ferner ist zu erwarten, daß auch die Werte eines von gerinnbarem Eiweiß freien Serums gelegentlich normale Werte der Lichtbrechung zeigen können, wenn nämlich die Lichtbrechung einerseits durch einen sehr niedrigen Gehalt an Milchzucker, anderseits durch einen erhöhten Gehalt an Mineralbestandteilen, wie er bei pathologisch veränderter Milch oft vorkommt, zu normalen Durchschnittswerten sich ausgleicht. Die Richtigkeit dieser Auffassung wird durch ein Beispiel (S. 91) bestätigt.

In Berücksichtigung dieser Umstände erscheint es zweckmäßig, zur Prüfung auf pathologisch und physiologisch veränderte Milch die Lichtbrechung der Tetraseren I und II und deren Differenz, welche dem gerinnbaren Eiweiß entspricht, zu bestimmen. Es ist nach den vorhergegangenen Erörterungen ohne weiteres ersichtlich, daß sich die Abnormität der Milch meistens schon aus der abnorm hohen Differenz und der relativ niedrigen Lichtbrechung des Tetraserums II ergeben wird. Sollte die letztere innerhalb normaler Werte liegen, so kann der Befund zweckmäßig durch die Messung der Drehung der Polarisationsebene des Lichtes durch das Tetraserum II ergänzt werden. Da nämlich die Mineralstoffe wohl auf die Lichtbrechung, nicht aber auf die optische Drehung einwirken, so hat man in der Lichtbrechung der Hauptsache nach einen Maßstab für Zucker und Mineralstoffe, in der optischen Drehung aber nur für Zucker. Die Abnormität ergibt sich daher aus einem Mißverhältnis zwischen Lichtbrechung und Drehung.

Anwendung der Tetraseren zur quantitativen Bestimmung von Albumin.

Das Essigsäureserum, in dem man nach Hoppe-Seyler[1] die Summe von Albumin und Globulin bestimmt, wird folgendermaßen bereitet: Man verdünnt 20 ccm Milch mit Wasser bis auf 400 ccm, fügt hierzu sehr verdünnte Essigsäure (1 : 100) in einzelnen Tropfen, bis sich eben ein flockiger Niederschlag zeigt, leitet während einer halben Stunde einen Strom von Kohlendioxyd durch die Flüssigkeit und läßt diese dann 12 Stunden ruhig stehen, worauf vom Kasein abfiltriert wird. Es ist zweckmäßig, 3 solcher Proben auf gleiche Weise zu behandeln und von diesen diejenige zur weitern Behandlung zu wählen, in welcher die Flüssigkeit vollkommen klar ist. Nach De Jager[2] leitet man unmittelbar in die verdünnte Milch Kohlendioxyd ein und versetzt die durch den Gasstrom in kräftiger Bewegung erhaltene Flüssigkeit tropfenweise mit Essigsäure, bis plötzliche Gerinnung eintritt.

---

[1] Zeitschr. f. physiol. Chem. **9**, 246 (1884/85); Hoppe-Seylers Handb. der physiolog. und patholog. chem. Analyse, 1909, S. 723.

[2] Jahresberichte d. Tierchem. **25**, 178 (1895).

Das Albumin wird nun nach Hoppe-Seyler dadurch (annähernd!) quantitativ ermittelt, daß man das Serum in einer Porzellanschale einige Minuten im Sieden erhält und nach dem Abfiltrieren und Auswaschen des Niederschlages dessen Stickstoff nach Kjeldahl bestimmt. Nach Sebelien[1] wird das Albumin und Globulin durch Zusatz von Gerbsäure und etwas Magnesiumsalz gefällt und im Niederschlag ebenfalls der Stickstoff nach Kjeldahl bestimmt, wobei etwas mehr Stickstoff gefunden wird, als nach Hoppe-Seyler, was unseres Erachtens auf noch gelöstes Albumin und Globulin im Essigsäureserum, welches beim Neutralisieren und Eindampfen herausfällt, zurückzuführen ist. Neben der quantitativen Bestimmung der Summe von Albumin und Globulin nach Hoppe-Seyler und Sebelien wird zurzeit das Schloßmann-sche[2] Verfahren, nach welchem diese Stoffe in einem mit Kalialaun hergestellten Serum mit Gerbsäure gefällt und wie oben weiter behandelt werden, deshalb mit Vorliebe gebraucht, weil hierbei das zeitraubende Einleiten von Kohlendioxyd überflüssig ist und auch nicht so große Flüssigkeitsmengen zu filtrieren sind[3].

Da nun die Herstellung des Tetraserums I noch einfacher ist als die des Alaunserums, so empfiehlt sich die unmittelbare Verwendung dieses Serums zur quantitativen Bestimmung der Summe von Albumin und Globulin. Auch auf die Differenz der Trockenmassen beider Tetraseren läßt sich eine Bestimmung der Summe von Albumin und Globulin gründen. Wir werden voraussichtlich Gelegenheit finden, später hierauf zurückzukommen.

Anwendung der Tetraseren zur Bestimmung von Milchzucker.

a) **Maß- oder gewichtsanalytische Bestimmungen mit alkalischer Kupferlösung.**

Zur Bestimmung von Milchzucker mit alkalischer Kupferlösung hat man früher fast ausschließlich ein nach Hoppe-Seyler hergestelltes, von Albumin und Globulin zum größten Teil befreites Essigsäureserum, d. h. das Filtrat der oben beschriebenen Eiweißgerinnung benützt. Nach Mercier[4] wird ein solches Serum dadurch gewonnen, daß man 25 ccm Milch mit 200 ccm Wasser versetzt, mit einigen Tropfen Essigsäure im Wasserbade erwärmt, bis das Eiweiß geronnen ist, abkühlt, auf 250 ccm auffüllt und filtriert.

Neben dem Essigsäureserum hat sich dann alsbald ein nach Ritthausen[5] hergestelltes Kupferserum eingebürgert, dessen Herstellung im Verlaufe der Zeit verbessert wurde. Gegenwärtig scheint die Ausführungsform nach Scheibe[6] Anklang gefunden zu haben, wonach mit den Eiweißstoffen auch das Calcium (das den Reduktionswert einer Milchzuckerlösung heruntersetzen soll) ausgefällt wird.

Wenn sich die Angaben von Scheibe bestätigen, so dürfte das Tetraserum II, sofern es vor dem endgültigen Zentrifugieren zur Calciumausfällung noch mit Fluornatrium versetzt wurde, zur Milchzuckerbestimmung ebenso gut geeignet sein, weil die geringen Mengen der in diesem Serum noch gelösten Proteinstoffe nach der für die Milchzuckerbestimmung erforderlichen Verdünnung keine meßbare reduzierende Wirkung ausüben.

Ob ein früher vorgeschlagenes Ammoniumalaunserum nach Gill[7], oder ein nach der französischen amtlichen Methode der Milchzuckerbestimmung mit Alkohol-Essigsäure hergestelltes

---

[1] Zeitschr. f. physiol. Chem. **13**, 143 (1889).
[2] Milchztg. **26**, 169 (1897).
[3] Simon, Ztschr. f. physiolog. Chem. **33**, 498 (1907).
[4] Ref. Milchw. Zentralbl. **1**, 520 (1905).
[5] Journ. f. prakt. Chem. **15**, 329 (1877).
[6] Zeitschr. f. analyt. Chem. **40**, 1 (1901).
[7] Milchztg. **21**, 68 (1892).

oder ein mit Quecksilbersalz gewonnenes Serum [1]), worin der Quecksilberüberschuß wieder entfernt ist, oder ein neuerdings empfohlenes, mit kolloidalem Eisenhydroxyd [2]) oder mit Asaprol [3]) hergestelltes Serum sich besser eignen, als die oben genannten Seren, scheint fraglich zu sein.

b) Refraktometrische Verfahren.

Zur raschen Ermittelung des Milchzuckers in Kuhmilch und aus Kuhmilch bereiteten Milcherzeugnissen hat Wollny [4]) ein den Bedürfnissen der Praxis entsprechendes Schnellverfahren ausgearbeitet, welches auf der Bestimmung der Lichtbrechung des Chlorcalciumserums beruht. Da das Verfahren nur unter der Voraussetzung richtige Werte liefern kann, daß die im Chlorcalciumserum neben Milchzucker noch enthaltenen Stoffe eine gleichbleibende Lichtbrechung zeigen, so können die Ergebnisse von Braun [5]), wonach das Verfahren bei Kuhmilch und bei künstlicher Kindermilch sehr zu empfehlen ist, aber bei Milch anderer Säugetiere, bei Kefir, Kumys und auch bei reinem Milchzucker versagt, nicht überraschen.

Da das Tetraserum II klarer ist als das Chlorcalciumserum und die darin neben Milchzucker enthaltenen Stoffe kleineren Schwankungen unterliegen als im Chlorcalciumserum, so wird es sich lohnen, das Verfahren von Wollny auf das Tetraserum II unter Anwendung des Zeißschen Eintauchrefraktometers zu übertragen.

c) Polarimetrische Verfahren.

Die bisherigen polarimetrischen Verfahren zur Bestimmung des Milchzuckers in der Milch beruhen auf der Voraussetzung, daß in der Milch neben Milchzucker keine andern Kohlenhydrate vorhanden sind, was nach den neusten Untersuchungsergebnissen nach Scheibe [6]) zutreffen soll. Die Verfahren sollen hauptsächlich dazu dienen, um zu praktischen Zwecken, z. B. in synthetischer Kindermilch, den Milchzucker quantitativ zu bestimmen, oder um gewässerte Milch oder pathologisch veränderte Milch auf Grund der Milchzuckermenge nachzuweisen. Für den ersten Zweck dürfte das refraktometrische Verfahren wegen seiner leichtern Ausführbarkeit bei gewöhnlichem Lichte geeigneter sein.

Die Essigsäureseren wurden bisher zu polarimetrischen Messungen nicht vorgeschlagen, weil die bisher hergestellten Essigsäureseren zu wenig durchsichtig waren, um die Drehung des Lichtes scharf zu messen und weil man allgemein bemüht war, hierfür nur Seren herzustellen, aus denen die linksdrehenden Proteinstoffe durch Anwendung von Bleisalzen, Quecksilbersalzen, von komplexen Säuren, Trichloressigsäure, Pikrinsäure, Asaprol usf. vollständig entfernt waren, was bei den von gerinnbarem Eiweiß freien Essigsäureseren nicht völlig zutrifft.

Durch die Anwendung des Tetraserums II, das nach unsern Erfahrungen stets genügend klar war, um die optische Drehung scharf zu messen, ist die erste Schwierigkeit behoben. Die Entfernung sämtlicher Proteinstoffe aber halten wir für den angegebenen Zweck nicht für notwendig, weil nach einigen von uns ausgeführten Versuchen die optische Drehung durch Ausfällung der geringen im Tetraserum II noch enthaltenen Proteinstoffe sich überhaupt nicht ändert. Man kann daher ohne weiteres das Tetraserum II zur polarimetrischen Milchzuckerbestimmung benutzen, wobei die Umrechnung der Drehungsgrade in Milchzuckerprozente überflüssig ist, wenn es sich um den Nachweis von pathologisch oder physiologisch veränderter und gegebenenfalls um gewässerte Milch handelt (vgl. S. 108).

[1]) Guérin, Journ. de Pharm. et. Chim. **27**, 236 (1908); Ref. Chem. Zentralbl. 1908, I, 1427.
[2]) Chem. Ztg. **33**, 927 (1909).
[3]) Zeitschr. f. Unt. d. Nahr.- u. Genußm. **5**, 419 (1902).
[4]) [5]) Milchztg. **29**, 786 (1900).
[6]) Zeitschr. f. analyt. Chem. **40**, 1 (1901).

d) Kolorimetrische Verfahren.

Heymann[1]) beschreibt eine neue (?) Methode zur quantitativen Bestimmung des Milchzuckers, die auf dem Verhalten eines Essigsäureserums, d. n. des darin enthaltenen Milchzuckers zu Natronlauge beruht. Die hierbei erhaltenen Färbungen werden mit solchen in Milchzuckerlösungen von bekanntem Gehalt verglichen. Dasselbe wurde bereits früher von Gscheidlen[2]),
J. Vogel[3]) und Paschutin[4]) versucht. Zur Herstellung des Serums gibt Heymann folgende
Vorschrift: 10 ccm Milch werden mit 3 Tropfen Essigsäure auf 60° erwärmt und vom Kasein
abfiltriert. Zur Entfernung des Albumins und Globulins wird zum Sieden erhitzt und nochmals
filtriert.

Wir glauben ohne weiteres zu demselben Zweck das Tetraserum II empfehlen
zu dürfen.

Anwendung der Tetraseren zur Prüfung auf Zusätze.

a) Rohrzucker, Zuckerkalk, Dextrose, Kochsalz.

Der Nachweis von gewässerter Milch auf Grund der Lichtbrechung oder des
spezifischen Gewichts ist für den Fall erschwert oder unmöglich, wenn der Milch gleichzeitig mit Wasser Rohrzucker, Zuckerkalk, Kochsalz, Dextrose, Dextrin usf. zugesetzt
wurde. Es ist daher unerläßlich, von Zeit zu Zeit Stichproben auf diese Stoffe zu
untersuchen. Die quantitative Bestimmung von Chlor, die zu diesem Zwecke notwendig
ist, kommt außerdem für den Nachweis von pathologisch oder physiologisch veränderter
Milch in Frage.

Haselstein[5]) hat bereits im Jahre 1883 ein Essigsäureserum zum Nachweis von
Dextrin benützt. Nach Salvgado[6]) läßt sich Rohrzucker mit Ammoniummolybdat besser in
einem mit Magnesiumsulfat in der Wärme hergestellten Serum als in Milch nachweisen. Nach
Baier und Neumann[7]) eignet sich hierzu noch besser ein mit Uranylacetat hergestelltes, von
Phosphaten freies Serum. Auf Kalk des Zuckerkalkes wird nach Baier und Neumann in
einem mit Salzsäure hergestellten Serum geprüft. Für den Nachweis von Rohrzucker mit der
Resorcinreaktion empfiehlt Fiehe[8]) ein mit Salzsäure hergestelltes Serum. Rothenfußer[9])
benützt zu demselben Zweck die Diphenylaminreaktion und ein mit ammoniakalischer Bleilösung
hergestelltes Serum, welches sich von andern dadurch vorteilhaft unterscheiden soll, daß es
keinen Milchzucker mehr enthält. Nach Vieth[10]) soll jedoch auch Rohrzucker durch die Bleilösung ausgefällt werden. Anderseits gab nach Eichholz[11]) erhitzte Milch ebenfalls die Reaktion
nach Rothenfußer, was auch wir bestätigen konnten.

Poetschke[12]) verwendet zur maßanalytischen Bestimmung des Chlors nach dem Volhard-
schen Verfahren ein mit Kupfersulfat hergestelltes Serum (25 ccm Milch + 150 ccm Wasser
+ 10 ccm Kupfersulfat [34,639 in 500 ccm Wasser] + 8,8 ccm $^n/_2$ Natronlauge). Koning[13]) bestimmt das Chlor nach der Dichromatmethode in einem Essigsäureserum (50 ccm Milch, einige
Tropfen Essigsäure, Erhitzen auf 65°, Auffüllen auf 100 ccm und Filtrieren).

---

[1]) Hyg. Rundsch. **14**, 105 (1904).
[2]) Arch. f. Physiol. **16**, 131 (1878).
[3]) Arb. f. wissensch. Heilk. **1**, 257 (1861).
[4]) Arch. f. Anat. Phys. u. wissensch. Mediz. 1871, S. 316.
[5]) Chem. techn. Rep. 1883, I, 249.
[6]) Revista di chim. pura e applicata **1**, 498 (1905).
[7]) Zeitschr. f. Unters. d. Nahr.- u. Genußm. **16**, 51 (1908).
[8]) Chem. Ztg. **32**, 1045 (1908).
[9]) Zeitschr. f. Unters. d. Nahr.- u. Genußm. **18**, 135 (1909).
[10]) Jahresber. d. Milchw. Instituts zu Hameln, 1909, S. 23.
[11]) Milchw. Zentralbl. **6**, 536 (1910).
[12]) Journ. of. Ind. and. Engin. Chem. **2**, 210 (1910); Ref. Zeitschr. f. angew. Chem. **36**, 1734 (1910).
[13]) Milchw. Zentralbl. **7**, 13 (1911).

Vorversuche haben ergeben, daß alle diese Stoffe mit dem Tetraserum II in genügender Schärfe sich nachweisen und bestimmen lassen. Zur Ausführung der Ammoniummolybdatreaktion ist jedoch das Tetraserum II wegen seines Gehalts an Phosphaten, zur Ausführung der Diphenylaminreaktion wegen seines Gehaltes an Milchzucker weniger gut geeignet.

b) Konservierungsmittel.

Horn[1] benützt zum Nachweis von Benzoesäure ein Essigsäureserum, welches er konzentriert, mit 40—50 % Alkohol und Ammoniak von den gelösten Eiweißstoffen befreit, um dann die Benzoesäure mit Kupfersulfat zu fällen. Richmond und Miller[2] verfahren einfacher, indem sie das Essigsäureserum mit Äther, Petroläther oder Chloroform extrahieren und die vom Lösungsmittel aufgenommene Säure mit wenig Alkali und Wasser ausschütteln usf. Auch die Salicylsäure wird von Richmond in derselben Weise isoliert.

Soporetti[3] erhitzt 10 ccm Milch mit 3—4 Tropfen Essig auf 60—70° und setzt zur Erkennung der Säure direkt Eisenchlorid zu. Ottolenghi[4] verarbeitet ein Essigsäureserum zur quantitativen Bestimmung von Fluor. Nicolas[5] empfiehlt ein Essigsäureserum zum Nachweis von Formaldehyd mit Amidol.

In allen diesen Fällen läßt sich ein und dasselbe, von gerinnbarem Eiweiß befreite Essigsäureserum benutzen. Für den Nachweis von Benzoesäure und Salicylsäure erschienen die mit Tetrachlorkohlenstoff erhaltenen Seren zunächst nicht geeignet, weil diese Stoffe im Tetrachlorkohlenstoff löslich sind. Es hat sich jedoch gezeigt, daß die Reaktionen im Tetraserum II nicht wesentlich beeinflußt werden.

Von vornherein ist anzunehmen, daß überall, wo mit Mineralsäuren hergestellte Seren zum Nachweis der Konservierungsmittel benutzt werden, gerade so gut oder noch besser die Tetraseren Verwendung finden können, da nämlich der Zweck der Herstellung der Seren darauf hinausläuft, die Milch von den störenden gerinnbaren Eiweißstoffen und von Fett zu befreien. Hierzu ist aber die Essigsäure, welche wegen ihrer geringeren Dissoziation weniger Eiweiß löst als die Mineralsäuren, besser geeignet. An Stelle der durch Mineralsäuren hergestellten Seren empfehlen sich daher die Tetraseren bei der Prüfung auf Hydroperoxyd mit Titan nach Amberg[6], oder mit Chromsäure im Ätherextrakt nach Renard[7], bei der Prüfung von Formaldehyd mit Dimethylanilin nach Jean[8], von Borsäure nach Koning[9] oder Jenkins[10] usf.

Da es zum Nachweis der Benzoesäure und Salicylsäure auf Grund von Ausschüttelungsverfahren nicht notwendig ist, die letzten Reste von Eiweiß aus dem Serum zu entfernen, so halten wir die mittels Alkohol[11], Quecksilber-[12] und Kupfer-

[1]) Zeitschr. f. analyt. Chem. **30**, 732 (1891).

[2]) Analyst. **32**, 144 (1907); Ref. Zeitschr. f. Unters. d. Nahr.- u. Genußm. **16**, II, 255 (1908).

[3]) Boll. Chim. Farm. **47**, 751 (1909); Ref. Chem. Zentralbl. 1909, **I**, 948.

[4]) Atti della R. Accad. dei Fisiocritici **4**, 17 (1905); Ref. Zeitschrift für Unters. der Nahr.- und Genußm. **14**, 364 (1907).

[5]) Compt. rend. **140**, 1123 (1905).

[6]) Journ. of Biol. Chem. **1**, 219 (1906).

[7]) Monit. scientif. **18**, 39, (1904); Ref. Zeitschr. f. Unters. d. Nahr.- u. Genußm. 1905, I, 155.

[8]) Rev. chim. ind. **10**, 33 (1899).

[9]) Analyst **24**, 142 (1899).

[10]) Ber. d. landw. Versuchsst. Connecticut 1901, S. 106; Ref. Zeitschr. f. Unters. d. Nahr.- u. Genußm. **5**, 866 (1902).

[11]) Revis u. Payne, The Analyst **32**, 286, 1907. — Robin, Ann. chim. analyt. appl. **14**, 53 (1909); Ref. Chem. Zentralbl. 1909, I, 1510.

[12]) Girard, Zeitschr. f. analyt. Chem. **22**, 277 (1883).

salzen[1]) hergestellten Seren für entbehrlich. Auch die völlige Abscheidung der Eiweißstoffe durch Alkohol zum Nachweis von Formaldehyd mit Phenylhydrazin im
Alkoholserum[2]) ist durch direkte Anwendung des Tetraserums II zu umgehen.

Zur Prüfung auf Hydroperoxyd auf Grund der Peroxydasenreaktion läßt sich das
Tetraserum I mit demselben Erfolg verwenden, wie das von Rothenfußer zu diesem
Zwecke vorgeschlagene Bleiserum[3]). Auch zum Nachweis von Sulfiten, Phosphiten,
Thiosulfat dürfte sich nach bisherigen Versuchen das Tetraserum I unter Verwendung
der Jodreaktion eignen.

Über die in Angriff genommenen Versuche zum systematischen raschen Nachweis sämtlicher Konservierungsmittel im Tetraserum II werden wir später berichten.

Sonstige Anwendung der Tetraseren.

Schließlich sei noch erwähnt, daß auch Versuche im Gange sind, um mit Hilfe
der Tetraseren oder in Verbindung mit ihrer Herstellung maßanalytisch den Kaseingehalt, die Menge der Alkalien, ferner die von Kohlendioxyd unabhängige Acidität
und den Fettgehalt der Milch zu messen.

Ferner sind Versuche vorgesehen zur Lösung der Frage, ob man nicht Asche
und Phosphate der Asche (maßanalytisch) besser in den Tetraseren bestimmt als
in Milch. Auch wird versucht, das Herstellungsverfahren der Tetraseren für den
Nachweis von Farbstoffen und von geronnenem Albumin nutzbar zu machen.

Nach Jolles[4]) soll der in einem Alaun-Serum enthaltene Stickstoff sehr
konstant und daher zur Prüfung auf Milchwässerung geeignet sein. Da Alaun nur
das Kasein ausfällt, so dürfte hierzu das Tetraserum I ebenso gut verwendbar sein.

Für die direkte Bestimmung der fett- und kaseinfreien Trockenmasse nach
Cornalba[5]) ist das Tetraserum I besser geeignet als das bisher benutzte Essigsäureserum, weil es im Gegensatz zu diesem klar und fettfrei ist.

Da durch eine Reihe von Versuchen, welche in der von Schloßmann geleiteten
Klinik in Düsseldorf ausgeführt wurden[6]), festgestellt wurde, daß die Essigsäure sich
nicht nur zur Herstellung eines das Gesamtalbumin und -globulin enthaltenden Serums
von Kuhmilch, sondern auch für Frauen-, Ziegen-, Eselinnen-Milch am besten
eignet, so läßt sich ohne weiteres erwarten, daß das Tetraserum I auch für diese
Zwecke vorteilhaft verwendet werden kann. Die bisher zur besseren Ausfällung
erforderliche Verdünnung der Milch wird voraussichtlich nicht mehr erforderlich sein.

---

[1]) Breustadt, Zeitschr. f. Unters. d. Nahr.- u. Genußm. 2, 866 (1899). — Philippe,
Mitt. aus d. Geb. Lebensmittelunters. u. Hyg. 2, 377 (1911).

[2]) Zeitschr. f. Unters. d. Nahr.- u. Genußm. 5, 353 (1902).

[3]) Zeitschr. f. Unters. d. Nahr.- u. Genußm. 16, 589 (1909).

[4]) Verh. d. Vers. Deutscher Naturf. u. Ärzte, 1902, II, 92; Ref. Chem. Zentralbl. 1903, II, 853.

[5]) Rev. gén. du Lait 7, 33 u. 56 (1908).

[6]) Engel, Arch. f. Kinderheilkunde 53, Heft 4/6. — Engel, Biochem. Zeitschr. 14,
234 (1908). — Friedheim, Die Stickstoffverteilung in der Kuh-, Ziegen-, Frauen- und Esels-
milch bei Säure- und Labfällung. Dissertation Bern (1909). — Engel, Bioch. Zeitschr. 13,
89 (1908). — Gräfingschulte: Über die Bildung von Acidkasein und über die Methodik
der Kaseinfällung in Frauenmilch. Dissertation Hannover (1911).

Für albuminreiche Milch (Frauen- und Eselinnenmilch) wurde bei diesen Versuchen im Verhältnis mehr Essigsäure angewandt, was bei der Herstellung des Tetraserums I zu berücksichtigen wäre.

Zusammenfassung.

1. Der vorstehend mitgeteilten Arbeit liegt der Gedanke zugrunde, mit Hilfe von nur zwei einwandfreien Milchseren möglichst viele Untersuchungsverfahren der Milch auszuführen und dadurch die zurzeit erforderliche Herstellung einer größeren Anzahl verschiedener Seren zu vermeiden.

2. Auf Grund eingehender Überlegungen und Versuche haben sich zu diesem Zwecke zwei von uns durch Anwendung von Tetrachlorkohlenstoff verbesserte Essigsäureseren als geeignet erwiesen. Diese beiden Seren werden mit Essigsäure und Tetrachlorkohlenstoff durch Zentrifugieren oder rasch vor sich gehendes Filtrieren gewonnen und unterscheiden sich nur im Gehalt an gerinnbarem Eiweiß. Das bei Zimmertemperatur hergestellte Serum (Tetraserum I) enthält noch alle albumin- und globulinartigen Stoffe; das nach dem Erhitzen der Milch im kochenden Wasserbad gewonnene Serum (Tetraserum II) ist frei von gerinnbarem Eiweiß.

Das Herstellungsverfahren liefert bei frischer und älterer Milch (bis zu 16 Säuregraden) immer Seren von derselben Beschaffenheit, ist so einfach und nimmt so wenig Zeit in Anspruch, daß es auch zur Massenkontrolle geeignet ist.

3. Die physikalischen und chemischen Eigenschaften beider Seren sind an einer größeren Reihe von Milchproben eingehend geprüft und mit denen der bisher am häufigsten angewandten Seren verglichen worden. Hieraus ergibt sich, daß die Tetraseren gegenüber den andern zurzeit gebräuchlichen Seren in keiner Weise Nachteile zeigen und sich vor diesen durch einige Eigenschaften (Klarheit, Fettfreiheit, chemische Zusammensetzung) auszeichnen.

4. Die Anwendbarkeit der Seren für die einzelnen Untersuchungszwecke wurde unter kritischer Beleuchtung der bisher gebräuchlichen Verfahren teils experimentell belegt, teils durch die Eigenschaften der Seren begründet. Danach erwiesen sich die beiden Tetraseren für die üblichen Untersuchungen, die am Milchserum vorgenommen werden, gut brauchbar und im allgemeinen allen bisher gebräuchlichen Seren überlegen. Von besonderer Wichtigkeit ist die Feststellung, daß durch die Benützung beider Seren nebeneinander wertvolle neue Unterlagen für die Erkennung erhitzter Milch und physiologisch oder pathologisch veränderter Milch sich ergeben.

Vorliegende Arbeit wurde im chemischen Laboratorium des Kaiserlichen Gesundheitsamtes ausgeführt. Herrn Direktor Dr. Kerp, sowie Herrn Regierungsrat Dr. Auerbach sprechen wir für die Anregungen und für das große Interesse, das sie der Arbeit entgegenbrachten, unsern besten Dank aus.

Berlin, Chem. Laboratorium des Kais. Gesundheitsamtes, Februar 1912.

Nachprüfung einiger wichtiger Verfahren zur Untersuchung des Honigs.

Von

Dr. J. Fiehe und **Dr. Ph. Stegmüller**

wissenschaftlichem Hilfsarbeiter früherem wissenschaftlichen Hilfsarbeiter

im Kaiserlichen Gesundheitsamte.

Gelegentlich der Neubearbeitung der „Vereinbarungen" haben wir die wichtigeren Untersuchungsmethoden für Honig einer kritischen Nachprüfung unterzogen. Hierbei sind außer den „Vereinbarungen" selbst, die von der Freien Vereinigung Deutscher Nahrungsmittelchemiker auf den Jahresversammlungen in Frankfurt a. M.[1] am 10. u. 11. Mai 1907, in Bad Nauheim[2] am 29. u. 30. Mai 1908 und in Heidelberg[3] am 21. u. 22. Mai 1909 gemachten Abänderungsvorschläge und gefaßten Beschlüsse in erster Linie berücksichtigt worden. Daneben wurden aber auch die sich aus der umfangreichen Literatur ergebenden Anregungen verfolgt. Die wichtigsten Arbeiten der letzten 13 Jahre auf diesem Gebiete sind, soweit sie den Verfassern bekannt geworden sind, im Anhang zusammengestellt.

Für die experimentellen Untersuchungen kam es sehr zu statten, daß dem Gesundheitsamte durch Vermittlung des Auswärtigen Amtes zahlreiche Auslandshonige zur Verfügung standen. Diese Honigproben (112), die aus fast sämtlichen wichtigeren Honig produzierenden Ländern stammten, waren durch die Kaiserlichen Deutschen Vertretungen im Auslande beschafft worden und stellten somit ein äußerst wertvolles Material dar. Außer diesen Honigen benutzten wir zu unseren Versuchen eine Reihe von deutschen Honigen, darunter auch Tannenhonige aus dem Schwarzwald und den Vogesen.

Die Ergebnisse unserer kritischen Betrachtungen und experimentellen Untersuchungen sind im folgenden zusammengestellt.

I. Bestimmung des Trockenrückstandes.

Der Bestimmung des Trockenrückstandes im Honig kommt eine besondere Bedeutung zu, weil aus dem Trockenrückstand der Nichtzucker berechnet wird (Differenz

---

[1] Zeitschrift für Untersuchung der Nahrungs- und Genußmittel, 1907, **14**, 17.
[2] „ „ „ „ „ „ „ 1908, **16**, 21.
[3] „ „ „ „ „ „ „ 1909, **18**, 35.

von Trockenrückstand und Gesamtzucker). Dieser stellt ein wichtiges Kriterium für die Reinheit des Honigs dar. Enthält ein Honig weniger als 1,5% Nichtzucker, so schließen wir auf einen Zusatz von künstlichem Invertzucker, Rohrzucker oder Glykose.

Für die Bestimmung des Trockenrückstandes und damit des Wassers sind bisher hauptsächlich zwei Methoden in Betracht gekommen, die gewichtsanalytische Methode und die Berechnung aus der Dichte der wässerigen Honiglösung.

Ferner ist die Ermittelung des Trockenrückstandes aus dem Brechungsindex des Honigs oder der Lösung zu erwähnen. Über die Anwendung dieses Verfahrens bei der Honiganalyse liegen nur wenige Erfahrungen vor. Nach Untersuchungen von Utz[1] stimmen die Werte, welche er aus der Dichte der Honiglösung nach der Tabelle von Windisch berechnete und diejenigen, welche er aus dem Brechungsindex nach der Tabelle von L. Tolman und B. Smith[2] ermittelte, in manchen Fällen nicht genügend überein. Utz empfiehlt daher das Refraktometer auch nur zur Vorprobe und meint, daß vor endgültiger Beanstandung eines Honigs wegen zu hohen Wassergehaltes oder zu geringen Gehalts an Nichtzucker eine gewichtsanalytische Bestimmung erforderlich sei.

Endlich sei noch auf eine von Fabris[3] ausgearbeitete Methode hingewiesen, wonach das Wasser im Honig direkt durch Destillation mit Terpentinöl bestimmt wird.

Bezüglich der Frage, ob die gewichtsanalytische Bestimmung oder aber die Berechnung des Trockenrückstandes aus der Dichte der Honiglösung richtigere Ergebnisse liefert, herrschen Meinungsverschiedenheiten. Racine[4] meint, daß die Bestimmung der Dichte der Honiglösung nicht ausreiche, sondern eine direkte Bestimmung des Trockenrückstandes erforderlich sei, während Grünhut[5] die Ansicht vertrat, daß die gewichtsanalytische Wasserbestimmungsmethode keine genauen Werte ergebe und daher besser fallen gelassen werde.

Hierzu ist folgendes zu bemerken.

Nach den Vorschriften der „Vereinbarungen"[6] wird die gewichtsanalytische Trockensubstanzbestimmung in der Weise vorgenommen, daß der mit Sand und Wasser gemischte Honig zunächst im Wasserbade eingetrocknet und dann am besten im luftverdünnten Raum bei 100° erhitzt wird. Nach den Vorschlägen der „Freien Vereinigung" zur Abänderung des Abschnittes „Honig" der „Vereinbarungen" soll diese Bestimmungsmethode beibehalten werden.

Es liegt nun eine Reihe von Arbeiten vor, aus denen hervorgeht, daß bei der Bestimmung der Trockensubstanz im Honig und im Invertzucker Temperaturen von

[1]) Zeitschr. f. angew. Chemie, 1908, **31**, 1319.
[2]) Journ. Amer. Chem. Soc. 1906, **28**, 1476; Chem. Ztg. Rep. 1907, 13.
[3]) Zeitschr. f. Unters. d. Nahrungs- und Genußmittel, 1911, **22**, 353.
[4]) Zeitschrift für öff. Chemie, 1902, 8, 281.
[5]) Zeitschr. f. Unters. d. Nahrungs- und Genußmittel, 1907, **14**, 17.
[6]) Vereinbarungen zur einheitlichen Untersuchung u. Beurteilung der Nahrungs- und Genußmittel sowie Gebrauchsgegenstände für das Deutsche Reich II, S. 116.

100⁰ und darüber zu vermeiden sind, weil sich bei diesen Temperaturen die Fruktose zersetzt. So erzielten Frank, Th. Shut und Charron[1]) durch Eintrocknen einer Honiglösung auf Sand und Asbest bei Temperaturen von über 70⁰ C kein konstantes Gewicht. Sie schlagen daher ein 24—48stündiges Trocknen bei 65—70⁰ unter Luftverdünnung vor. C. Hoitsema[2]) wendet zum Trocknen des Honigs wegen der leichten Zersetzlichkeit der Fruktose gleichfalls keine höheren Temperaturen an. Er läßt den Honig bis zum konstanten Gewicht einige Wochen im Vakuumexsikkator über Schwefelsäure stehen. Auch T. Thorne und H. Jeffers[3]) halten eine genaue Bestimmung des Trockenrückstandes im Invertzucker durch direktes Eintrocknen ohne besondere Vorsichtsmaßregeln nicht für möglich. Sie trocknen daher den Invertzucker auf Fließpapier im Kohlensäurestrom bei 65—70⁰ und 50—80 mm Druck.

Nach diesen Angaben erschien es von vornherein unwahrscheinlich, daß durch Trocknen des Honigs bei 100⁰ brauchbare und einwandfreie Ergebnisse erhalten werden.

Wir trockneten mehrere Honige bei 100⁰ mit und ohne Anwendung von Vakuum. Die Honige wurden entsprechend den Vorschriften der „Vereinbarungen" mit Sand und Wasser gemischt und zunächst auf dem Wasserbade und dann im Trockenschrank bei 100⁰ erhitzt. Zum Vergleich wurden die gleichen Honige bei 65—70⁰ im Vakuumapparat unter gleichzeitigem Einleiten von getrockneter Luft[4]) bis zum konstanten Gewicht getrocknet. Wie die nachfolgenden Tabellen I u. II zeigen, erhielten wir nach letzterer Methode meist erheblich mehr Trockensubstanz wie bei 100⁰. Auch konnte bei Temperaturen von 100⁰ keine genügende Gewichtskonstanz erzielt werden. Wir waren vielmehr stets im Zweifel, ob das Trocknen als beendet anzusehen sei oder nicht. Diese Unsicherheit fiel dagegen bei Anwendung niederer Temperaturen fort.

Tabelle I. Trockenrückstand von Honig:

a) bei 100⁰ im Soxhlettrockenschrank.
b) bei 65—70⁰ im Vakuumapparat unter Luftdurchleiten.

Trockenzeit	Honig Nr. 9		Honig Nr. 10	
	% Trockenrückstand		% Trockenrückstand	
	bei 100⁰ (Soxhlet)	bei 65—70⁰ (Vakuum)	bei 100⁰ (Soxhlet)	bei 65—70⁰ (Vakuum)
1 Stunde	81,21	—	83,02	—
2 Stunden	80,89	—	82,84	—
3 „	80,51	82,71	82,36	83,83
4 „	80,27	—	—	—
6 „	—	82,66	—	83,74

[1]) Chem. News 1903, **87**, 195 und 210.

[2]) Zeitschr. f. anal. Chemie 1899, **38**, 439.

[3]) Journ. Soc. Chem. Ind. 1898, **17**, 114 und Zeitschr. f. Unters. der Nahrungs- und Genußmittel 1898, **1**, 703.

[4]) Die Methode, welche ein Austrocknen innerhalb 5 Stunden ermöglicht, wird umstehend noch näher beschrieben werden.

Tabelle II. Trockenrückstand von Honig:

a) bei 100° im Vakuumtrockenschrank.

b) bei 65—70° im Vakuumapparat unter Luftdurchleiten.

Trockenzeit	% Trockenrückstand			
	bei 100°		bei 65—70° unter Luftdurchleiten	
	Versuch I	Versuch II	Versuch I	Versuch II
3 Stunden	79,54	79,69	80,01	79,88
6 „	79,17	79,22	79,82	79,82
9 „	79,08	79,12	79,85	—
12 „	78,90	79,07	79,80	—

Wie bereits angeführt, trocknen wir den Honig bei 65—70° unter gleichzeitigem Einleiten von getrockneter Luft in den Vakuumapparat. Dadurch wird die Trockenzeit, welche bei dieser Temperatur sonst 24—48 Stunden beträgt, erheblich abgekürzt. Der schwache Luftstrom nimmt die Wasserdämpfe mit fort.

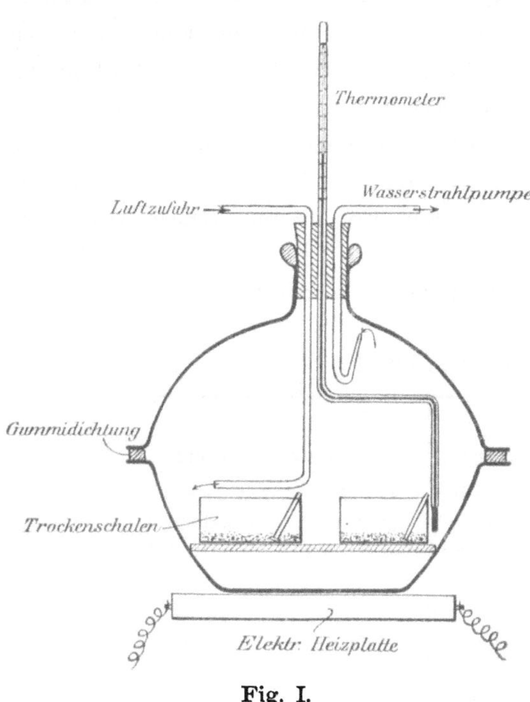

Fig. I.

Der von uns verwendete Trockenapparat (Figur I) besteht aus einem Porzellangefäß von etwa 30 cm Durchmesser und einer dazu passenden Glasglocke, die mit einem dreifach durchbohrten Gummistopfen oben verschlossen ist. Als Dichtung zwischen Schale und Glocke wird ein mit Glyzerin befeuchteter Gummiring verwendet.

Andere Dichtungsmittel z. B. Fett und Harzgemische, erwiesen sich als unzureichend und unzweckmäßig.

Durch den Gummistopfen führen 2 Glasröhren, von welchen die eine für die Zuleitung der getrockneten Luft bestimmt und mit einem System von Schwefelsäureflaschen und Chlorcalciumröhren verbunden ist und die andere zur Wasserstrahlpumpe führt.

In der dritten Öffnung befindet sich ein Thermometer, welches passend gebogen ist, um das Hineinstellen der Trockenschalen in den Apparat nicht zu behindern. Als Wärmequelle wird eine elektrische Heizplatte oder auch eine Asbestplatte mit Bunsenbrenner verwendet. Die Temperatur wird im ersteren Falle durch Einschalten von Widerständen geregelt. Glasschalen von etwa 6 cm Durchmesser und 3 cm Höhe mit eingeschliffenem Deckel dienen als Trockenschalen.

Die Bestimmung des Trockenrückstandes im Honig gestaltet sich demnach folgendermaßen:

Zunächst werden die Schalen mit 10 g ausgeglühtem reinem Quarzsand und einem kleinen Glasstäbchen beschickt und gewogen; dann werden von der 20%igen Honiglösung, die unter Umständen auch zur Bestimmung des spezifischen Gewichtes dienen kann, genau 10 ccm hinzugegeben und das Gemisch auf dem Wasserbade unter Umrühren eingedunstet. Dann bringt man die Schalen in den beschriebenen Vakuumapparat, erwärmt so, daß das Thermometer im Innern dauernd 65—70° zeigt und evakuiert auf etwa 30 mm Druck unter gleichzeitigem Einleiten von getrockneter Luft, deren Zufuhr durch Klemmschrauben geregelt wird. Aus den zahlreichen Untersuchungsergebnissen seien folgende als Beispiel angeführt:

Tabelle III. Trockenrückstand von Honig bei 65—70° im luftverdünnten Raum unter Luftdurchleiten bestimmt.

Trockenzeit	Honig Nr. 72 % Trockenrückstand		Honig Nr. 73 % Trockenrückstand		Honig Nr. 75 % Trockenrückstand		Honig Nr. 78 % Trockenrückstand	
	Versuch I	Versuch II	Versuch I	Versuch II	Versuch I	Versuch II	Versuch I	Versuch II
5 Stunden	79,56	79,54	79,19	79,15	81,60	81,72	80,68	80,55
10 „	79,41	79,47	79,13	79,10	81,44	81,67	80,57	80,50
15 „	79,45	79,46	79,13	79,10	81,45	81,61	—	—
20 „	79,41	79,48	79,14	79,10	81,43	—	—	—

Die Analysenwerte lassen erkennen, daß bereits nach 5 Stunden das Trocknen des Honigs beendet ist. Geringe Gewichts-Ab- oder Zunahmen wurden allerdings bei vielstündigem Trocknen beobachtet. Die Unterschiede sind aber so gering, daß ihnen praktische Bedeutung nicht zukommt.

Für die Berechnung des Trockenrückstandes und des Wassers aus der Dichte der Honiglösung sind zwei Tabellen im Gebrauch:

a) Tafel zur Ermittelung des Zuckergehaltes wässeriger Zuckerlösungen aus der Dichte bei 15° C. Nach der amtlichen Tafel der Kaiserlichen Normal-Eichungskommission berechnet von Dr. K. Windisch[1].

b) Tabelle von Halenke und Möslinger[2].

Während nach den „Vereinbarungen" die Verwendung beider Tabellen nebeneinander zulässig ist, soll nach den Vorschlägen der „Freien Vereinigung" nur die Tabelle von Halenke und Möslinger Verwendung finden. Dieser Vorschlag dürfte darauf zurückzuführen sein, daß die Tabelle von Halenke und Möslinger aus der Untersuchung von Mosten abgeleitet ist, die wie der Honig hauptsächlich Invertzucker enthalten, wohingegen der Tabelle von Windisch die Untersuchung wässeriger Rohrzuckerlösungen zugrunde liegt.

---

[1] Berlin. Verlag von Julius Springer 1896.
[2] Zeitschrift analyt. Chemie 1895, **34**, 270.

Farnsteiner[1]) hat darauf hingewiesen, daß es zweckmäßig sei, für die Bestimmung der Trockensubstanz in Invertzuckerlösungen und Honig die Zuckertabelle von Windisch zu verwenden. Nach der Tabelle von Halenke und Möslinger werde seiner Ansicht nach zu viel Trockensubstanz gefunden. Da bei der Inversion des Rohrzuckers die Dichte der Lösung ebenso erhöht werde wie der Trockenrückstand durch die Umwandlung von Rohrzucker in Glykose und Fruktose, so sei im übrigen die Verwendung einer Rohrzuckertabelle bei Invertzuckerlösungen zulässig. Von Raumer konnte sich dagegen dieser Ansicht nicht anschließen und meinte, daß die amtliche Zuckertabelle nur für Saccharoselösungen Gültigkeit besitze.

Hierzu ist zu bemerken, daß Farnsteiner[2]) bereits früher durch Versuche festgestellt hat, daß gleich konzentrierte Rohrzucker- und Invertzuckerlösungen gleiche spezifische Gewichte besitzen. Auch Beythien und P. Simmich[3]) kommen bei der Nachprüfung der Angaben Farnsteiners zu dem gleichen Ergebnis.

Nach Untersuchungen von Mohr[4]), der die zuverlässigsten Tabellen für die verschiedenen Zuckerarten so umrechnet, daß ein unmittelbarer Vergleich mit der von der Normaleichungskommission bearbeiteten Tabelle für Saccharoselösungen möglich ist, besitzen Saccharoselösungen ein etwas geringeres spezifisches Gewicht als Invertzuckerlösungen gleicher Konzentration. Die Unterschiede sind aber sehr gering

Im Hinblick auf die Ausführungen von Raumers haben wir gleichfalls Versuche ausgeführt, durch welche die Angaben Farnsteiners bestätigt werden konnten.

Es wurden 10 g reiner Rohrzucker in Wasser zu 100 ccm gelöst und aus der Dichte bei 15⁰ C der Zuckergehalt nach der Tabelle von Windisch berechnet[5]). Ferner wurden 10 g Rohrzucker unter Verwendung von 5 ccm Salzsäure vom spezifischen Gewicht 1,188 invertiert und aus der Dichte dieser Lösung (vermindert um die Dichte einer Lösung von 5 ccm Salzsäure in Wasser zu 100 ccm —1) der Zuckergehalt in der gleichen Weise berechnet.

Folgende Werte wurden erhalten:

Tabelle IV. Dichte von Rohrzuckerlösungen vor und nach der Inversion.

Lösung	Dichte der Rohrzuckerlösung bei 15⁰ C d_{15}^{15}	Gehalt an Rohrzucker nach der Tabelle von Windisch	Dichte derselben Lösung nach der Inversion und Korrektur d_{15}^{15}	Gehalt an Zucker nach der Tabelle von Windisch
1	1,03883	10,0406	1,04057	10,501
2	1,03882	10,0404	1,04048	10,474
3	1,03882	10,0404	1,04049	10,478

[1]) Zeitschrift f. Unters. d. Nahrungs- u. Genußmittel 1907, **14**, 17.

[2]) Zeitschrift f. Unters. d. Nahrungs- u. Genußmittel 1904, **8**, 593.

[3]) Zeitschrift f. Unters. d. Nahrungs- u. Genußmittel 1910, **20**, 241.

[4]) Wochenschrift f. Brauerei 1905, **22**, 533, u. Zeitschrift f. Unters. d. Nahrungs- u. Genußmittel 1906, **11**, 522.

[5]) Zum Zwecke des Vergleichs mit der Tabelle von Windisch sind alle Dichtebestimmungen zunächst auf Wasser von 15⁰ bezogen. Weiter unten ist die Umrechnung für die jetzt vorgeschlagene Einheit „Wasser von 4⁰" gegeben.

Aus diesen Ergebnissen geht hervor, daß bei der Inversion von Rohrzucker eine Kontraktion der Lösung und Erhöhung der Dichte stattfindet. Die Erhöhung entspricht der Erhöhung der Trockensubstanz. Während theoretisch aus 10 g Rohrzucker ($C_{12}H_{22}O_{11}$) 10,526 g Invertzucker ($C_6H_{12}O_6 + C_6H_{12}O_6$) erhalten werden sollen, wurde im Mittel 10,48 gefunden; diese geringen Unterschiede sind gegenüber anderen Fehlerquellen, die bei der Berechnung der Trockensubstanz aus der Dichte der Honiglösung in Betracht kommen, belanglos.

Die Verwendung einer Rohrzuckertabelle für die Bestimmung des Trockenrückstandes in Invertzuckerlösungen würde somit zulässig sein. Da es sich aber beim Honig nicht um reine Invertzuckerlösungen, sondern um wechselnde Gemische von Glykose und Fruktose und Nichtzuckerstoffen handelt, so bestand gleichwohl die Möglichkeit, daß nach der Tabelle von Halenke und Möslinger bessere Resultate erzielt würden. Es war daher erforderlich, die durch Trocknen bei 65—70° im luftverdünnten Raume erhaltenen Werte für den Trockenrückstand mit den aus der Dichte der 20%igen Honiglösung nach den zwei Tabellen berechneten Werten zu vergleichen.

Es ergab sich folgendes:

Tabelle V. Trockenrückstand von Honig:

a) gewichtsanalytisch bestimmt,
b) aus der Dichte nach Zucker- und Mosttabellen berechnet.

Nr. des Honigs	Dichte der 20%igen Lösung bei 15° d_{15}^{15}	Trockenrückstand gewichtsanalytisch bei 65—70° %	Trockenrückstand nach der Tabelle von Halenke und Möslinger	Trockenrückstand nach der Tabelle von Windisch
81	1,0634	81,36	83,30	82,20
82	1,0625	80,67	82,10	81,05
83	1,0632	81,50	83,02	81,95
84	1,0631	81,25	82,88	81,80
85	1,0605	77,27	79,45	78,40
86	1,0649	83,49	85,27	84,15
87	1,0647	83,28	85,01	83,90
88	1,0649	83,54	85,27	84,15
89	1,0649	83,66	85,27	84,15
90	1,0662	85,01	86,97	85,85

Aus der Dichte der Honiglösung wurde somit in den angeführten Fällen mehr Trockenrückstand berechnet, als nach dem gewichtsanalytischen Befunde vorhanden war. Die der Tabelle von Windisch entnommenen Werte stimmen aber besser mit den gewichtsanalytischen Befunden überein als die nach der Tabelle von Halenke und Möslinger berechneten. Nach letzterer Tabelle wurde durchweg etwa 2% Trockensubstanz zu viel gefunden.

Schon Windisch[1] hat in seiner Arbeit über die Bestimmung des Extraktes in Most, Süßweinen usw die Ansicht ausgesprochen, daß die von Halenke und Mös-

---

[1] Arbeiten aus dem Kaiserl. Gesundheitsamte 1897, **13**, 77.

linger als trocken angesehenen Mostextrakte noch kleine Mengen Wasser enthalten und daher die Extraktwerte ihrer Tabelle etwas zu hoch seien. Dieser Ansicht kann nur zugestimmt werden. Halenke und Möslinger trocknen den mit Sand gemischten Most über konzentrierter Schwefelsäure im luftverdünnten Raum. Da sowohl die Fruktose wie auch die Glykose befähigt sind, Hydrate zu bilden, so ist mit der Möglichkeit zu rechnen, daß die Wasserabspaltung aus diesen Verbindungen bei gewöhnlicher Temperatur nur langsam vor sich geht und nie vollständig wird. Wir konnten bei Honig- und Invertzuckerlösungen unter den von Halenke und Mös linger gewählten Bedingungen keine völlige Entfernung des Wassers erreichen. Selbst nach 48tägigem Trocknen über Schwefelsäure im luftverdünnten Raume enthielten Invertzucker und Honig noch etwa 2 % Wasser. Dieses würde der Trockensubstanzmenge entsprechen, welche nach der Tabelle von Halenke und Möslinger im Honig zu viel gefunden wird. Die Gewichtsabnahme ging außerordentlich langsam vor sich, obschon nur 2 g Substanz zur Anwendung gelangten und das Austrocknen durch Vermischen mit 10 g Quarzsand erleichtert wurde. Wir erhielten folgende Werte:

Tabelle VI. Gewichtsabnahme von Honig und Zuckerlösungen bei gewöhnlicher Temperatur im Vakuumexsikkator über Schwefelsäure.

Versuch I.

Trockenzeit	Honig Nr. 100 % Wasser	Invertzucker % Wasser
8 Tage	10,47	9,94
16 „	12,50	11,88
24 „	12,87	12,25
32 „	12,92	12,35
40 „	13,05	—
48 „	13,19	—

Versuch II.

Trockenzeit	Honig Nr. 100 % Wasser	Invertzucker % Wasser
8 Tage	10,02	9,76
16 „	12,13	11,79
24 „	12,50	12,02
32 „	12,59	12,12
40 „	12,69	12,24
48 „	12,78	12,39

Im Vakuumapparat bei 65—70° getrocknet, gab derselbe Honig Nr. 100 15,34 % und der Invertzucker 14,70 % Wasser ab.

Die Untersuchungsergebnisse lassen erkennen, mit welchen Schwierigkeiten das völlige Entwässern von Honig- und Invertzuckerlösungen bei gewöhnlicher Temperatur verbunden ist. Da beim Most ähnliche Verhältnisse vorliegen wie beim Honig, so glauben wir, daß auch im Most Halenke und Möslinger keine völlige Entfernung des Wassers erreicht haben. Ihre Tabelle ist jedenfalls für die Trockensubstanzbestimmung im Honig nicht verwendbar. Mit der Tabelle von Windisch werden dagegen bessere Ergebnisse erzielt. Zu genauen Bestimmungen erscheint uns aber nur die gewichtsanalytische Methode geeignet.

Es liegt in der Natur der Sache, daß aus der Dichte der Honiglösung die Trockensubstanz nicht einwandfrei nach einer Zuckertabelle ermittelt werden kann, weil Honig nicht aus reinem Zucker, sondern aus wechselnden Gemischen von Glykose und Fruktose und Nichtzuckerstoffen besteht, welche die Dichte der Lösung nicht gleichmäßig beeinflussen.

Wie aus Tab. VII hervorgeht, deren Werte durchweg auf Doppelbestimmungen beruhen, konnten wir bei Honigen, deren 20%ige Lösungen die gleiche Dichte besaßen, verschieden große Trockenrückstände gewichtsanalytisch ermitteln.

Tabelle VII. Honige mit verschiedenen Trockenrückständen bei gleicher Dichte der 20%igen Lösung.

Nr. des Honigs	Dichte der 20%igen Lösung	Trockenrückstand gewichts-analytisch %	Nr. des Honigs	Dichte der 20%igen Lösung	Trockenrückstand gewichts-analytisch %
28	1,0625	81,53	21	1,0649	83,98
33	„	80,70	42	„	84,11
78	„	80,54	86	„	83,49
82	„	80,67	88	„	83,54
24	1,0626	81,73	89	„	83,66
47	„	80,95	91	„	83,58
68	„	80,47	99	„	83,85
76	„	80,32			
107	„	80,28			
110	„	80,98			

Die Unterschiede der Trockenrückstände bei gleicher Dichte der Lösung erreichen unter Umständen 1,5 %.

Die Berechnung des Trockenrückstandes aus der Dichte der Honiglösung wird daher nur als Vorprobe oder zu annähernden Bestimmungen Verwendung finden können. Unter Umständen wird es hierbei von Vorteil sein, wenn diese Berechnung ohne Benutzung einer Tabelle nach einer bestimmten Formel vorgenommen werden kann. Aus der Menge der angewandten Substanz und der Zunahme der Dichte für 1 g Trockensubstanz auf 100 ccm Flüssigkeit ergibt sich unter Zugrundelegung der Tabelle von Windisch der Prozentgehalt an Trockensubstanz (T) aus der Dichte (d_{15}^{15}) der 20%igen Honiglösung nach folgender Formel:

$$T = \frac{(d_{15}^{15} - 1) \cdot 100}{0,003857 \cdot 20} = \frac{d_{15}^{15} - 1}{0,0007714}$$

Die Zahl 0,003857 gibt die mittlere Zunahme der Dichte einer Zuckerlösung bei Erhöhung der Trockensubstanz um 1,0 g auf 100 ccm an.

Die Brauchbarkeit der Formel ergibt sich aus der nachfolgenden Zusammenstellung:

Tabelle VIII. Berechnung des Trockenrückstandes von Honig aus der Dichte der Lösung.

Honig Nr.	Dichte der 20%igen Honiglösung (20 g : 100 ccm) bei 15° d_{15}^{15}	Trockenrückstand nach der Tabelle von Windisch %	Trockenrückstand nach der Formel: $T = \dfrac{d_{15}^{15} - 1}{0,0007714}$ %
22	1,0639	82,85	82,84
23	1,0623	80,75	80,76
24	1,0626	81,15	81,15
25	1,0619	80,20	80,25
26	1,0629	81,55	81,54

Aus der auf Wasser von 4^0 bezogenen Dichte bei 15^0 d_4^{15} der Honiglösung wird sich der Prozentgehalt des Honigs an Trockensubstanz T nach folgender Formel berechnen:

$$T = \frac{d - 0,99915}{0,000771}$$

Nach Abschluß unserer Versuche ist eine Arbeit von W. Fresenius und L. Grünhut[1]) erschienen, in welcher in eingehender Weise die indirekte Extraktbestimmung zuckerhaltiger Lösungen mit Hilfe der Tafeln von Windisch und von Halenke und Möslinger kritisch geprüft wird.

In Übereinstimmung mit unseren Ergebnissen stellen Fresenius und Grünhut fest, daß die Rohrzuckertafel auch bei der Ermittelung des Extraktgehalts von invertzuckerhaltigen Lösungen ausreichend richtige Ergebnisse liefert. Sie weisen ferner nach, daß die Nichtzuckerstoffe, mit Ausnahme des Eiweißes, bei der Dichtebestimmung invertzuckerhaltiger Lösungen einen erheblichen Fehler in der Richtung bedingen, daß die Rohrzuckertafel gegenüber dem wirklichen Extraktgehalt zu hohe Werte anzeigt. Daher sei zu erwarten, daß bei Extraktbestimmungen im Most mittels der Rohrzuckertafel Werte erhalten werden, die höher sind als der wirkliche Trockengehalt. Da nun die Tafel von Halenke und Möslinger noch höhere Werte liefert, so seien die mit ihrer Hilfe an Mosten gefundenen Extraktgehalte mit großer Wahrscheinlichkeit als zu hoch anzusehen. Es empfehle sich daher, die Benutzung dieser Tabelle in Zukunft aufzugeben und an ihrer Stelle die Rohrzuckertafel von Windisch bei der Mostanalyse allgemein zu gebrauchen.

Setzen wir in diesen Schlußfolgerungen von Fresenius und Grünhut statt „Most" „Honig", so haben wir annähernd das Ergebnis unserer Untersuchungen und Feststellungen.

Neuerdings hat Fabris[2]) den Versuch gemacht, das Wasser im Honig direkt durch Destillation mit Terpentinöl zu bestimmen. Er versetzt 50 g Honig mit 200 ccm Terpentinöl und destilliert von diesem Gemisch aus dem Ölbade 150 ccm ab. Als Vorlage dient ein graduierter Meßzylinder. Das Destillat trennt sich sogleich in 2 Schichten, von denen die obere stets mehr oder weniger emulgiert ist. Aus dieser scheiden sich langsam Wassertröpfchen ab, welche zum Teil an den Wänden des Röhrchens festhaften, so daß sie mit einem Glasstäbchen losgelöst werden müssen. Das abgelesene Volumen soll jedoch etwas zu niedrig sein, weil eine geringe Menge Wasser im Kühler hängen bleibt. Um diesen Fehler auszugleichen, bringt Fabris eine Korrektur von $+$ 0,2 ccm an. Er vergleicht die so erhaltenen Werte mit den aus der direkt ermittelten Trockensubstanz berechneten Wassermengen und findet ziemlich gute Übereinstimmung.

Ein ganz ähnliches Verfahren wurde von Aschmann und J. Arend[3]) beschrieben und für die Bestimmung des Wassers in Butter und Fetten in Vorschlag gebracht. Das Verfahren, welches zuerst von Sjollema bekannt gegeben wurde, besteht in der Destillation des Fettes mit Xylol. Als Vorlage dient eine Trichter-

---

[1]) Zeitschrift f. analytische Chemie 1912, **51**, 23.

[2]) A. a. 0.

[3]) Chemiker-Zeitung 1906, **30**, 953.

röhre mit Geißlerschem Hahn. Die Röhre ist in halbe ccm eingeteilt und der Trichter hat einen Inhalt von etwa 80 ccm. Vor der Destillation wird die Röhre mit Quecksilber gefüllt. Nach der Trennung des Destillates in 2 Schichten wird das Quecksilber soweit abgelassen, daß das Wasser im graduierten Teil der Röhre steht. Das Volumen des Wassers wird bei 15⁰ abgelesen. Als Korrektur für die hängengebliebenen Wassertröpfchen und für den Meniskus wird der abgelesenen Wassermenge 0,1 ccm hinzugerechnet. Wir haben versucht, dieses Xylol-Verfahren bei der Honiguntersuchung anzuwenden. Die wenigen Versuche sind aber nicht gerade ermutigend gewesen. Die Honige bräunten sich und erlitten sichtbar weitgehende Zersetzung; es wurde auch erheblich mehr Wasser gefunden, als nach der gewichtsanalytischen Bestimmung vorhanden war.

Soweit diese Versuche einen Schluß auf das Fabrissche Verfahren mit Terpentinöl zulassen, wird das Verfahren nur unter genauer Einhaltung der vorgeschriebenen Bedingungen brauchbare Ergebnisse liefern. Ein Erhitzen über freier Flamme und ein weiteres Abdestillieren als vorgeschrieben ist, wird unter allen Umständen zu vermeiden sein, um die Zersetzung des Zuckers zu verhüten.

Für genaue Wasserbestimmungen hat Fabris ferner vorgeschlagen, den mit Filtrierpapier aufgesaugten Honig im Luftstrom zu trocknen. Hierbei verfährt er in der Weise, daß er das getränkte Papier in einem U-Rohr unter Durchströmen von trockner Luft zunächst ½ Stunde auf 70⁰ erhitzt und dann die Temperatur allmählich auf 95⁰ steigert. Nach 2½—3 Stunden soll das Wasser vollständig entfernt sein. Die angeführten Untersuchungsergebnisse stimmen gut überein, und das Verfahren, das mit dem unsrigen grundsätzlich übereinstimmt, erscheint einfach und empfehlenswert.

Es hat sich also folgendes ergeben:

1. Nur die gewichtsanalytische Bestimmung ist geeignet, den wahren Trockengehalt des Honigs zu ermitteln. Bei dieser Bestimmung müssen Temperaturen von 100⁰ und darüber vermieden werden. Als zweckmäßig, einfach und sicher hat sich die Trocknung bei 65—70⁰ im luftverdünnten Raum unter Durchleiten von Luft in der näher angegebenen Weise bei zahlreichen Bestimmungen bewährt.

2. Die indirekte Bestimmung des Trockenrückstandes aus der Dichte der Honiglösung ist unsicher, weil Honige von nachweislich erheblich verschiedenem Trockenrückstand Lösungen von gleicher Dichte liefern. Zur annähernden Ermittelung des Trockenrückstandes kann indessen die Dichte der Honiglösung herangezogen werden unter Benutzung der Rohrzuckertabelle von Windisch oder einer entsprechenden Formel; die Tabelle von Halenke und Möslinger kann dabei keine Verwendung finden.

II. Bestimmung der freien Säure.

Nach den „Vereinbarungen" und nach den Vorschlägen der „Freien Vereinigung" soll die freie Säure des Honigs in seiner wässerigen Lösung mit ¹/₁₀ normaler Alkalilauge unter Benutzung von Phenolphthalein als Indikator bestimmt und als Ameisensäure berechnet werden.

Bei der Nachprüfung dieser Methode ließen die erzielten Ergebnisse die erforderliche Übereinstimmung vermissen. Zur Titration von 10 g Honig, in 50 ccm Wasser gelöst, wurden in einem Falle 1,7 ccm, dann 1,9 und 1,98 ccm n/10 Lauge gebraucht. Bei einem zweiten Honig betrugen die bis zur Rotfärbung verbrauchten Mengen Lauge 2,4; 2,7 und 2,5 ccm. Immer wurde die Beobachtung gemacht, daß die Untersuchungsergebnisse außerordentlich von den Versuchsbedingungen, unter denen gearbeitet wird, abhängig sind.

Dies dürfte in erster Linie auf die Anwesenheit von amphoter reagierenden Substanzen, wie Phosphaten und Albuminaten zurückzuführen sein. Auch die Äpfelsäure, deren Vorkommen im Honig feststeht, gibt bei der Titration unter Benutzung von Phenolphthalein keinen genauen Umschlag. Die esterartigen Verbindungen und die Kohlensäure beeinflussen ferner das Untersuchungsergebnis ungünstig. Bei Verwendung von blauviolettem Lackmuspapier oder Azolitminpapier als Indikator wurden dagegen gut übereinstimmende Werte erzielt. Die Titration ist als beendet anzusehen, wenn ein Tropfen der Lösung keine Rötung des Papiers mehr hervorruft. Die Punkte, bei denen blaues Lackmuspapier nicht mehr gerötet wird und rotes Lackmuspapier gebläut wird, liegen beim Honig erheblich auseinander. So rötete eine Honiglösung (10 g Honig und 50 ccm Wasser) nach Zusatz von 1,3 ccm n/10 KOH blaues Lackmuspapier nicht mehr und erst nach allmählichem Zusatz von weiteren 1,7 ccm n/10 Lauge wurde rotes Lackmuspapier gebläut. Diese Erscheinung ist auf die erwähnten amphoter reagierenden Substanzen des Honigs zurückzuführen.

Bezüglich der Berechnung der Säure ist zu bemerken, daß nach Untersuchungen von Farnsteiner[1]), Heiduschka[2]) und anderen größere Ameisensäuremengen im Honig nicht vorkommen. Die Hauptmenge der Säure besteht nach den Versuchen Heiduschkas aus Äpfelsäure und Milchsäure. Es dürfte daher angebracht sein, entsprechend dem Vorschlage Farnsteiners die Säure des Honigs nicht als Ameisensäure sondern als Äpfelsäure oder Milchsäure anzugeben. Vorteilhafter erscheint es, die Säuremenge in Milligramm-Äquivalenten (= Kubikzentimeter Normal-Lauge) für 100 g Honig auszudrücken.

III. Bestimmung der Asche, der Phosphate und der Alkalität der Asche.

Die „Vereinbarungen" lassen die Aschenbestimmung mit einer beliebig großen Honigmenge vornehmen. Nach den Vorschlägen der „Freien Vereinigung" sollen dagegen mindestens 10 g Honig zur Anwendung gelangen. Diesem Vorschlag kann im Hinblick auf den meist sehr geringen Aschengehalt der Honige nur zugestimmt werden.

Bezüglich der Durchführung der Veraschung ist zu bemerken, daß es zur Erzielung genauer Ergebnisse erforderlich ist, die Kohle vor dem völligen Weißbrennen wiederholt mit Wasser auszuziehen. Versäumt man diese Vorsicht, so werden durch die Einwirkung der Kohle auf die kohlensauren Alkalien Verluste entstehen. Die Anwendung des Auslaugeverfahrens ist daher unbedingt erforderlich.

Mit der Bestimmung der Asche kann in einfacher Weise die Bestimmung der Alkalität und der Phosphate verbunden werden. Die Bestimmung der Phosphate im

---

[1]) Zeitschr. f. Unters. d. Nahr. u. Genußm. 1908, **15**, 598.
[2]) Pharmaz. Zentralhalle 1911, **40**, 1051.

Honig wird verhältnismäßig selten ausgeführt, was wohl seinen Grund darin haben mag, daß die Bestimmungsmethode nach dem Molybdänverfahren ziemlich umständlich und zeitraubend ist.

Nun läßt sich aber das bekannte acidimetrische Titrationsverfahren der Phosphorsäure sehr gut auf die Untersuchung der Honigasche anwenden, besonders wenn man sich dabei des von Bongartz[1]) empfohlenen Kunstgriffes des Zusatzes von Calciumchlorid bedient.

Das Verfahren gründet sich auf die verschiedeu starke Säurenatur der 3 H-Ionen der dreibasischen Phosphorsäure. Bei der Titration von Phosphorsäure mit Alkali wird der Neutralitätspunkt von Methylorange erreicht, wenn das erste H-Ion, und sehr annähernd derjenige von Phenolphthalein, wenn das zweite H-Ion abgesättigt ist. Die Differenz zwischen dem Umschlag von Methylorange und Phenolphthalein entspricht also einem Äquivalent (= $\frac{1}{3}$ Mol.) der Phosphorsäure. Bei Gegenwart von Calciumsalzen können aber Störungen durch Ausfällung von mehr oder weniger Calciumphosphat eintreten. Um diese auszuschließen, wird nach der Erreichung des Methylorangeumschlages überschüssiges Calciumchlorid zugefügt, wodurch nach der Gleichung:

$$2\,NaH_2PO_4 + 3\,CaCl_2 \rightarrow Ca_3(PO_4)_2 + 4\,HCl + 2\,NaCl$$

oder $\qquad 2\,H_2PO_4' + 3\,Ca\cdot\cdot \rightarrow Ca_3(PO_4)_2 + 4\,H\cdot$

das zweite und dritte H-Ion der Phosphorsäure in titrierbare Form übergeführt werden. Titriert man also nach Zufügung der Calciumchloridlösung bis zur Rötung von Phenolphthalein, so entspricht von der verbrauchten Lauge

$$1\,NaOH = \tfrac{1}{2}\,PO_4 \;(\text{oder } \tfrac{1}{4}\,P_2O_5)$$

also 1 ccm Normallauge = 0,0475 g PO_4 (oder 0,0355 g P_2O_5).

Wir prüften die Brauchbarkeit dieses Verfahrens zunächst an reinen Lösungen von Natriumphosphat nach. Es wurden Lösungen mit bekanntem Phosphatgehalt (1—10 mg P_2O_5 jeweils in 10 ccm) mit etwa 10 ccm $\frac{1}{10}$ n HCl versetzt und zur Vertreibung etwa vorhandener Kohlensäure ungefähr 10 Minuten gekocht, abgekühlt und mit Alkalilauge gegen Methylorange neutralisiert. Alsdann setzten wir 2 ccm 10%ige Calciumchloridlösung hinzu und titrierten gegen Phenolphthalein bis zur ersten nicht wieder verschwindenden Rotfärbung.

Die Phosphorsäure wurde in der von uns verwendeten Lösung von Natriumphosphat zunächst nach der gewichtsanalytischen Methode von Woy[2]) als 24 $MoO_3 \cdot P_2O_5$ und nach dem gewöhnlichen Verfahren als $Mg_2P_2O_7$ bestimmt. Es ergaben sich folgende Werte:

Tabelle IX. Gewichtsanalytisch ermittelte Mengen Phosphorsäure in reiner Phosphatlösung.

Probe	In 10 ccm der Lösung waren P_2O_5	
	als 24 $MoO_3 \cdot P_2O_5$ gewogen	als $Mg_2P_2O_7$ gewogen
1	10,2 mg	9,91 mg
2	9,98 „	9,91 „

[1]) Arch. Pharm. 1885, **22**, 846.
[2]) Treadwell, Quantitative Analyse 1903 II. S. 301.

Für die acidimetrische Bestimmung wurden 10 ccm, 5 ccm und 1 ccm dieser Lösung benutzt. Bei Anwendung von 5 ccm und 1 ccm wurde durch Zusatz der entsprechenden Menge Wasser auf 10 ccm aufgefüllt.

Tabelle X. Acidimetrisch ermittelte Mengen Phosphorsäure in reinen Phosphatlösungen.

Angewandte Menge P_2O_5	Verbrauchte Menge 0,1 n NaOH	Gefundene Menge P_2O_5
10 mg	2,76 ccm	9,80 mg
10 „	2,76 „	9,80 „
10 „	2,79 „	9,90 „
10 „	2,82 „	10,01 „
5 „	1,43 „	5,07 „
5 „	1,42 „	5,07 „
5 „	1,44 „	5,09 „
5 „	1,42 „	5,07 „
	verbrauchte Menge 0,01 n NaOH	
1 „	3,21 ccm	1,11 „
1 „	3,00 „	1,06 „
1 „	3,43 „	1,21 „
1 „	3,21 „	1,11 „

Die acidimetrische Phosphorsäurebestimmung gibt also bei reinen Lösungen hinreichend übereinstimmende Werte mit den gewichtsanalytisch gefundenen Phosphatmengen.

Um bei der Analyse der Honigasche die acidimetrisch ermittelte Phosphorsäure mit Hilfe einer gewichtsanalytischen Methode kontrollieren zu können, wurde versucht, die geringen Phosphorsäuremengen nach der titrimetrischen Bestimmung in der gleichen Lösung mit Ammoniummolybdat $(NH_4)_2 MoO_4$ zu fällen und entweder nach Woy[1]) oder als $Mg_2P_2O_7$ zu bestimmen. Da bei der Molybdänmethode die Anwesenheit von Chloriden störend ist, wurde das Calciumphosphat $(Ca_3(PO_4)_2)$, welches bei der Titration ausfällt, abfiltriert. Zur Erzielung einer vollständigen und grobkörnigen Ausscheidung gaben wir nach Beendigung der Titration noch einige ccm 0,1 n-Natronlauge hinzu und ließen etwa 12 Stunden stehen. Der Niederschlag wurde auf einem möglichst kleinen Filterchen gesammelt, mit einigen Tropfen Ammoniakwasser ausgewaschen und in möglichst wenig verdünnter Salpetersäure (einige Tropfen genügen) gelöst. Die Fällung mit Ammoniummolybdat wurde nun genau nach der Vorschrift von Woy ausgeführt. Nach mehrstündigem Stehen wurde das Ammoniumphosphormolybdat dekantiert und mit 50 ccm heißer Waschflüssigkeit ausgewaschen. Sollte die Phosphorsäure als Phosphormolybdänsäureanhydrid bestimmt werden, so wurde der ausgewaschene Niederschlag in 5 ccm 8 %igem Ammoniak gelöst und zu dieser Lösung 10 ccm Wasser, 20 ccm Ammoniumnitratlösung, 1 ccm Ammoniummolybdat hinzugegeben, dann erhitzt und tropfenweise 10 ccm heiße 25 %ige Salpetersäure

---

[1]) **Treadwell**, Quantitative Analyse 1903 II. S. 302.

hinzugesetzt. Nach mehrstündigem Stehen sammelten wir den Niederschlag auf einem Goochtiegel und glühten ihn nach der von Woy angegebenen Methode.

Bei der Bestimmung der Phosphorsäure als Magnesiumpyrophosphat wurde der Ammoniumphosphormolybdatniederschlag in möglichst wenig warmem $2^{1}/_{2}\,{}^{0}/_{0}$igem Ammoniakwasser gelöst, dann tropfenweise verdünnte Salzsäure hinzugegeben, bis sich der entstehende gelbe Niederschlag langsam wieder löste. Alsdann wurde etwa 1 ccm Magnesiamixtur und $^{1}/_{3}$ des Flüssigkeitsvolumens starkes Ammoniak hinzugegeben und 12 Stunden stehen gelassen. Die weitere Ausführung fand in der bekannten Weise statt.

Zunächst wurden die in der Tabelle X angeführten Ergebnisse auf diese Weise (Wägung als $24\ MoO_3 \cdot P_2O_5$) kontrolliert. Es wurden folgende Werte erhalten:

Tabelle XI. Gewichtsanalytisch ermittelte Mengen Phosphorsäure in reinen Phosphatlösungen.

Angewandte Menge P_2O_5 in der Phosphatlösung	Gefundene Menge P_2O_5 berechnet aus $24\ MoO_3 \cdot P_2O_5$	Angewandte Menge P_2O_5 in der Phosphatlösung	Gefundene Menge P_2O_5 berechnet aus $24\ MoO_3 \cdot P_2O_5$
10 mg	10,16 mg	5 mg	5,14 mg
10 „	10,18 „	5 „	4,86 „
10 „	10,02 „	1 „	0,83 „
10 „	10,28 „	1 „	0,70 „
5 „	5,12 „	1 „	0,89 „
5 „	4,70 „	1 „	1,02 „

Durch diese Versuche dürfte bewiesen sein, daß das von uns angewandte Kontrollverfahren einwandfrei ist.

Wir ermittelten nun in der gleichen Weise in mehreren Honigaschen zunächst die Phosphorsäure acidimetrisch und dann gewichtsanalytisch. Um etwa gebildete Pyrophosphate zu hydrolysieren d. h. in Orthophosphate überzuführen, wurde die Honigasche zunächst mit Salzsäure eingedampft und dann in der anfangs beschriebenen Weise weiter behandelt. Folgende Werte wurden erhalten:

Tabelle XII. Acidimetrisch und gewichtsanalytisch ermittelte Mengen Phosphorsäure in der Honigasche.

Honig Nr.	Angewandte Menge	Acidimetrisch P_2O_5	Gewichtsanalytisch P_2O_5
114	20 g	13,7 mg	13,6 mg
111	20 „	3,6 „	2,8 „
106	20 „	1,8 „	1,8 „
106	20 „	1,7 „	1,9 „
105	10 „	1,3 „	1,1 „
103	10 „	1,1 „	0,8 „
100	10 „	1,1 „	0,9 „
100	10 „	1,3 „	1,4 „
98	20 „	1,8 „	1,7 „

Die Brauchbarkeit der acidimetrischen Phosphorsäurebestimmung in der Honig-asche geht aus diesen Analysenergebnissen hervor.

Nach Literaturangaben[1]) sollen nun bei der Veraschung pflanzlicher Stoffe die Phosphate durch die glühende Kohle zum Teil zu Phosphor oder Phosphorwasserstoff reduziert werden und so erhebliche Verluste entstehen.

Zur Nachprüfung dieser Angaben versetzten wir 20 g und 10 g Saccharose[2]) mit 10 ccm einer Natriumphosphatlösung, die nach der titrimetrischen Bestimmung 9,58 mg P_2O_5 enthielt. Es wurde nun unter Anwendung des Auslaugeverfahrens verascht und in der Asche die Phosphorsäure wieder titrimetrisch ermittelt.

Tabelle XIII. Acidimetrisch ermittelte Mengen Phosphorsäure
in der Asche von Zuckerlösungen.

Angewandte Menge Rohrzucker	P_2O_5 in der zugesetzten Phosphatlösung	Verbrauchte Menge 0,1 n NaOH	Gefundene Menge P_2O_5
20 g	9,58 mg	2,6 ccm	9,23 mg
20 „	9,58 „	2,7 „	9,58 „
10 „	9,58 „	2,6 „	9,23 „
10 „	9,58 „	2,55 „	9,05 „

Ein Verlust von Phosphorsäure konnte somit nicht festgestellt werden. Da mit der Möglichkeit gerechnet werden mußte, daß vielleicht bei einem unlöslichen Phosphat, welches beim Auslaugen der Kohle nicht entzogen wird, doch Verluste infolge der intensiveren Einwirkung der glühenden Kohle eintreten könnten, so wurde auch unter gleichzeitigem Zusatz von Calciumchlorid verascht, wobei folgende Werte an P_2O_5 erhalten wurden:

Tabelle XIV. Acidimetrisch ermittelte Mengen Phosphorsäure in der
Asche von Zuckerlösungen.

Angewandte Menge Rohrzucker	P_2O_5 in der zugesetzten Phosphatlösung	Zugesetzte Menge 10%iger Calcium-choridlösung	Verbrauchte Menge 0,1 n NaOH	Gefundene Menge P_2O_5
20 g	9,58 mg	0,5 ccm	2,65 ccm	9,40 mg
20 „	9,58 „	0,5 „	2,75 „	9,76 „
10 „	9,58 „	0,5 „	2,62 „	9,30 „
10 „	9,58 „	0,5 „	2,80 „	9,94 „
10 „	47,7 „	1,0 „	13,48 „	47,85 „
10 „	47,7 „	1,0 „	13,32 „	47,29 „

Auch in diesen Fällen war somit keine Reduktion der Phosphorsäure zu Phosphor oder Phosphorwasserstoff bewirkt worden.

Um festzustellen, ob sich Honige, die doch vermutlich organische Phosphorver-

[1]) Fleurent u. Levi, Compt. rend. 1911, **152**, 715.
[2]) 20 g Saccharose enthielten 0,0020 g Asche. Phosphorsäure **war in der Asche nur in Spuren** vorhanden, die einer quantitativen Bestimmung nicht mehr zugänglich waren.

bindungen enthalten, anders verhalten, wurden 2 Honigproben in gewöhnlicher Weise verascht und Proben der gleichen Honige unter Zusatz eines Oxydationsmittels (Schwefelsäure und Salpetersäure) zerstört, um etwaige Reduktion der Phosphorsäure zu verhindern.

Es ergaben sich folgende Werte:

Tabelle XV. Acidimetrisch ermittelte Mengen Phosphorsäure in Honigen, die nach zwei verschiedenen Methoden verascht wurden.

Angewandte Menge Honig	Gefundene Menge P_2O_5 bei der gewöhnlichen Veraschung	Gefundene Menge P_2O_5 bei der Zerstörung mit Salpetersäure und Schwefelsäure
20 g	2,6 mg	2,4 mg
20 „	3,1 „	3,0 „

Auch aus diesen Versuchen geht hervor, daß Verluste an Phosphorsäure, bedingt durch Reduktion zu Phosphor oder Phosphorwasserstoff, beim Honig nicht zu befürchten sind.

Mit der acidimetrischen Bestimmung der Phosphorsäure läßt sich die Bestimmung der Alkalität der Asche in einfacher Weise verbinden.

Der Gang der Bestimmung wäre dann folgender:

Die gewogene Asche wird mit 10 oder 20 ccm 0,1 n HCl versetzt, über freier Flamme bis zum beginnenden Sieden erhitzt und die überschüssige Salzsäure mit 0,1 n Natronlauge unter Verwendung von blauviolettem Lackmus- oder Azolitminpapier zurücktitriert. Um möglichst wenig Verluste zu erleiden, wird zum Tüpfeln ein zugespitzter Glasstab verwendet und die auf dem Papier befindliche Lösung wieder in das Gefäß zurückgespült. (Das Azolitminpapier hat sich bei dieser Bestimmung besonders bewährt. Beim Auftupfen entsteht ein kleiner Kreis, innerhalb dessen das Papier von der Flüssigkeit durchtränkt ist. In der Mitte des Kreises tritt die Farbenänderung ein, die sehr leicht erkennbar ist.) Dann gibt man etwa 10 ccm 0,1 n HCl hinzu und spült die Flüssigkeit in ein Erlenmeyerkölbchen. Man erhitzt nun etwa $^1/_2$ Stunde lang in zugedecktem Kölbchen auf dem Wasserbade, läßt erkalten, gibt 1 Tropfen Methylorange hinzu und titriert bis zur zwiebelroten Farbennuance. Dann setzt man 2 ccm 10%iger Calciumchloridlösung und 4—5 Tropfen Phenolphthaleinlösung hinzu und titriert zu Ende.

Besser erscheint es uns noch, als „Alkalität der Asche" diejenige Menge Alkali zu verstehen, die unter Verwendung von Methylorange als Indikator (nach der Hydrolyse des etwa gebildeten Pyrophosphats durch Erhitzen auf dem Wasserbade mit verdünnter Salzsäure im bedeckten Erlenmeyerkölbchen) ermittelt wird. Die Alkalität der Asche ist ein rein konventioneller Begriff, der außer den Oxyden und Carbonaten noch einen Teil des an die Phosphorsäure gebundenen Alkalis umfaßt Dieser Teil ist bei Methylorange aber sicherer definiert als beim Lackmus- oder Azolitminpapier.

Schließt man sich dieser Definition an (was um so unbedenklicher ist, als größeres statistisches Material über Alkalität von Honigaschen nicht vorliegt), so gestaltet sich die Bestimmung der Alkalität und der Phosphate der Asche noch erheblich einfacher.

Die gewogene Asche wird mit 10 oder 20 ccm 0,1 n HCl und Wasser in ein Kölbchen aus Jenaer Geräteglas gespült und eine Stunde bei bedecktem Kölbchen auf dem siedenden Wasserbade erwärmt[1]). Nach dem Erkalten gibt man 1 Tropfen Methylorange hinzu und titriert mit 0,1 n Lauge bis zur Übergangsfarbe. Dann setzt man 2 ccm 10%iger neutraler Calciumchloridlösung und 4—5 Tropfen Phenolphthalein hinzu und titriert weiter bis zur ersten bleibenden Rötung.

Auch für andere Nahrungs- und Genußmittel (Wein, Fruchtsäfte usw.) wird die Bestimmung der Phosphorsäure und der Alkalität der Asche in dieser oder ähnlicher Form anwendbar sein und voraussichtlich gute Dienste leisten.

IV. Bestimmung des direkt reduzierenden Zuckers.

Eine Änderung der in den „Vereinbarungen" aufgeführten Bestimmungsmethode des direkt reduzierenden Zuckers im Honig ist bisher nicht vorgeschlagen worden. In den „Vereinbarungen" ist vorgesehen, daß der direkt reduzierende Zucker mit Fehlingscher Lösung gewichtsanalytisch unter Benutzung der Invertzuckertabelle bestimmt wird. (Vergl. Vereinbarungen Heft 1 S. 9.)

Hierzu ist zu bemerken, daß die Werte, welche bei der Zuckerbestimmung mittels Fehlingscher Lösung erhalten werden, außerordentlich von den Versuchsbedingungen, unter denen gearbeitet wird, abhängig sind. Die Festsetzung einer genauen Vorschrift für die Invertzuckerbestimmung im Honig erscheint daher durchaus wünschenswert. Diese Vorschrift könnte den Ausführungsbestimmungen zum Zuckersteuergesetz vom 27. Mai 1896[2]) entnommen werden und würde nach entsprechender Abänderung etwa folgenden Wortlaut erhalten: „50 ccm einer etwa 0,4%igen Honiglösung werden mit 50 ccm Fehlingscher Lösung in einem etwa 300 ccm fassenden Erlenmeyerschen Kolben zum Sieden erhitzt. Das Anwärmen der Flüssigkeit soll möglichst rasch unter Benutzung eines Dreibrenners, eines Drahtnetzes und einer darübergelegten Astbestpappe mit kreisförmigem Ausschnitt geschehen und $3^{1}/_{2}$ — 4 Minuten in Anspruch nehmen; sobald die Flüssigkeit kräftig siedet, wird der Dreibrenner mit einem Einbrenner vertauscht und die Flüssigkeit genau 2 Minuten im Sieden erhalten. Nach Ablauf der Kochdauer wird die Flüssigkeit in dem Kolben sofort mit der gleichen Raummenge luftfreien kalten Wassers verdünnt und durch ein gewogenes Astbestfilterröhrchen filtriert. Das ausgewaschene Kupferoxydul ist als Kupferoxyd oder Kupfer zur Wägung zu bringen und mit den für Invertzucker geltenden Reduktionsfaktoren auf Zucker umzurechnen".

---

[1]) Da sich bei unseren weiteren Versuchen die Honigasche stets als carbonathaltig erwiesen hat und somit die Möglichkeit der Pyrophosphatbildung nicht besteht, so kann das Erwärmen auf dem Wasserbade auf etwa 5 Minuten abgekürzt werden.

[2]) Zentralbl. f. d. Deutsche Reich 1903, 284.

Bezüglich der in dieser Vorschrift vorgesehenen Wägungsform des Kupfers als CuO hat schon Farnsteiner[1]) festgestellt, daß es nicht erforderlich ist, das ausgeschiedene Kupferoxydul zu metallischem Kupfer zu reduzieren. Das Kupferoxydul kann vielmehr nach der Oxydation zu Kupferoxyd als solches zur Wägung gebracht werden. Auch Bolm[2]) fand, daß die aus dem Kupferoxyd berechnete Menge Kupfer mit dem durch Reduktion des Oxydes erhaltenen metallischen Kupfer genügend übereinstimmt. Bolm rechnet daher das gefundene Kupferoxyd mit dem Faktor 0,799 (Cu = 63,6 O = 16,0) auf Cu um und ermittelt dann in der üblichen Weise den Invertzucker.

Wir stellten über diesen Punkt gleichfalls einige Versuche an, welche hauptsächlich den Zweck verfolgten, die Bedingungen, unter denen die Bestimmung des Kupferoxyds vorgenommen werden muß, festzustellen. Es ergab sich, daß es erforderlich ist, die Oxydierung des Kupferoxyduls zu Oxyd unter Durchleiten eines kräftigen Luftstromes vorzunehmen, und zwar so, daß die Masse in lebhaftes Glühen gerät. Versäumt man diese Vorsicht, so werden stark voneinander abweichende Werte erhalten.

In der nachfolgenden Tabelle sind die durch Wägung ermittelten Kupfer- und Kupferoxydmengen mit den aus dem Kupferoxyd durch Umrechnung mit dem Faktor 0,7989 (Cu = 63,57 O = 16,0) erhaltenen Kupfermengen verglichen. Die Werte stimmen gut miteinander überein; die Wägeform des Kupfers als CuO bei der Honiganalyse dürfte daher einwandfrei sein.

Tabelle XVI. Gewogene und aus Kupferoxyd berechnete Kupfermengen bei der Reduktion Fehlingscher Lösung durch Honig.

	1	2	3
	gewogen		berechnet
Nr.	CuO	Cu	Cu = 0,7989 · CuO
	g	g	g
1	0,4110	0,3280	0,3283
2	0,4082	0,3257	0,3261
3	0,4135	0,3302	0,3303
4	0,4283	0,3419	0,3422
5	0,4251	0,3400	0,3396
6	0,4182	0,3338	0,3340
7	0,4158	0,3321	0,3321
8	0,4153	0,3312	0,3317
9	0,4313	0,3445	0,3445
10	0,4322	0,3452	0,3452

V. Bestimmung des Rohrzuckers.

Im allgemeinen wird der Rohrzucker für seine Bestimmung zuerst invertiert.

Die Inversion im Honig ist nach den bisherigen Vorschriften der „Vereinbarungen" mit Hefeinvertin vorgenommen worden. Von der „Freien Vereinigung"

[1]) Forschungsber. über Lebensmittel 1895, 2, 235.
[2]) Zeitschr. f. Unters. d. Nahr.- u. Genußmittel 1899, 2, 689.

ist vorgeschlagen worden, die Inversion mit Salzsäure nach der Vorschrift von Herzfeld durchzuführen. Nach dieser Vorschrift werden 10 g Honig mit Wasser zu 75 ccm gelöst, mit 5 ccm Salzsäure vom spezifischen Gewicht 1,188 versetzt und in einem Wasserbade innerhalb 2—3 Minuten auf 67—70° erwärmt. Auf dieser Temperatur wird der Kolbeninhalt noch 5 Minuten unter häufigem Umschütteln gehalten; dann wird abgekühlt und auf 100 ccm aufgefüllt. Dieser Vorschlag dürfte darauf zurückzuführen sein, daß der Vorgang der Inversion des Rohrzuckers mit Hefeinvertin noch nicht genügend geklärt ist. Auch bereitet es Schwierigkeiten, ein Invertin von stets gleicher enzymatischer Wirkung herzustellen, da es noch nicht gelungen ist, Invertin in genügender Weise von den anhaftenden Substanzen zu trennen. So sollen nach Angaben von Wroblewski und Salkowski[1]) die Invertinpräparate des Handels Mannane und Pentosane enthalten. Ferner sind in Invertinpräparaten Dextrin verzuckernde Fermente festgestellt worden. Eine Verwendung derartiger Präparate bei der Honiganalyse ist naturgemäß von vornherein ausgeschlossen.

Für die Beantwortung der Frage, ob die Inversion des Rohrzuckers mit Salzsäure im Honig richtige Ergebnisse liefert, wird das Verhalten der Kohlehydrate des Honigs gegenüber Salzsäure entscheidend sein.

Es scheint festzustehen, daß die Glykose bei der Inversion des Rohrzuckers nach Herzfeld unverändert bleibt. Ebenso dürfte die weit empfindlichere Fruktose bei genauer Einhaltung der Versuchsbedingungen nicht in erheblichem Maße zerstört werden. Die Maltose, deren Vorkommen im Honig von einigen Forschern angenommen wird, bleibt nach Angaben von Grünhut und Rüber[2]) bei der Rohrzuckerinversion durch Salzsäure unangegriffen.

Das Verhalten der Honigdextrine gegen Salzsäure ist dagegen sehr verschieden. Nach Untersuchungen von Hilger und Wolff[3]) kommen im Honig Dextrine von wechselnder Zusammensetzung vor. Die einen stehen dem Zucker und die anderen der Stärke näher. Gegen Säuren verhalten sie sich ungleichmäßig. Die Dextrine, die dem Zucker näher stehen, werden leichter hydrolysiert als die Dextrine mit typischem Dextrincharakter. So erwies sich ein Honigdextrin von der spezifischen Drehung $[\alpha]_D = + 157°$ gegen schwächere Säuren äußerst widerstandsfähig, während die Dextrine mit $[\alpha]_D = + 131,28°$, $[\alpha]_D = + 125,59°$ und $[\alpha]_D = + 119°$ durch schwache Säuren leichter hydrolysiert wurden. Es besteht somit die Möglichkeit, daß bei der Rohrzuckerinversion mit Salzsäure in Honig mit einem Gehalt an Honigdextrinen fehlerhafte Resultate erzielt werden. Wenn Lehmann und Stadlinger[4]) feststellen konnten, daß die Honigdextrine bei der Hydrolyse des Rohrzuckers mit Salzsäure nicht wesentlich verändert werden, so dürfte dieses nur für die der Stärke näher stehenden Dextrine zutreffen. Bei Dextrinen, die dem Zucker näher stehen, wird aber mit einer Hydrolysierung gerechnet werden müssen.

Die Inversionsvorschrift nach Herzfeld erscheint somit in ihrer Anwendung bei der Honiganalyse keineswegs einwandfrei. In Ermangelung einer besseren Methode,

---

[1]) Berichte d. Deutschen Chemischen Gesellschaft 1898, **31,** 304.

[2]) Zeitschrift f. analyt. Chemie 1900, **39,** 22.

[3]) Zeitschrift f. Unters. d. Nahr.- u. Genußmittel 1904, **8,** 110.

[4]) Zeitschrift f. Unters. d. Nahr.- u. Genußmittel 1907, **13,** 397.

.die bei gleicher Einfachheit für die Laboratoriumspraxis brauchbar ist, wird sie aber zurzeit nicht entbehrt werden können. Doch wird man zweckmäßig die Lösung neutralisieren und nicht, wie die „Freie Vereinigung" vorgeschlagen hat, im sauren Zustande zu weiteren Bestimmungen verwenden. Dies würde auch den in den Ausführungsbestimmungen zum Zuckersteuergesetz vom 18. Juni 1903 (Zuckersteuergesetz nebst Ausführungsbestimmungen; herausgegeben vom Reichsschatzamt, Berlin 1903, S. 88) gegebenen Vorschriften entsprechen.

Zwar ist von Pfyl und Linne[1]) eine Inversionsmethode in Vorschlag gebracht worden, nach welcher es möglich ist, Rohrzucker in Gemischen von Zucker mit Dextrin einwandfrei zu bestimmen — nämlich mit Kohlensäure unter Druck. Die Methode ist aber auf ihre Anwendbarkeit beim Honig noch nicht weiter nachgeprüft worden. Auch dürften sich der Einführung dieser Methode, weil sie gegenüber der Herzfeldschen Vorschrift bei weitem umständlicher ist, Schwierigkeiten entgegenstellen.

Für die weitere Durchführung der Rohrzuckerbestimmung nach der Inversion kann außer der bewährten gewichtsanalytischen Methode noch das polarimetrische Bestimmungsverfahren in Frage kommen.

Pfyl und Linne[1]) berechnen den Rohrzucker neben Maltose und Dextrin aus den Polarisationsergebnissen, indem sie die Drehungsdifferenz vor und nach der Inversion durch die spezifische Drehungsdifferenz dividieren. Unter spezifischer Drehungsdifferenz verstehen sie die Differenz der Drehungen von 1 g Rohrzucker in 100 ccm Lösung vor und nach der Inversion im 200 mm Rohr bei 20°. Diese Zahl beträgt 1,7387 Kreisgrade.

Lehmann und Stadlinger[2]) haben den Versuch gemacht, in ähnlicher Weise den Rohrzucker im Honig aus der Drehungsdifferenz der Lösung vor und nach der Inversion zu berechnen. Sie invertieren nach der Vorschrift von Herzfeld und multiplizieren bei Anwendung einer 10%igen Honiglösung die Differenz mit 0,5725. Dabei nehmen sie an, daß in 100 g Honig folgende optisch-aktiven Substanzen enthalten sind:

1. x g eines bei der Inversion unveränderlichen Gemisches aus Nichtzuckerstoffen, Fruktose und Glykose; von dieser Mischung möge 1 g mit Wasser zu 100 ccm Flüssigkeit gelöst im 200 mm Rohr U° drehen;

2. y g Rohrzucker, von dem 1 g mit Wasser zu 100 ccm gelöst im 200 mm Rohr $+ 1,33°$ dreht.

Bezeichnet man die Drehung einer Lösung von 10 g Honig zu 100 ccm Wasser im 200 mm Rohr vor der Inversion mit D und nach der Inversion mit D', so lassen sich die Drehungsverhältnisse, die in 10%iger Honiglösung vor und nach der Inversion herrschen, durch folgende Gleichungen ausdrücken:

$$U x + 1,33 y = D$$
$$U x - 0,396 \cdot 1,0523 y = D'$$
$$1,33 y + 0,396 \cdot 1,0523 y = D - D' = \varDelta$$
$$y = \varDelta / (1,33 + 0,396 \cdot 1,0523)$$
$$\text{oder } y = \varDelta \cdot 0,5725.$$

[1]) Zeitschr. f. Unters. d. Nahr.- u. Genußm. 1905, **10**, 105.
[2]) Zeitschr. f. Unters. d. Nahr.- u. Genußm. 1907, **13**, 397.

Dieser Berechnung ist für Rohrzucker die spezifische Drehung $[\alpha]_D = + 66{,}5\,^0$ und für Invertzucker die spezifische Drehung $[\alpha]_D = - 19{,}8\,^0$ zugrunde gelegt. Ferner wird angenommen, daß aus 1,0 g Rohrzucker bei der Hydrolyse 1,0523 g Invertzucker entstehen und demnach 1 g Rohrzucker nach der Inversion $1{,}0523 \cdot 0{,}396\,^0$ dreht.

Die nach den Berechnungsarten von Pfyl und Linne oder Lehmann und Stadlinger erzielten Ergebnisse sind annähernd gleich. Einer Multiplikation mit 0,5725 würde eine Division durch 1,747 gleich kommen.

Für die Brauchbarkeit ihrer Berechnungsart führen Lehmann und Stadlinger eine Reihe von Beleganalysen an. Aus diesen seien folgende herausgegriffen.

Tabelle XVII. Gewichtsanalytisch und polarimetrisch ermittelte Rohrzuckermengen in Honig nach Lehmann und Stadlinger.

| Honig Nr. | Rohrzucker | | Die gewichtsanalytische Ermittelung ergab eine Differenz gegenüber der polarimetrischen Berechnung |
| | gewichtsanalytisch nach Meissl | polarimetrisch nach Lehmann u. Stadlinger | |
	%	%	%
1	2,09	2,35	— 0,25
2	4,70	4,98	— 0,28
3	1,69	1,43	+ 0,26
6	2,24	2,86	— 0,62
8	2,00	2,76	— 0,76
9	4,94	4,29	+ 0,65
13	6,38	7,21	— 0,83
14	2,28	2,00	+ 0,28
20	7,04	6,01	+ 1,03

Die gewichtsanalytisch und polarimetrisch ermittelten Rohrzuckermengen stimmen somit in vielen Fällen nicht sonderlich miteinander überein. Ähnliche Erfahrungen wurden von uns gemacht, nur mit dem Unterschied, daß wir fast immer mit der polarimetrischen Methode erheblich mehr Rohrzucker fanden, als gewichtsanalytisch bestimmt wurde. Von unseren Untersuchungsergebnissen seien folgende angeführt.

Tabelle XVIII. Gewichtsanalytisch und polarimetrisch ermittelte Rohrzuckermengen in Honig.

| Honig Nr. | Rohrzucker | | Die polarimetrische Bestimmung ergab eine Differenz gegenüber der gewichtsanalytischen |
| | gewichtsanalytisch nach Meissl | polarimetrisch nach Lehmann u. Stadlinger | |
	%	%	%
42	4,91	5,43	+ 0,52
43	0,88	1,94	+ 1,06
44	0,68	2,12	+ 1,44
45	10,79	12,30	+ 1,51
46	7,48	8,87	+ 1,39
47	2,39	3,83	+ 1,44
48	1,56	2,18	+ 0,62
49	0,25	1,37	+ 1,12
50	0,70	1,66	+ 0,96

Um festzustellen, ob durch die Salzsäure eine Erhöhung des normalen Drehungsvermögens des Invertzuckers herbeigeführt wird und die beobachteten Unterschiede hierdurch erklärt werden können, wurden folgende Versuche ausgeführt: Es wurden 10 g reiner Rohrzucker[1]) zu 100 ccm Wasser gelöst. Die Lösung drehte im 200 mm Rohr bei 20° C + 13,35°. Ferner wurden 10,0 g Rohrzucker in 75 ccm Wasser gelöst, mit 5 ccm Salzsäure nach der Vorschrift von Herzfeld invertiert und auf 100 ccm aufgefüllt. Die Drehung dieser Lösung im 200 mm Rohr bei 20° C betrug — 4,50°. Nach Lehmann und Stadlinger berechnet sich der Rohrzuckergehalt aus der Drehungsdifferenz mit: 17,85 · 0,5725 = 10,2 g/100 ccm. Nach Pfyl und Linne berechnen sich 10,26 g Rohrzucker in 100 ccm.

Weitere unabhängig hiervon angestellte Versuche mit reinen Rohrzuckerlösungen ergaben folgende Werte.

Tabelle XIX. Polarimetrisch ermittelte Rohrzuckermengen in reinen Rohrzuckerlösungen.

Lösung Nr.	Drehung von 10 g Rohrzucker zu 100 ccm gelöst bei 20° C im 200 mm Rohr in Kreisgraden		Rohrzucker nach Lehmann u. Stadlinger g in 100 ccm
	vor der Inversion	nach der Inversion	
1	+ 13,35	— 4,50°	10,20
2	+ 13,35	— 4,50°	10,20
3	+ 13,33	— 4,46°	10,18
4	+ 13,34	— 4,50°	10,20

Die Salzsäure scheint demnach zwar die Drehung der Invertzuckerlösung um ein geringes zu erhöhen (die spezifische Drehung des gebildeten Invertzuckers würde bei Zugrundelegung der Drehung nach der Inversion von — 4,50° und bei Annahme, daß sich aus 10 g Rohrzucker 10,526 g Invertzucker bilden, $[\alpha]_D = -21,37°$ gegenüber —19,8° betragen), aber nicht in dem Maße, daß dadurch bei reinen Zuckerlösungen die Berechnungsmethode praktisch unbrauchbar würde. Da nun beim Honig größere Unterschiede beobachtet wurden, so vermuten wir, daß die Drehung der Nichtzuckerstoffe des Honigs durch die Salzsäure erheblich mehr beeinflußt wird. Durch eine geringe Inversion der Dextrine wird dieser Fehler vielleicht in einigen Fällen verringert oder aufgehoben.

Die polarimetrische Bestimmungsmethode des Rohrzuckers im Honig unter Verwendung von mit Salzsäure invertierten Lösungen erscheint uns jedenfalls für genaue Bestimmungen nicht geeignet. Mit der Methode werden Ergebnisse erzielt, die mit den gewichtsanalytisch ermittelten Werten nicht in Einklang zu bringen sind.

Außer dem Inversionsverfahren können noch Methoden für die Bestimmung des Rohrzuckers in Betracht kommen, die auf ganz anderer Grundlage beruhen.

So ist neuerdings von A. Jolles[2]) eine Methode zur quantitativen Bestimmung des Rohrzuckers neben anderen Zuckerarten ausgearbeitet worden. Das Verfahren

---

[1]) Von der Firma E. Merck in Darmstadt.
[2]) Zeitschr. f. Unters. d. Nahr.- u. Genußm. 1910, **20**, 631.

beruht darauf, daß Arabinose, Rhamnose, Glykose, Fruktose, Galaktose, Mannose, Maltose und Laktose beim Erhitzen ihrer etwa $1-2\,^0/_0$igen Lösung bei einem Alkalitätsgrad von $^1/_{10}$ normal in der Weise abgebaut werden, daß sie optisch inaktiv werden. Rohrzuckerlösungen bleiben unter den gleichen Bedingungen unverändert. Die Bestimmung des Rohrzuckers gestaltet sich demnach folgendermaßen: Die entsprechend verdünnte, geklärte Lösung wird $^1/_{10}$ normal alkalisch gemacht und entweder $^3/_4$ Stunden am Rückflußkühler gekocht oder im Lintnerschen Druckfläschchen $^3/_4$ Stunden im siedenden Wasserbade erhitzt oder auch 24 Stunden bei einer Temperatur von 37^0 im geschlossenen Gefäße stehen gelassen. Letztere Methode soll den Vorteil haben, daß nur eine geringe Dunkelfärbung der Lösung eintritt. Nach dem Abkühlen wird das optische Drehungsvermögen der Lösung bestimmt. Aus der Drehung wird dann der Saccharosegehalt in bekannter Weise berechnet. Jolles hat das Verfahren an Süßweinen, Himbeersaft und konzentrierter Milch erprobt und gute Ergebnisse erzielt. Bei Marmeladen wurden aber größere Unterschiede beobachtet.

Auf ihre Anwendbarkeit beim Honig ist die Methode noch nicht geprüft worden. Es werden sich vielleicht hier Schwierigkeiten entgegenstellen, wegen der im Honig vorhandenen Dextrine. Die Drehung nach der Behandlung der Honiglösung mit Alkalien würde unter Umständen nicht nur durch den Rohrzuckergehalt, sondern daneben auch durch den Dextringehalt bedingt sein. Man könnte allerdings den Rohrzucker mit Salzsäure invertieren und dann die Behandlung mit Alkalien vornehmen. Aus der Differenz der nicht invertierten und dann mit Alkalien behandelten und der invertierten und mit Alkali gekochten Honiglösung würde der Rohrzucker berechnet werden können. Sollte es sich aber ergeben, daß die Honigdextrine durch Kochen mit Alkali ebenso wie die meisten Zuckerarten inaktiv würden, was nicht ausgeschlossen erscheint, da Vollant[1]) festgestellt hat, daß die dem Zucker näher stehenden Dextrine durch Kochen mit alkalischer Wasserstoffsuperoxydlösung abgebaut werden, so würde das Verfahren auch in seiner ursprünglichen Form beim Honig gute Dienste leisten können.

Im Anschluß hieran ist noch eine von P. Lemeland[2]) beschriebene Methode zur direkten Bestimmung des Rohrzuckers zu erwähnen, welche auf ähnlichen Erwägungen beruht wie das Verfahren von Jolles. Lemeland stellte fest, daß die Arabinose, Glykose, Fruktose, Galaktose und Laktose durch Erhitzen auf dem Wasserbade unter bestimmten Bedingungen mit alkalischer Wasserstoffsuperoxydlösung inaktiv werden, während die Saccharose ihre Drehung behält. Vollant[2]) hat das Verfahren an 3 Honigproben des Jahres 1910 nachgeprüft und die dem Honig zugesetzte Saccharose annähernd wiedergefunden.

VI. Prüfung auf künstlichen Invertzucker.

Die Verfahren, welche zum Nachweis von künstlichem Invertzucker im Honig in Vorschlag gebracht sind, gründen sich entweder darauf, daß die Nichtzuckerstoffe des Honigs durch die Mischung mit Invertzucker in ihrer Menge herabgesetzt werden,

---

[1]) Annal. d. Falsific. 1911, **4**, 504.

[2]) Journal de Pharmacie et de Chimie 1910 [7], **2**, 298 und Annal. d. Falsific. 1911, **4**, 32.

oder darauf, daß durch den Invertzuckerzusatz fremde, von der Herstellung des Invertzuckers herrührende Bestandteile in den Honig gelangen. Ein Nichtzuckergehalt des Honigs von weniger als 1,5 % ist stets verdächtig und läßt auf eine Vermischung mit einem indifferenten Verdünnungsmittel (Invertzucker) schließen.

Das Verfahren von Ley [1] zum Nachweis von künstlichem Invertzucker im Honig ist in der Herabsetzung der Nichtzuckerstoffe des Honigs, insbesondere der Stickstoffsubstanz, durch Invertzucker begründet. Ley stellte fest, daß Invertzucker und Mischungen von Invertzucker mit Honig ein ganz anderes Verhalten gegen ammoniakalische Silberlösung beim Erhitzen aufwiesen, als reine Honige. Reine Honige gaben ein Gemisch von dunkler Farbe, welches nicht durchsichtig war, aber fluoreszierte und besonders beim Umschütteln an der Wandung des Reagensglases einen braungrünlichen oder gelbgrünlichen Schein hinterließ, während Kunsthonige oder mit Invertzucker verfälschte Honige bei gleicher Behandlung undurchsichtig, braun bis schwarz wurden und insbesondere des gelbgrünen Scheins entbehrten. Browne [2] beobachtete bei der Nachprüfung dieses Verfahrens bei reinen Honigen viel häufiger die braune Flüssigkeitsfarbe als den grünlichen Schein. Der letztere war bei vielen Proben sehr unbestimmt, während ein charakteristisches Braun, das in seiner Intensität zwischen hellem Rot und Purpur schwankte, bei allen Honigen eintrat. Auch Witte [3] konnte bei reinen Honigen sehr häufig rotgelbe Färbungen feststellen. Er bezeichnet die Reaktion als „positiv" im Sinne von Kunsthonig, wenn mehr oder minder vollständige Reduktion eintritt und die Flüssigkeit farblos oder violettrot gefärbt ist, als „negativ", wenn die Flüssigkeit beim Schütteln die bekannte grüngelbe oder rotgelbe Färbung zeigt. Eine braunrote oder rotbraune Färbung ist nach Witte „zweifelhaft". Das Verfahren von Ley hat sich viele Freunde erworben. Schwarz [4] wendet die Silberprobe, besonders in Verbindung mit der Aschenbestimmung mit gutem Erfolg an und Witte [5] bezeichnet sie als wertvolles Hilfsmittel zur Beurteilung des Honigs. Auch Browne (a. a. O.), Kreis [6], Petri [7], Wellenstein [8] und Theopold [9] beurteilen die Reaktion nicht ungünstig. Neuerdings wird aber die Brauchbarkeit des Verfahrens stark in Zweifel gezogen, indem behauptet wird, daß nur ganz grobe Verfälschungen damit erkannt werden können und auch reine Honige wie Kunsthonige reagieren. So legt Reinhardt [10] der Reaktion nur wenig Wert bei, da sie selbst einen Zusatz von 50 % Invertzucker zum Honig nicht erkennen läßt. Reese, Ritzmann und Isernhagen [11] finden, daß die Reaktion bei Klee- und Rapshonigen und zum Teil auch bei Honigen gemischter Tracht völlig im Stiche läßt.

---

[1] Pharm. Ztg. 1903, **48**, 603.
[2] Zeitschr. d. V. d. Deutschen Zuckerindustrie 1908, **45**, 751.
[3] Zeitschr. f. Unters. d. Nahr.- u. Genußm. 1911, **21**, 305.
[4] Zeitschr. f. Unters. d. Nahr.- u. Genußm. 1908, **15**, 403.
[5] Zeitschr. f. Unters. d. Nahr.- u. Genußm. 1909, **18**, 625.
[6] Jahresber. Basel 1908, S. 24.
[7] Jahresber. Koblenz 1909.
[8] Jahresber. Trier 1908, S. 34.
[9] Jahresber. Bromberg 1909, S. 16.
[10] Zeitschr. f. Unters. d. Nahr.- u. Genußm. 1910, **20**, 113.
[11] Zeitschr. f. Unters. d. Nahr.- u. Genußm. 1910, **19**, 625.

Auch Neuhoff[1]), Braungad[2]) und Voermann[3]) beurteilen die Reaktion ungünstig. Nach Angaben von Lührig und Sartori[4]) versagt die Reaktion bei einem Kunsthoniggehalt von 35 % oder weniger.

Wie Koebner[5]) feststellte, steht der Ausfall der Leyschen Silberprobe in engem Zusammenhang mit dem Eiweißgehalt der Honige. Das Silber wird durch die Eiweißstoffe des Honigs kolloidal in Lösung gehalten und so der dem Naturhonig eigentümliche Schein hervorgerufen. Durch Untersuchungen von C. Amberger[6]) wird diese Ansicht Koebners bestätigt und dahin ergänzt, daß es sich nicht um ein reines Hydrosol des Silbers handelt, sondern um eine sogenannte Adsorptionsverbindung, nämlich das Silberhydrosol in Verbindung mit einem hochmolekularen Schutzkolloid. Das Schutzkolloid wurde als Eiweiß identifiziert. Amberger stellte auch in einwandfreier Weise fest, daß normaler Honig dreimal soviel Eiweißstoffe enthält wie als Schutzkolloid erforderlich ist; es sei daher möglich, Honig mit der 2- oder 3-fachen Menge eines indifferenten Stoffes — Invertzucker — zu verdünnen, wobei die Menge des koagulierbaren Honigalbumins noch genügen würde, das bei der Ausführung der Leyschen Reaktion reduzierte Silber in kolloidaler Lösung zu halten.

Die Leysche Probe würde somit bis zu einem gewissen Grade ein Maßstab für den Gehalt der Honige an Eiweißstoffen sein und das Fehlen der Fluoreszenzerscheinung auf einen Mangel an Eiweißstoffen hinweisen. Wenn alle Naturhonige den gleichen oder annähernd den gleichen Gehalt an Eiweißstoffen aufwiesen, wäre die Reaktion geeignet, Zusätze zum Honig, die diesen Gehalt bis zu einer bestimmten Grenze herabsetzen, nachzuweisen. Dies ist nun aber keineswegs der Fall. Nach dem Werke von König[7]) ist der Gehalt des Honigs an Eiweißstoffen vielmehr sehr verschieden und schwankt zwischen 0,03 und 2,67 %. Browne (a. a. O.) stellte in den verschiedenen Honigsorten gleichfalls wechselnde Eiweißmengen fest. Es enthielten Honige von: Luzerne 0,106 %; Algarroba 0,219 %; Linde 0,275 %; Weißeiche 0,294 %; Tulpe 0,444 %; Hickory 0,475 %; Pappel 0,563 % Eiweißstoffe. Honigtauhonige besitzen ferner nach Browne ganz allgemein einen höheren Gehalt an Stickstoffsubstanz als Blütenhonige. Einerseits werden also Honige mit geringem natürlichem Eiweißgehalt, z. B. die Luzernehonige, nach Ley als verfälscht angesprochen werden (Reese [a. a. O.] beobachtete, daß Klee- und Rapshonige sich wie Kunsthonige verhalten), während anderseits Honige mit hohem Eiweißgehalt mit bedeutenden Mengen Invertzucker versetzt werden können, ohne als Kunsthonige zu reagieren. Ein verhältnismäßig geringer Prozentsatz von stark eiweißhaltigem Honig (z. B. Heidehonig) zum Invertzucker würde ferner genügen, um dieses Gemisch zum Naturhonig zu stempeln.

---

[1]) Bericht d. Untersuchungsamtes Dortmund 1908, S. 11.
[2]) Pharm. Ztg. 1909, **54**, 16.
[3]) Chemisch Weekblad 1910, **7**, 638.
[4]) Jahresber. d. Chemischen Untersuchungsamtes Breslau 1907/08, S. 43.
[5]) Chem. Ztg. 1908, **32**, 89.
[6]) Zeitschr. f. Unters. d. Nahr.- u. Genußm. 1910, **20**, 665.
[7]) Chemie der menschl. Nahr.- u. Genußm. 1903, Bd. I, S. 923.

Es ist aber nicht einmal dieser Zusatz erforderlich, denn durch Zugabe geringer Mengen Hühnereiweiß kann der gleiche Erfolg erzielt werden. Wie wir feststellen konnten, reagiert eine mit Hühnereiweiß versetzte Invertzuckerlösung in der gleichen Weise gegen ammoniakalische Silberlösung und ruft die gleichen Fluoreszenzerscheinungen hervor wie Naturhonig. Ein Zusatz geringer Mengen Milchserum zum Kunsthonig soll nach Angaben Hasterliks (Der Bienenhonig und seine Ersatzmittel, S. 67) gleichfalls Naturhonigreaktion erzeugen.

Hiernach ist es nicht angängig, aus der Reduktion der ammoniakalischen Silberlösung und dem Fehlen der Fluoreszenz einen anderen Schluß zu ziehen, als daß der Honig nur geringe Mengen Eiweißstoffe enthält. Daß der Gehalt an fällbaren Eiweißstoffen in ganz bestimmtem Zusammenhang steht zum Ausfall der Leyschen Probe, konnten wir wiederholt feststellen. Es reagierten die Honige, welche mit Gerbsäurelösung oder Phosphorwolframsäure nach der Vorschrift von Lund[1]) nur geringe Fällungen gaben, wie Kunsthonige, während Honige mit starken Eiweißfällungen Naturhonigreaktion zeigten. Die nach Ley verdächtigen Honige waren dabei aus zuverlässiger Quelle und zweifellos rein. Aus unseren Untersuchungsergebnissen seien folgende herausgegriffen.

Tabelle XX. Ausfall der Leyschen Probe bei reinen Honigen.

Nr. der Sammlung	Trockensubstanz	Invertzucker %	Rohrzucker %	Drehung der 10%igen Lösung vor der Inversion	nach der Inversion	Prüfung nach Fiehe	Prüfung nach Ley	Eiweißfällung nach Lund ccm	Beurteilung nach Ley
1	80,6	72,64	3,49	— 1,25 °	— 1,85 °	minimale Rosafärbung	stark grünlich fluoreszierend	1,8	rein
10	83,5	73,12	5,43	— 1,4	— 2,55	farblos	völlige Reduktion	0,6	verfälscht
12	81,65	72,64	1,44	— 1,6	— 1,8	farblos	stark grünlich fluoreszierend	1,2	rein
16	82,86	71,12	5,24	— 1,05	— 2,05	farblos	völlige Reduktion	0,5	verfälscht
17	81,25	74,28	1,93	— 1,75	— 2,15	minimale Rosafärbung	völlige Reduktion	0,5	verfälscht
32	82,63	71,36	5,85	— 0,96	— 2,27	farblos	völlige Reduktion	0,37	verfälscht

Die Honige Nr. 10, 16, 17 und 32 würden somit nach Ley der Verfälschung verdächtig sein. Der Honig Nr. 10 stammt aus Italien und die Honige 16, 17 und 32 sind spanischen Ursprungs. Die Beobachtung, daß Auslandshonige vielfach als Kunsthonige nach Ley reagieren, ist wiederholt gemacht worden. In dem Handelsbericht des Kaiserlichen Konsulats in Ancona[2]) heißt es:

„Große Mengen (Honig) gehen aus dieser Gegend (Unteritalien) nach Deutschland, wo jedoch der italienische Honig wegen seines hohen Zuckergehaltes, seines Mangels

---

[1]) Zeitschr. f. Unters. d. Nahr.- u. Genußm. 1909, **17**, 128; Mitteilungen aus dem Gebiete der Lebensmitteluntersuchung u. Hygiene, veröff. v. Schweizer Ges.-Amt 1910, **1**, 38.

[2]) Deutsches Handelsarchiv 1908, S. 1053.

an Aroma und seiner milchweißen bis zitronengelben Farbe zuerst Mißtrauen erweckte, da die Interessenten vermuteten, daß es sich um gefälschten oder doch Kunsthonig, nicht aber um reinen Bienenhonig handle, umsomehr, als die Untersuchungen der deutschen Nahrungsmittelchemiker diesen Verdacht zunächst bestätigten. Da anderseits nach Lage der Verhältnisse in Italien eine Fälschung oder auch nur eine künstliche Ernährung der Bienen absolut ausgeschlossen war, stellten deutsche Chemiker eingehende Nachforschungen im Produktionslande an und gelangten schließlich zu der Überzeugung, daß die bisherige Untersuchungsmethode mit dem Leyschen Prüfungsmittel für Honige der wärmeren Länder (Italien, Kalifornien, Kuba) ungenügend war und deshalb zu Trugschlüssen führen mußte. Erst nach Ablauf des Jahres 1907 ist in Dr. Fiehes Resorzinlösung ein Prüfungsmittel gefunden worden, welches für die richtige Untersuchung des Produktes der wärmeren Länder geeignet erscheint."

Nach dem Ausfall unserer Untersuchungen können wir diese Angaben durchaus bestätigen. Aus Italien und Amerika kommen vielfach Leguminosen- und Cruciferenhonige zum Versand, welche sich durch einen geringen Eiweißgehalt auszeichnen und infolgedessen nach Ley anomal reagieren. Von Ancona in Oberitalien werden hauptsächlich Kleehonige von weißer Farbe und geringem Aroma nach Deutschland ausgeführt.

Die Reaktion von Ley wird demnach nur mit großer Vorsicht zur Beurteilung des Honigs herangezogen werden können.

Vor einigen Jahren ist von einem von uns (Fiehe)[1] ein Verfahren zum Nachweis von künstlichem Invertzucker im Honig ausgearbeitet worden, welches sich grundsätzlich von den bisherigen Methoden unterscheidet. Nicht die durch die Verdünnung des Honigs mit indifferenten Zuckern hervorgerufenen Erscheinungen, sondern der Invertzucker selbst soll an den anhaftenden Zuckerzersetzungsprodukten erkannt werden. Wie die späteren Untersuchungen von Keiser[2] sowie W. Alberda van Ekenstein und J. Blanksma[3] ergeben haben, handelt es sich um geringe Mengen von β-oxy-δ-methylfurfurol. Der Nachweis dieses Stoffes gestaltet sich in der Weise, daß er zunächst mit Äther der Zuckerlösung entzogen und dann mit Resorzinsalzsäure kenntlich gemacht wird. Der Ätherauszug einer Invertzuckerlösung gibt nach dem Verdunsten mit einigen Tropfen Resorzinsalzsäure (1,0 g Resorzin in 100 g rauchender Salzsäure gelöst) schöne, längere Zeit beständige, kirschrote Färbungen, während Auszüge von Honig keine oder nur minimale Färbungen bei der gleichen Behandlung aufweisen. Während zahlreiche Chemiker die Reaktion als durchaus beweisend für einen Invertzuckerzusatz zum Honig betrachten, wird sie von anderen Chemikern als unzuverlässig bezeichnet. Insbesondere wird gegen die Reaktion vorgebracht, daß auch erhitzte Honige mit Resorzinsalzsäure Rotfärbungen geben. Ein Erhitzen der Honige sei aber im Großhandel nicht zu vermeiden. Es würden daher die Honige, die zum Zwecke der Reinigung und Mischung erhitzt seien, sowie auch die durch Ausschmelzen gewonnenen Honige, und daher in erster Linie Auslandshonige,

---

[1] Zeitschr. f. Unters. d. Nahr.- u. Genußm. 1908, **16**, 75.
[2] Arbeiten aus dem Kaiserl. Gesundheitsamt 1909, **30**, 637.
[3] Chemisch Weekblad 1909, **6**, 217.

ungerechtfertigt beanstandet werden. So konnte Drawe[1] durch einstündiges Erhitzen eines Honigs auf dem Wasserbade die Reaktion hervorrufen. Von Raumer[2] beobachtete an Honigen, die nur $^1/_2$ Stunde im Wasserbade erwärmt waren, deutliche Rotfärbungen. Reinsch[3] erhielt bei erhitzten Honigen in einigen Fällen positive Reaktionen, in anderen Fällen dagegen nicht. Durch weitere Untersuchungen konnte v. Raumer[4] seine früheren Beobachtungen bestätigen. Insbesondere gaben ausländische Honige aus erster Hand, die er für durchaus einwandfrei hielt, in der Mehrzahl positive Reaktionen. Von Raumer führt dies auf die Gewinnung der Honige durch Erwärmen zurück. Neuerdings bezeichnet v. Raumer[5] die Reaktion, wenn sie mit 20%iger Salzsäure ausgeführt und mit Vorsicht gedeutet wird, als einen sehr wertvollen Beitrag zur Erkennung von Honigverfälschungen. Klassert[6], Bremer und Sponnagel[7] sowie Behre[8] legen ferner der Reaktion im Hinblick auf das Verhalten erhitzter Honige wenig Wert bei.

Dem gegenüber wird von anderer Seite angegeben, daß ein Erhitzen der Honige, wie es im Großhandel üblich sei oder wie es bei Gewinnung der Auslandshonige in Betracht komme, niemals einen positiven Ausfall der Reaktion zur Folge haben könne. So konnten Riechen und Fiehe[9] bei erhitzten Honigen keine positiven Reaktionen beobachten. Bei Honigen, welche im Großhandel im Kessel bis zum Schmelzen erhitzt waren, und bei einer Reihe von Auslandshonigen sind von Riechen[10] ferner keine beständigen Rotfärbungen festgestellt worden. Er hält daher die Reaktion für durchaus zuverlässig und führt als Beweis eine Reihe interessanter Fälle aus seiner Tätigkeit an. Neuhoff[11] gibt bekannt, daß 13 garantiert reine Honige, darunter 1 Tannenhonig, weder vor noch nach einstündigem Erhitzen auf dem Wasserbade die Reaktion gaben. Utz[12] konnte gleichfalls keine Beeinträchtigung der Reaktion durch Erhitzen feststellen. M. Nyman und A. Wichmann[13] erhitzten Honige $^1/_2$, $^3/_4$ und 1 Stunde auf dem Wasserbade und beobachteten keine bemerkenswerte Veränderung im Ausfall der Reaktion; nur eine Probe zeigte nach einstündigem Erwärmen eine Rosafärbung bei Verwendung von 38%iger Salzsäure. Benz[14] bekam bei Naturhonigen niemals positive Reaktionen, auch nicht nach längerem Erwärmen. Auch Röhrig[15] hält die Reaktion für durchaus zuverlässig. In Übereinstimmung

[1] Zeitschr. öffentl. Chem. 1908, **14**, 352.
[2] Zeitschr. f. Unters. d. Nahr.- u. Genußm. 1908, **16**, 517.
[3] Bericht d. Chemisch. Untersuchungsamtes der Stadt Altona 1908, S. 25.
[4] Zeitschr. f. Unters. d. Nahr.- u. Genußm. 1909, **17**, 115.
[5] Zeitschr. f. Unters. d. Nahr.- u. Genußm. 1910, **20**, 583.
[6] Zeitschr. f. Unters. d. Nahr.- u. Genußm. 1909, **17**, 126.
[7] Zeitschr. f. Unters. d. Nahr.- u. Genußm. 1909, **17**, 664.
[8] Pharmaz. Zentralhalle 1909, **50**, 175.
[9] Chem. Ztg. 1908, **32**, 1090.
[10] Zeitschrift f. Unters. d. Nahr.- u. Genußm. 1911, **21**, 216.
[11] Bericht d. Untersuchungsamtes Dortmund 1908, S. 11.
[12] Zeitschr. angew. Chem. 1908, **21**, 2315.
[13] Pharmaz. Zentralhalle 1910, **51**, 815.
[14] Bericht d. Untersuchungsamtes Heilbronn 1908, S. 19.
[15] Jahresber. d. Chem. Untersuchungsanstalt Leipzig 1909, S. 32.

mit diesen Angaben stehen ferner die Untersuchungsergebnisse zahlreicher anderer Forscher; es sei besonders auf die Arbeiten von Keiser, Baier, Muttelet, Reinhardt und von Voerman und Bakker verwiesen.

Keiser[1]) beobachtete nach einstündigem Erwärmen von Honig auf 100^0 in keinem Falle kirschrote, sondern hellrote bis lebhaft rote Färbungen. Baier[2]) erhitzte 12 Sorten reiner Linden-, Akazien-, Heide- und Buchweizenhonige je 30 Minuten auf 60^0 und auf Siedetemperatur, dann direkt über freier Flamme auf 120^0 und ferner je 5 Minuten lang auf 130, 140, 150, 160, 170 und 180^0. In keinem Falle trat eine nennenswerte Rotfärbung mit Resorzinsalzsäure ein, meist überhaupt keine Färbung. Mit Wasser bis zur dunklen Honigfarbe verdünnte Karamellösung gab gleichfalls keine Reaktion. Muttelet[3]) erhitzte zahlreiche Honige mehrere Stunden auf $70—90^0$ im Wasserbade. Die Honige verloren mehr als 40 $\%$ ihres Wassergehaltes und gaben keine Kunsthonigreaktion. Honige, die 3 Stunden auf $105—110^0$ erhitzt waren, verloren mehr als 50 $\%$ ihres Wassers und veränderten sich dabei völlig. Mit Resorzinsalzsäure gaben sie nur schwache, wenig haltbare Rosafärbungen. Wurden die Honige bis zur Karamelbildung auf hohe Temperaturen erhitzt, so trat die Reaktion ein. Nach Ansicht Muttelets ist das Eintreten der Reaktion stets auf das Vorhandensein von künstlichem Invertzucker und nicht etwa auf Fehler beim Ausschmelzen des Honigs zurückzuführen. Reinhardt[4]) kommt bei der Nachprüfung der Reaktion zu dem gleichen Ergebnis. Er stellte an einem großen Material fest, daß die Reaktion niemals eintritt a) bei Naturhonigen; b) bei reinen Honigen, die auf die in der Praxis übliche Weise erhitzt sind; c) bei reinen ausländischen Honigen, auch wenn sie in zweiter Hand nochmals in der üblichen Weise erhitzt sind; d) bei solchen reinen Honigen, die längere Zeit und bei höheren Temperaturen erhitzt worden sind. Reinhardt bezeichnet die Reaktion als ein ausgezeichnetes Mittel zur Unterscheidung von Natur- und Kunsthonig und zum Nachweis von technischem Invertzucker im Honig. Hinsichtlich der Art und Weise, wie die Erhitzung im Großbetriebe vorgenommen wird, führt er aus, daß ein längeres Erwärmen der Honige als eine halbe Stunde in der Praxis nicht erforderlich sei und daß innerhalb dieser Zeit bei einer Temperatur von $60—70^0$ leicht 80 bis 100 Pfund Honig soweit verflüssigt würden, daß sie geseimt werden können. Nach Mitteilungen aus der Praxis würden Heidehonige im allgemeinen auf $45—50^0$, amerikanische Honige mit festen Kristallen auf $60—75^0$ und italienische Honige auf 80^0 erhitzt. Voerman und Bakker[5]) suchten in Honig die Reaktion durch Erwärmen hervorzurufen. Ein sechsstündiges Erwärmen im gut kochenden Wasserbade verursachte nur eine schnell vorübergehende, sehr schwache Rosafärbung bei der Reaktion. Der Honig war aber freilich ungenießbar geworden. Dasselbe Ergebnis wurde mit einem dreistündigen Erwärmen auf 105^0 erzielt. Voerman und Bakker meinen, daß also ein etwaiges

---

[1]) Arbeiten a. d. Kaiserl. Gesundheitsamte 1909, **30**, 637.
[2]) Jahresber. d. Untersuchungsamtes d. Landwirtschaftskamm. f. Brandenburg 1908, S. 22.
[3]) Ann. Falsific. 1910, **3**, 503.
[4]) Zeitschrift f. Unters. d. Nahr.- u. Genußm. 1910, **20**, 113.
[5]) Chemisch Weekblad 1911, Nr. 42; Zeitschrift f. öffentl. Chemie 1911, **17**, 461.

Erhitzen sehr unvorsichtig und hoch geschehen müsse, wenn die Reaktion bei einem echten Honig positiv ausfallen solle. Sie bleibe deshalb, nebst einigen anderen Kennzeichen, eines der wertvollsten Hilfsmittel zur Erkennung von künstlichem Invertzucker.

Wie kommt es nun, daß entgegen all diesen Feststellungen von anderer Seite behauptet wird, die Reaktion könne schon durch mäßiges Erhitzen der Honige auf dem Wasserbade hervorgerufen werden? Ist die von Klassert (a. a. O.) ausgesprochene Ansicht richtig, daß die bei erhitzten Honigen beobachteten positiven Reaktionen durch den hohen Säuregehalt der Honige bedingt werden? Über diesen Punkt können zwei neuere Arbeiten Aufschluß geben, die sich mit der Art der Säuren des Honigs und mit ihrem Einfluß auf Honig beim Erhitzen befassen. Heiduschka[1]) fand im Honig im Durchschnitt 0,007 % Ameisensäure, 0,0225 % Milchsäure und 0,0019 % Äpfelsäure. Oxalsäure war nur in geringen Spuren, Weinsäure und Bernsteinsäure gar nicht nachzuweisen. Lührig und Scholz[2]) untersuchten ferner den Einfluß von Säuren auf Zucker- und Honiglösungen. Durch systematische Versuche stellten sie insbesondere die niedrigste Konzentration fest, von der an organische Säuren, die möglicherweise im Honig vorhanden sein können, eine positive Reaktion hervorrufen.

Sie fanden, daß die Reaktion nach $^{1}/_{2}$ stündigem Erhitzen von Honig auf 80° eintritt bei Gegenwart von: 1,6 % Ameisensäure, 1,1 % Milchsäure und 0,8 % Äpfelsäure. Bei Oxalsäure genügten schon 0,2 %, um in einer 7 % Rohrzucker enthaltenden Honiglösung bleibende Rotfärbung hervorzurufen. Merkwürdigerweise konnte mit der gleichen Oxalsäuremenge in einer 3 % Rohrzucker enthaltenden Honiglösung unter den gleichen Bedingungen keine positive Reaktion erzeugt werden. Nach diesen Ergebnissen werden unter Berücksichtigung der Tatsache, daß der Säuregehalt der Honige im allgemeinen zwischen 0,1 und 0,2 % liegt und in den seltensten Fällen 0,20 % überschreitet, die verschiedenen Säuremengen kaum für den verschiedenen Reaktionsausfall erhitzter Honige verantwortlich gemacht werden können. Oxalsäure, welche imstande wäre, die Reaktion hervorzurufen, ist bisher im Honig nicht mit Sicherheit festgestellt worden. Zwar finden sich in der Literatur Angaben, wonach man in alten Honigen Oxalsäure beobachtet hat, doch ist der Nachweis dieser Säure unsers Wissens nicht in einwandfreier Weise erbracht worden. Das Vorkommen größerer Mengen dieser Säure im Honig ist auch durchaus unwahrscheinlich.

Wir haben bei unseren Versuchen ein unterschiedliches Verhalten der Honige nach dem Erhitzen nicht feststellen können und glauben daher, daß Färbungen als positive Reaktion angesprochen wurden, die es in Wirklichkeit nicht waren. Auch ist es nicht unwahrscheinlich, daß bei der Ausführung der Reaktion gewisse Vorsichtsmaßregeln außer acht gelassen sind, deren Beachtung erforderlich ist. Geringe Rosa- oder Orangefärbungen, die zudem wenig haltbar sind, können erhitzte Honige aufweisen. Diese Färbungen sind aber bei eingehender Kenntnis der Reaktion nicht mit den durch künstlichen Invertzucker hervorgerufenen eigenartigen, beständigen

---

[1]) Pharmaz. Zentralhalle 1911, **40,** 1051.
[2]) Zeitschrift f. Unters. d. Nahr.- u. Genußm. 1911, **21,** 721.

kirschroten Färbungen zu verwechseln. Eine gewisse Beständigkeit der Reaktion ist ferner vor allem erforderlich, doch braucht die Farbe nicht 24 Stunden haltbar zu sein, wie Reinhardt (a. a. O.) es fordert, vielmehr genügt es, wenn sie innerhalb $^1/_2$ Stunde nicht verblaßt.

Bei der Ausführung der Reaktion ist es weiterhin angebracht, über Natrium aufbewahrten Äther zu verwenden und das Verdunsten des ätherischen Auszuges bei gewöhnlicher Temperatur vorzunehmen. Auch ist es nicht empfehlenswert, größere Mengen Resorzinsalzsäure, als vorgeschrieben sind — nämlich nur einige Tropfen — zu verwenden. Übergießt man den Ätherrückstand mit mehreren Kubikzentimetern Resorzinsalzsäure, so tritt bei Invertzucker allerdings auch die kirschrote Färbung auf, doch geht der Farbenton schneller in braun über.

Sehr schöne, haltbare kirschrote Färbungen kann man bei Invertzuckern, die viel Oxymethylfurfurol enthalten, erzeugen, wenn man den Ätherauszug mit einigen Körnchen Resorzin verdunsten läßt und den trockenen Rückstand dann Salzsäuredämpfen aussetzt. Sobald die schöne Rotfärbung aufgetreten ist, entfernt man durch Schwenken in der Luft die überschüssige Salzsäure und der Rückstand behält nach dem Überziehen mit Damaralack, im dunklen Raum aufbewahrt, wochenlang die schöne Farbe. Setzt man dagegen den Farbstoff noch weiter Salzsäuredämpfen aus, so nimmt die Farbe allmählich einen schwarzbraunen Ton an. Auch durch den Einfluß des Lichtes wird eine allmähliche Veränderung des Farbstoffes hervorgerufen; die rote Farbe wird allmählich braungelb. Es empfiehlt sich daher, die Reaktionsschälchen nicht dem direkten Sonnenlicht auszusetzen. Endlich möchten wir noch erwähnen, daß es erforderlich ist, die Resorzinsalzsäure frisch zu bereiten oder sie wenigstens nicht zu lange und dann nur unter Lichtabschluß aufzubewahren.

Wir beobachteten bei erhitzten Honigen niemals kirschrote Färbungen. Die Honige, welche 4 Stunden lang, und zwar zunächst 1 Stunde auf 70^0, dann auf 80^0, 85^0 und 90^0 erhitzt waren, zeigten folgende Farbenerscheinungen:

Tabelle XXI. Ausfall der Reaktion nach Fiehe bei erhitzten Honigen.

Honig Nr.	Säuregehalt als Ameisensäure berechnet %	Rohrzucker %	Reaktion nach Fiehe
40	0,109	0,34	schwach rot, nach einigen Minuten farblos
48	0,06	1,56	„ „ „ „ „ „
49	0,104	0,25	„ „ „ „ „ „
50	0,077	0,70	„ „ „ „ „ „

Von besonderem Interesse war ferner das Verhalten italienischer Honige, die zum Zwecke der Mischung und Reinigung in Mengen von 80 bis 100 Pfund 3 Stunden lang in fest verschlossenen Kübeln im Wasserbade auf $80—83^0$ erhitzt waren. Keine Probe gab mit Resorzinsalzsäure stärkere oder irgend wie beständige Färbungen.

Tabelle XXII. Ausfall der Reaktion nach Fiehe bei erhitzten Honigen.

Probe	Reaktion nach Fiehe
1	schwach rosa, nach 5 Minuten verblassend
2	„ „ „ 5 „ „
3	orange, rasch farblos
4	schwach rot, dann in 2 Minuten farblos
5	schwach rosa, in 5 Minuten farblos

Zu wiederholten Malen und bei Honigen verschiedener Jahrgänge wurden zahlreiche, in der beschriebenen Weise erhitzte Honige des Handels mit dem gleichen Erfolg untersucht. Für uns besteht daher kein Zweifel, daß auch ein längeres Erhitzen der Honige auf hohe Temperaturen, wenn es sich in den gebräuchlichen und als notwendig erkannten Grenzen hält, keinen positiven Ausfall der Reaktion zur Folge haben kann.

Es ist nun aber mit der Möglichkeit zu rechnen, daß durch eine Karamelisierung des Honigs die Reaktionsträger erzeugt werden. Wenngleich karamelisierte Honige nicht als handelsfähige Ware gelten, sondern als verdorbene Honige anzusehen sind, so ist es für die Deutung der Reaktion doch von Wichtigkeit, wenn die übermäßige Erhitzung in einwandfreier Weise nachgewiesen werden kann. Dieser Nachweis kann mit Hilfe der diastatischen Fermente nach dem Verfahren von Auzinger[1]) geführt werden. Schon längere Zeit vor Veröffentlichung der Abhandlnng von Auzinger hat der eine von uns (Fiehe) fast das gleiche Verfahren wie Auzinger ausgearbeitet und im chemischen Laboratorium des Kaiserlichen Gesundheitsamtes angewendet. Die Veröffentlichung unterblieb, weil Auzinger inzwischen seine Arbeit bekannt gab. Das Verfahren beruht darauf, daß nicht auf hohe Temperaturen erhitzte Honige infolge ihrer diastatischen Eigenschaften lösliche Stärke innerhalb kurzer Zeit verzuckern. Die fortschreitende Verzuckerung kann mit Hilfe von Jodlösung verfolgt werden. Nach unseren Versuchen, worauf wir an anderer Stelle noch näher eingehen, wird die Diastase im Honig erst bei Temperaturen von über 85° zerstört. So besaßen z. B. die erwähnten, 3 Stunden lang auf 80—83° erhitzten Auslandshonige in allen Fällen diastatische Eigenschaften. In Verbindung mit dem Diastasenachweis dürfte die Resorzinsalzsäurereaktion besonders wertvoll sein.

Bei einem positiven Ausfall der Resorzinreaktion ist die Gegenwart von künstlichem Invertzucker nachgewiesen, wenn gleichzeitig die Prüfung auf diastatische Fermente positiv ausfällt; im andern Falle beweist ein positiver Ausfall der Resorzinreaktion, daß entweder künstlicher Invertzucker vorhanden ist, oder aber der Honig angebrannt und verdorben ist. Angebrannte und verdorbene Honige lassen sich aber an den äußeren Eigenschaften erkennen.

---

[1]) Zeitschrift f. Unters. d. Nahr.- u. Genußm. 1910, **19,** 65 und 353.

Witte[1]) hat seinerzeit die Ansicht ausgesprochen, daß bei Gegenwart von Diastase jede deutliche Rotfärbung, auch eine nur schwache oder nur am Rande des Schälchens auftretende als Beweis für die Verfälschung des Honigs mit Invertzucker aufzufassen sei. Wir möchten uns dieser Ansicht nicht anschließen. Witte setzt voraus, daß die Diastase schon bei 60—70° zerstört wird. Wie wir feststellen konnten, ist dies nicht zutreffend. Vielmehr geht die Diastase erst bei Temperaturen, die über 85° liegen, zugrunde. Ein mehrere Stunden auf 80° erhitzter Honig enthält Diastase und kann schwache Rotfärbungen aufweisen. Nur ausgesprochene kirschrote Färbungen halten wir daher bei Gegenwart von Diastase als beweisend für eine Verfälschung des Honigs mit Invertzucker oder Kunsthonig.

Wie steht es nun mit den Auslandshonigen, die nach den Ausführungen der Gegner der Reaktion fast regelmäßig positive Reaktionen geben sollen? Dem Gesundheitsamte standen durch Vermittelung des auswärtigen Amtes 112 Honigproben aus Österreich, Ungarn, Italien, Rußland, Spanien, Portugal, Jamaika, Brasilien, Kuba, Mexiko, Ver. Staaten von Amerika, Chile, Argentinien und Australien zur Verfügung. Die Honige waren durch die Kaiserl. Deutschen Vertretungen im Auslande beschafft worden. Da die Besprechung der Untersuchungsergebnisse dieser Honige an anderer Stelle erfolgen soll, so sei hier nur kurz bezüglich des Ausfalles der Invertzuckerreaktion bemerkt, daß drei aus Rußland stammende Honige Reaktionen aufwiesen, die zu Zweifeln Anlaß geben konnten. Außerdem gab noch ein Honig aus Brasilien mit Resorzinsalzsäure stärkere Färbungen. Letzterer Honig war in zugelöteter Blechdose eingesandt worden und an den Lötstellen verbrannt, auch enthielt er keine diastatischen Fermente und besaß Karamelgeschmack. Die russischen Honige schmeckten gleichfalls nach angebranntem Zucker und enthielten keine Diastase. Die Honige waren von schokoladenbrauner Farbe und offenbar angebrannte Buchweizenhonige. Die Färbungen, welche die übrigen Honige mit Resorzinsalzsäure gaben, waren sehr gering. Innerhalb einiger Minuten verblaßten die beobachteten Rosa- bis Orangefärbungen, und nach $^1/_2$ Stunde wurden überhaupt keine Färbungen mehr wahrgenommen. In den meisten Fällen aber blieb der Ätherrückstand nach dem Betupfen mit Resorzinsalzsäure von Anfang an farblos.

Wir konnten somit die Angaben von v. Raumer[2]) und Klassert[3]), daß Auslandshonige durchweg Kunsthonigreaktion zeigen, nicht bestätigen. Es hat sich vielmehr ergeben, daß die aus fast sämtlichen Honig produzierenden Ländern stammenden Honige durchweg wie Naturhonige reagierten. Auch die auf primitive Weise durch Ausschmelzen und Auspressen gewonnenen Erzeugnisse zeigten Naturhonigreaktion. In Übereinstimmung mit unseren Ergebnissen stehen die neueren Untersuchungen von K. Lendrich und F. Nottbohm[4]). Nur eine Probe unter 63 Auslandshonigen reagierte mit Resorzinsalzsäure schwach positiv, und dieser Honig enthielt keine Diastase, war von dunkler Farbe

---

[1]) Zeitschrift f. Unters. d. Nahr.- u. Genußm. 1911, **21**, 305.
[2]) Zeitschrift f. Unters. d. Nahr.- u. Genußm. 1909, **17**, 115.
[3]) Zeitschrift f. Unters. d. Nahr.- u. Genußm. 1909, **17**, 136.
[4]) Zeitschrift f. Unters. d. Nahr.- u. Genußm. 1911, **22**, 633.

und offenbar übermäßig erhitzt worden. Auch die in der Schweizer Honigstatistik[1]) aufgezählten 230 Honige des Jahres 1910 gaben in keinem Falle positive Reaktionen. Ebenso reagierten die in der Schweizer Honigstatistik[2]) 1909 aufgezählten 284 Honige in allen Fällen negativ.

Für die Beurteilung der Invertzuckerreaktion nach Fiehe sind ferner zwei neuere Abhandlungen von großem Interresse, von denen die eine aus dem Schweizerischen Gesundheitsamt (Die Verwendung der quantitativen Präzipitinreaktion bei Honig-untersuchungen, II. Mitteilung, von Dr. J. Thöni)[3]) und die andere aus dem Bureau of Chemistry des U. S. Department of Agriculture (Chemische Analyse und Zusammen-setzung ausländischer Honige von Cuba, Mexiko und Haiti, von A. Hugh Bryan[4]) stammt. Thöni prüfte die Reaktion an 61 echten Honigen der nachfolgenden Länder: Schweiz, Deutschland, Norwegen, Dänemark, Mexiko, Cuba, Chile, Ver. Staaten von Amerika und St. Domingo, sowie an 27 abnormen Honigen. Er kommt zu folgendem Ergebnis: „Aus diesen Resultaten geht hervor, daß echte Bienenhonige die Fiehesche Reaktion nicht gaben, daß dagegen verfälschte Honige, die als solche gekennzeichnet waren, stets positiv reagierten. Es liegt nach meiner Ansicht außer Zweifel, daß wir in der Fiehe-Reaktion ein zuverlässiges Reagens auf gewisse Verfälschungen des Honigs haben.“

Bryan prüfte die Reaktion an 72 Honigen aus Cuba, Mexiko und Haiti. Keine der Proben gab eine positive Reaktion auf käuflichen Invertzucker, trotzdem sämtliche Honige so hoch erhitzt waren, daß der kristallisierte Zucker verflüssigt war.

Es erhebt sich nun noch die Frage, ob infolge der Bekanntgabe der Reaktion Kunsthonige in solcher Weise hergestellt werden, daß die Verfälschung dem Nachweis entgeht. Bereits früher wurde von einem von uns (Fiehe) die Befürchtung ausge-sprochen, daß infolge der Veröffentlichung des Untersuchungsverfahrens vielleicht eine Änderung in der Kunsthonigfabrikation eintreten könne. Da es sich aber ergab, daß ohne vielseitige Nachprüfung einem neuen Verfahren niemals ausschlaggebende Be-deutung zugesprochen werden kann und insbesondere ein gerichtliches Vorgehen auf Grund des Verfahrens erfolglos ist, so wurde zur Veröffentlichung geschritten. Soweit es sich jetzt beurteilen läßt, sind die gehegten Befürchtungen unbegründet gewesen. Reese[5]) beobachtete bei 81 Kunsthonigen stets eine stark positive Reaktion. Reinsch[6]) konnte trotz vieler Bemühungen keinen Invertzucker auffinden, der die Reaktion nicht gab, und Reinhardt (a. a. O.) hat keinen Kunsthonig in Händen gehabt, der nicht stark positiv reagierte. Ähnliche Ergebnisse werden von anderer Seite berichtet. Uns standen 4 deutsche und 1 russischer Kunsthonig sowie 6 verschiedene Invertzucker-proben des Handels zur Verfügung, die sämtlich stark positiv reagierten. Witte (a. a. O.) berichtet dagegen, daß von 25 Kunsthonigen 22 positiv und 3 negativ

---

[1]) Schweizer Bienenzeitg. 1911, Nr. 7.

[2]) Schweizer Bienenzeitg. 1910, Nr. 7.

[3]) Mitteilungen aus dem Gebiet der Lebensmitteluntersuchung und Hygiene. Veröffentl. vom Schweiz. Gesundheitsamt 1912, **3**, 74.

[4]) Washington 1912, Bulletin Nr. 154.

[5]) Jahresber. Kiel 1909, S. 12.

[6]) Jahresber. Altona 1909, S. 25.

reagierten. Da aber die letzteren 3 im wesentlichen aus schlecht invertiertem Rübenzucker und Stärkesirup bestanden, so ist der negative Ausfall der Reaktion nicht weiter auffällig. Stärkesirup und schwach invertierte Rohrzuckerlösung sind am Dextringehalt bezw. am Rohrzuckergehalt kenntlich, und in diesen Fällen bedarf es keines anderen Nachweises.

Auch jetzt noch können also Verfälschungen des Honigs mit Invertzucker oder Kunsthonig mit Hilfe der Reaktion erkannt werden. Wenn Reinsch (a. a. O.) feststellen konnte, daß nach Bekanntgabe der Reaktion bedeutend weniger Honige des Handels positiv nach Fiehe reagieren, so ist dies unseres Erachtens darauf zurückzuführen, daß eine tatsächliche Besserung im Verkehr mit Honig eingetreten ist.

Von Lührig[1]) ist gegen die Reaktion noch vorgebracht worden, daß sie nicht beweisend für eine Verfälschung des Honigs mit Invertzucker sein könne, da der Träger der Reaktion beim Verfüttern der Bienen mit Invertzucker in das Fütterungserzeugnis übergehe und nach der gegenwärtigen Rechtslage ein derartiges Erzeugnis als „Honig" anzusprechen sei.

Hierzu ist zu bemerken, daß nach der am 30. März 1908 gefällten Entscheidung des Reichsgerichts (Entscheidungen des Reichsgerichts in Strafsachen Bd. 41, S. 205) allerdings ein Zuckerfütterungshonig dem gewöhnlichen Honig, der durch Einsammeln aus den in den Blüten enthaltenen Pflanzensäften seitens der Biene entsteht, gleichzustellen ist. Es ist aber wohl zu berücksichtigen, daß die Unterlagen, auf denen sich dieses Urteil aufbaute, inzwischen eine nicht unwesentliche Veränderung erfahren haben. Während das Reichsgericht annimmt, daß zwischen einem Zuckerfütterungshonig und einem normalen Blütenhonig keine wesentlichen Unterschiede bestehen und insbesondere eine chemische Unterscheidung zwischen beiden nicht geführt werden kann, hat neuerdings Auzinger (a. a. O.) festgestellt, daß ein Zuckerfütterungshonig ganz andere biologische Eigenschaften besitzt, als ein gewöhnlicher Blütenhonig und daß eine Unterscheidung auf biochemischem Wege möglich ist. Außerdem handelt es sich im besprochenen Falle nicht um ein Fütterungserzeugnis von Rohrzucker, sondern von Invertzucker, welches Zuckerzersetzungsprodukte enthält und an diesen Stoffen chemisch leicht erkennbar ist. Ob daher das Reichsgericht bei einer Invertzuckerfütterung und bei Zugrundelegung der neueren Forschungen zu dem gleichen Ergebnis hinsichtlich der Beurteilung der Zuckerfütterungshonige gelangen würde, ist zum mindesten sehr zweifelhaft. Lührig[2]) geht aber noch weiter. Er verwirft auch die von einem von uns (Fiehe) ausgearbeitete Stärkesirupreaktion unter Hinweis auf obige Entscheidung des Reichsgerichts und mit der Begründung, daß nach seinen Versuchen die Dextrine des Stärkesirups in das Fütterungserzeugnis übergehen. Da ein Erzeugnis der Biene, das von einer Fütterung mit Stärkesirup herrührt eine ganz andere chemische Zusammensetzung besitzt, als Honig und sich grundsätzlich von diesem durch das Fehlen der Fruktose und durch die Gegenwart der Stärkedextrine

---

[1]) Pharmaz. Zentralhalle 1909, **50,** 355.
[2]) Pharmaz. Zentralhalle 1909, **50,** 605.

unterscheidet, so kann die Anwendbarkeit der Reichsgerichtsentscheidung auf diese Erzeugnisse gar nicht in Frage kommen. Uns erscheinen im Gegenteil die Reaktionen zum Nachweis von Invertzucker und Stärkesirup um so wertvoller, als sie auch sogenannte „Fälschungen auf der Biene" erkennen lassen.

Nach Bekanntgabe des Invertzuckernachweises mit Resorzinsalzsäure sind eine Reihe von Parallelreaktionen veröffentlicht worden. Der Weg zur Auffindung solcher Reaktionen war gegeben, nachdem bekannt war, daß die Reaktion auf der Anwesenheit von Oxymethylfurfurol beruhe. Von diesen Reaktionen sind insbesondere zu nennen die Verfahren von Jägerschmid[1]), Feder[2]) und Armani und Barboni[3]).

Jägerschmid zieht den Honig mit Aceton aus und setzt diesem Auszug ein gleiches Volumen konzentrierter Salzsäure zu. Bei Gegenwart von künstlichem Invertzucker soll sofort eine violettrote oder karmoisinrote Färbung auftreten. Reine Honige geben hierbei eine bernsteingelbe Farbe. Das Verfahren ist von verschiedener Seite nachgeprüft worden. Witte[4]) hält es für wenig brauchbar, weil die Färbungen nicht charakteristisch genug sind, während Reinhardt[5]) gute Erfolge mit der Methode erzielt hat.

Feder verreibt den Honig mit frisch bereiteter Anilinchloridlösung, bis die ganze Masse homogen geworden ist. Bei positiver Reaktion wird die Mischung prachtvoll himbeer- bis kirschrot, bei negativer Reaktion ist die Farbe hellgelb bis schmutzig braun. Hasterlik[6]) hat mit der Methode einige Versuche angestellt und hält sie für wertvoll.

Armani und Barboni verwenden zum Nachweis des Kunsthonigs essigsaures Benzidin. Eine 20%ige Verfälschung des Honigs mit Invertzucker soll noch an der tiefgelben Farbe, welche nach Zusatz des Reagens auftritt, erkennbar sein. Die von Hasterlik mit dieser Methode erzielten Ergebnisse sind aber wenig ermutigend gewesen.

Endlich ist noch die von Browne[7]) angegebene Anilinacetat-Probe zu nennen.

Nach dieser Probe werden 5 ccm einer konzentrierten Honiglösung (1 + 1) mit 1—2 ccm einer Mischung von 5 ccm Anilin, 5 ccm Wasser und 2 ccm Eisessig überschichtet. Bei Gegenwart von künstlichem Invertzucker soll an der Berührungsstelle der beiden Flüssigkeiten ein roter Ring entstehen, während bei reinen Honigen sich keine Färbungen bemerkbar machen.

Browne führt die Reaktion auf die Gegenwart geringer Mengen Furfurol im Invertzucker zurück und bemerkt, daß auch Honige, die auf hohe Temperaturen erhitzt wurden, die Reaktion geben können.

Witte[8]) hat dies Verfahren nachgeprüft und günstig beurteilt. Er meint aber, daß die Reaktion mit Resorzinsalzsäure weit charakteristischer sei.

[1]) Zeitschr. f. Unters. d. Nahr.- u. Genußm. 1909, **17, 671.**
[2]) Zeitschr. f. Unters. d. Nahr.- u. Genußm. 1911, **22, 411.**
[3]) Chem. Ztg. 1911, **35, 383.**
[4]) A. a. O.
[5]) A. a. O.
[6]) Leipziger Bienenzeitung 1912, Heft 2, S. 19.
[7]) Zeitschr. d. Ver. Deutscher Zuckerind. 1908, **45, 751.**
[8]) Zeitschr. f. Unters. d. Nahr.- u. Genußm. 1909, **18, 625.**

Wir ziehen unsererseits vor, die Reaktion in der von dem einen von uns an-gegebenen und vorstehend nochmals erläuterten Form auszuführen.

VII. Prüfung auf Stärkesirup und Stärkezucker.

Die Methoden, welche zur Prüfung auf Stärkesirup und Stärkezucker im Honig Verwendung finden, beruhen vorzugsweise auf dem Nachweis der Stärkedextrine. Dieser Nachweis wird dadurch erschwert, daß auch im Honig dextrinartige Verbin-dungen mit ähnlichen Eigenschaften wie die Dextrine des Stärkesirups vorkommen. Insbesondere sind die Honigtau- und Koniferenhonige reich an derartigen Verbindungen.

Nach den „Vereinbarungen" soll die Menge der vorhandenen Dextrine Aufschluß darüber geben, ob eine Verfälschung des Honigs mit Stärkesirup oder Stärkezucker vorliegt. Die unter Zusatz von Nährsalzlösung mit reingezüchteter Weinhefe vergorene Honiglösung wird auf ihre optische Drehung geprüft und, falls erhebliche Rechtsdrehung vorhanden ist, mit Alkohol auf Dextrin geprüft. Beträgt die Rechtsdrehung der $10\,\%$igen ver-gorenen Honiglösung mehr als $+3$ Bogengrade bei Anwendung des 200 mm-Rohres und fällt die qualitative Dextrinreaktion positiv aus, so wird auf einen Zusatz von Stärkesirup oder Stärkezucker zum Honig geschlossen. Dasselbe ist der Fall, wenn die nach dem Vergären der Honiglösung quantitativ ermittelte Dextrinmenge mehr als $10\,\%$ beträgt. Hierzu ist folgendes anzuführen.

Die spezifische Drehung $[\alpha]_D$ der im Stärkesirup enthaltenen Dextrine liegt zwischen $+170$ und 196^0. Demnach wird 1 g Stärkedextrin in 100 ccm Wasser gelöst im 200 mm-Rohr eine Rechtsdrehung von $+3,4$ bis $3,92^0$ aufweisen. Die spezifische Drehung der Honigdextrine ist dagegen geringer. Hilger und Wolff[1] fanden die spezifische Drehung $[\alpha]_D$ bei 4 Proben zu $+157$, $131,28$, $125,59$ und $119,9^0$. 1 g dieser Honigdextrine, in 100 ccm Wasser gelöst, wird demnach im 200 mm-Rohr etwa $+2,4$ bis $+3,1^0$ drehen.

Eine Rechtsdrehung der $10\,\%$igen vergorenen Honiglösung von $+3$ Bogengraden würde danach auf einen Dextringehalt von etwa $10\,\%$ hinweisen. Da aber nach Untersuchungen von Hilger und Wolff die Honigdextrine von Weinhefe angegriffen werden (nur das Dextrin $[\alpha]_D = +157^0$ erwies sich als beständig gegenüber Weinhefe) und je nach der Beschaffenheit bis zu $50\,\%$ vergoren werden, so wird eine Drehung der mit Weinhefe vergorenen $10\,\%$igen Honiglösung von $+3$ Bogengraden in den meisten Fällen einem bedeutend höheren ursprünglich im Honig vorhanden gewesenen Dextringehalt als $10\,\%$ entsprechen. Anders liegen aber die Verhältnisse, wenn die Dextrine nicht dem Honig sondern dem Stärkesirup entstammen. Diese Dextrine werden durch Weinhefe nicht oder nur unbedeutend angegriffen und befinden sich somit zum weitaus größten Teil im Gärungsrückstand. Bei Zugrundelegung der spezifischen Drehung $[\alpha]_D$ $+170$ bis 196^0 würde eine Rechtsdrehung der $10\,\%$igen vergorenen Lösung von $+3^0$ etwa $0,7—0,9$ g Stärkedextrin und bei Annahme von etwa $40\,\%$ Dextrin im Stärkesirup $1,8—2,2$ g Stärkesirup entsprechen. Ein Stärke-sirupzusatz von $18—22\,\%$ zum Honig würde somit auf Grund der obigen Methode

---

[1] Zeitschrift f. Untersuchung d. Nahr.- u. Genußm. 1904, 8, 110.

nicht erkannt werden können, weil entsprechende Drehungen auch durch die natürlichen Dextrine des Honigs hervorgerufen werden.

Indem somit die „Vereinbarungen" einerseits der Tatsache Rechnung tragen, daß die vergorene Honiglösung noch etwa 10% natürliche Dextrine enthalten kann, mußte anderseits auf die Erkennung und Beanstandung von etwa 20% Stärkesirup mit Hilfe dieser Methode verzichtet werden. Von der „Freien Vereinigung" ist vorgeschlagen worden, schon eine Rechtsdrehung der 10%igen vergorenen Honiglösung von mehr als $+1$ Kreisgrad zu beanstanden. Unter der Annahme, daß etwa 50% des Honigdextrins vergoren würden, wären dann Honigdextrinmengen von etwa 7% und darüber im Honig verdächtig. Andrerseits könnte ein Stärkesirupzusatz zum Honig von über 6% auf Grund der Methode erkannt werden. Im Tannenhonig sind nun aber vielfach 10% und mehr Honigdextrin beobachtet worden. So fand Schaffer[1] in 4 Coniferenhonigen 14,77; 15,53; 16,41 und 16,79 $\%$ Dextrin (einschließlich der geringfügigen Menge an Stickstoffsubstanz, Wachs usw.). In 5 weiteren authentisch reinen Honigen fand er 14,38; 13,52; 13,04; 14,92 und 13,63 $\%$ Dextrin. Ähnliche Ergebnisse werden von anderen Forschern berichtet.

Im Hinblick hierauf soll zur Bestätigung des Verdachtes eines Stärkesirupzusatzes zum Honig das spezifische Drehungsvermögen der Dextrine ermittelt und die Beckmannsche Reaktion[2] ausgeführt werden. Die spezifische Drehung darf nicht gleich oder ähnlich der spezifischen Drehung der Dextrine des Stärkesirups ($[\alpha]_D = +170$ bis $+193\,^0$) sein, und nach der Reaktion von Beckmann dürfen nicht mehr als Spuren eines Niederschlages erhalten werden. Es erscheint aber zweckmäßig, die letzteren Methoden sofort zur Anwendung zu bringen und nicht erst dann, wenn die Drehung der 10%igen vergorenen Honiglösung über $+1\,^0$ beträgt. Als Vorprobe könnte eine qualitative Dextrinreaktion und als Bestätigungsprobe die Feststellung des spezifischen Drehungsvermögens der Dextrine dienen.

Für die qualitative Dextrinprobe kann außer der bekannten Methode von Beckmann[2] ein von dem einen von uns (Fiehe) ausgearbeitetes Untersuchungsverfahren[3] zur Unterscheidung der Honig- und Stärkedextrine in Frage kommen. Das Verfahren besteht darin, daß Honigdextrine bei Gegenwart von Salzsäure durch Alkohol nicht gefällt werden, während Stärkedextrine unter den gleichen Bedingungen zur Ausfällung gelangen. Versetzt man 1 ccm der mit Gerbsäure vom Eiweiß befreiten $33^1/_3\%$igen Honiglösung mit 2 Tropfen konzentrierter Salzsäure und 10 ccm absolutem Alkohol, so tritt bei Gegenwart von Dextrinen des Stärkesirups und Stärkezuckers eine milchige Trübung ein, während bei Abwesenheit dieser Dextrine die Lösung klar oder doch fast klar bleibt. Das Verfahren ist von Witte[4] nachgeprüft worden und hat sich gut bewährt. Auch Petri[5] wendet die Methode mit gutem Erfolg an. Fellenberg[6],

---

[1] Zeitschr. f. Unters. d. Nahr.- u. Genußm. 1908, **15**, 604.
[2] Zeitschr. anal. Chem. 1896, **35**, 263; Zeitschr. f. Unt. d. Nahr. u. Genußm. 1901, **4**, 1065.
[3] Arbeiten aus dem Kaiserl. Gesundheitsamte 1909, **32**, 218.
[4] Zeitschr. f. Unters. d. Nahr.- u. Genußm. 1911, **21**, 305.
[5] Jahresbericht d. Nahrungsmittel-Untersuchungsamtes Coblenz 1909.
[6] Mitteilungen aus dem Gebiete der Lebensmitteluntersuchung und Hygiene. Veröffentl. vom Schweiz. Gesundheitsamt 1911, **2**, 161.

welcher die Methode an einer Reihe von Schweizerhonigen nachprüfte, die sehr reich an Honigdextrinen waren, bezeichnet die Reaktion als sehr empfindlich, einfach und sicher. Wir beobachteten bei der Untersuchung von 112 Auslandshonigen, worunter sich auch Tannenhonige befanden, in keinem Falle Trübungen, die zu Zweifeln Anlaß gaben. Ein Stärkesirupzusatz von nur 5 % konnte dagegen im Tannen- und Blütenhonig mit Sicherheit erkannt werden. Die Methode bietet gegenüber dem Verfahren von Beckmann unter anderem in den Fällen Vorteile, in denen es sich um Untersuchung stark eiweißhaltiger Honige handelt. Diese Honige geben mit dem Beckmannschen Reagens (Barytlauge und Methylalkohol) starke Fällungen, während sie mit Salzsäure-alkohol völlig klar bleiben.

Aus unseren Untersuchungsergebnissen seien folgende angeführt:

Tabelle XXIII.

Ausfall der Prüfung auf Stärkesirup nach Beckmann und Fiehe.

Laufende Nr.	Optische Drehung[1]		Prüfung auf Stärkesirup		Eiweiß-fällung nach Lund
	vor	nach			
	der Inversion		nach Beckmann	nach Fiehe	ccm
108	— 1,81	— 2,22	sofort starke Fällung	klar	1,30
109	— 1,01	— 1,40	„ „ „	„	2,60
110	— 0,66	— 0,93	„ „ „	„	2,40
111	— 0,80	— 1,27	„ „ „	„	4,35
112	— 2,40	— 2,56	„ „ „	„	4,20

Bei den Honigen Nr. 109—112 wird die starke Fällung mit dem Reagens von Beckmann zweifellos mit der großen Menge der fällbaren Eiweißstoffe in Zusammenhang stehen. Beim Honig Nr. 108 ist dagegen die Eiweißfällung nach Lund nicht ungewöhnlich hoch; der Ausfall der Beckmannschen Prüfung scheint daher noch von andern Stoffen als Eiweißstoffen ungünstig beeinflußt zu werden.

Vor kurzem sind einige Fälle bekannt geworden, in denen auch anscheinend echte Honige mit Salzsäure-Alkohol Trübungen und Fällungen gaben. So berichtet Rosenthaler[2] in seiner Abhandlung „Über die Mutarotation des Honigs", von einem Tannenhonig, bei dem die Reaktion positiv ausfiel. Da der Honig in Gegenwart eines von Rosenthaler Beauftragten geschleudert wurde, so hält er ihn für frei von Stärkesirup. Bei den übrigen 40 Honigen, unter denen sich zahlreiche rechtsdrehende Tannenhonige befanden, fiel die Reaktion stets negativ aus. Auch Voermann und Bakker[3] finden unter 37 Honigen des Inlands und Auslands 2 Proben, von denen die eine eine schwache, die andere eine sehr deutliche Trübung mit Salzsäure-Alkohol zeigte. Die sonstige Zusammensetzung der Honige gab keinen Anhalt dafür, daß eine Verfälschung mit Stärkesirup vorlag, was aber immerhin noch nicht ausschließt, daß

---

[1] im 200 mm-Rohr in Kreisgraden (10 g Honig zu 100 ccm).
[2] Zeitschr. f. Unters. d. Nahr.- u. Genußm. 1911, **22,** 644.
[3] Chemisch Weekblad 1911, **8,** 784.

die Bienen geringe Mengen von Stärkesiruppräparaten eingetragen haben, wie dies bei Gelegenheit der Abhaltung von Jahrmärkten wiederholt beobachtet ist. Bei der Feinheit der Reaktion werden auch Stärkesirupmengen von nur 5 % angezeigt, deren Erkennung mit anderen Methoden kaum möglich ist. Nach Untersuchungen von Lührig[1]) geben auch die Fütterungserzeugnisse der Bienen mit Stärkesirup positive Alkoholsalzsäurereaktionen.

Von König und Karsch[2]) ist eine Untersuchungsmethode für die Prüfung auf Stärkesirup im Honig in Vorschlag gebracht worden, die auf dem Nachweis der Glykose des Stärkesirups beruht. Die Forscher gehen von der Voraussetzung aus, daß ein reiner Honig seine Rechtsdrehung nur einem natürlichen Dextringehalt, unter Umständen in Verbindung mit Saccharose verdanken kann. Nach Entfernung der Dextrine mit Alkohol müsse daher reiner Honig linksdrehend werden. Verbleibende Rechtsdrehung sei entweder einem hohen Glykosegehalt, herrührend aus dem Stärkesirup, oder aber auch einem hohen Saccharosegehalt zuzuschreiben. Saccharose werde nach der Inversion linksdrehend und könne so von der Glykose unterschieden werden.

Dieses Verfahren, welches in die „Vereinbarungen" Aufnahme gefunden hat, bietet dann Vorteile gegenüber den bereits genannten Methoden, wenn der zur Fälschung benutzte Stärkesirup arm an Dextrinen ist.

Die Methode hat sich bei der Nachprüfung als wertvoll erwiesen. Als beweisend für einen Stärkesirupzusatz zum Honig kann sie jedoch nicht angesehen werden, da einerseits mit der Möglichkeit zu rechnen ist, daß eine Anreicherung der Glykose durch eine unrichtige Probeentnahme des Honigs (unter teilweiser Entmischung) erfolgt ist, und anderseits Honige mit natürlichem hohem Glykosegehalt vorkommen. So wurde von Browne (a. a. O.) ein von Ackerminze stammender Honig mit 23,35 % Fruktose und 46,40 % Glykose beobachtet.

Es erscheint daher zweckmäßig, den Nachweis des Stärkesirups im Honig in erster Linie auf die Eigenschaften der Stärkedextrine zu gründen.

Für die quantitative Bestimmung des Stärkesirups im Honig fehlt es bisher an einem geeigneten Verfahren. Die Methode von Juckenack und Pasternack[3]), zur quantitativen Bestimmung von Stärkesirup in Fruchtsäften, welche auf der Erwägung beruht, daß einerseits der Gehalt des Stärkesirups an Dextrin und Glykose und daher die spezifische Drehung der invertierten Trockensubstanz des Stärkesirups nur wenig schwankt, anderseits der Extraktgehalt der reinen Fruchtsirupe nur aus Invertzucker und Rohrzucker besteht, läßt sich für Honig nicht anwenden, weil die Honige natürliche Dextrine in wechselnden Mengen enthalten und daher die spezifische Drehung der invertierten Trockensubstanz sehr großen Schwankungen unterworfen ist. Zur Erzielung von Annäherungswerten wird vielleicht das Verfahren von Beckmann (a. a. O.), wonach der mit Barytlauge und Methylalkohol erhaltene Dextrinniederschlag quantitativ bestimmt wird, gute Dienste tun.

---

[1]) Pharmaz. Zentralhalle 1909, **50,** 605.
[2]) Zeitschr. analyt. Chem. 1895, **34,** 1.
[3]) Zeitschr. f. Unters. d. Nahr.- u. Genußm. 1904, **8,** 10.

Im Anschluß hieran sei auf ein von A. Volant[1]) bekannt gegebenes neues Verfahren zur Ermittelung von Handelsdextrinen in Nahrungsmitteln hingewiesen. Das Verfahren beruht auf der bereits erwähnten (S. 146) Methode von Lemeland[2]), wonach die verschiedenen Mono- und Disaccharide beim Erhitzen mit alkalischer Wasserstoffsuperoxydlösung inaktiv werden, während Saccharose und Dextrine mit starker Rechtsdrehung (die mit geringer Drehung werden abgebaut) unter den gleichen Bedingungen ihre Drehung behalten. Um die bei dieser Bestimmung störende Saccharose unschädlich zu machen, wird sie zunächst durch Erhitzen mit Salzsäure auf dem Wasserbade invertiert und dann mit Alkali und Wasserstoffsuperoxyd inaktiviert. Der Dextringehalt wird aus der Drehung berechnet.

Die Verwendbarkeit dieses Verfahrens beim Honig wird von dem Verhalten der Honigdextrine gegen alkalische Wasserstoffsuperoxydlösung abhängig sein. Werden die Honigdextrine bei dieser Behandlung inaktiv, so ist das Verfahren voraussichtlich geeignet, eine Unterscheidung zwischen Stärke- und Honigdextrin herbeizuführen, und demnach zur annähernden Bestimmung von Stärkedextrin im Honig brauchbar. Werden aber die Honigdextrine nicht inaktiv, so ist das Verfahren für diesen Zweck nicht verwendbar.

VIII. Prüfung auf diastatische Fermente.

Wie bereits bei Besprechung des Nachweises von künstlichem Invertzucker ausgeführt worden ist (S. 155), kann die Erhitzung eines Honigs auf hohe Temperaturen mit Hilfe der diastatischen Fermente nach dem Verfahren von Auzinger erkannt werden.

Wir prüfen die Honige in der Weise, daß eine Reihe von Probiergläsern mit je 5 ccm einer frisch bereiteten 20%igen Honiglösung beschickt und nach Zugabe von je 1 ccm einer 1%igen Lösung von löslicher Stärke im Wasserbade bei 40^0 erwärmt wird. Nach je 5 Minuten wird ein Probierglas aus dem Wasserbad genommen, es werden einige Tropfen Jod-Jodkaliumlösung (1 g Jod und 2 g Jodkalium in 300 ccm Wasser gelöst) hinzugefügt und die entstehende Färbung beobachtet. Ist der Honig nicht auf hohe Temperaturen erhitzt worden, so macht sich schon nach 5 Minuten die Verzuckerung der Stärke bemerkbar und nach 30 Minuten ist in den meisten Fällen keine Stärke mehr nachzuweisen. Die Farbe geht je nach dem Stande der Verzuckerung allmählich von tiefblau in rotbraun und hellgelb bis gelbgrün über. Stark erhitzte Honige geben bei der gleichen Behandlung die tief violettblaue Färbung der Jodstärke. Da die meisten Honige jodbindende Eigenschaften besitzen, so dürfen nur die sofort nach Zugabe der Jodlösung auftretenden Färbungen als kennzeichnend angesehen werden. Zur Feststellung, bei welchen Wärmegraden die Diastase zerstört wird, erhitzten wir 4 verschiedene Honigproben in Mengen von etwa 50 g je eine Stunde auf 70^0, dann auf 80, 85 und 90^0.

Es ergab sich folgendes:

[1]) Annal. d. Falsific. 1911, **4**, 504.
[2]) Journal de Pharmacie et de Chimie 1910, [7], **2**, 298 und Annal. d. Falsific. 1911, **4**, 32.

Tabelle XXIV. Diastase in erhitzten Honigen.

Nr. des Honigs	1. Stunde auf 70° erwärmt	noch 1 Std. auf 80° erwärmt	noch 1 Std. auf 85° erwärmt	noch 1 Std. auf 90° erwärmt
48	Diastase vorhanden aber gering geschwächt	Diastase geschwächt	Diastase stark geschwächt	Diastase zerstört
49	„ „	„ „	„ „	„ „
51	„ „	„ „	„ „	„ „

Folgende Farbenerscheinungen wurden bei der Ausführung dieser Diastaseproben beobachtet:

Tabelle XXV. Verhalten erhitzter Honige bei der Diastaseprüfung.

Nr. des Honigs	Reaktion nach Minuten	nicht erhitzt	1 Stunde auf 70° erhitzt	noch 1 Std. auf 80° erhitzt	noch 1 Stunde auf 85° erhitzt	noch 1 Stunde auf 90° erhitzt
48	5	rötlichbraun	rötlichbraun	violettblau	blau	tiefblau
	10	„	„	„	—	
	15	hellgelb	hellgelb	violett	blau	
	30	—	—	rötlichbraun	blau m. violett. Stich	
	60	—	—	hellgelb	rötlich violett	
	105	—	—	—	gelbrot	
49	5	hellgelb	rötlichbraun	—	—	tiefblau
	10	—	schwach rötlichbraun	—	—	
	15	—	hellgelb	hellgelb	blau	
	30	—	—	—	blau m. violett. Stich	
	60	—	—	—	„	
	105	—	—	—	rötlich m. viol. Stich	
51	5	rötlichbraun	—	—	—	tiefblau
	10	hellbraun	—	—	—	
	15	hellgelb	schwach rotbraun	rotbraun	blau	
	30	—	hellgelb	hellgelb	blau m. violett. Stich	
	60	—	—	—	„	
	120	—	—	—	rötlich m. viol. Stich	

Hieraus ergibt sich, daß die Diastase bei Temperaturen von 85—90° zugrunde geht. Unsere früheren Beobachtungen, wonach Honige, die 3 Stunden auf 80 bis 83° erhitzt waren, noch diastatische Fermente enthielten, wurden also durch obige Versuche bestätigt.

A u z i n g e r gibt nun in seiner ersten Abhandlung an, daß die Diastase des Honigs bei Hitzegraden von über 70° zugrunde gehe. In seiner zweiten Arbeit weist er sogar nach, daß die Diastase schon bei Temperaturen von 50—60° zerstört wird. Die Versuchsanstellung A u z i n g e r s ist aber von der unsrigen verschieden und entspricht nicht der Praxis. Er erhitzt nicht den Honig, sondern die 33$^1/_3$%ige Honiglösung. Die Diastase scheint demnach in verdünnteren wässerigen Lösungen gegen hohe Wärmegrade weit empfindlicher zu sein, als in konzentrierten Zuckerlösungen.

Der Invertzucker des Honigs oder aber die Eiweißstoffe üben gewissermaßen eine Schutzwirkung auf die Diastase aus. Wir beobachteten auch, daß wässerige Honiglösungen nach 24 stündigem Stehen bei gewöhnlicher Temperatur ihre diastatischen Eigenschaften völlig verloren hatten. Eine frische Bereitung der Honiglösung ist daher für die Prüfung auf Diastase unbedingt erforderlich. Die Feststellung, daß die Diastase in unverdünntem Honig erst bei 85—90° C zerstört wird, erscheint uns um so wichtiger, als derartige Temperaturen im Großhandel zum Umschmelzen der Honige weder üblich noch erforderlich sind. Unter der Voraussetzung, daß alle Honige Diastase enthalten, würde also deren Abwesenheit auf eine übermäßige Erhitzung des Honigs hinweisen. Da nach Untersuchungen von Langer[1]) die Fermente des Honigs tierischen Ursprungs sind und vornehmlich dem Bienenspeichel entstammen, so kann es auch keinem Zweifel unterliegen, daß nicht erhitzte Honige Diastase enthalten müssen. Es besaßen auch die uns zur Verfügung stehenden Auslandshonige, soweit sie nicht übermäßig erhitzt waren, sämtlich diastatische Eigenschaften.

Die von v. Raumer[2]) für die „Vereinbarungen" vorgeschlagene Marpmannsche Peroxydasenreaktion mit Paraphenylendiamin und Wasserstoffsuperoxyd zum Nachweis erhitzter Honige, ist nach Untersuchungen von Auzinger (a. a. O.) eine einfache chemische Reaktion, die durch die Fruktose des Honigs hervorgerufen wird und daher zum Nachweis und zur Unterscheidung erhitzter und nicht erhitzter Honige völlig unbrauchbar. v. Raumer[3]) hat ja auch selbst mit der Marpmannschen Probe die schlechtesten Erfahrungen gemacht.

IX. Prüfung auf Eiweißstoffe nach dem Verfahren von Lund[4]).

Lund verwendet zur Ausfällung der Eiweißstoffe im Honig 0,5 %ige Gerbsäurelösung. Für die Messung des Niederschlages dienen Röhren von 35 cm Länge, 16 mm Weite im oberen Teil und 8 mm Weite im unteren Teil. Der Übergang vom oberen zum unteren Teil der Röhre soll sich auf etwa 4 cm Länge verteilen. Der untere Teil, welcher etwa 4 ccm faßt, ist in zehntel ccm eingeteilt. Der obere Teil trägt Marken bei 20, 25 und 40 ccm.

Es werden 10 ccm einer 20 %igen filtrierten Honiglösung in die Röhre gegeben, mit Wasser auf 35 ccm aufgefüllt und 5 ccm einer 0,5 %igen Gerbsäurelösung unter vorsichtigem Umschwenken hinzugefügt. Nach 24 stündigem Stehen wird das Niederschlagsvolumen abgelesen. Falls sich der Niederschlag nicht im unteren Teil der Röhre sammelt, wird durch Drehen der Röhre um ihre Längsachse nachgeholfen. Reine Honige sollen nach Lund 1,4—2,3 ccm Niederschlag geben. Bei Kunsthonigen soll dagegen die Niederschlagsmenge zwischen 0 und 0,3 ccm schwanken.

Neuerdings verwendet Lund zur Fällung der Eiweißstoffe Phosphorwolframsäure, weil die hiermit erzielten Niederschläge kompakter sind und ihr Volum besser ablesbar

---

[1]) Zeitschr. f. Unters. d. Nahr.- u. Genußm. 1902, **5,** 1204, ferner Archiv f. Hygiene 1909, **71,** 308.

[2]) Zeitschr. f. Unters. d. Nahr.- u. Genußm. 1908, **16,** 21.

[3]) Zeitschr. f. Unters. d. Nahr.- u. Genußm. 1909, **17,** 122.

[4]) Zeitschr. f. Unters. d. Nahr.- u. Genußm. 1909, **17,** 128, ferner Mitteilungen a. d. Gebiete d. Lebensmittelunters. u. Hygiene, veröff. v. Schweizer Ges.-Amt 1910, **1,** 38.

ist. Das Reagens besteht aus einer Mischung von 2,0 g Phosphorwolframsäure, 20 ccm verdünnter Schwefelsäure (1 + 4) und 80 ccm Wasser. Bei reinen Honigen soll die Niederschlagsmenge 0,6—2,7 ccm und im Mittel 1,1 ccm betragen.

Das Verfahren ist von Witte (a. a. O.) nachgeprüft worden. Er stellte für reine Honige als unterste Grenze 0,9 ccm Gerbsäurefällung und 0,6 ccm Phosphorwolfram-säurefällung fest. Nach Untersuchungen von Reinhardt (a. a. O.) ist dagegen die Lundsche Fällung weit größeren Schwankungen unterworfen. Er glaubt die Tannin-fällung für die Beurteilung nur dann heranziehen zu dürfen, wenn die Niederschlags-menge 0—0,4 ccm beträgt. Th. Nußbaumer[1] beobachtete bei überseeischen Honigen als äußerste Grenze 0,28 ccm Gerbsäureniederschlag. Bei Heideblütenhonig wurde von Kappeller und Gottfried[2] 6 ccm Fällung festgestellt. Lendrich und Nott-bohm[3] bekamen bei zwei Auslandshonigen überhaupt keine Abscheidung, sondern nur eine schwache Trübung. Bei den übrigen 61 Auslandshonigen schwankte die Menge des erhaltenen Niederschlages zwischen 0,1 und 3,6 ccm und betrug im Durch-schnitt 0,96 ccm. Es konnte ferner eine gewisse Gesetzmäßigkeit zwischen der Höhe der Eiweißfällung nach Lund und dem Gehalt an Stickstoffsubstanz bei Honig aus den einzelnen Ursprungsländern festgestellt werden. Bei Honigen aus Hawaii, Italien, Kalifornien, Mexiko und Frankreich stieg mit zunehmendem Stickstoffgehalt auch die Fällung nach Lund. Bei den Honigen aus Chile und Jamaika fiel im Verhältnis zur Stickstoffsubstanz die Abscheidung nach Lund zu niedrig aus. Die Honige von Haiti, Peru und San Domingo nahmen eine Mittelstellung ein.

Bei unseren Untersuchungen der Auslandshonige wurde bei Verwendung von Phosphorwolframsäure 0,37 bis 4,33 ccm Niederschlag gemessen. Die Angaben Rein-hardts, wonach die Lundsche Fällung innerhalb weiter Grenzen schwankt, konnten wir somit bestätigen. Damit erscheint auch der Wert des Verfahrens in Frage gestellt. Es liegt jedenfalls die Möglichkeit vor, einem Invertzucker durch geringe Beimischungen eines stark eiweißhaltigen Honigs normale Mengen fällbarer Eiweißstoffe zu geben. Da Kunsthonige vorzugsweise unter Zusatz von Heidehonig hergestellt werden, so werden diese Erzeugnisse auch zumeist nach Lund normal reagieren.

Unter diesen Verhältnissen dürfte es zweckmäßig sein, dem Lundschen Ver-fahren keine zu große Bedeutung zuzumessen. In den Fällen, in welchen die stick-stoffhaltigen Bestandteile zur Beurteilung herangezogen werden sollen, wird die Be-stimmung des Gesamtstickstoffes nach dem Verfahren von Kjeldahl bessere Dienste tun, als die Bestimmung der fällbaren Eiweißstoffe nach Lund.

Zusammenfassung.

Die vorstehenden Darlegungen lassen sich in folgende Schlußsätze zusammenfassen:

1. Für die genaue Ermittelung des Trockenrückstandes im Honig kann nur die gewichtsanalytische Bestimmung — unter näher angegebenen Bedingungen —

---

[1] Zeitschr. f. Unters. d. Nahr.- u. Genußm. 1910, **20,** 272.

[2] Jahresbericht Magdeburg 1910, S. 20.

[3] Zeitschr. f. Unters. d. Nahr.- u. Genußm. 1911, **22,** 633.

Verwendung finden. Für die indirekte Bestimmung des Trockenrückstandes aus der Dichte der Honiglösung kann nur die Rohrzuckertafel von Windisch oder eine entsprechende Formel benutzt werden. Diese Bestimmungsmethode gibt nur Annäherungswerte.

2. Bei der Bestimmung der freien Säure des Honigs ist empfindliches blauviolettes Lackmuspapier als Indikator zu wählen. Mit Rücksicht darauf, daß Ameisensäure im Honig nicht einwandfrei nachgewiesen ist, erscheint es angebracht, die Säuremenge nicht als Ameisensäure, sondern in Kubikzentimetern Normallauge auszudrücken.

3. In der Honigasche kann mit der Bestimmung der Alkalität bequem eine einfache acidimetrische Titration der Phosphate verbunden werden. Für die Beurteilung des Honigs erscheint die Ermittelung der Phosphate wertvoll.

4. Für die Zuckerbestimmung mit Fehlingscher Lösung ist es gleichgültig, ob das Kupfer als Metall oder als Oxyd gewogen wird.

5. Der Rohrzucker des Honigs ist gewichtsanalytisch zu bestimmen; die polarimetrische Methode ergibt nur Annäherungswerte.

6. Zum Nachweis von künstlichem Invertzucker im Honig ist die Methode von Ley auf Grund theoretischer Überlegungen und praktischer Erfahrungen an Auslandshonigen nicht geeignet.

Die Fiehesche Reaktion hat sich, besonders auch in Verbindung mit dem Diastasenachweis, gut bewährt.

7. Bei der Prüfung des Honigs auf Stärkesirup und Stärkezucker hat sich das Verfahren nach Fiehe als einfach und sicher erwiesen.

8. Der Nachweis einer Erhitzung des Honigs auf Temperaturen über 85⁰ kann mit Hilfe der Diastaseprobe mit Sicherheit geführt werden.

9. Der Bestimmung der fällbaren Eiweißstoffe nach Lund kann eine wesentliche Bedeutung für die Beurteilung des Honigs nicht zugesprochen werden.

Berlin, Chemisches Laboratorium des Kaiserl. Gesundheitsamtes, im März 1912.

Anhang.

Wichtigere Abhandlungen aus dem Gebiete der Honiguntersuchung von 1898 bis 1912.

1. R. Frühling, Zur Polarisation des Honigs. Zeitschr. öffentl. Chem. 1898, **4**, 410.

2. P. Degener, Über Tafelhonig. Pharmaz. Ztg. 1898, **43**, 427; Zeitschr. f. Unters. d. Nahr.- u. Genußm. 1899, **2**, 162.

3. Kgl. Belgische Verordnung vom 27. April 1896. Veröff. d. Kaiserl. Gesundheitsamts 1897, **21**, 1047; Zeitschr. f. Unters. d. Nahr.- u. Genußm. 1898, **1**, 372.

4. H. Gühler, Über Tafelhonig und dessen Herstellung. Zeitschr. öffentl. Chemie 1898, **4**, 476; Zeitschr. f. Unters. d. Nahr.- u. Genußmittel 1899, **2**, 162.

5. Tony Kellen, Farbe und Geschmack einiger Honigsorten. Luxemb. Bienenztg. 1898; Apotheker Ztg. 1898, **13**, 382.

6. C. Hoitsema, Honiganalyse. Zeitschr. analyt. Chem. 1899, **38**, 439; Zeitschr. f. Unters. d. Nahr.- u. Genußm. 1900, **3**, 365.

7. O. Haenle, Beitrag zur Kenntnis des Honigs. Pharm. Ztg. 1899, **44**, 742; Zeitschr. f. Unters. d. Nahr.- u. Genußm. 1900, **3**, 366.

8. A. Bömer, Gefärbter Honig. Zeitschr. f. Unters. d. Nahr.- u. Genußm. 1901, **4**, 364.

9. Heckmann, Über gefärbten und gefälschten Honig. Zeitschr. f. Unters. d. Nahr.- u. Genußm. 1901, **4**, 543.

10. E. Beckmann, Zur Kenntnis des sogenannten Honigdextrins. Zeitschr. f. Unters. d. Nahr.- u. Genußm. 1901, **4**, 1065.

11. A. Hilger, Zur Untersuchung und Beurteilung des Honigs. Zeitschr. f. Unters. d. Nahr.- u. Genußm. 1901, **4**, 1143.

12. W. Bräutigam, Ein Beitrag zur Honigprüfung. Pharmaz. Ztg. 1902, **47**, 109; Zeitschr. f. Unters. d. Nahr.- u. Genußm. 1902, **5**, 622.

13. H. Ley, Über Honig von zitronengelber Farbe. Zeitschr. f. Unters. d. Nahr.- u. Genußm. 1901, **4**, 828.

14. Derselbe, Mel und Mel depuratum D. A. B. IV. Pharmaz. Ztg. 1902, **47**, 227; Zeitschr. f. Unters. d. Nahr.- u. Genußm. 1902, **5**, 623.

15. R. Frühling, Honiganalysen. Zeitschr. f. öffentl. Chemie 1901, **7**, 385; Zeitschr. f. Unters. d. Nahr.- u. Genußm. 1902, **5**, 623.

16. J. Langer, Zur Beurteilung des Honigs mittels der in ihm nachweisbaren Fermente. Zeitschr. f. Unters. d. Nahr.- u. Genußm. 1902, **5**, 1204.

17. A. Beythien, Honig. Jahresbericht Dresden 1900, S. 8.

18. Denkschrift über den Verkehr mit Honig. Ausgearbeitet im Kaiserl. Gesundheitsamte. Berlin 1903.

19. A. Beythien, H. Hempel, P. Bohrisch, Über Honig. Jahresbericht. Dresden 1902. Zeitschr. f. Unters. d. Nahr.- u. Genußm. 1903, **6**, 554.

20. J. Langer, Fermente im Bienenhonig. Schweizer Wochenschr. Chem. Pharm. 1903, **41**, 17; Zeitschr. f. Unters. d. Nahr.- u. Genußm. 1903, **6**, 1010.

21. E. von Raumer, Über den Einfluß der Fütterung von Rohrzucker und Stärkesirup auf die Beschaffenheit des Honigs. Zeitschr. analyt. Chem. 1902, **41**, 333; Zeitschr. f. Unters. d. Nahr.- u. Genußm. 1903, **6**, 1010.

22. O. Haenle und A. Scholz, Über die rechtsdrehenden Körper im Tannenhonig. Zeitschr. f. Unters. d. Nahr.- u. Genußm. 1903, **6**, 1027.

23. H. Leffmann, Notiz über Honig. Analyst 1902, **27**, 355; Zeitschr. f. Unters. d. Nahr.- u. Genußm. 1903, **6**, 1011.

24. G. v. Rigler, Die Serodiagnose in der Untersuchung der Nahrungsmittel. Österr. Chem. Ztg. 1902, **5**, 97.

25. R. Racine, Etwas über Honiguntersuchung und Honigverfälschung. Zeitschr. öff. Chem. 1902, **8**, 281; Zeitschr. f. Unters. d. Nahr.- u. Genußm. 1903, **6**, 1012.

26. G. Marpmann, Beiträge zur Honiguntersuchung. Schweizer Wochenschr. Chem. Pharm. 1902, **40**, 590; Zeitschr. f. Unters. d. Nahr.- u. Genußm. 1903, **6**, 1012.

27. Derselbe, Zur Honiguntersuchung. Pharmaz. Ztg. 1902, **47**, 748; Zeitschr. f. Unters. d. Nahr.- u. Genußm. 1903, **6**, 1012.

28. A. Hilger u. P. Wolff, Zur Kenntnis der im rechtsdrehenden Coniferenhonig vorkommenden Dextrine. Zeitschr. f. Unters. d. Nahr.- u. Genußm. 1904, **8**, 110.

29. K. Farnsteiner, K. Lendrich, J. Zink u. P. Buttenberg, Honig. IV. Bericht des Hygien. Instituts Hamburg 1900, S. 70; Zeitschr. f. Unters. d. Nahr.- u. Genußm. 1904, **7**, 310.

30. Frank, Th. Schutt und A. T. Charron, Über die Bestimmung des Wassergehaltes im Honig. Chem. News. 1903, **87**, 195 u. 210; Zeitschr. f. Unters. d. Nahr.- u. Genußm. 1904, **7**, 310.

31. E. Carpiaux, Analyse eines Kongo-Honigs. Bull. Assoc. Belg. Chim. 1903, **17**, 32; Zeitschr. f. Unters. d. Nahr.- u. Genußm. 1904, **7**, 311.

32. Albert E. Leach, Die Bestimmung von Handelsglykose in Melasse, Sirup und Honig. Journ. Amer. Chem. Soc. 1903, **25**, 982; Zeitschr. f. Unters. d. Nahr.- u. Genußm. 1904, **7**, 705.

33. Axenfeld, Invertin im Honig und im Insektendarm. Zentralbl. Physiol. 1903, **17**, 268; Zeitschr. f. Unters. d. Nahr.- u. Genußm. 1904, **8**, 518.

34. G. Marpmann, Beiträge zur Prüfung und Beurteilung des Bienenhonigs. Pharmaz. Ztg. 1903, **48**, 1010; Zeitschr. f. Unters. d. Nahr.- u. Genußm. 1904, **8**, 518.

35. H. Ley, Ein Beitrag zur Honigfälschungsfrage. Pharmaz. Ztg. 1903, **48**, 603; Zeitschr. f. Unters. d. Nahr.- u. Genußm. 1904, 8, 519.

36. H. Matthes u. F. Müller, Bericht des Nahrungsmitteluntersuchungsamtes Jena 1903/04, S. 37.

37. H. Lührig, Kunsthonig. Bericht des chem. Untersuchungsamtes Chemnitz 1904, S. 27; Zeitschr. f. Unters. d. Nahr.- u. Genußm. 1905, **9**, 741.

38. H. Stadlinger, Die Untersuchung des Bienenhonigs. Pharmaz. Ztg. 1905, **50**, 536 und 549.

39. A. Beythien, Neuere Honigsurrogate. Zeitschr. f. Unters. d. Nahr.- u. Genußm. 1905, **10**, 14.

40. v. Raumer, Die Verwendung der Gärmethoden im Laboratorium, ein Beitrag zur Kenntnis des Stärkesirups. Zeitschr. f. Unters. d. Nahr.- u. Genußm. 1905, **9**, 705.

41. W. Kühn, Giftiger Honig. Pharmaz. Ztg. 1905, **50**, 642; Zeitschr. f. Unters. d. Nahr.- u. Genußm. 1906, **12**, 566.

42. G. Rieß, Chemische Untersuchung eines unter dem Namen Fruktin (Honigersatz) im Handel befindlichen Präparates. Arb. a. d. Kaiserl. Gesundheitsamte 1905, **22**, 666; Zeitschr. f. Unters. d. Nahr.- u. Genußm. 1906, **12**, 566.

43. P. Lehmann und H. Stadlinger, Polarimetrische Bestimmung der Zuckerarten im Honig. Zeitschr. f. Unters. d. Nahr.- u. Genußm. 1907, **13**, 397.

44. P. van der Wielen, Honig und Wachs von St. Eustatius und einiges über die Bienen, welche Honig und Wachs liefern. Pharm. Weekblad 1905, **42**, 409; Zeitschr. f. Unters. d. Nahr.- u. Genußm. 1907, **13**, 757.

45. A. Reinsch, Jahresbericht Altona 1906, S. 22; Zeitschr. f. Unters. d. Nahr.- u. Genußm. 1907, **13**, 757.

46. J. Fiehe, Über die polarimetrische Bestimmung der Zuckerarten im Honig. Zeitschr. f. Unters. d. Nahr.- u. Genußm. 1907, **14**, 299.

47. P. Lehmann und H. Stadlinger, Zur Kritik der Honigprüfungsmethode von Oskar Haenle 1907, **14**, 643.

48. v. Raumer, Vorschläge des Ausschusses zur Abänderung des Abschnittes „Honig" der „Vereinbarungen". Zeitschr. f. Unters. d. Nahr.- u. Genußm. 1907, **14**, 17.

49. K. Farnsteiner, Der Ameisensäuregehalt des Honigs. Zeitschr. f. Unters. d. Nahr.- u. Genußmittel 1908, **15**, 598.

50. F. Schaffer, Beitrag zur Honiganalyse. Zeitschr. f. Unters. d. Nahr.- u. Genußm. 1908, **15**, 604.

51. F. Schwarz, Welchen Wert hat die Bestimmung des Aschengehaltes und die Ausführung der Leyschen Reaktion bei der Honiguntersuchung? Zeitschr. f. Unters. d. Nahr.- u. Genußm. 1908, **15**, 403 u. 739.

52. Utz, Welchen Wert hat die Bestimmung des Aschengehaltes und die Ausführung der Leyschen Reaktion bei der Honiguntersuchung? Zeitschr. f. Unters. d. Nahr.- u. Genußm. 1908, **15**, 607.

53. Derselbe, Über die Leysche Reaktion zur Unterscheidung zwischen Naturhonig und Kunsthonig. Zeitschr. angew. Chem. 1907, **20**, 993; Zeitschr. f. Unters. d. Nahr.- u. Genußm. 1908, **15**, 360.

54. Derselbe, Über den Gehalt des Honigs an Mineralstoffen. Zeitschr. angew. Chem. 1907, **20**, 2222; Zeitschr. f. Unters. d. Nahr.- u. Genußm. 1908, **15**, 361.

55. H. Kreis, Honigtau. Bericht des kantonalen chemischen Laboratoriums Basel Stadt, 1906, S. 21; Zeitschr. f. Unters. d. Nahr.- u. Genußm. 1908, **15**, 361.

56. A. Reinsch, Jahresbericht Altona 1907, S. 25; Zeitschr. f. Unters. d. Nahr.- u. Genußm. 1908, **15**, 493.

57. J. Fiehe, Eine Reaktion zur Erkennung und Unterscheidung von Kunsthonig und Naturhonig. Zeitschr. f. Unters. d. Nahr.- u. Genußm. 1908, **16**, 75.

58. Th. Merl, Zum Nachweis der Ameisensäure im Bienenhonig. Zeitschr. f. Unters. d. Nahr.- u. Genußm. 1908, **16**, 385.

59. v. Raumer, Über die Fiehesche Reaktion zur Erkennung und Unterscheidung von Kunsthonig und Naturhonig. Zeitschr. f. Unters. d. Nahr.- u. Genußm. 1908, **16**, 517.

60. H. Barschall, Über das Molekulargewicht des im Coniferenhonig vorkommenden Dextrins. Arb. a. d. Kaiserl. Gesundheitsamte 1908, **28**, 405; Zeitschr. f. Unters. d. Nahr.- u. Genußm. 1908, **16**, 414.

61. A. Röhrich, Aschengehalt des Honigs. Jahresbericht Leipzig 1907, S. 40; Zeitschr. f. Unters. d. Nahr.- u. Genußm. 1908, **16**, 415.

62. H. Kreis, Aschengehalt des Honigs. Bericht des kantonalen Laboratoriums Basel Stadt 1907, S. 27; Zeitschr. f. Unters. d. Nahr.- u. Genußm. 1908, **16**, 415.

63. A. Röhrich, Honigaroma und Honigpräparate. Jahresbericht Leipzig 1907, S. 41; Zeitschr. f. Unters. d. Nahr.- u. Genußm. 1908, **16**, 415.

64. W. Bremer und F. Sponnagel, Über die Fiehesche Reaktion zur Unterscheidung von Kunsthonig und Naturhonig unter gleichzeitiger Berücksichtigung der Reaktionen von Ley und Jägerschmid. Zeitschr. f. Unters. d. Nahr.- u. Genußm. 1909, **17**, 664.

65. A. Jägerschmid, Beiträge zur Kenntnis der Kunsthonige. Zeitschr. f. Unters. d. Nahr.- u. Genußm. 1909, **17**, 113.

66. Derselbe, Weitere Beiträge zur Kenntnis von Kunsthonigen. Zeitschr. f. Unters. d. Nahr.- u. Genußm. 1909, **17**, 671.

67. M. Klassert, Kritische Betrachtungen über die Fiehesche Reaktion. Zeitschr. f. Unters. d. Nahr.- u. Genußm. 1909, **17**, 126.

68. R. Lund, Albuminate im Naturhonig und Kunsthonig. Zeitschr. f. Unters. d. Nahr.- u. Genußm. 1909, **17**, 128.

69. v. Raumer, Zur Beurteilung der Fieheschen Reaktion. Zeitschr. f. Unters. d. Nahr.- u. Genußm. 1909, **17**, 115.

70. Neubauer, Über die Beurteilung des durch Zuckerfütterung der Bienen erzeugten Produktes. Rheinische Bienenzeitung 1908, **59**, 110; Zeitschr. f. Unters. d. Nahr.- u. Genußm. 1909, **17**, 58.

71. M. Koebner, Über die Leysche Honigprobe. Chemiker-Ztg. 1908, **32**, 89; Zeitschr. f. Unters. d. Nahr.- u. Genußm. 1909, **17**, 58.

72. H. Lührig und A. Sartori, Honig. Jahresber. Breslau 1907/08, S. 43; Zeitschr. f. Unters. d. Nahr.- u. Genußm. 1909, **17**, 59.

73. C. A. Browne, Chemische Analyse und Zusammensetzung amerikanischer Honige. Zeitschr. d. Ver. Deutsch. Zuckerind. 1908, **45**, 751; Zeitschr. f. Unters. d. Nahr.- u. Genußm. 1909, **17**, 469.

74. W. J. Young, Mikroskopische Untersuchung der Honigpollen. Zeitschr. d. Ver. Deutsch. Zuckerind. 1908, **45**, 806; Zeitschr. f. Unters. d. Nahr.- u. Genußm. 1909, **17**, 471.

75. P. Soltsien, Zur Prüfung des Honigs. Pharm. Ztg. 1907, **52**, 1071; Zeitschr. f. Unters. d. Nahr.- u. Genußm. 1909, **17**, 471.

76. Drawe, Beitrag zur Dr. Fieheschen Reaktion auf Invertzucker im Honig. Zeitschr. öffentl. Chem. 1908, **14**, 352; Zeitschr. f. Unters. d. Nahr.- u. Genußm. 1909, **17**, 472.

77. Utz, Verkauf von Zuckerfütterungshonig als Schleuderhonig ist nicht strafbar. Zeitschr. öffentl. Chem. 1908, **14**, 171; Zeitschr. f. Unters. d. Nahr.- u. Genußm. 1909, **17**, 472.

78. J. Fiehe, Über Erkennung und Unterscheidung von Kunsthonig und Naturhonig und Ermittelung von Rohrzucker und seinen Zersetzungsprodukten. Chemiker-Ztg. 1908, **32**, 1045; Zeitschr. f. Unters. d. Nahr.- u. Genußm. 1909, **17**, 646.

79. Riechen und Fiehe, Die Resorzin-Salzsäurereaktion und ihr Wert bei der Honiganalyse. Chemik.-Ztg. 1908, **32**, 1090; Zeitschr. f. Unters. d. Nahr.- u. Genußm. 1909, **17**, 646.

80. A. Reinsch, Die Fiehesche Reaktion auf Kunsthonig. Jahresbericht Altona 1908, S. 25; Zeitschr. f. Unters. d. Nahr.- u. Genußm. 1909, **17**, 646.

81. Utz, Über die Marpmannsche Reaktion zur Unterscheidung von Schleuderhonig und von Honig, der durch Erhitzen gewonnen wurde. Zeitschr. f. öffentl. Chem. 1908, **14**, 21; Zeitschr f. Unters. d. Nahr.- u. Genußm. 1909, **17**, 646.

82. Derselbe, Über die Verwendung des Refraktometers zur Bestimmung der Trockensubstanz und des spezifischen Gewichtes des Honigs. Zeitschr. f. angew. Chem. 1908, **21**, 1319; Zeitschr. f. Unters. d. Nahr.- u. Genußm. 1909, **17**, 647.

83. G. Kabrhel, Einige Bemerkungen über die unter dem Namen Honigbutter in Verkehr gesetzten Produkte. Archiv f. Chem. u. Mikroskopie 1908, **1**, 177; Zeitschr. f. Unters. d. Nahr.- u. Genußm. 1909, **18**, 482.

84. A. Röhrig, Aschengehalt des Honigs. Jahresber. Leipzig 1908, S. 34; Zeitschr. f. Unters. d. Nahr.- u. Genußm. 1909, **18**, 482.

85. G. Benz, Die Fiehesche Reaktion bei Honiguntersuchungen. Jahresber. Heilbronn 1908, S. 19; Zeitschr. f. Unters. d. Nahr.- u. Genußm. 1909, **18**, 482.

86. H. Kreis, Über die Leysche und Fiehesche Reaktion bei Honig. Bericht des kantonalen Laboratoriums Basel Stadt 1908, S. 24; Zeitschr. f. Unters. d. Nahr.- u. Genußm. 1909, **18**, 482.

87. G. Neuhoff, Die Leysche und Fiehesche Reaktion. Jahresbericht Dortmund 1908, S. 11; Zeitschr. f. Unters. d. Nahr.- u. Genußm. 1909, **18**, 332.

88. A. Behre, Die Fiehesché Reaktion. Pharmaz. Zentralhalle 1909, **50**, 175; Zeitschr. f. Unters. d. Nahr.- u. Genußm. 1909, **18**, 332.

89. K. Keiser, Beiträge zur Chemie des Honigs mit besonderer Berücksichtigung seiner Unterscheidung von Kunsterzeugnissen. Arb. a. d. Kaiserl. Gesundheitsamte 1909, **30**, 637; Zeitschr. f. Unters. d. Nahr.- u. Genußm. 1909, **18**, 331.

90. Utz, Über Fiehes Reaktion zur Erkennung und Unterscheidung von Kunsthonigen und Naturhonigen. Zeitschr. f. angew. Chem. 1908, **21**, 2315; Zeitschr. f. Unters. d. Nahr.- u. Genußm. 1909, **18**, 331.

91. Witte, Honiguntersuchungen. Zeitschr. f. Unters. d. Nahr.- u. Genußm. 1909, **18**, 625.

92. J. Fiehe, Über den Nachweis von Stärkesirup im Honig und Fruchtsäften. Zeitschr. f. Unters. d. Nahr.- u. Genußm. 1909, **18**, 30. Arb. a. d. Kaiserl. Gesundheitsamte 1909, **32**, 218.

93. Utz, Über die Beurteilung von Zuckerfütterungshonig. Archiv f. Chemie u. Mikroskopie 1908, **1**, 187; Zeitschr. f. Unters. d. Nahr.- u. Genußm. 1910, **19**, 349.

94. G. Ambühl, Kunsthonigessenz. Jahresbericht des Kantonchemikers von St. Gallen 1908, S. 23; Zeitschr. f. Unters. d. Nahr.- u. Genußm. 1910, **19**, 349.

95. H. Lührig und A. Sartori, Nachweis von Stärkesirup im Honig. Jahresbericht Breslau 1908/09, S. 38; Zeitschr. f. Unters. d. Nahr.- u. Genußm. 1910, **19**, 349.

96. A. Reinsch, Honigprüfung nach Fiehe. Jahresber. Altona 1909, S. 25; Zeitschr. f. Unters. d. Nahr.- u. Genußm. 1910, **19**, 348.

97. E. Baier, Honigprüfung nach Fiehe. Jahresbericht des Nahrungsmitteluntersuchungsamtes der Landwirtschaftskammer für die Provinz Brandenburg 1908, S. 22; Zeitschr. f. Unters. d. Nahr.- u. Genußm. 1910, **19**, 348.

98. W. Alberda van Ekenstein und J. J. Blanksma, Über das β-Oxy-δ-Methylfurfurol als die Ursache einiger Farbenreaktionen der Hexosen. Chem. Weekblad 1909, **6**, 217; Zeitschr. f. Unters. d. Nahr.- u. Genußm. 1910, **19**, 346.

99. E. Baier, Einfluß der Winterfütterung mit Rübenzucker auf die Beschaffenheit des Honigs. Jahresber. d. Nahrungsmitteluntersuchungsamtes d. Landwirtschaftskammer f. d. Provinz Brandenburg 1908, S. 22; Zeitschr. f. Unters. d. Nahr.- u. Genußm. 1910, **19**, 346.

100. C. Reese, G. Ritzmann und F. Isernhagen, Über schleswig-holsteinische Honige. Zeitschr. f. Unters. d. Nahr.- u. Genußm. 1910, **19**, 625.

101. A. Auzinger, Über Fermente im Honig und den Wert ihres Nachweises für die Honigbeurteilung. Zeitschr. f. Unters. d. Nahr.- u. Genußm. 1910, **19**, 65 u. 353.

102. C. Reese, Kunsthonig. Jahresber. Kiel 1909, S. 12; Zeitschr. f. Unters. d. Nahr.- u. Genußm. 1910, **20**, 597.

103. W. Petri, Honiguntersuchungen. Jahresbericht Coblenz 1909. Zeitschr. f. Unters. d. Nahr.- u. Genußm. 1910, **20**, 597.

104. A. Behre, Honiguntersuchungen. Jahresbericht Chemnitz 1909, S. 40; Zeitschr. f. Unters. d. Nahr.- u. Genußm. 1910, **20**, 597.

105. A. Röhrig, Honiguntersuchungen. Jahresbericht Leipzig 1909, S. 32; Zeitschr. f. Unters. d. Nahr.- u. Genußm. 1910, **20**, 597.

106. J. Hertkorn, Beiträge zur Prüfung des Honigs. Chemiker Ztg. 1909, **33**, 481; Zeitschr. f. Unters. d. Nahr.- u. Genußm. 1910, **20**, 597.

107. J. Langer, Beurteilung des Bienenhonigs und seiner Verfälschungen mittels biologischer Eiweißdifferenzierung. Archiv Hygiene 1909, **71**, 308; Zeitschr. f. Unters. d. Nahr.- u. Genußm. 1910, **20**, 596.

108. E. Paschen, Verfahren zur Herstellung von Kunsthonig. Patentbl. 1910, **31**, 110; Zeitschr. f. Unters. d. Nahr.- u. Genußm. 1910, **20**, 45.

109. F. W. Dafert und Franz Freyer, Über Denaturierung des Zuckers, der zur Not-fütterung der Bienen dient. Archiv f. Chem. u. Mikroskopie 1909, **2**, 15; Zeitschr. f. Unters. d. Nahr.- u. Genußm. 1910, **20**, 45.

110. F. Utz, Über den Säuregehalt des Bienenhonigs. Pharm. Post 1908, **41**, 69 u. 81; Zeitschr. f. Unters. d. Nahr.- u. Genußm. 1910, **20**, 44.

111. K. Braungad, Über Honig. Pharm. Ztg. 1909, **54**, 16; Zeitschr. f. Unters. d. Nahr.- u. Genußm. 1910, **20**, 44.

112. F. Reinhardt, Beiträge zur Untersuchung des Honigs, insbesondere über die Reaktionen von Ley, Fiehe und Jägerschmid. Zeitschr. f. Unters. d. Nahr.- u. Genußm. 1910, **20**, 113.

113. E. v. Raumer, Zur Fieheschen Reaktion. Zeitschr. f. Unters. d. Nahr.- u. Genußm. 1910, **20**, 583.

114. Th. Nußbaumer, Beitrag zur Kenntnis der Honiggärung nebst Notizen über die chemische Zusammensetzung des Honigs. Zeitschr. f. Unters. d. Nahr.- u. Genußm. 1910, **20**, 272.

115. C. Amberger, Das Wesen der Leyschen Reaktion. Zeitschr. f. Unters. d. Nahr.- u. Genußm. 1910, **20**, 665.

116. H. Quantin, Invertzucker in den Handelshonigen. Ann. chim. analyt. 1910, S. 299.

117. G. Curtel, Die Honiganalyse. Annal. des Falsif. 1910, **3**, 497.

118. F. Muttelet, Der Honig und seine Untersuchung. Annal. des Falsif. 1910, **3**, 503.

119. F. Moreau, Untersuchung französischer Honige. Annal. des Falsif. 1910, **3**, 513.

120. Lindner, Beitrag zur Honiganalyse. Pharmaz. Zentralhalle 1910, **51**, 103; Zeitschr. f. Unters. d. Nahr.- u. Genußm. 1911, **21**, 627.

121. H. Lührig, Über Honigbeurteilung. Pharm. Zentralhalle 1909, **50**, 605; Zeitschr. f. Unters. d. Nahr.- u. Genußm. 1911, **21**, 627.

122. Derselbe, Über Honigbeurteilung. Pharm. Zentralhalle 1909, **50**, 355; Zeitschr. f. Unters. d. Nahr.- u. Genußm. 1911, **21**, 626.

123. M. Nyman und A. Wichmann, Über die Resorzinprobe bei der Honiguntersuchung. Pharm. Zentralhalle 1910, **51**, 815; Zeitschr. f. Unters. d. Nahr.- u. Genußm. 1911, **21**, 301.

124. R. Lund, Über die Untersuchung des Bienenhonigs unter spezieller Berücksichtigung der stickstoffhaltigen Bestandteile. Mitteil. aus dem Gebiete der Lebensmitteluntersuchung und Hygiene, veröff. vom Schweizer Ges.-Amt 1910, **1**, 38; Zeitschr. f. Unters. d. Nahr.- u. Genußm. 1911, **21**, 300.

125. Schweizerische Honigstatistik. Die Honige des Jahres 1909. Schweizer Bienenzeitung 1910, Nr. 7; Zeitschr. f. Unters. d. Nahr.- u. Genußm. 1911, **21**, 121.

126. W. Hartmann, Die Anwendung der Fieheschen Reaktion. Zeitschr. f. Unters. d. Nahr.- u. Genußm. 1911, **21**, 374.

127. A. Heiduschka und Kaufmann, Über die flüchtigen Säuren im Honig. Zeitschr. f. Unters. d. Nahr.- u. Genußm. 1911, **21**, 375.

128. H. Lührig und A. Scholz, Beiträge zur Beurteilung des Honigs auf Grund der Fieheschen Reaktion. Zeitschr. f. Unters. d. Nahr. u. Genußm. 1911, **21**, 721.

129. F. Riechen, Beiträge zur Fieheschen Reaktion. Zeitschr. f. Unters. d. Nahr.- u. Genußm. 1911, **21**, 216.

130. H. Witte, Honiguntersuchungen. Zeitschr. f. Unters. d. Nahr.- u. Genußm. 1911, **21**, 305.

131. F. Muttelet, Die Begriffsbestimmung, die Verfälschung und die Analyse des Honigs. Moniteur Scientifique 1911, S. 145.

132. E. Moreau, Identifizierung und Bestimmung der Stickstoffsubstanzen des Honigs. Annal. des Falsif. 1911, **4**, 36.

133. Derselbe, Biologische Studien über Honig. Annal. des Falsif. 1911, **4**, 65.

134. Derselbe, Biologische Untersuchung des Honigs. Annal. des. Falsif. 1911, **4**, 145.

135. G. Armani u. J. Barboni, Beitrag zur Analyse des Honigs. Rendiconti della Soc. Chim. Ital., Mars 1911, S. 23; Chemiker Ztg. 1911, **35**, 383.

136. Küstenmacher, Über die Chemie der Honigbildung. Biochemische Zeitschr. 1911, **40**, 237.

137. Verda, Neuere Methoden der Honiganalyse. Chemiker Ztg. 1911, **35**, 1112.

138. Gottfried, Der Mangangehalt der Honige. Pharmaz. Zentralhalle 1911, **52**, 787.

139. Kappeller und Gottfried, Honiguntersuchungen. Jahresbericht Magdeburg 1910, S. 20; Zeitschr. f. Unters. d. Nahr.- u. Genußm. 1911, **22**, 372.

140. v. Roehl, Leysche Reaktion des Honigs. Jahresber. Pforzheim 1910, S. 2; Zeitschr. f. Unters. d. Nahr.- u. Genußm. 1911, **22**, 372.

141. L. van Giersbergen, Über Honig und Honigbeurteilungen. Chem. Weekbl. 1910, **7**, 629; Zeitschr. f. Unters. d. Nahr.- u. Genußm. 1911, **22**, 372.

142. W. Lenz, Ein neues peptisches Enzym aus Honig. Apotheker-Zeitung 1910, **72**, 678.

143. Heiduschka, Über Säuren im Honig. Pharmaz. Zentralhalle 1911, **52**, 1051.

144. G. L. Voermann, Chemische Beurteilung von Honig. Chemisch Weekbl. 1910, **7**, 638; Zeitschr. f. Unters. d. Nahr.- u. Genußm. 1911, **22**, 371.

145. N. Fabris, Über die Bestimmung des Wassers im Honig. Zeitschr. f. Unters. d. Nahr.- u. Genußm. 1911, **22**, 353.

146. E. Feder, Ein Vorschlag zur Prüfung des Honigs auf künstlichen Invertzucker. Zeitschr. f. Unters. d. Nahr.- u. Genußm. 1911, **22**, 411.

147. K. Fehlmann, Beiträge zur mikroskopischen Untersuchung des Honigs mit spezieller Berücksichtigung des Schweizerhonigs und der in die Schweiz eingeführten fremden Honige. Mitteil. auf dem Gebiete der Lebensmittel-Unters. u. Hygiene, veröff. vom Schweizer Ges.-Amt 1911, **2**, 179 und 220; Zeitschr. f. Unters. d. Nahr.- u. Genußm. 1911, **22**, 671.

148. Th. von Fellenberg, Viskositätsbestimmungen im Honig; Mitteilungen auf dem Gebiete der Lebensmittel-Unters. u. Hygiene, veröff. vom Schweizer Ges.-Amt 1911, **2**, 161; Zeitschr. f. Unters. d. Nahr.- u. Genußm. 1911, **22**, 670.

149. J. Thöni, Die Verwendung der quantitativen Präzipitinreaktion bei Honiguntersuchungen. I. Mitteilung. Mitteilungen auf dem Gebiete der Lebensmittel-Unters. u. Hygiene, veröff. vom Schweizer Ges.-Amt 1911, **2**, 80; Zeitschr. f. Unters. d. Nahr.- u. Genußm. 1911, **22**, 669.

150. L. Rosenthaler, Über Mutarotation des Honigs. Zeitschr. f. Unters. d. Nahr.- u. Genußm. 1911, **22**, 644.

151. K. Lendrich und F. Nottbohm, Beitrag zur Kenntnis ausländischer Honige. Zeitschr. f. Unters. d. Nahr.- u. Genußm. 1911, **22**, 634.

152. J. Thöni, Die Verwendung der quantitativen Präzipitinreaktion bei Honiguntersuchungen. II. Mitteilung. Mitteilungen aus dem Gebiete der Lebensmitteluntersuchung und Hygiene, veröff. vom Schweiz. Gesundheitsamt 1912, **3**, 74.

153. A. Hugh Bryan, Chemische Analyse und Zusammensetzung von Auslandshonig aus Cuba, Mexiko und Haiti. U. S. Department of Agriculture, Bureau of Chemistry, Bulletin Nr. 154. 1912.

154. D. L. van Dine und Alice R. Thompson, Hawaiische Honige. Hawaii Agricultural Experiment Station. Bulletin Nr. 17. 1908.

155. G. L. Voerman und C. Bakker, Untersuchung einiger Proben echter Honige. Chemisch Weekblad 1911, **8**, 784.

156. G. Halphen, Das Studium der Reaktion nach Fiehe. Annal. des Falsif. 1912, **5**, 105.

157. L. Stoecklin, Die Reaktion nach Fiehe bei der Honiganalyse. Annal. des Falsif. 1912, **5**, 118.

Beitrag zur Kenntnis ausländischer Honige.

Von

Dr. J. Fiehe,
wissenschaftlichem Hilfsarbeiter, und **Dr. Ph. Stegmüller,**
früherem wissenschaftlichem Hilfsarbeiter,
im Kaiserlichen Gesundheitsamte.

Inhalt: A. Einleitung. — B. Auszüge aus den Konsulatsberichten über den Verkehr mit Honig in den Erzeugungsländern: 1. Österreich, 2. Ungarn, 3. Rußland, allgemeines, a) Gouvernement Ufa, b) Gouvernement Polen, c) Bezirk Kijew, d) Bezirk St. Petersburg, 4. Italien, 5. Spanien, 6. Portugal, 7. Griechenland, 8. Vereinigte Staaten von Amerika, 9. Mexiko, 10. Brasilien, allgemeines, a) Staat Santa Catharina, b) Staat Parana, c) Staat Sao Paolo, 11. Argentinien, 12. Chile, 13. Kuba, 14. Jamaika, 15. Australien. — C. Untersuchungsergebnisse der Auslandshonige (Tabellen). — D. Zusammenstellung der wichtigsten Untersuchungsergebnisse (Tabelle). — E. Angewandte Untersuchungsverfahren. — F. Besprechung der Untersuchungsergebnisse. — G. Spezialhandel des Deutschen Reiches mit Honig und Kunsthonig (Tabellen).

A. Einleitung.

Die Einfuhr von Honig in das deutsche Zollgebiet hat, wohl infolge der zahlreichen Mißernten der letzten 10 Jahre, eine starke Zunahme erfahren. Sie betrug nach den Angaben der Statistik für das Deutsche Reich im Jahre 1909 43010 dz gegen 19117 dz im Jahre 1900. Vergleicht man diese Zahlen mit den nach den amtlichen Ermittelungen im Jahre 1900 im Deutschen Reich geernteten Honigmengen von 149501 dz, so ergibt sich, daß ein nicht unbeträchtlicher Anteil des in Deutschland zum Verkauf gelangenden Honigs aus dem Auslande stammt. Vorwiegend sind es die Länder Kuba, Chile, die Vereinigten Staaten von Amerika und Mexiko, welche an der Honigeinfuhr beteiligt sind. In geringerem Maße kommen auch Honige der übrigen Länder, insbesondere aus Österreich, Ungarn, Italien, Rußland, Brasilien und Jamaika zur Einfuhr. Nähere Angaben über den Umfang der Gesamteinfuhr und ·Ausfuhr von Honig nach Menge und Wert in den Jahren 1897 bis 1909, sowie über die Beteiligung der Einzelländer an der Honigeinfuhr in den Jahren 1900 bis 1909 sind im Anhang zusammengestellt worden (Tabelle I und II).

Im Hinblick auf diese beträchtliche Honigeinfuhr erschien es von Bedeutung, sichere Unterlagen für die Beurteilung der Auslandshonige zu erhalten. Zu diesem Zwecke sind auf Antrag des Kaiserlichen Gesundheitsamtes seitens der Kaiserlichen Vertretungen im Auslande Erkundigungen über die einschlägigen Verhältnisse eingezogen und soweit **als** möglich Proben der in den einzelnen Ländern erzeugten Honige beschafft worden. Vom Gesundheitsamt ist Wert darauf gelegt worden, daß die zu untersuchenden Honigproben naturrein und unverfälscht seien. Demgemäß ist das Bemühen der Kaiserlichen Konsulate darauf gerichtet gewesen, nur natürliche Erzeugnisse der betreffenden Ursprungsländer zu erwerben. Die eingesandten Honigproben entsprechen auch nach den Begleitberichten der Konsuln dieser Forderung, soweit nach Lage der Verhältnisse eine Sicherheit für einwandfreie Beschaffenheit der Ware zu erlangen war. Dabei handelt es sich keineswegs um ausgesuchte Honige, sondern um reine Handelsware. Die gewonnenen analytischen Ergebnisse sind, abgesehen von den wenigen später charakterisierten Ausnahmen, mit der Annahme, daß es sich um unverfälschte Naturprodukte handelt, wohl vereinbar. Der aus Rußland stammende Kunsthonig, der untersucht wurde, **war** als Kunsthonig ausdrücklich bezeichnet.

Durch die Untersuchung dieser Honige sollte in erster Linie festgestellt werden, welchen Schwankungen in der Zusammensetzung die einzelnen Honigsorten unterliegen und ob die an deutschen Honigen gesammelten Erfahrungen und Beurteilungsgrundsätze sich auch auf Auslandshonige anwenden lassen. Insbesondere sollten auch die neueren Methoden zur Prüfung von Honig auf künstlichen Invertzucker an diesen Honigen erprobt werden. Die weiteren Erhebungen im Auslande über die Ernährung der Bienen, ihre etwaige künstliche Fütterung, die Art der Honiggewinnung, die Preisverhältnisse von Honig, Zucker, Honigersatzmitteln und dgl. sollten dazu beitragen, ein klares Bild über die Honigerzeugung und über den Imkereibetrieb des Auslandes zu gewinnen und in Verbindung mit den Untersuchungsergebnissen eine zutreffende Beurteilung der Auslandshonige zu ermöglichen.

Bevor auf die Verfahren, welche bei der Untersuchung der Auslandshonige zur Anwendung gelangten, auf die Untersuchungsergebnisse selbst und auf die aus diesen Ergebnissen zu ziehenden Schlußfolgerungen näher eingegangen wird, seien die Konsulatsberichte über die Honiggewinnung in den Erzeugungsländern ihrem wesentlichen Inhalte nach kurz wiedergegeben.

Bezüglich der Preisangaben in den Konsulatsberichten ist zu bemerken, daß die Preise der Honige sich bei der Einfuhr in das deutsche Zollgebiet infolge des für Honig bestehenden Schutzzolles erhöhen. Nach Ziffer 139 und 140 des Zolltarifs (Zolltarifgesetz vom 25. Dezember 1902, R. G.-Bl. S. 303) wird für Honig in Waben, für ausgelassenen Honig oder für Honig in Bienenstöcken, Körben, Kästen (ohne lebende Bienen) und für künstlichen Honig bei der Einfuhr ein vertragsmäßiger Zollsatz von 40 Mk. für den Doppelzentner erhoben. Da Brutto für Netto verzollt wird, so stellt sich dieser Zoll für den „Honig“ selbst in Wirklichkeit noch etwas höher. Die Ziffer 219 des Zolltarifs, wonach für Nahrungs- und Genußmittel aller Art (mit Ausnahme von Getränken) in luftdicht verschlossenen Behältnissen, soweit sie nicht unter höheren Zollsatz fallen, 75 Mark für den Doppelzentner erhoben werden, dürfte für Honig nur ausnahmsweise zur Anwendung gelangen. Die Verpackung geschieht nämlich zumeist in Fässern; soweit aber Blechkanister gewählt werden (bei italienischen Honigen), werden die Kanister mit Ausflußöffnungen versehen, um den erhöhten Zollsatz zu sparen.

B. Auszüge aus den Konsulatsberichten über den Verkehr mit Honig in den Erzeugungsländern.

I. Österreich.

Nach amtlichen Ermittelungen betrug die Zahl der Bienenstöcke Österreichs am Ende des Jahres 1900 996139 Stück. Diese Zahl hat sich schätzungsweise im Jahre 1908 auf 1066577 Stück erhöht. Von diesen Stöcken waren:

Mit beweglichem Bau . . . . . 585391 Stück.

„ unbeweglichem Bau . . . . 458174 „

„ gemischtem Bau . . . . . 23012 „

Der Gesamtertrag an Honig wurde im Jahre 1908 auf 35495 dz berechnet; im Durchschnitt der Jahre 1898 bis 1907 betrug er 48489 dz.

Für die Ernährung der Bienen kommen alle Pflanzen mit sichtbaren Blüten, Kräuter, Sträucher und Bäume in Betracht. Besonders ausgiebige Trachten liefern Esparsette, Weißklee, Buchweizen, Vusperkraut auf Brachäckern, ferner Haselnuß, Pappeln, die Ahornarten, Akazie, Linde, Ailanthus usw.

Die Honiggewinnung findet nur wenig im großen statt. In der Regel bildet sie einen Nebenerwerbszweig, doch gibt es eine Reihe von Imkern, bei welchen die Einkünfte aus der Bienenzucht ihre Berufseinkünfte übersteigen.

Neben Schleuderhonig wird von Bienenhaltern in bäuerlichen Kreisen, von sogenannten Strohkorbimkern, auch Honig durch Erwärmen der Waben und Abseihen des flüssigen Honigs gewonnen. Für die Ausfuhr wird der Honig gereinigt. Dies geschieht entweder durch Absieben oder auch durch Abschöpfen der Verunreinigungen, wenn der Honig etliche Tage ruhig gestanden hat.

Man unterscheidet und bezeichnet die Honigsorten hauptsächlich nach den Blüten, von denen sie stammen.

Die hauptsächlichsten Eigenschaften der wichtigeren Honigsorten sind folgende:

Esparsettehonig ist wasserhell, besitzt wenig Geschmack und kandiert leicht.

Weißkleehonig ist dunkler als Espasettehonig und besitzt gutes Aroma.

Buchweizenhonig ist dunkelbraun, besitzt scharfen Geruch, brenzlichen Geschmack und kandiert leicht.

Rapshonig ist sehr hell, kandiert schnell und besitzt wenig Geschmack.

Vusperkrauthonig ist sehr hell und besser als der Buchweizenhonig.

Akazienhonig ist weingelb, sehr schmackhaft und kandiert nahezu weiß.

Lindenblütenhonig ist gelblich grün, aromatisch, sehr gut und kandiert langsam.

Ailanthushonig ist grün, dunkler als Lindenhonig, besitzt sehr scharfen Nachgeschmack und kandiert mäßig.

Der Preis des Honigs beträgt für 1 kg 1 bis 1,40 Kronen (in Fässern) und 1,40 bis 2 Kronen (in Dosen).

Als Ersatzmittel für Honig werden aus Invertzucker mit billigen Zusätzen Erzeugnisse hergestellt, welche wohlklingende Namen: Ambrosia, Honigbutter, Obstbutter usw. führen. Derartige Erzeugnisse werden auch aus Deutschland eingeführt.

II. Ungarn.

Nach den alljährlich von den Komitatsbehörden angestellten Ermittelungen betrug die Zahl der Bienenstände in Ungarn im Jahre 1908 669865. Hiervon waren in Kästen 247244 und in Körben 422621 Stück.

Die Imkerei ist kein Haupterwerbszweig, sondern wird nur als Nebenzweig der Landwirtschaft betrieben. Die meisten Bienenstände zählen nur 60, 50 oder 25 Familien. Jedoch finden sich im Lande auch Bienenstände mit 1000, 600 oder 500 Bienenfamilien.

Der Gesamtertrag an Honig betrug im Jahre 1908 43834 dz.

Als Honig spendende Pflanzen sind besonders die folgenden zu erwähnen: Die Obstbäume, der Raps (Brassica napus), die Akazie (Robinia pseudoacacia), die Linde (Tilia), der Süßklee (Hedysarum obscurum), die Esparsette (Onobrychis sativa), der weiße Klee (Trifolium repens) und als die Herbsttracht sichernde Pflanze das Vusperkraut (Stachys recta).

Die nach den einzelnen größeren Honigtrachten eintretenden Pausen werden durch folgende Bäume, einjährige und ausdauernde Pflanzen ergänzt:

Die Phacelia (Phacelia tanacetifolia), die Issop (Hyssopus officinalis), die Salbeigattungen (Salvia), die japanische Akazie (Sophora japonica) und die Koelreuteria paniculata.

Der Honig wird im allgemeinen aus den Honigwaben mittels Schleudern entnommen. Schmelzhonig (warm gewonnen) und Preßhonig (kalt gewonnen) werden nur sehr selten erzeugt.

In den Verkehr werden die folgenden Honigsorten gebracht:

Frühjahrshonig, von dunkelroter Farbe.

Akazienhonig, von weißer und hellgelber Farbe.

Vusperkrauthonig, weiß.

Lindenhonig, dunkelbraun.

Herbstblumenhonig, dunkelgelb.

Akazien- und Lindenhonig kandieren sehr spät, Vusperkrauthonig wird dagegen bald fest und bildet dann eine weiße lockere Masse. Im allgemeinen kandieren auch die Frühjahrshonige sehr rasch. Zum Genuß sind Akazien-, Vusperkraut- und Kleehonig, sowie überhaupt die Herbsthonige die angenehmsten. Die Frühjahrshonige werden zumeist durch die Honigkuchen-Industrie in Anspruch genommen. Der Lindenhonig gelangt als Medizinalhonig in den Verkehr.

Die Honige erster Qualität, sowie die Akazien-, Linden- und Vusperkrauthonige werden mit Verpackung im Großhandel zum Preise von 104—120 Kronen für 1 dz, die übrigen zum Preise von 84—90 Kronen verkauft. Der Hauptausfuhrplatz ist Budapest. Die Ausfuhr ist nach Deutschland am größten, in die anderen Staaten Europas — die Staaten des Balkans miteingerechnet — wird $^{1}/_{4}$ der gesamten Ernte ausgeführt. Die Honigausfuhr nach Deutschland betrug im Jahre 1906 224 dz im Werte von 18368 Kronen, im Jahre 1907 199 dz im Werte von 16318 Kronen und im Jahre 1908 234 dz im Werte von 19773 Kronen.

Da Ungarn keine Kunsthonigfabriken besitzt und die Erzeuger sich mit der Fälschung des Honigs nicht befassen, wird nur ganz reiner Honig ausgeführt.

III. Rußland.

Die Ergebnisse einer von der Handels- und Industriezeitung[1]) veranstalteten Umfrage über den Stand der Bienenzucht in Rußland bezeugen ein wachsendes Interesse der ländlichen Bevölkerung an rationeller Honiggewinnung. Während die Bienenzucht früher meist nur nebenher und in primitivster Form betrieben wurde, hat sie sich in den letzten Jahren zu einem vollständigen und lohnenden Gewerbszweig entwickelt. Insbesondere ist dies in den Gouvernements Wjatka, Perm, Kasan und zum Teil in Kostroma und Kiew zu beobachten, wo die Technik bereits eine beachtenswerte Höhe erreicht hat. Eine große Anzahl von Gesellschaften für Bienenzucht, die fast in keinem Gouvernement fehlen, sorgt durch Vorlesungen und Spezialkurse für rationelle Unterweisung der Imker und zahlreiche Instruktoren geben Anleitung in sachgemäßen Zuchtmethoden. Schließlich bekundet auch die Regierung ihr Interesse an einer Erhaltung und Förderung der Bienenzucht durch die Unterstützung, die sie den von der Mißernte an Gräsern des Jahres 1911 schwer betroffenen Imkern durch Gewährung von Darlehen in Höhe von 100 000 Rbl. hat zuteil werden lassen. Dank dieser Maßnahmen dürfte die Honiggewinnung einen wesentlichen Aufschwung nehmen und bei um sich greifender Verbesserung der Technik, weniger unter den Einflüssen der Witterung zu leiden haben, die bisher ihre Erträgnisse stark beeinträchtigten. Hierzu gehören die zunehmende Abholzung der Wälder in Rußland, die fortschreitende Abnahme an Wiesen und Holzschlägen zu Gunsten des Ackerbaus, Krankheiten der Bienen, ungünstige Wetterverhältnisse und Mißernten usw.

Alsdann dürfte russischer Honig auch in größeren Mengen zur Ausfuhr gelangen und bei seiner im allgemeinen guten Beschaffenheit leichten Absatz finden. Nach der letzten bekannten Ziffer (für das Jahr 1910) betrug die Ausfuhr an Honig 1843 Pud[2]).

1. Im innern Rußland nimmt das Gouvernement Ufa, das einen Flächenraum von 103 678 Quadratwerst[3]) umfaßt, für die Honiggewinnung den ersten Platz ein. In dieser Provinz wurden im Jahre 1890 583 000 Schwärme gezählt. Demnach entfielen damals auf jede Quadratwerst 5,6 Schwärme, oder, an der Bevölkerung des Gouvernements gemessen, die sich auf 2 000 000 Seelen beziffern mag, auf je 100 Einwohner 28,7 Schwärme. Seit 1899 hat eine Zählung der Schwärme nicht mehr stattgefunden. Die folgenden Jahre brachten einen raschen Niedergang des Bienenbestandes. Ihren Grund hatte diese Erscheinung in der schlechten Qualität des 1899 gewonnenen Honigs (sogenannter Meltauhonig), die zur Folge hatte, daß sich die Zahl der Bienenstöcke Ende 1900 bis auf 273 658, also dem Vorjahr gegenüber um 53 % verringerte. An dieses Unglücksjahr reihten sich alsdann eine ganze Anzahl mehr oder weniger günstiger Jahre, so daß gegenwärtig der einstige Betsand von etwa 583 000 Schwärmen wieder erreicht sein dürfte.

Rechnet man, daß jeder Bienenschwarm nur 10 Pfund[4]) Honig jährlich erzeugt,

---

[1]) Handels- und Industrie-Zeitung Nr. 3234 vom 11./24. Oktober 1912.
[2]) 1 Pud = 16,38 kg.
[3]) 1 Quadratwerst = 1,06 qkm.
[4]) 1 russisches Pfund = 409 g.

so gibt dies bei einer Schwarmanzahl von 583000 5830000 Pfund jährlich oder, in Puden[1]) ausgedrückt, 145750 Pud. Früher wurde bisweilen sogar bis $1^1/_2$ Pud, also das Sechsfache von einem Bienenschwarm geerntet. Im Jahre 1909 ist jedoch das Honigerträgnis ausnahmsweise gering gewesen, und man befürchtete, daß vielleicht wieder die Erscheinungen des Winters 1899/00 mit ihren Folgen eintreten könnten, nämlich ein massenhaftes Eingehen der Bienen.

Mit der **Honiggewinnung** als Erwerbszweig befaßt sich im Gouvernement Ufa eine ganze Anzahl von Personen. In ihren Bienengärten werden oft mehrere Hunderte von Schwärmen in rahmenförmigen Stöcken gehalten. Größer ist jedoch diejenige Zahl der Bienenwirte, welche die Imkerei nur als Nebenbetrieb der Landwirtschaft auffassen. Ihre Bieneneinrichtungen müssen natürlich denjenigen der gewerbsmäßigen Imker nachstehen; sie sind bei weitem einfacher, statt der Rahmenstöcke werden primitive, in Stämme gehöhlte Stöcke benutzt.

Als Pflanzen, die für die **Ernährung der Bienen** in Frage kommen, sind zu nennen:

Ahorn, Weide (Salix pentandra und andere Weidenarten), verschiedene Doldengewächse, einige Kreuzblütler, Himbeere, Faulbeerbaum und der „König" der Honigpflanzen, die Linde. Daneben spielen noch eine Rolle Engelwurz (Archangelica officinalis), Klee, Schwarzkümmel (Carum carvi), Bärenklau (Heracleum sphondylium), Weiderich (Epilobium angustifolium), Johannisstrauch (Spiräa), wilder Majoran (Origanum vulgare), Klette, Donnerbart (Sedum telephium), Wermut, Ehrenpreis, wilder Pfirsich (Amygdalus), Winterraps (Brassica napus oleifera), Löwenmaul, Wiesenkönigin (Melilotus officinalis), Kornblume, Sonnenblume, Distel, Wolfsmilch, Hahnenfuß, Malve, Cyanenlilie, gelbe Wolfswurz und Buchweizen.

Künstliche Nahrung erhalten die Bienen nur in den gewerbsmäßigen Imkereien, aber auch dort nur als Notbehelf, um die Bienen vor Hunger zu schützen, wenn die natürlichen Honigvorräte aufgezehrt sind. Gewöhnlich wird Wabenhonig oder Schleuderhonig gegeben, selten Zuckersirup. Eine andere künstliche Ernährung findet nicht statt. Der Honig, den die jungen Bienen im Frühjahr sammeln, pflegt im allgemeinen bis zum Sommer, der Hauptzeit des Schwärmens der Bienen, auszureichen.

Von den **Honigsorten** wird vor allem Wabenhonig **gewonnen**, Schleuderhonig nur in Imkereien mit Rahmenstöcken. Die beste Sorte ist reiner Linden-Waben-Honig. Zum Verkauf gelangt dieser in Blechschachteln von 1 bis 5 Pfund Inhalt, welche die Aufschrift „Ufatischer aromatischer Linden-Waben-Honig" tragen.

Sonst wird der Honig vielfach zum Seihen in Wärmstuben gebracht, dort sortiert, geknetet und bis zu 30 Grad Réaumur erhitzt. Dann wird er auf Fäßchen gezogen und gelangt in den Handel unter dem Namen „Seih-Honig" oder „Roh-Honig".

Von diesem Seih-Honig wird manchmal ein Teil einer weiteren Behandlung unterzogen, nämlich pasteurisiert. Der Seih-Honig wird zunächst in Tongefäßen von

---

[1]) 1 Pud = 16,38 kg.

je 1 Pud bis 1½ Pud Inhalt in einem gut geheizten Ofen 10—12 Stunden lang erwärmt, dann wird er in Fäßchen aus Lindenholz umgefüllt und 5 bis 6 Monate in trockenen, gelüfteten Räumen aufbewahrt. Nach dieser Zeit tritt eine Kristallisierung ein, und es bildet sich ein körniger, graupenartiger Satz im Gegensatz zum Seih-Honig, der einen mehr öligen, mastixartigen Satz mit der Zeit absondert. Durch dieses Verfahren erlangt der Honig große Haltbarkeit. Er kann nunmehr lange aufbewahrt bleiben, ohne in Gefahr zu laufen, sauer zu werden.

Im Handel befinden sich folgende Honigsorten:

Reiner Lindenhonig, in Blechschachteln von 1—5 Pfund.

Schleuderhonig, und zwar verschiedene Sorten von der besten, dem weißen Lindenhonig an bis zum gelben und roten Buchweizenhonig. Dieser Honig wird gleichfalls in Blechschachteln zu 1 bis 5 Pfund oder in Lindenfäßchen zu 1 bis 2 Pud verkauft.

Seih-Honig in Lindenholzfäßchen zu 1 bis 2 Pud.

Pasteurisierter Honig in Lindenfäßchen zu 1 bis 2 Pud und darüber hinaus.

Gezahlt wurden im Jahre 1908 für besten Linden-Waben-Honig bis 16 Rubel das Pud (im Kleinverkauf kostet die Pfundschachtel bis zu 50 Kopeken), für Linden-Seih-Honig 10 Rubel das Pud, für pasteurisierten Honig 14 Rubel das Pud.

Eine Honigausfuhr findet von Ufa aus nicht statt, weil nach Angabe der Händler die Ware den darauf liegenden Zoll nicht verträgt. Hauptabsatzplätze sind die Residenzen St. Petersburg und Moskau.

Neben den genannten Naturhonigarten stellt man auch künstlichen Honig her, und zwar 2 Sorten, eine bessere zu 5,50 Rubel das Pud aus Zucker und Honig, und eine geringere zu 4,50 Rubel das Pud aus Sirup und Honig. In den Handel gelangt dieses Präparat unter dem Namen „Künstlicher Honig". Bei der noch nicht genügend ausgebildeten russischen Nahrungsmittel-Gesetzgebung wird die Verfälschung reinen Naturhonigs mit Kunsthonig nicht bestraft.

In Kunsthonig beschränkt sich der Absatz auf das örtliche Bedürfnis. Diese Ware soll fast in allen Städten und Handelsplätzen hergestellt werden; die genaue Darstellungsweise ist das Geheimnis der Fabrikanten.

2. In Polen gibt es nur wenig größere Bienenzüchtereien. Die Honig-gewinnung bildet meist nur einen Nebenzweig ländlicher Betriebe oder sie wird aus Liebhaberei von Privatpersonen betrieben, die sich auch mit dem Handel befassen. Züchtereien von mehreren hundert Stöcken, wie sie in Podolien und Wolhynien vorkommen, sind in Polen selten. Häufiger sind kleinere Züchtereien mit bis zu 50 Stöcken.

Für die Ernährung der Bienen kommen von Ackerpflanzen hauptsächlich die Blüten von weißem und schwedischem Klee, Serradella, Winterraps, Esparsette, Buchweizen und Luzerne in Betracht; ferner die Blüten aller Obstbäume, der Linden, Kastanien, weißen Akazien, Haselnuß, Weiden, Ulmen und Ahorn.

Im Herbst wird den Bienen nach Bedarf Zuckersirup und Honig als Zusatzfutter gegeben; andere Siruparten sind bisher nicht verwendet worden.

Die Honiggewinnung geschieht meist durch Ausschleudern; durch Schmelzen wird in Polen weniger Honig gewonnen. Letztere Art der Gewinnung soll dagegen in Podolien und Wolhynien, wo noch Bienenstöcke älterer Systeme im Betriebe sind, sehr gebräuchlich sein. Der Honig wird entweder in seinem ursprünglichen Zustand mit den Waben in Fässer verpackt oder gereinigt versandt. Eine besondere Behandlung des Honigs für die Ausfuhr findet in beiden Fällen nicht statt.

Es werden folgende Honigsorten unterschieden: Scheibenhonig, Schleuderhonig, geschmolzener und sogen. geschlagener Honig. Schleuderhonig wird im Handel als Linden-, Akazien-, Klee- und Rapshonig unterschieden. Diese Honigsorten sind von weißer oder hellgelber Farbe; dunkel oder braun sind Buchweizen- und Heidekrauthonig; diese haben den stärksten Geruch, während die Besonderheit der ersten Sorten mehr im Geschmack liegt. Der zum Handel fertige Honig ist kurz nach der Gewinnung gewöhnlich dünn und flüssig, kristallisiert aber mit der Zeit. Der helle Honig kostet 4—5 Rubel auf 1 Pud mehr als der dunkle Honig, zu dem auch der sogen. Abfallhonig zählt, der in einigen Gegenden in größeren Mengen gesammelt wird und viel Rohrzucker enthält.

Feste Preise gibt es im Großhandel nicht. Der Honig wird von den Erzeugern partienweise gemustert und freibleibend angeboten. Die Preise bewegen sich für Schleuderhonig zwischen 10 und 12 Rubel, für dunklen und Abfallhonig zwischen 6 und 8 Rubel für das Pud ab Warschau. Besondere Handelsplätze für Honig gibt es nicht. In erster Reihe als Ausfuhrplatz dürfte Warschau stehen, obwohl der meiste Honig aus Lublin und Siedlec kommt. Im allgemeinen wird im Gouvernement Warschau der beste Honig hergestellt.

Kunsthonig wird in Polen nicht hergestellt, dagegen kommen Verfälschungen des Bienenhonigs durch Zusatz von gemahlenen Erbsen, Schwerspat, Kreide, Kartoffelsirup vor.

Gesetzliche Vorschriften über den Verkehr mit Honig bestehen nicht; Honig ist nur den allgemeinen polizeilichen Vorschriften über den Verkauf von Nahrungsmitteln unterworfen, wonach Fälschungen bestraft werden.

3. Im Amtsbezirk des Kaiserlichen Konsulats zu Kiew hat angesichts der wachsenden Nachfrage in den letzten Jahren die Honiggewinnung rasch zugenommen und gehört zu den einträglichsten Nebenzweigen der Landwirtschaft. Der Bienenzucht widmen sich hauptsächlich Bauern, ferner Geistliche, Dorfschullehrer und Gutsbesitzer, letztere vielfach als Liebhaber. Klöster betreiben die Bienenzucht der Wachsgewinnung wegen. Die veralteten Klotzbauten, die hier nur noch bei Bauern Anwendung finden, werden immer mehr durch Rahmenstöcke ersetzt. Es gibt im Amtsbezirke auch mehrere Musterbienenwirtschaften, unter anderen die der landwirtschaftlichen Schule in Uman (Gouv. Kiew), des Grafen Robrinsky in Smela (Gouv. Kiew), des Grafen Heiden im Gouv. Podolien u. a.

Für die Ernährung der Bienen kommen hauptsächlich Buchweizen, Linden und Akazien, weniger Obstbäume, Kleesaaten, Raps und dgl. in Betracht.

Künstliche Nahrung wird den Bienen im Frühjahr nach einer mangelhaften Überwinterung in Form von aufgelöstem Zucker gereicht.

Die Honiggewinnung geschieht durch Ausschleudern mittels der Schleuder maschine. Die Gewinnung von Honig durch Erwärmen der Waben ist hier nicht bekannt.

Die Sorten von Honig werden hier als Buchweizen-, Linden- und Akazien honig bezeichnet. Der Farbe nach ist der erste dunkel, der zweite heller (mehr weißlich) und der dritte hellgelb. Der Geruch und Geschmack hängt von den betreffenden Pflanzen ab. Der von Bauern erzeugte Honig ist größtenteils von unbestimmter Farbe und stammt von verschiedenen Pflanzen.

Der Preis der Honige ist verschieden. Schlechtere Sorten, darunter auch Buchweizenhonig werden zum Preise von 4—5 Rubel, Linden- und Akazienhonig zu 7—9 Rubel das Pud von den Erzeugern an Zwischenhändler abgesetzt. Die beste Sorte wird aus dem Gouvernement Ufa zum Preise von 11 bis 12 Rubel das Pud bezogen.

Die Bienenzüchter befassen sich nicht mit der Ausfuhr ihres Honigs nach dem Auslande, es sei denn, daß Zwischenhändler kleinere Posten ausführen.

Kunsthonig wird im Amtsbezirk nicht hergestellt, weil es hier an Honig nicht fehlt und Zucker verhältnismäßig teurer zu stehen kommt.

Gesetzliche Vorschriften für den Verkehr mit Honig bestehen nicht. Grundsätze für die Beurteilung des Honigs sind gleichfalls nicht aufgestellt worden.

4. Im Amtsbezirk des Generalkonsulats St. Petersburg wird die Bienen züchterei nicht in bedeutendem Umfange betrieben. In Petersburg kommt unter anderem Honig zum Verkauf, der im Tianschangebirge gewonnen wird. Er kostet 11 Rubel für 1 Pud, im Kleinhandel wird er mit 45 Kop. für 1 russisches Pfund verkauft. Nach Aussage der Hersteller dieses Honigs sei es nicht möglich, zu diesem Preise eine Ausfuhr nach Deutschland zu ermöglichen. Soweit ermittelt werden konnte, wird auch aus Petersburg Honig nach Deutschland nicht ausgeführt, vielmehr nur aus den polnischen und den der russischen Grenze nahegelegenen südrussischen Gouvernements.

IV. Italien.

Von altersher bekannt ist die Honiggewinnung der Hybleischen Berge in Sizilien; diese zeichnen sich auch heute noch durch ihren Reichtum an wilden Bienenschwärmen aus, die in natürlichen Höhlungen, alten Baumstämmen und zwischen Felsspalten sich einnisten. In der Gegend des alten Megara Hyblea, zwischen dem heutigen Augusta und der Gegend von Modica ist eine reiche Vegetation wohlriechender Pflanzen, namentlich auch von Thymian (sizilianisch Saturedda), welche diesen Bienenschwärmen zur Nahrung dient. Weiter findet in allen Teilen der Insel Sizilien, in denen Limonen- und Orangen-Kultur sich angesiedelt hat, eine verhältnismäßig reiche Honiggewinnung statt. Das trifft auch auf die sonstigen Agrumengebiete Süditaliens zu. In den Bergen und Wäldern der Abruzzen ist noch viel wilder Honig anzutreffen, einzelne Teile dieser Gegend, so die Provinz Teramo, besitzen auch eine geregelte Honigerzeugung. Als Gebiet emsig betriebener Honigerzeugung gelten die Marken und die Romagna, auch in der Paduanischen Ebene und im Piemontesischen trifft man in den Bauernhöfen eine primitive Honiggewinnung fast durchweg an. Das gleiche ist für die Gebiete von Umbrien und Toscana zutreffend. An der Riviera und in den bergigen Gebieten am Südabhange der Alpen soll die Honiggewinnung ziemlich verbreitet sein. Die Art der Gewinnung ist aber durchweg eine ziemlich primitive.

Statistische Angaben über den Gesamtertrag an Honig in Italien liegen nicht vor. Nach Angaben einer bekannten Exportfirma dürfte die Gesamterzeugung Siziliens schwerlich 100 Tonnen (1000 dz) übertreffen. Die Gesamthonigerzeugung Italiens wird von dem Verein der Bienenzüchter in Italien auf 2—3000 dz geschätzt. Indessen ist diese Schätzung wohl sehr mit Vorsicht aufzunehmen. Schon die Ziffern der Ausfuhr an italienischem Honig erreichen in einzelnen Jahren einen höheren als den angegebenen Betrag. Die Ausfuhr betrug in den Jahren:

$$1906 \ldots \ldots \ldots \ 2059 \text{ dz}$$
$$1907 \ldots \ldots \ldots \ 3356 \text{ „}$$
$$1908 \ldots \ldots \ldots \ 2683 \text{ „}$$

Dem steht gegenüber eine Einfuhr von

$$1906 \ldots \ldots \ldots \ 104 \text{ „}$$
$$1907 \ldots \ldots \ldots \ 305 \text{ „}$$
$$1908 \ldots \ldots \ldots \ 500 \text{ „}$$

Wollte man die geschätzte Erzeugungsziffer als richtig ansehen, so wäre man genötigt — wenigstens für einzelne Jahre — der Annahme zuzuneigen, daß die gesamte in Italien erzeugte Honigmenge zur Ausfuhr gelange, während man für den eigenen Verbrauch Honig einführe.

Die Honiggewinnung ist, von ganz wenigen Ausnahmen abgesehen, Gegenstand des Nebenbetriebes. Der in den bäuerlichen Betrieben gewonnene Honig wird von Händlern aufgekauft, meist in der ganz rohen Form der mit Honig gefüllten Waben. Nur wenige größere Erzeuger in der Romagna, in den Marken, im Valtellin, sind direkte Abgeber; diese wenden der Honiggewinnung auch alle gebotene Sorgfalt zu.

Für die Ernährung der Bienen zur Honiggewinnung kommen zahlreiche Pflanzen in Betracht. Jahreszeit und Örtlichkeit sind hierfür bestimmend. Die Flora Italiens ist reich, aber wechselnd in den verschiedenen Gegenden. Die verschiedenartigsten Leguminosen, Sullah, Crocetta (Eisen- oder Kreuzkraut), Luzerne, Ladinerklee, Inkarnatklee, Akazien, Linden, die Agrumengewächse (Limonen, Orangen) bilden nach der Zone und nach Jahreszeit die vorwiegende Ernährung. So kann man in den Marken und der Romagna vorwiegend die Klee- und Luzernenarten, in Sizilien vorwiegend die Agrumengewächse und die Sullahpflanzen, in den bergigen und mit Gehölzen bedeckten Gegenden Akazien und Linden als Grundstock der Ernährung ansehen.

Eine künstliche Ernährung der Bienen findet nicht statt. Die Darbietung von Zuckerpräparaten wäre angesichts der italienischen Zuckerpreise völlig unwirtschaftlich. Es liegt aber auch ein Anlaß zur künstlichen Ernährung nicht vor, weil der Pflanzenwuchs an der Westküste und im ganzen Süden wie in Sizilien nur für kurze Dauer ganz ruht. In den Abruzzen, in Umbrien und in Oberitalien besteht bei den kleinen Bauern vielfach noch das Verfahren, daß man den Schwarm nach vollendeter Honigernte tötet, die Waben dem Stock entnimmt und im kommenden Frühjahr Wildschwärme einfängt. Dort, wo man der Honiggewinnung mehr Sorgfalt zuwendet, läßt man einen Teil des Honigvorrates als Bienennahrung zurück.

Für die Honiggewinnung finden die Verfahren des Ausschleuderns und Auspressens Anwendung. Erwärmen und Abseihen ist nicht bekannt, wohl aber einfaches Ablaufenlassen des Honigs aus den Waben. Die Verwendung der Schleuder ist bei den größeren Erzeugern und bei den Händlern, welche sich der Ausfuhr von Honig widmen, durchaus bekannt. Dagegen wird ein besonderes Reinigungsverfahren für den geschleuderten Honig nicht angewandt. Zur Ausfuhr kommt ausschließlich geschleuderter Honig, der unmittelbar nach der Ernte flüssig und durchsichtig, später körnig erscheint.

Man unterscheidet im Handel nach der Art der Gewinnung geschleuderte und ausgepreßte Honige. Die geschleuderten sind wieder in weiße, hellgelbe und dunkelgelbe Sorten geschieden; die ausgepreßten Honige sind stets dunkelgelb und unrein.

Als bekannte und beliebte Sorten gelten der Orangenhonig (fiori d'arancio) und der Honig der Monti Hyblei (Sizilien), Akazienhonig, der Honig der Marken, Honig vom Monte Rosa und aus dem Veltlin (Bormio), Honig von Pragelato (Provinz Turin), Honig von Teramo (Abruzzen).

Von seiten der Generaldirektion der Steuern und Zölle wird als Grundpreis für die Bewertung der Einfuhr und Ausfuhr 75 Lire für 1 dz angenommen. Nach anderen Angaben werden für geschleuderten Ausfuhrhonig 85—90 Lire für 1 dz bezahlt; bei sizilianischem Honig werden 70—80 Lire für das rohe Erzeugnis und für den gut geschleuderten und zur Ausfuhr bestimmten Honig bester Qualität bis 150 Lire auf 1 dz angelegt.

Als Hauptausfuhrplätze kommen für sizilianischen Honig wohl wesentlich Palermo und Catania (früher auch Messina) in Betracht. Für das übrige Italien sind Neapel und Genua zu nennen. Ein regelmäßiger Honigmarkt scheint in Bologna zu bestehen, von wo aus regelmäßige Preisnotierungen verbreitet werden. Als Bestimmungsplätze sind besonders Hamburg, Berlin und München zu nennen.

Kunsthonig wird in Italien nicht hergestellt. Bei den hohen Zuckerpreisen wäre dessen Herstellung nicht gewinnbringend.

Besondere gesetzliche Vorschriften für den Verkehr mit Honig bestehen in Italien nicht. Wie alle Nahrungsmittel fällt auch der Honig unter die Vorschriften des Sanitätsgesetzes, welche sich auf Fälschungen usw. beziehen. Die Käufer müssen sich über Ursprung und Reinheit selbst Gewißheit verschaffen; Gefahr liegt aber auf diesem Gebiet nicht vor, weil Fälschungen und künstliche Nachahmungen unwirtschaftlich sein würden.

V. Spanien.

Über die Zahl der Imkereibetriebe und der Bienenstöcke in Spanien liegen einigermaßen zuverlässige statistische Angaben nicht vor. Ein in den einschlägigen

Fragen bewandertes Mitglied des Hauptvereins der Bienenzüchter, welches bestrebt ist, den spanischen Bauern die Grundbegriffe einer sachgemäßen Bienenzucht beizubringen und das Interesse an diesem Erwerbszweig soweit zu steigern, daß die Einrichtung von Imkereibetrieben in größerem Maßstabe möglich wird, schätzt die Zahl der Bienenzüchter in Spanien auf etwa 5—6000 mit 15—18000 Bienenstöcken.

Der Gesamtertrag an Honig ist beim Fehlen jeglicher Unterlage gleichfalls nur ungefähr zu schätzen. So wird der Gesamtertrag einer guten Jahresernte in der honigreichen Gegend von Valencia von einem bekannten Bienenzüchter in Castellon auf etwa 12500 kg angegeben. Etwa 25000 kg dürften in Aragonien, je ebensoviel in den Provinzen Guadalajara, Cuenca, Castellon, Alicante, Catalonien und den beiden Castilien, an 40000 kg und mehr in Murcia, Estremadura, Galicien und den nordwestlichen Provinzen zusammen, und 60 bis 100000 kg in Andalusien geerntet werden.

Ein bedeutender Honighändler in Tortosa (Prov. Tarragona) schätzt den Gesamtertrag einer guten Jahresernte an Honig auf 5—600000 kg, was nach den sonst vorliegenden Mitteilungen eher zu hoch als zu niedrig gegriffen sein dürfte. In Jahren mit ungünstiger oder gar schlechter Witterung sinkt die Ernte leicht auf die Hälfte oder gar auf ein Viertel der angegebenen Menge herab.

Eine Honiggewinnung im großen kommt nur ganz vereinzelt, d. h. dort vor, wo ein Bienenzüchter einen mit den neuesten Hilfsmitteln ausgerüsteten Imkereibetrieb besitzt und die Honiggewinnung zum Erwerb betreibt, wie in den Gegenden von Valencia, Castellon, Alicante, und in geringerem Umfange in Aragon und Catalonien. Im allgemeinen wird die Bienenhaltung nur nebenher betrieben. Die Bienenstöcke werden von den Bauern mit den einfachsten Hilfsmitteln, einem ausgehöhlten Baumstamm, aus Korkplatten usw. meist selbst hergestellt, und ein Bauer besitzt selten mehr als 2—3 wenig geräumige Stöcke. Die allmähliche Umwandlung der primitiven Vorrichtungen in zeitgemäße nimmt langsam aber stetig zu und damit auch die Menge der erzeugten Ware. Bis jetzt wird fast die gesamte Masse des in Spanien geernteten Honigs im Lande selbst verzehrt und zwar meist an Ort und Stelle vom Erzeuger und seiner Familie. In der Umgegend größerer Städte wird der Überschuß von umherziehenden Händlern aufgekauft, die ihn dann in der Stadt, durcheinandergemischt und, falls erforderlich, nach vorgängiger Reinigung, weiter verkaufen.

Der Großhandelspreis beträgt für die gewöhnlichen Sorten je nach der mehr oder minder großen Reinheit 70—85 Pesetas[1] für 1 dz; ganz reine und klare Ware bringt 85—100 Pesetas für 1 dz. In den Verkaufsgeschäften wird der Honig gereinigt und fast ausschließlich in hübschen und sauberen, $^3/_8$—1 kg fassenden Glasgefäßen unter irgend einer Marke, meist auch mit einer Herkunftsbezeichnung, unter Aufschlag von etwa 50% auf die Großhandelspreise feilgehalten. Doch bringen auch die Bauern aus der Umgegend der Städte den gewöhnlichen Honig, meist nicht besonders gereinigt, in großen Steinkrügen, je etwa 25—40 kg fassend, auf die Marktplätze, wo er in beliebigen Mengen ausgewogen wird.

---

[1] 1 Peseta = 0,81 M.

Die Stadt Barcelona erhebt neuerdings für den eingebrachten Honig eine Verbrauchssteuer von 10 Pes. für 1 dz. In Valencia beträgt diese nach Mitteilung des dortigen Konsulats 25 Pes. für die gleiche Menge.

Für die Ernährung der Bienen kommen außerordentlich zahlreiche Pflanzen in Betracht. Insgesamt sind 652 honigführende Pflanzen und Bäume auf der iberischen Halbinsel gezählt worden. Folgende Pflanzenfamilien, die von den Bienen beflogen werden, sind zu nennen: Aceraceen, Amaryllidaceen, Amygdaleen, Araliaceen, Asclepiadaceen, Aurantiaceen, Berberidaceen, Betulaceen, Borraginaceen, Cactaceen, Campanulaceen, Caprifoliaceen, Cariofilaceen, Celastraceen, Cistaceen, Compositen, Coniferen, Convolvulaceen, Cornaceen, Crassulaceen, Cruciferen, Cucurbitaceen, Cupuliferen, Dipsaceen, Elaeagnaceen, Ericaceen, Euphorbiaceen, Fumariaceen, Geraniaceen, Hippocastanaceen, Iridaceen, Philadelphaceen, Labiaten, Leguminosen, Liliaceen, Malvaceen, Oleaceen, Papaveraceen, Papilionaceen, Polygonaceen, Pomaceen, Primulaceen, Ramnaceen, Ranunculaceen, Rosaceen, Salicineen, Tiliaceen, Ulmaceen, Umbelliferen, Violaceen.

Die erstaunlich hohe Zahl der Honig liefernden Pflanzen läßt, unter Berücksichtigung der überaus günstigen klimatischen Verhältnisse des Landes, die Halbinsel als für die Bienenzucht im hohen Grade geeignet erscheinen. Dasselbe gilt für die zu Spanien gehörigen Balearischen Inseln, insbesondere für Mallorca und Menorca, welche erstklassigen Honig in sehr reichlichen Mengen hervorbringen.

In trockener Jahreszeit oder bei ungünstiger Witterung erhalten die Bienen eine künstliche Nahrung in Form von Zuckerpräparaten, auch sollen in einzelnen Gegenden (wie z. B. in der Umgend von Valencia) getrocknete Kräuter zur Verwendung kommen. Doch ist zu bemerken, daß die künstliche Ernährung der Bienen nur vereinzelt gehandhabt und systematisch wohl nur in größeren Imkereibetrieben angewendet wird.

Die Art der Honiggewinnung ist verschieden:

a) Das Ausschleudern der Waben mittels eines einfachen Apparats ist nur dort in Übung, wo schon Bienenstöcke und -häuser mit beweglichen natürlichen oder künstlichen Waben vorhanden sind, wie in den Provinzen Catalonien, Aragon und Alicante. Dieses Verfahren ist daher bei der bis jetzt nur geringen Verbreitung dieses modernen Hilfsmittels noch recht selten.

b) In den weitaus meisten Fällen preßt der Bauer mit der Fruchtpresse die Waben aus. Der so erzeugte Honig ist naturgemäß ziemlich unrein und enthält besonders viel Zellenteile, er dient aber auch fast ausschließlich für den Hausgebrauch und kommt kaum in den Handel. Für letzteren Zweck wird die Ware vom Großhändler einer Reinigung, in der Hauptsache durch nachträgliches Ausschleudern, unterworfen und fast immer mit anderem Honig, besonders solchem mit hellerer Farbe, vermischt, um ihm einen guten Geschmack, ein besonderes Aroma und eine einheitliche Farbe zu verleihen.

c) Das Erwärmen der Waben und Auffangen des herausfließenden Honigs ist gleichfalls in einigen Gegenden in Übung; beim Verkauf wird mit dem etwa nicht ganz reinen Honig wie vorstehend angegeben verfahren.

Mit dem zur Ausfuhr gelangenden Honig wird wie mit dem zum Verkauf in den Städten bestimmten verfahren, doch befindet sich der Honig, abgesehen von etwaiger Vermischung mit anderen Sorten, in seinem natürlichen Zustand.

Es werden in Spanien zahlreiche Honigsorten unterschieden, die ihren Namen meist von den Pflanzen herleiten, die den Bienen in der Hauptsache zur Einbringung des Honigs gedient haben; sie sind demnach in den einzelnen Landesteilen verschieden. Von den landläufigsten Bezeichnungen seien folgende wiedergegeben:

a) Romero = Rosmarin; in ganz Spanien vorkommend und auch als allgemeine Bezeichnung für feine, erstklassige Ware gebraucht, dient in den südlichen Provinzen außer als Nahrungsmittel in seinem natürlichen Zustande besonders zur Bereitung des „Turron“, eines marzipanähnlichen Gebäcks, welches vorzugsweise zur Weihnachtszeit zum Verkauf und in großen Mengen nicht nur nach dem Norden Spaniens, sondern auch nach auswärts zur Versendung gelangt. An erster Stelle genannt und gerühmt wegen ihrer Turronbereitung ist die Stadt Gojona in der Provinz Alicante, sowie ferner Cadiz.

Der Romerohonig, wie im übrigen auch die nachgenannten anderen Sorten, kommt sehr hell, fast weiß und durchscheinend vor, jedoch auch in Farbenabstufungen von gelb bis zu dunkelorange. Die Bezeichnung nach der Pflanze deutet zugleich das Aroma an, welches bei guten Sorten sehr ausgeprägt ist. Der Geschmack der besseren Sorten ist zart und überaus angenehm. Die Konsistenz ist verschieden und richtet sich nach dem Grad der Reinheit, nach dem Klima und der Jahreszeit. Die Schleuderhonige sind oft recht flüssig; die durch Pressen der Waben gewonnenen in der Regel fester und körniger. Im Winter oder an kalten Orten aufbewahrt, verdickt sich der Honig, oft bis zum völligen Festwerden; desgleichen auch mit dem Alter. Einjähriger Honig ist schon undurchsichtig und erreicht, je nach der Sorte, eine mehr oder minder große Härte. Die Aufbewahrung im Sommer ist nur an kühlen trockenen Orten ratsam, da der Honig bei andauernder großer Hitze leicht in Gärung übergeht.

b) Azahar = Orangenblütenhonig, hauptsächlich in den Küstengegenden von Castellon, Valencia und Alicante vorkommend, von wundervollem Aroma, schöner durchsichtiger Farbe und prachtvollem Geschmack.

c) und d) Espliego = Lavendelhonig, und Tomillo = Thymianhonig, sind gute, aromatische, weit verbreitete Sorten, die vielfach mit Romero vermischt in den Handel kommen. Ihre Farbe ist im allgemeinen dunkler, etwa bernstein bis ockergelb.

e — g) Cart panical = Radendistelhonig, Sapell = Heidekrauthonig, Pino = Fichtenhonig, sind geringere Sorten, die man gern mit den vorerwähnten anderen vermischt.

h — k) Algarrobo = Johannisbrotbaumhonig, Castano = Kastanienhonig, Corcho = gewöhnliche Sorte (nach den aus Korkplatten gefertigten Bienenstöcken so bezeichnet), sind geringerwertige Sorten, die unvermischt nicht und sonst überhaupt nur selten im Handel zu haben sind.

Der Preis der zur Ausfuhr gelangenden Honigsorten ist im allgemeinen derselbe, wie für den Großhandel bereits angegeben (S. 186). Eine geregelte Ausfuhr im großen findet bis jetzt nicht statt; einzelne Bienenzüchter des Landes senden ihren überschüssigen Honig besonders nach Nordafrika; kleinere Mengen werden nach Frankreich versandt und sollen hie und da nach Hamburg gehen und dort gute Preise erzielen.

Nach der amtlichen Statistik der Generalzolldirektionen in Madrid betrug die spanische Ausfuhr im Jahre 1907 insgesamt nur 19 457 kg im Werte von 15 566 Pesetas, wobei der dz zu 80 Pes. durchschnittlich angenommen ist. Von dieser Menge sind nach Deutschland nur 5 kg im Werte von 4 Pes. gelangt. Die Hauptausfuhr erstreckte sich auf Algier mit 14 643 kg im Werte von 11 634 Pes., dann folgt Frankreich mit 1184 kg. Nach den vorläufig für 1908 mitgeteilten Zahlen hat die Gesamtausfuhr an Honig während dieses Jahres nur 14 782 kg im Werte von 11 826 Pes. betragen.

Soweit nach dem vorstehenden von einer Ausfuhr zu reden ist, und soweit sich feststellen ließ, findet eine solche in erster Linie von Castellon, Valencia, Alicante und Cadiz aus statt.

Eine nennenswerte Einfuhr an Honig nach Spanien findet nicht statt.

Kunsthonig ist in Spanien unbekannt. Bei den sehr hohen Zuckerpreisen (1 dz etwa 115 Pes.), welche die Durchschnittspreise für reinen Naturhonig (1 dz etwa 80 Pes.) um 40 % übersteigen, ist der Ersatz des Honigs durch Zuckerpräparate so gut wie ausgeschlossen. Wenn der naturreine Honig überhaupt irgend welchen Zusatz erhält, so könnte dies nur bei dem Kleinhändler geschehen. In größerem Maßstabe soll derartiges nie beobachtet worden sein.

Besondere gesetzliche Vorschriften für den Verkehr mit Honig bestehen zurzeit nicht[1]). Doch dürften die Vorschriften der Artikel 356, 357 und 547, ev. 592 und 595 des spanischen Codigo penal, welche die Vergehen gegen die Gesundheit behandeln und sich auf den Verkauf aller Lebensmittel (in erster Linie auf den Verkehr mit Fleisch) beziehen, natur- und sinngemäß auch auf den Verkehr mit Honig auszudehnen sein.

Überwachung der Märkte usw. ist verschiedentlich, die strenge Verfolgung der vorbezeichneten Vergehen zuletzt durch ein Rundschreiben der Staatsanwaltschaft des Obersten Gerichtshofes in Madrid in Ausführung einer Königlichen Verordnung vom 16. August 1906 (Gaceta de Madrid vom 17. August 1906) angeordnet worden.

VI. Portugal.

Die Bienenzucht, die in früheren Jahren ein blühendes Gewerbe war, hat in den letzten Jahrzehnten viel von ihrer Bedeutung verloren. Statistische Angaben über die Zahl der Imkereibetriebe und der Bienenstöcke liegen nicht vor, ebensowenig über den Gesamtertrag an Honig; aus der Ausfuhrstatistik ist aber zu ersehen, daß die

---

[1]) Nach einer neueren Kgl. Verordnung, betr. die Verhütung der Verfälschung von Nahrungsmitteln vom 22. Dezember 1908 (Gaceta de Madrid S. 1182) darf unter der Bezeichnung Honig (Miel) nur der Stoff zugelassen werden, den die Bienen erzeugen, indem sie die zuckerhaltigen Säfte, die sie aus den Blüten und anderen Teilen von Pflanzen sammeln, umwandeln.

Der reine Bienenhonig darf als zulässige Höchstmengen enthalten: 20 % Wasser, 0,3 bis 0,8 % mineralische Stoffe, 1 bis 8 % Saccharose, 65—77 % Invertzucker, 1,4 bis 8 % verschiedene Dextrine und 0,04 bis 0,18 % Säure, als Ameisensäure berechnet.

Ausfuhr an Honig von Jahr zu Jahr zurückgeht. Im Jahre 1872 betrug die Ausfuhr noch 500 Tonnen, seitdem ist sie aber stetig zurückgegangen, so daß im Jahre 1907 nur noch 500 kg ausgeführt wurden. Heute wird die Honiggewinnung nur noch als Nebenzweig der Landwirtschaft betrieben.

Eine künstliche Ernährung der Bienen ist ganz unbekannt und auch wohl nicht erforderlich, da die reiche Flora Portugals den Bienen ausreichende Nahrung gewährt. Als Pflanzen, die zu ihrer Ernährung dienen, kommen hauptsächlich in Betracht Heidekraut, Rosmarin, Zistenröschen und Stechginster. Die beiden letzteren Pflanzen wachsen besonders in den südlichen Provinzen in großer Menge. Außerdem aber liefern die Feigen durch den süßen Saft, den sie ausschwitzen, den Bienen ein willkommenes Futter.

Die Honiggewinnung geschieht im allgemeinen noch auf die primitivste Art durch Auspressen der Waben. Einer besonderen Reinigung wird der Honig nicht unterworfen. Ein einziger größerer Landwirt hat vor kurzem angefangen, eine Zentrifuge zum Ausschleudern des Honigs zu verwenden.

Obgleich der Honig nicht immer gleich ausfällt und an Farbe und Geschmack Verschiedenheiten aufweist, so macht man doch für die Bewertung und den Verkauf keinen Unterschied. Nur der neuerdings in den Handel gekommene Schleuderhonig wird zum Unterschied von dem gewöhnlichen als „Mel centrifugado" verkauft und besser bezahlt.

Der Preis für den gewöhnlichen Honig beträgt 130 Reis[1]) das kg, Schleuderhonig kostet etwa 300 Reis das kg.

Zuckerpräparate als Ersatz für Honig kennt man nicht, schon aus dem Grunde, weil der Zucker teurer ist als Honig. Als für den Honig noch bessere Preise bezahlt wurden, wurde ihm zuweilen Sirup zugesetzt, doch soll auch dies heute nicht mehr der Mühe wert sein.

Gesetzliche Vorschriften für den Verkehr mit Honig und Grundsätze für seine Beurteilung bestehen in Portugal nicht.

VII. Griechenland.

Die Anzahl der Bienenstöcke in Griechenland betrug im Jahre 1903 201 314; die Zahl der Imker 13 000. Diese Zählung wurde von der Griechischen landwirtschaftlichen Gesellschaft veranlaßt und durch die Volksschullehrer ausgeführt.

Der Gesamtertrag an Honig schwankt von 1 000 000 bis 1 200 000 Oka[2]), kann jedoch in guten Blütenjahren noch höher ausfallen.

Die Bienenzucht wird hauptsächlich von ländlichen Pflanzern betrieben. Seit einigen Jahren widmen sich viele Gelehrte und wissenschaftlich gebildete Grundbesitzer mit Eifer der modernen Bienenzucht und legen wissenschaftliche Imkereibetriebe an.

Für die Ernährung der Bienen kommt hauptsächlich Thymian in Betracht, von dem der aromatische Honig herstammt. Auch die Blüten der Obstbäume und einige wildwachsende, wohlriechende Jahresgewächse liefern aromatischen Honig.

---

[1]) 1 portugiesischer Milreis = 1000 Reis = 4,54 M.

[2]) 1 Oka = 1,28 kg.

Den Bienen wird künstliche Nahrung, bestehend aus kondensiertem Most (petmest) oder aus Rosinensirup (stafidini) oder gewöhnlichem Honig, gegeben, wenn die Bienen schwach sind, oder wenn andauernde Trockenheit herrscht. In vielen Provinzen, wo die Pflanzenblüte eine dauernde ist, findet keine künstliche Ernährung statt, da die Bienen 11 Monate im Jahr arbeiten.

Der Honig wird auf zweierlei Art gewonnen, und zwar bei den älteren Bienenstöcken (Körben, Baumstämmen, Tongefäßen usw.) durch Auspressen; bei den neueren hölzernen Bienenhäusern mit beweglichen Waben unter Verwendung des Schleuderapparats (extracteur).

Es gibt noch eine andere Art der Honiggewinnung, nämlich durch Abtropfen; aber diese Methode wendet man seltener an, man gebraucht dieses Mittel nur ausnahmsweise im Frühling, wo der Honig ganz klar ist.

Nachdem der Honig durch Auspressen oder durch andere Mittel aus den Waben herausgezogen ist, seihen ihn die Bauern durch ein grobes Leinentuch (linatsa) und reinigen ihn; andere, die fortschrittlicher sind, benutzen einen besonderen Filtrierapparat. Nach dieser Reinigung bringt man den Honig in einen Krug oder in große Tongefäße; darin klärt sich der Honig. Dann schäumt der Imker ihn ab, und nach Verlauf von zwei Monaten ist der Honig klar.

Es werden von Honigsorten unterschieden:

a) Honig, welcher aus Bienenstöcken mit beweglichen Rahmen stammt und durch den Schleuderapparat gewonnen wird;

b) Honig, der aus Körben usw. stammt und durch Auspressen gewonnen wird;

c) als besondere Sorte Herbsthonig, der von Heidekraut, von der Sandbeere (Kumari) usw. herrührt.

Honig von Bienenstöcken mit künstlichem Rahmen ist durchsichtig und von goldiger Farbe, während derjenige aus den Korbstöcken sehr dickflüssig, farblos und sehr aromatisch ist, so daß er einen beißenden, schweren Geruch entwickelt.

Die Farbe, das Aroma und die Konsistenz des Honigs sind nach den Örtlichkeiten verschieden.

Der Preis des Honigs hängt von der Art seiner Gewinnung, von den Pflanzen, von denen die Bienen sich nähren, und im allgemeinen von seiner Zurichtung für den Handel ab.

Der gute Honig von Hymettos, von Spetsae, Hydra, Zante und von der Mani (Maina), der aus hölzernen Bienenhäusern gewonnen wird, kostet 2,50 bis 3,00 Drachmen[1]) für 1 Oka; derjenige aus den gewöhnlichen Stöcken kostet, da er nicht rein ist, für 1 Oka 1,30 bis 2,00 Drachmen, je nach der Jahresernte. Es gibt auch billigen Honig zu 0,80 bis 1,00 Drachmen für 1 Oka, das ist besonders der Herbsthonig, welcher eine rötliche oder orangerote Farbe hat.

In Karystos beim Dorfe Kallianou wird ein Honig von wilden Rosenstöcken gewonnen, welcher 8 bis 10 Drachmen das kg kostet. Dieser Honig ist sehr klar und aromatisch, vielleicht gibt es nicht seinesgleichen in der Welt. Seit ältesten Zeiten beziehen die jeweiligen Sultane diesen Honig.

---

[1]) 1 Drachme = 0,81 M.

Die Ausfuhr von griechischem Honig ist gering und übersteigt jährlich nicht 5000 kg, aus dem Grunde, weil der Handel mit dieser Ware nicht organisiert ist, sondern nur von Kleinhändlern betrieben wird.

Verfälschungen des Honigs kommen nicht vor. Ausnahmsweise wollten in einem Jahre, wo anhaltende Trockenheit herrschte und die Ernte gering war, einige Bauern Rosinensirup statt Honig verkaufen. Die Regierung verfügte aber die Beschlagnahme dieses Erzeugnisses, seitdem verkauft niemand mehr verfälschten Honig, sondern nur natürlichen Bienenhonig.

Besondere gesetzliche Bestimmungen gegen die Verfälschung des Honigs bestehen nicht, übrigens nehmen die Imker und Kaufleute nicht ihre Zuflucht zu solchen Mitteln, da selbst der billigste Honig mit dem besten amerikanischen Honig in Wettbewerb treten kann.

VIII. Vereinigte Staaten von Amerika.

Nach den im Jahre 1900 veröffentlichten Zensurberichten der Bundesregierungen gab es in den Vereinigten Staaten 706 261 Imker, welche 4 109 526 Schwärme in ihrem Besitz hatten. Der Wert der Bienen wurde auf 10 186 513 Dollar beziffert. Seit 1900 schätzt man eine Zunahme von 10 %.

Der Gesamtertrag wurde im Jahre 1908 auf 61 196 116 Pfund Honig und 1 165 315 Pfund Wachs im Werte von 22 Millionen Dollar geschätzt.

Man findet in manchen Städten Imker, die sachgemäße Honiggewinnung betreiben, aber man muß diese doch als einen landwirtschaftlichen Nebenzweig bezeichnen, da auch die städtischen Imker meist ein landwirtschaftliches Gewerbe, Gärtnerei, Obstzucht usw. haben. Im großen findet die Gewinnung von Honig heute vor allem in den Staaten Texas, Californien, New-York und Utah statt. Im Staate Texas hat sie die meiste Verbreitung gefunden, nachdem die Farmer durch das Vorfinden vieler wilden Honigstöcke auf die intensivere Ausbeute dieses gewinnbringenden landwirtschaftlichen Gewerbes kamen. Man schätzt heute den Ertrag von Zuchtbienenhonig in Texas auf etwa 5 Millionen Pfund. Über die Gewinnung des von wilden Bienen stammenden Honigs liegen keine Berichte vor. Man darf aber annehmen, daß der von Texas kommende, sehr unreine Honig meist von wilden Honigstöcken gewonnen wird und mit dem Honig von Zuchtbienen gemischt ist.

Für die Ernährung der Bienen kommen hauptsächlich folgende Pflanzen in Betracht:

Wilder Salbei (Sage) in Texas Californien, Arizona und Colorado; in Californien und Utah, neuerdings auch in Colorado trifft man tausende von Bienenstöcken in den mit Salbei und wilden Sträuchern bewachsenen freien Ebenen und an den Bergabhängen. Hier dürfte man die Honiggewinnung wohl schon als ein selbständiges Gewerbe ansehen. Luzerne (Alfalfa) in Californien, Colorado, Utah; weißer Klee, roter Klee, süßer Klee, schwedischer Klee in den zentralen und östlichen Staaten; Orangeblüten in Florida und Californien; Lindenblüten in Wisconsin, Michigan, New-York, Massachusetts; Buchweizen in New-York, Pennsylvania, Michigan, Wisconsin, Maine, Virginia; die Blüte der verschiedenen Obstbäume und Sträucher in allen Oststaaten und die der vielen wilden Pflanzen und Sträucher wie weißer Chaparelle, Mosquite, Mexikanische Dattelpflaumen, Manglebaum usw. im fernen Westen.

Künstliches Futter wird den Bienen oft im Winter gereicht. Man benutzt hierzu meist die schlechtesten Sorten von Rohrzucker oder auch Sirup. Der Versuch, die Bienen mit Stärkesirup zu füttern, hat sich nicht bewährt. Auch sind die Ergebnisse der künstlichen Fütterung nicht sehr günstig zu nennen.

Die Honiggewinnung geschieht meist durch Ausschleudern der Waben. Auch das Erwärmen der Waben und Abseihen des flüssigen Honigs ist vielfach üblich. In manchen Gegenden wird von den Imkern, welche sich noch nicht an moderne Einrichtungen gewöhnt haben, der sogenannte Sonnenprozeß angewendet, wobei die Waben der Sonnenwärme ausgesetzt werden, um den Honig aus den Zellen zu schmelzen.

Einer besonderen Reinigung oder sonstigen Behandlung wird der für die Ausfuhr bestimmte Honig nicht unterworfen. Das amerikanische Nahrungsmittelgesetz gestattet unter „Honig" nur den Verkauf im ursprünglichen Zustand. Besondere Vorschriften für die Ausfuhr bestehen nicht, und weder Imker noch Wiederverkäufer nehmen Rücksicht darauf, ob der Honig für den Inland-Verbrauch oder die Ausfuhr bestimmt ist.

Man unterscheidet mehrere Sorten von Honig. Im Kleinhandel findet man nur in den feinsten Geschäften Spezial-Honige, wie Lindenblütenhonig (Basswood Honey), Weiß-Klee-Honig (White Clover Honey). Diese beiden Sorten geben vermischt einen prachtvollen Honig, der sich größter Beliebtheit erfreut. Im Osten kauft man gern den dunkel aussehenden Buchweizen-Honig (Buck-Wheat Honey). Immer mehr bürgert sich der Luzerne-Honig (Alfalfa Honey) ein, der von wasserheller Farbe ist, in der Helle nur noch übertroffen von dem Salbei-(Sage)Honig in Californien. Der letztere wird besonders für Arzneien in großen Mengen gebraucht. Im allgemeinen aber erscheinen alle diese Honigsorten, zu denen noch der feine Orangenblütenhonig, in kleineren Mengen auch der Himbeerhonig (Raspberry-Honey) kommen, nur in gemischtem Zustande als „Pure Honey" im Handel. So führt in Chicago keines der großen Warenhäuser eine bestimmte Honigmarke, die auf den Ursprung des Honigs hinweist. Am liebsten wird der Wabenhonig gekauft, der in unverfälschtem Zustande auf den Markt gelangt.

Der Preis der zur Ausfuhr gelangenden Honigsorten ist 6—8 cents für 1 Pfund frei New-York. Der dunkle Honig erzielt den niedrigsten Preis. Wabenhonig kostet 10—15 cents das Pfund.

Vielfach wird der Honig aus dem Hauptausfuhrgebiet Californien von San Francisco unmittelbar nach Europa verschickt (mit der Bahn bis New-York). In flüssigem Zustand wird Honig in Kannen, welche je 5 Gallonen enthalten (60 englische Pfund) versendet. Der Wabenhonig enthält je 12 oder 24 Honigwaben (Combs) in einer Kiste; je 10 Kisten werden zusammengepackt. Texas-Honig wird meist von Galveston aus ausgeführt. Dieser Honig läßt sich auf den großen Märkten der Union sehr schlecht verkaufen, da er meist ein Gemisch von wildem und von anderem

Honig ist und daher eine sehr unreine Farbe hat. Es ist sehr leicht möglich, daß von diesem schlechtesten Honig der Union ein großer Teil nach Deutschland gekommen ist. Er wird meist in Fässern von 700 Pfund versandt.

Als Ausfuhrhonig kommen am meisten in Betracht:
California White Sage extracted Honey (Californischer weißer Salbei-Honig);
Orange Blossom Honey (Orangeblüten-Honig);
Utah Water White Alfalfa Honey (Utah wasserheller Luzerne-Honig);
Wisconsin und New-York Basswood Honey (Lindenblüten-Honig).

Für Bäckereizwecke eignet sich am besten Californien- und Utah-Honig, für den Tischgebrauch Wisconsin oder New-York Basswood und White Clover Honey (Lindenblüten- und Weißkleehonig) und California Sage Honey (Salbei-Honig).

In bezug auf die Honigverfälschungen ist zu bemerken, daß in früheren Jahren Unmengen von mit Stärkesirup gemischtem Honig auf den Markt kamen. Neuerdings hat die Honigverfälschung bedeutend nachgelassen. Das Nahrungsmittelgesetz hat sehr vorteilhaft auf die Reinheit der Honigsorten gewirkt. Die Bundesregierung hat überall ihre Inspektoren, die sowohl bei den Imkern, wie auch bei den Groß- und Kleinhändlern Proben entnehmen. Mehr als die Geldstrafe scheut man die Veröffentlichung der Verurteilung mit genauer Firmenangabe. Gefälschter Honig darf verkauft werden, wenn er auf der Bezettelung als „adulterated Honey" bezeichnet ist. Früher wurde in ein Glas ein kleines Stück Wabe mit Honig, der noch nicht ganz reif und deshalb minderwertig war, gesteckt und das Gefäß mit Stärkesirup aufgefüllt; es kam oft vor, daß über 50 % des Inhaltes Stärkesirup war. Man schätzte die Fälschungen an ausgelassenem Honig bis vor 4 Jahren auf etwa 35 % der Handelsware. Aber gegen diese Fälschungen gingen noch vor der Bundesregierung die Einzelstaaten an. Besonders Wisconsin und Illinois erließen sehr strenge Gesetze. Das Bundesgesetz hat mit Untersuchungen des in einem Staate hergestellten und dort verbleibenden Honigs nichts zu tun, sondern die Bundesinspektoren sind nur zu Untersuchungen der Lebensmittel befugt, die von einem Staat in den andern gelangen, also für den zwischenstaatlichen Verkehr. Wohl steht ihnen aber das Anklagerecht bei der einzelstaatlichen Regierung wegen Fälschung zu. Heute ist es vor allem Invertzucker, der zu Fälschungen benutzt wird. Nicht als Verfälschung wird es betrachtet, wenn man künstliche, aus reinem Wachs hergestellte Waben in die Bienenstöcke stellt, um sie dann von den Bienen mit Honig füllen zu lassen. Die einzelnen Zellen sind nicht so tief, wie die von den Bienen hergestellten, die Bienen aber arbeiten sie selbst aus. Für die Imker ist damit eine große Ersparnis verbunden, da diese Waben sich mehrere Male verwenden lassen.

Einen sehr günstigen Einfluß auf die Honiggewinnung und den Honighandel üben die Honig-Genossenschaften (Honey-Associations) aus, die sich in fast allen Staaten gebildet haben und in immer näheren Zusammenschluß kommen. Vielfach haben sie einen Inspektor ernannt, der auf Fälschungen genau zu achten hat. Die großen Honiggeschäfte lassen sich meist von diesem Inspektor ein Zeugnis über die Reinheit des zu kaufenden Honigs ausstellen.

Für die Honig-Einfuhr kommen hauptsächlich Kuba, Mexiko, San Domingo, Haiti, Hawaii in Betracht. Jedoch hat dieser Honig nicht die Güte der in der Union erzeugten besseren Sorten. Meist wird er für gewerbliche Zwecke, vor allem in Biskuit-Fabriken verwendet. In Hawaii ist die Honiggewinnung erst seit einigen Jahren im Aufschwung, im letzten Jahre betrug die Erzeugung etwa 1000 Tonnen.

Auf Honig ruht ein Einfuhrzoll von 20 Cents für 1 Gallone[1]), die Einfuhr von Wachs ist seit dem 1. Oktober 1890 frei.

IX. Mexiko.

Das größte Erzeugungsgebiet für Honig befindet sich in der Huasteca an der Golfküste. Der Gesamtertrag an Honig in diesem Gebiet beläuft sich auf etwa 5- bis 6000 Faß zu 50 Gallonen (1 Gallone gleich 4,55 Liter, also unter Annahme des spezifischen Gewichtes von Honig mit 1,45 gleich 6,59 kg).

Die Honiggewinnung findet nicht im großen statt, sondern bildet durchweg einen Nebenzweig ländlicher Betriebe.

Die üppige Flora der Huasteca gibt den Bienen Nahrung im Überfluß. Vereinzelt dürften Palmblüten den Bienen zur Honiggewinnung dienen und auch süße Säfte, die sich in gewissen Jahreszeiten auf Blättern und Zweigen gewisser Bäume reichlich finden.

Die Hauptertragsmonate sind Dezember bis Januar und April bis Mai; in den letztgenannten Monaten ist das Ergebnis besonders reich. Der Landwirt bringt die Bienen in ausgehöhlten Baumstämmen oder in eigens zu diesem Zweck angefertigten Kästen unter, welche er von Zeit zu Zeit prüft, um im gegebenen Zeitpunkt zur Honiggewinnung zu schreiten.

Künstliche Nahrung in Form von Zuckerpräparaten oder dergleichen wird den Bienen nicht geboten.

In der Huasteca wird weder sogenannter Schleuderhonig durch Ausschleudern der Waben hergestellt noch Honig durch Erwärmen der Waben und Abseihen des flüssigen Honigs gewonnen; die Waben werden vielmehr in eigens dazu vorbereiteten Säcken aus leichtem Wollstoff (Manta) ausgepreßt. Der für die Ausfuhr bestimmte Honig wird nach der Gewinnung noch einmal durch leichtes Manta durchfiltriert. In einigen Betrieben soll die Filtration unter Einwirkung der starken Tropensonne vorgenommen werden, während als allerdings wenig bestimmt versichert wird, daß auch einige Indianer den Honig mit einem Zusatz von Wasser auskochen, damit er schön flüssig bleibe. Durch Abschäumen und Absetzen würde er hierbei gereinigt. Nach früheren Mitteilungen bestehen im Innern des Landes größere Imkereien, die nur Auslaufhonig ersten Auslaufs ausführen und wegen hervorragend guter Ware 18—20 cts für 1 kg erzielen.

Man unterscheidet hellen und dunklen Honig, ohne daß dieser Unterschied einen Einfluß auf die Bewertung hat; ebensowenig werden die verschiedenen Arten nach Geruch, Geschmack und Konsistenz bewertet.

---

[1]) 1 Gallone = 4,55 Liter.

Der von einem Händler an den Erzeuger bezahlte Preis des Honigs beträgt 60 bis 75 cts. mex.[1] für 1 Gallone[2] also 9—11 cts. für 1 kg, während bei der Ausfuhr loco Mexiko Hafen 14 bis 18 cts. für 1 kg erzielt werden. Die Seefracht nach Hamburg beträgt:

12 sh 6 d für 1 Faß von 50 Gallonen Inhalt,

7 sh für 1 Faß von 30 Gallonen Inhalt,

3 sh 6 d für 1 Kiste mit 10 Gallonen Inhalt.

Die Ausfuhr findet hauptsächlich über die Häfen Tampico und Tuxpam statt, nur eine geringe Menge wird über Veracruz verschifft.

Es wird nur reiner Honig ausgeführt, da Kunsthonig nicht hergestellt wird.

Es wird mitunter behauptet, daß einige mexikanische Tieflandhonige berauschende und giftige Wirkungen haben, doch ist nicht anzunehmen, daß diese Honige zur Ausfuhr gelangen, wenn man aus der das Angebot übersteigenden großen Nachfrage nach mexikanischem Honig diesen Schluß ziehen darf.

Ausfuhrzoll oder sonstige Abgaben lasten nicht auf Honig. Hauptabnehmer mexikanischen Honigs sind zurzeit die Vereinigten Staaten von Amerika und Deutschland.

Gesetzliche Vorschriften für den Verkehr mit Honig bestehen nicht, ebensowenig sind Grundsätze für dessen Beurteilung aufgestellt.

X. Brasilien.

Die Honiggewinnung für Handelszwecke beschränkt sich in Brasilien im wesentlichen auf die Staaten Santa Catharina, Sao Paulo und Parana. Fast aller nach Deutschland ausgeführter Honig geht über den Hafen von Sao Francisco im Staate Santa Catharina.

Unterlagen über die Zahl der Imkereibetriebe, der Bienenstöcke und ihres Ertrages in ganz Brasilien sind nicht vorhanden. Einige Angaben über Bienenzucht finden sich in dem neuen Werke des Centro Industrial do Brasil, O Brasil, Band II Industria Agricola. Daraus ergibt sich, daß es mehrere Arten einheimischer Bienen gibt, die einen an Qualität ausgezeichneten Honig liefern. Aber die Menge des von ihnen erzeugten Honigs ist nicht groß. Zuchtversuche in größerem Umfange sind bisher mit ihnen nicht gemacht worden. Planmäßige Zuchtversuche werden nur mit der aus Europa eingeführten Biene angestellt. Diese Biene (Apis mellifica) wird besonders in den Staaten Santa Catharina, Parana und in Sao Paulo gezüchtet. Der Gesamtertrag an Honig in Sao Paolo betrug im Jahre 1905: 91718 kg, in Santa Catharina wurden im Jahre 1905: 31372 kg Honig gewonnen, in Parana im Jahre 1905: 69000 kg. Insgesamt wurden im Jahre 1907 7124 kg Honig aus Brasilien ausgeführt, davon gingen 6647 kg über den Hafen von Sao Francisco. Die Ausfuhr fiel im Jahre 1908 auf 2194 kg.

---

[1] 100 Centavos = 2,10 Mark.

[2] 1 Gallone = 4,55 Liter.

Die Honiggewinnung bildet nur einen Nebenzweig ländlicher Betriebe. Im Staate Rio de Janeiro umfaßt der größte Imkereibetrieb nicht mehr als 160 Bienenstöcke. Die Stöcke sind in Holzkisten von 60 cm Länge, 30 cm Breite und 40 cm Höhe untergebracht.

In Sao Paulo sind mehrfach von verschiedenen Industriellen Lehrversuche zur systematischen Bienenzucht gemacht worden. Der Erfolg war aber bisher sehr mäßig. Im Munizipium Limeira, wo die Zahl der Bienenstöcke am größten ist, zählt man 277 Stöcke, welche 2000 kg Honig erzeugen. In Santa Catharina findet sich die ausgedehnteste Bienenzucht. Hier ist Joinville der Hauptmarkt. Die Bienenzucht wird dort nach den neuesten Methoden betrieben. In Rio Grande do Sul befinden sich einige Fazenden, die wegen ihrer Bienenzucht berühmt sind. Es sind dies die Fazenden Abelheira im Munizipium Rio Pardo und eine gleichnamige Fazenda in dem Orte Canoas des Munizipiums Gravatahy.

Für die Ernährung der Bienen kommen in Betracht im wesentlichen die Blüten des Kaffee-, Orangen- und weiter südlich des Mattebaumes.

Künstliche Nahrung mit Zuckerpräparaten wird nur in Zeiten schlechter Ernte verwandt.

Der Honig wird, wo die Bienenzucht nicht ganz im kleinen betrieben wird, nach modernen Methoden durch Ausschleudern der Holzrahmen so gewonnen, daß die Waben nachher wieder verwendet werden können.

Der Preis des ausgeführten Honigs beträgt durchschnittlich 892 Reis[1]) für 1 kg; im allgemeinen schwanken die mittleren Preise für 1 kg Honig zwischen 600 Reis (Sao Paolo) und 1000 Reis (Parana).

Kunsthonig soll in Brasilien noch nicht hergestellt werden. Gesetzliche Vorschriften für den Verkehr mit Honig bestehen, soweit bekannt, nicht.

Für die einzelnen Staaten Brasiliens ist noch folgendes zu bemerken:

Im brasilianischen Staate Santa Chatharina wird in den nahe der Küste gelegenen Teilen Bienenzucht fast überall getrieben, und zwar im Anschluß an kleinbäuerliche Betriebe. Selbständige Imkereibetriebe in großem Maßstab sind unbekannt. Folgende Munizipien kommen besonders für die Honiggewinnung in Betracht: Joinville, Sao Bento, Blumenau, Brusque, Tubarao und Laguna. In Sao Bento werden von einem Kolonisten 300 Bienenstöcke gehalten. Dies ist wohl der größte derartige Betrieb im Staate.

Für die Ernährung der Bienen kommen zu verschiedenen Jahreszeiten sehr verschiedene Pflanzen in Betracht. Als solche seien erwähnt: die Blüte des Orangenbaumes, wilde Araca, Inga, verschiedene Myrtaceenarten und die Rankengewächse des Waldes; unter diesen soll besonders eine von den Bienen gesucht sein, die dem Geruch nach an Vanille erinnert.

Künstliche Ernährung der Bienen soll im Bezirk Sao Bento durch Darreichung von Zuckerwasser stattfinden.

---

[1]) 1 brasilianisches Milreis = 1000 Reis = 2,29 Mark.

In den Munizipien Sao Bento und Blumenau wird vereinzelt Schleuderhonig hergestellt, im übrigen wird der Honig in der Regel durch Auspressen der Waben gewonnen. Erwärmen und Abseihen des Honigs findet nicht statt. Der für die Ausfuhr bestimmte Honig wird über Dampf filtriert oder auch in einem Kessel geklärt.

An Honigsorten werden in Joinville und Sao Bento „heller" und „dunkler" unterschieden, von denen der hellere und geringwertigere der aus Sao Bento ist.

In Blumenau unterscheiden die Imker Honige von:

1. Orangenblüten, hell ins gelbliche spielend, nach Obstbaumblüte riechend, von feinstem Geschmack und in 2—3 Monaten kristallisierend.

2. Ingablüten, hell, von feinem Aroma, in 2—3 Monaten kristallisierend.

3. Capoeirablüten, von hellgelber Farbe, gutem Geruch und gutem Geschmack und sehr schnell in 3—8 Tagen kristallisierend.

4. Waldblüten, von dunkler, ins bräunliche spielender Farbe, kräftigem Aroma und wenig scharfem Geschmack; in einigen Wochen kristallisierend.

Die gezüchtete Biene soll in der Regel die italienische sein.

Der Preis des zur Ausfuhr bestimmten Honigs beträgt im Norden des Staates 40 Pfennig für 1 kg netto. Beim Blumenauer Honig wird nach Qualitäten unterschieden. Es kosten: Orangen- und Ingablütenhonig 6—700 Reis, Capoeirablütenhonig 5—600 Reis, Waldblütenhonig 500 Reis für 1 kg.

Im brasilianischen Staate Parana werden schätzungsweise 50—60000 kg Honig geerntet.

Allein unter den Mitgliedern des teuto-brasilianischen landwirtschaftlichen Vereins werden von 22 Imkern, mit zusammen durchschnittlich 620 Völkern etwa 12500 kg Honig im Jahre gewonnen. Über Araucaria (Eisenbahnstation 20 km von Curitiba) gehen jährlich mindestens 8—10000 kg nach der Hauptstadt. Der in Parana erzeugte Honig wird nur im Staate selbst verbraucht; es gibt keine merkliche Ausfuhr.

Die Bienenzucht wird nur vereinzelt im großen betrieben; gewöhnlich stellt sie einen Nebenzweig ländlicher Betriebe dar.

Für die Ernährung der Bienen kommen die Pflanzen, Sträucher und Bäume von Wald und Kamp (Steppe) in Betracht.

Künstliche Nahrung in Form von Zuckerpräparaten wird den Bienen nicht gereicht.

Die Gewinnung des Honigs geschieht teils durch Schleudern teils durch Pressen. Durch Erwärmen der Waben wird kein Honig gewonnen.

An Arten unterscheidet man Schleuder- und Preßhonig.

Die Eigenschaften der Honige sind folgende:

Farbe: vorwiegend gelb und rot, seltener bräunlich,

Geruch: stark aromatisch,

Geschmack: gut, angenehm. Nur der zur Winterzeit während der Blüte einer besonderen Pflanze (Bracatinga genannt) eingetragene Honig hat einen gallenbitteren Geschmack.

Die Ausfuhr ist infolge von Transportschwierigkeiten fast unmöglich.

Der Preis des Honigs stellt sich für Preßhonig auf 300 bis 400 Reis und für Schleuderhonig auf 800 Reis bis 1 Milreis das Kilogramm.

Im brasilianischen Staate Sao Paulo ist die Honiggewinnung für Ausfuhrzwecke gleichfalls unbedeutend. In den Jahren 1905 und 1906 wurde über Santos kein Honig ausgeführt, 1907 und 1908 fand eine ganz geringe Ausfuhr statt.

Die Honiggewinnung bildet in der Regel nur einen Nebenzweig ländlicher Betriebe; ein Großbetrieb findet nicht statt. Nur vereinzelt dürften Imker über 100 Stände besitzen.

Für die Ernährung der Bienen kommen hauptsächlich die Blüten der Kaffee-, Orangen-, Obst- und Waldbäume in Betracht.

Künstliche Ernährung findet nicht statt, da es im Staate keinen eigentlichen Winter gibt und die Bienen infolgedessen immer Blüten einzelner Baumarten vorfinden.

Der Honig wird im allgemeinen durch Auspressen der Waben gewonnen. Die Besitzer zahlreicher Bienenstände haben dazu einfache Maschinen, während viele Imker, die nur wenige Stöcke besitzen, die Auspressung mit den Händen vornehmen. Der Preßhonig wird zur Klärung aufgestellt; die sich auf der Oberfläche ansammelnde unreine Schicht wird abgenommen. Sonstige Reinigungsarten sind, soweit ermittelt werden konnte, unbekannt. Einige Imker gewinnen den Honig auch durch Erwärmen der Waben und Abseihen des flüssigen Honigs. Seltener kommt die Herstellung von Schleuderhonig vor.

Unterschieden wird der Honig außer nach den Gewinnungsarten nur nach dem Aussehen. Die hellere und die dunklere Färbung richtet sich nach den zur Ernährung der Bienen dienenden Blüten sowie nach dem Alter des Honigs.

Als Preis des Honigs erzielen die Erzeuger je nach der Güte der Ware 400 bis 1000 Reis für 1 kg. In den Läden ist die gleiche Menge für etwa 1,5 Milreis bis 1,8 Milreis zu kaufen.

Präparate unter dem Namen Kunsthonig oder ähnlichen Bezeichnungen werden im Staate nicht hergestellt. Dagegen ist es möglich, daß der für den städtischen Verbrauch vom Lande hereinkommende Honig von den Bauern durch Zusatz von Rohrzucker verfälscht wird.

XI. Argentinien.

Eine amtliche Statistik über die Zahl der Imkereibetriebe und Bienenstöcke gibt es in Argentinien nicht. Professor Brünner von der Ackerbauschule in Cordoba schätzt den Jahresertrag der argentinischen Imkerei auf rund 760 000 kg, wovon nach seiner Angabe entfallen:

<pre>
Auf die Provinz Cordoba   . . . . . 400 000 kg
    „   „   „   Mendoza . . . . 150 000 „
    „   „   „   Catamarca . . . . .   50 000 „
    „   „   „   San Juan . . . . .   10 000 „
    „   „   „   Santa Fé . . . . .   10 000 „
    „   „   „   Buenos Aires . . . . 10 000 „
</pre>

Nach Brünners Berechnung, die einen Durchnittsertrag von 35 kg für den Stock annimmt, wenngleich es Rahmenstöcke gebe, die 150 kg brächten, müßte das Land rund 21 000 Bienenstöcke besitzen.

Die Honiggewinnung bildet im allgemeinen einen Nebenzweig ländlicher Betriebe.

Es kommen für die Ernährung der Bienen hauptsächlich in Betracht:

1. Alfalfa (Luzerne) medicago sativa, die in künstlich bewässertem Gelände in der Zeit von September bis April 7—8mal jährlich blüht und einen weißen, bei 10° Celsius erstarrenden und etwa 12% Wasser enthaltenden Honig geben soll.

2. Polei (poleo, pouliot) und Azarillo-Feldblumen, die in großer Menge vorhanden sind und einen vorzüglichen weißen und festen Honig geben sollen.

3. Die Obstbäume, darunter Pfirsiche, Aprikosen, Birnen, Äpfel und dergl.

Eine künstliche Ernährung der Bienen mit Zuckerpräparaten findet nicht statt. Der hohe Preis des Zuckers verbietet dessen Verwendung zu diesem Zweck. Ausnahmsweise wird wohl den Bienen Honig des vorigen Jahres als Nahrung geboten.

Die Gewinnung des Honigs erfolgt auf verschiedene Weise. Arbeitet der Imker mit beweglichen Waben, was immer mehr geschieht, so wird der Honig aus den Waben ausgeschleudert; dieses Verfahren ergibt in Geschmack und Farbe ein erstklassiges Erzeugnis. Arbeitet der Imker mit festen Waben, so erfolgt die Ernte durch Abseihen mit dem Sonnenfilter (besonders bei zerbrochenen Waben) sowie durch Auspressen oder auch, besonders im Herbst, durch Auskochen; die so gewonnenen Sorten sind gewöhnlich dunkler und werden schwerer hart.

Die Reinigung des feinen Ausfuhrhonigs erfolgt häufig, indem man ihn 2 Wochen lang in zylindrischen Behältern ruhen läßt, eine andere Behandlung des Ausfuhrhonigs findet nicht statt.

An Honigsorten unterscheidet man im allgemeinen Frühlingshonig, Sommerhonig und Herbsthonig. Die ersteren sind erster Güte, der letztere zweiter Güte. Im Handel werden ferner unterschieden:

Miels coulés (Jungfernhonig) 1. und 2. Klasse.

Miels extraits (Schleuderhonig) 1. und 2. Klasse.

Miels fondus (ausgekochter und gepreßter Honig) 1. und 2. Klasse.

Die 1. Klasse des Schleuderhonigs ist weiß und wird Ende des Sommers hart; die 2. Klasse ist weniger hell und bleibt halbflüssig. Gebirgshonig ist stellenweise goldgelb.

Von Palmen gewonnener Honig erinnert in seinem Geschmack an Quittengelee und wird sehr gelobt. Den besten Honig liefern Cordoba, San Luis, Catarmarca und Rioja, das Erzeugnis der anderen Provinzen ist wasserhaltiger.

Die Honigausfuhr ist nur gering; sie hat sich im Jahre 1908 auf 9631 kg belaufen. 1906 und 1907 hat überhaupt kein Honig das Land verlassen. In den Jahren 1901—1905 sind 156 323 kg ausgeführt worden, davon 84 605 nach Deutschland.

Die Großhandelspreise, frei Waggon Cordoba, betragen für 1000 kg feinen Frühlingshonig netto 600—800 Mark.

Die Ausfuhr wird hauptsächlich über Buenos Aires oder Rosario geleitet.

Kunsthonig wird im Lande nicht hergestellt, weil der Zucker teurer ist als der Honig. Der argentinische Honig ist, wenn auch verschiedener Qualität, doch durchweg rein.

Gesetzliche Vorschriften für den Verkehr mit Honig sowie Grundsätze für seine Beurteilung bestehen in Argentinien nicht.

XII. Chile.

Über den Gesamtertrag an Honig fehlt es an statistischen Angaben. Die Ernte im Jahre 1909 wird auf 8000 Fässer (je 75 kg brutto) geschätzt, wovon 150 dz auf den Konsulatsbezirk Concepcion und ein beträchtlicher Teil auf die Provinz Llanquihue entfällt. Die Ernte im Jahre 1908 wird auf 15 000 Fässer angegeben. Diese Zahlen sind aber viel zu niedrig, denn die Ausfuhr belief sich 1908 auf 1 440 200 kg, auch ist der Verbrauch im Lande erheblich.

Die Honiggewinnung bildet einen Nebenzweig ländlicher Betriebe.

Für die Ernährung der Bienen kommen besonders in Betracht die Blüten folgender Bäume, Sträucher und Pflanzen: Ulme (Ulmo eucryphia cordifolia), Lum (Luma eugenia), Palo Santo (Weinmannia trichosperma), Chequéen (Eugenia Chequéen), Pitra (Myrceugenia pitra), Temu (Temu divareatum), Drymis chilensis, Caluslaria ascendens, Citrus Aurantium, Citrus medica, Olea europea, Papaver somniferum, Centaurea chilensis, Puja chilensis, Spartium junceum, Guajacum officinale, Silium candidum, Quassia amara, Cynara scolimus, Acacia Cavenia, Prosopsis Siliquastium, Listrea mollis, Cucumis melo, Cucumis citrullus, Helianthus annuus, Klee, namentlich Weißklee und Luzerne, ferner auch Früchte wie Trauben, Birnen, Feigen und Pfirsiche.

Künstliche Nahrung wird den Bienen fast gar nicht zugeführt; nur in Ausnahmejahren, wenn wegen anhaltender Nässe im Sommer wenig Honig eingetragen worden ist, erhalten die Bienen im Winter Zuckerlösung.

Der Honig wird hauptsächlich durch Ausschleudern mittels Schleudermaschine gewonnen. Außerdem erfolgt die Gewinnung durch Erwärmung und zwar teils durch Sonnenhitze, teils (bei anhaltend schlechtem Wetter) durch heißes Wasser. Eine Reinigung des Honigs findet nicht statt.

Man unterscheidet in Chile kristallisierten (festen) und flüssigen (durch Erhitzen gewonnenen), sowie weißen (miel blanca), gelben (miel rubia) und dunklen Honig (miel oscura). Der kristallisierte Honig wird höher bewertet als der flüssige, und je heller der Honig ist, um so mehr wird er geschätzt. Das Aroma ist natürlich nach den von den Bienen benutzten Blüten und Früchten verschieden. Besonders fein ist der von weißen Klee- und Ulmenblüten herrührende helle Honig. Viel genannt wird der Valdivia-Honig (aus den Provinzen Llanquihue und Valdivia) und der Contulmohonig (aus Contulmo, Provinz Arauco). Dieser ist von heller Farbe und fest.

Der Preis des zur Ausfuhr gelangenden Honigs beträgt ungefähr 23 Mark für 50 kg frei Hamburg oder Bremen. Der weiße Honig wird im allgemeinen 1 Mark höher bezahlt.

Die Ausfuhr findet hauptsächlich über Valparaiso, Puerto Montt und Talcahuano statt. Im Jahre 1908 wurden 8680 kg ausgeführt, wovon 1600 kg nach Deutschland gingen. Zur Ausfuhr gelangt nur Schleuderhonig, den die Ausfuhrhändler teils unmittelbar, teils durch Agenten von den Imkern kaufen. Hauptabsatzgebiete sind Deutschland und Frankreich.

Kunsthonig wird in Chile nicht hergestellt. Zu erwähnen ist übrigens der besonders in Ocoa (Provinz Valparaiso) hergestellte Palmhonig, der indessen wesentlich im Lande verbraucht wird.

Gesetzliche Vorschriften über den Verkehr mit Honig oder Grundsätze für dessen Beurteilung bestehen in Chile nicht.

XIII. Kuba.

In den westlichen Provinzen Kubas, Matanzas, Habana und Pinar del Rio wird die Bienenzucht nach dem neuen amerikanischen System betrieben und der Honig durch Ausschleudern der Waben gewonnen. Die Bienenstöcke dieses Systems bestehen aus Kästen mit herausnehmbaren Rahmen, in deren Mitte eine künstliche aus Wachs verfertigte Wabenplatte eingesetzt wird. Diese Wabenplatten werden von den Bienen auf beiden Seiten unter gleichzeitiger Ablagerung des Honigs zu ganzen Waben vervollständigt. Wenn diese Arbeit beendet ist, nimmt man die Rahmen aus den Kästen heraus, entfernt die oberste Wachsschicht und bringt sie dann in die Schleudermaschine. Die Waben bleiben dabei unversehrt und werden hernach wieder in die Kästen hineingesetzt, wo sie wieder von neuem von den Bienen gefüllt werden.

In den östlichen Provinzen dagegen, wo man noch nach dem alten System verfährt, d. h. wo die Bienen in ganz gewöhnlichen Kästen die Waben von grundauf hineinzubauen gezwungen sind, wird der Honig durch Zerstampfen der Waben gewonnen.

Der Honig wird meistens in seinem ursprünglichen Zustande ausgeführt, ohne vorher gereinigt zu werden. Alle toten Bienen und Wachsteilchen werden darin gelassen. Nur einige wenige Ausfuhrhändler reinigen den Honig vor der Verschiffung, indem sie den vom Lande hereinkommenden Honig in große Tanks gießen, damit sich der Schmutz, die toten Bienen usw. absetzen, und erst den so geklärten Honig in die Fässer füllen. Irgend welche Mischung mit Fremdstoffen findet nicht statt, also dieser geklärte Honig ist ebenfalls ein reines Naturerzeugnis.

Der beste Honig kommt aus den westlichen Provinzen Pinar del Rio, Habana und Matanzas und auch teilweise Santa Clara; er ist dickflüssiger als der des östlichen Teiles der Insel, Camaguey und Santiago de Cuba; auch hat dieser Honig mehr Aroma und einen feineren Geschmack. Die Farbe des Honigs ist in den verschiedenen Jahreszeiten verschieden, sie wird im wesentlichen von den Blütensorten beeinflußt, aus denen die Bienen den Seim entnehmen. Besondere Bezeichnungen für die verschiedenen Klassen der Honige bestehen nicht.

Die Preise schwanken und sind abhängig von dem Ergebnis der Honigernte in den verschiedenen Gegenden.

Für Deutschland sind im Jahre 1908 Verkäufe gemacht worden zwischen 19 und 22,50 Mark für 10 Gallonen[1]) einschließlich Fracht Hamburg oder Bremen für beste Ware; die etwas geringere Ware (dünnflüssige Honige) wurde etwas billiger abgegeben, zu 18 bis 21 Mark.

Die Ausfuhr findet von allen größeren Hafenplätzen Kubas statt, weitaus der größte Teil jedoch geht von Habana; dann folgen Matanzas, Cienfuegos, Santiago de Cuba, Manzanillo, Cardenas und Caibarien.

Kunsthonig wird von Kuba aus nicht ausgeführt, es kommt nur unverfälschter Honig zum Versand.

Gesetzliche Vorschriften für den Verkehr mit Honig gibt es auf Kuba nicht.

XIV. Jamaika.

Die Ausfuhr an Honig betrug vom 1. April 1907 bis zum 31. März 1908 199962 Gallonen[1]) im Werte von 17496 £.

Die Honiggewinnung bildet in den meisten Fällen nur einen Nebenzweig ländlicher Betriebe.

Die Bienen ernähren sich hauptsächlich aus den Blüten von Haematoxylon campechianum, Melicocca bijuga und Prosopis Juliflora. Hier und da werden, wenn keine Pflanzen blühen, die Bienen mit Zucker gefüttert.

Der Honig wird gewonnen, indem man ihn aus den Waben auslaufen läßt, und gereinigt, indem man ihn durch ein Sieb aus Messingdraht abseiht. Nach der Farbe unterscheidet man etwa drei Arten von Honig.

Die Ausfuhr von Honig verteilte sich vom 1. April 1907 bis 31. März 1908 wie folgt:

Großbritannien	108231 Gallonen	£ 9470. 4.3
Vereinigte Staaten v. Amerika	2324 „	„ 203. 7
Kanada	22417 „	„ 1961. 9.9
Frankreich	25516 „	„ 2232.13
Deutschland	41226 „	„ 3607. 5.3
Andere Staaten	248 „	„ 21.14.3
Gesamt	199962 Gallonen	£ 17496.13.6

[1]) 1 Gallone = 4,55 Liter.

Kunsthonig wird nicht hergestellt, und gesetzliche Vorschriften für den Verkehr mit Honig sowie Grundsätze für dessen Beurteilung bestehen in Jamaika nicht.

Es soll viel kubanischer Honig, der minderwertiger ist als Jamaika-Honig, unter dem Namen Jamaika-Honig über England nach Deutschland gehen.

XV. Australien.

Die Imkerei bildet in der Commonwealth of Australia im allgemeinen einen Nebenzweig der ländlichen Betriebe, insbesondere der Milchwirtschaft. Nur in verhältnismäßig wenigen Ausnahmefällen ist sie Hauptbetrieb. Die statistischen Angaben über die Imkereibetriebe sind weder durchaus zuverlässig noch vollständig, indem sie für Tasmanien gänzlich fehlen.

Für das Jahr 1903 werden folgende Angaben gemacht:

	Neu-Südwales	Victoria	Queensland	Süd-Australien	West-Australien	Commonwealth ohne Tasmanien
Bienenstöcke						
produktive . .	53 240	27 505	10 366	18 529	9 881	119 521
unproduktive .	15 148	15 707	3 956	5 101	2 140	42 052
insgesamt	68 388	43 212	14 322	23 630	12 021	161 573
Honig-Erzeugung						
Menge in lb[1] .	2 660 363	1 138 992	442 827	953 395	255 489	5 451 066
Wert £ . . .	27 700	13 050	3 993	8 938	3 726	37 407
Wachs-Erzeugung						
Menge in lb[1] .	48 247	29 521	8 554	12 854	6 454	100 810
Wert £ . . .	2 700	1 330	402	696	565	5 693

Wenn man bedenkt, daß diese Zahlen für das ganze Festland von Australien gelten, dann erscheinen sie sehr unbedeutend. In der Tat ist die australische Bienenzucht auch erst am Anfang ihrer Entwickelung und wird allgemein erst seit verhältnismäßig kurzer Zeit als ein lohnendes Nebengewerbe geschätzt.

Der Zahl der Bienenstöcke nach hat die Imkerei in Neusüdwales die größten Fortschritte gemacht, indessen wird sie dort vielmehr zur Deckung des Eigenbedarfs betrieben, als in Victoria und Süd-Australien, wo sie als Erwerbsmittel eine ungleich größere Bedeutung hat. Es sind deutsche Bauern — am Fuße der „Grampians" genannten, gut bewaldeten Bergkette im Staate Victoria gibt es verschiedene fast gänzlich deutsche Imkerkolonien —, die sich der Imkerei dort mit besonderem Fleiße widmen und dabei ein ganz gutes Auskommen finden. Für sie ist teilweise die Imkerei, wenn auch nicht das einzige, so doch das hauptsächlichste Mittel zur Erwerbung des Lebensunterhaltes. Nur während der Wintermonate suchen sich diese

---

[1] 1 lb = 0,454 kg.

Leute in der Umgebung andere Beschäftigung. Aber auch das würde nicht nötig sein, wenn nicht der Absatz des australischen Honigs, wie weiter unten erklärt wird, mit besonderen Schwierigkeiten verknüpft wäre.

Ein besonderer Aufschwung ist in letzter Zeit auch in Westaustralien bemerkbar, doch wird es dort wie in Queensland immerhin noch einige Zeit in Anspruch nehmen, ehe man nur den inländischen Bedarf gänzlich decken kann.

Für die Ernährung der Bienen kommen in der Hauptsache die in ganz Australien verbreiteten Eucalyptusbäume in Betracht. Unter ihnen sind die folgenden als besonders honigreiche Arten zu nennen: Eucalyptus odorata, E. melliodera, E. rostrata, E. hemifolia, E. largiflorens, E. corynecoly, E. frauciflora. In Queensland ist der wilde Apfelbaum eine sehr beliebte Nahrungsquelle der Bienen, doch kommt er nur strichweise und in nicht allzu großer Zahl vor. Ist die Blütezeit der Eucalyptusbäume vorüber, dann kommen die Luzernen-Felder und vor allen Dingen die wilde Flora Australiens zur Geltung. Sie zeigt fast während des ganzen Jahres in allen Teilen des Landes genügend Blüten, um dem Nahrungsbedürfnis der Bienen gerecht zu werden. Mangel an natürlicher Nahrung tritt daher nur selten ein, wie sich Australien infolge seines kurzen, meist nicht einmal 3 Monate dauernden Winters überhaupt in hervorragender Weise zur Bienenzucht eignet. Nur wenn die sommerliche Hitze alles in Busch und Feld versengt hat und der Regen nicht kommen will, dann gehen einige wenige Imker zur künstlichen Ernährung über, um dadurch ihre Völker vor dem Untergang zu bewahren. Man gibt aber dann keine Zuckerpräparate, sondern den gewöhnlichen, braunen, unraffinierten Zucker (Soft Sugar), der billig zu haben ist.

Der australische Honig wird fast allgemein durch Ausschleudern gewonnen, es ist Schleuderhonig — Extractor Honey. Andere Verfahren sind kaum bekannt. Insbesondere will man nichts von dem Erwärmen der Waben wissen, weil damit ein zu großer Verlust verknüpft ist. Auch sieht man von einer besonderen Reinigung des Honigs ab. Man läßt ihn einige Tage stehen, damit er alle Unreinigkeiten an die Oberfläche bringen kann. Sind diese entfernt, so ist die Ware verkaufsfertig, da sie den Anforderungen der verschiedenen staatlichen Gesundheitsbehörden entspricht. Auch der zur Ausfuhr bestimmte Honig wird einer weiteren Reinigung nicht unterworfen.

Eine besondere Unterscheidung der Honigarten ist nicht üblich. Man bezeichnet sie wohl nach ihrer Herkunft als „Western" oder „Northern Honey". Auch wird gelegentlich nach dem Geruche „Orange-" oder „Luzerne-Honey" angeboten; doch gibt es im allgemeinen nur eine einzige Handelsware. Sie riecht und schmeckt mehr oder weniger stark nach Eucalyptus und zeigt in der Farbe alle Schattierungen von einem hellen Goldgelb bis zu einem dunklen Braun, wobei der dunkelfarbene als der minderwertigere betrachtet wird. Daneben gilt nur noch die Konsistenz als einziger, für den Preis maßgebender Unterschied. Je dickflüssiger der Honig, desto höher der Preis.

Betreffs des Eucalyptusgeschmackes sei besonders darauf aufmerksam gemacht, daß er lediglich durch die Eucalyptusblüten verursacht ist, aus denen die Bienen ihre Nahrung gezogen haben. Hamburger Kaufleute hatten ihn gelegentlich auf die Blechkanister zurückgeführt, indem sie annahmen, daß diese vorher zur Aufbewahrung von Eucalyptusöl gedient hätten.

Der Preis des zur Ausfuhr gelangenden Honigs schwankt je nach Angebot und Nachfrage zwischen $2^1/_2$ und 4 Pence für das englische Pfund. Als Durchschnittspreis ist $3^1/_4$ Pence anzunehmen.

Der Hauptabnehmer des Honigs ist Großbritannien. Von anderen europäischen Ländern kommen nur Belgien und Deutschland in Betracht, davon hat Deutschland im Jahre 1908 nur 1096 lb $=$ 497,5 kg genommen, also eine ganz unbedeutende Menge. Da es nun an Versuchen, australischen Honig einzuführen, nicht gefehlt hat, so muß ein besonderer Grund vorliegen, der die Einfuhr zurückhält. Dieser Grund ist der Eucalyptus-Geruch und -Geschmack des australischen Honigs. Er hat für den, der daran gewöhnt ist, nichts unangenehmes, aber in Deutschland hat man sich bis jetzt noch nicht daran gewöhnen können. Versuche, dem australischen Honig diesen Geschmack zu nehmen, sind bis jetzt erfolglos geblieben, obwohl man es daran nicht hat fehlen lassen.

Die Hauptausfuhrplätze für australischen Honig sind: Adelaide, Melbourne, Sydney, Fremantle und Brisbane.

Besondere gesetzliche Vorschriften für den zur Ausfuhr gelangenden Honig gibt es nicht. Nach den allgemeinen Vorschriften der „Commerce Act" muß der für die Ausfuhr bestimmte Honig einem Regierungsinspektor gezeigt werden. Er bescheinigt seine Reinheit und versieht die Kisten — Honig kommt in Blechdosen von ungefähr 60 lb Inhalt, von denen je zwei in eine Kiste verpackt sind, zum Versand — mit dem Regierungsstempel. Über den Wert dieser Kontrolle gehen die Meinungen sehr auseinander, jedenfalls ist er nicht groß.

Kunsthonig kennt man in Australien bis jetzt nicht. Ebenso hört man von Verfälschungen kaum etwas. Sollten sie vorkommen, so werden sie jedenfalls nicht von den Imkern sondern von den Händlern vorgenommen. Indessen ist kaum zu befürchten, daß derartig verfälschter Honig ausgeführt wird. Bei dem billigen Preis brächte eine Verfälschung auch nur dann Vorteil, wenn der Preis mehr als $3^1/_2$ Pence für das lb betrüge.

C. Untersuchungsergebnisse der Auslandshonige.

Laufende Nummer	Herkunftsland	Bezeichnung des Honigs nach Art und Herkunft	Beschafft durch das Kaiserl. Konsulat in	Äußere Eigenschaften	Dichte der wässerigen Lösungen d_{15}^{15}		Wasser [1])	Trockenrückstand	Invertzucker		Rohrzucker nach Meißl bestimmt	Gesamtzucker	Nichtzucker
					20 g zu 100 ccm	$33^1/_3$ %	%	%	vor d. Inversion %	nachd. Inversion %	%	%	%
1	Österreich	Akazienhonig aus Nieder-Österreich (Gr. Enzersdorf)	Wien (durch Vermittelung des Zentralvereins f. Bienenzucht in Österreich)	hellgelb, dickflüssig, Blütenaroma (Akazien)	1,0626	1,1154	19,05	80,95	74,16	76,68	2,39	76,55	4,40
2	„	Ailanthushonig d. österreichisch. Imkerschule, Wien		dunkelgelbbraun, dickflüssig, sehr aromatisch	1,0640	1,1177	17,41	82,59	76,16	77,80	1,56	77,72	4,87
3	„	Lindenblütenhonig, Wien		dunkelgelb (grünlich fluoreszierend), salbenartig, sehr aromatisch	1,0631	1,1163	18,79	81,21	75,20	75,46	0,25	75,45	5,76
4	„	Weißkleehonig aus Mähren (Doschen)	„	weißgelb, kristallinisch, aromatisch	1,0631	1,1163	18,31	81,69	78,56	79,30	0,70	79,26	2,43
5	„	Esparsettehonig aus Mähren (Probitz)	„	weißgelb, kristallinisch, aromatisch (Wiesenblüten)	1,0655	1,1212	15,70	84,30	75,44	77,52	1,98	77,42	6,88
6	„	Buchweizenhonig aus dem Marchfelde bei Wien	„	schokoladenbraun, seimig, starkes Aroma (Buchweizen)	1,0634	1,1168	18,02	81,98	75,84	76,48	0,61	76,45	5,53
7	„	Vusperkrauthonig aus Ungarn (Finke)	„	schmutziggelb, zähkristallinisch, sehr feines Blütenaroma	1,0651	1,1204	15,78	84,22	76,04	78,52	2,35	78,39	5,83
8	„	Tannen- und Fichtenhonig aus Ober-Österreich (Munderfing)	„	grünlich, schwarzbraun, zähkristallinisch (Coniferenaroma)	1,0648	1,1199	16,65	83,35	64.80	70,20	5,13	69,93	13,42
9	„	Wiesenblumenhonig aus Ober-Österreich (Munderfing)	„	bräunlichgelb, dickflüssig, angenehmes Blüten- und Coniferenaroma	1,0641	1,1184	17,86	82,14	61,96	69,52	7,18	69,14	13,00
10	Ungarn	Vusperkrauthonig aus Makó, Komitat Csanád	Budapest (durch Vermittelung des kgl. Ungarischen Ackerbauministeriums)	gelbweiß, dickflüssig, angenehmes Blütenaroma	1,0649	1,120	16,34	83,66	68,56	79,96	10,83	79,39	4,27
11	„	Akazienhonig aus Gödöllö		dickflüssig, hellgelb, grünlich fluoreszierend, sehr feines Blütenaroma	1,0662	1,1231	14,99	85,01	74,36	78,08	3,53	77,89	7,12

[1]) Die mit * bezeichneten Werte für den **Wasser**gehalt sind aus der Dichte der Honiglösung (20 g zu
[2]) Die Alkalität der Asche wurde in den mit * bezeichneten Fällen gegen Azolithminpapier, in allen

Polarisation d. wässerigen Lösung 10 g zu 100 ccm im 200 mm Rohr in Kreisgraden vor d. Inversion °	nach d. Inversion °	Säure (ccm Normallauge für 100 g Honig)	Asche %	Alkalität der Asche ccm Normalsäure[2] auf die Asche von 100 g Honig	auf 1 g Asche	Phosphatgehalt der Asche g PO_4 auf 100 g Honig	in 100 g Asche	Prüfung auf Diastase	Prüfung auf künstlichen Invertzucker nach Ley	nach Fiehe	Prüfung auf Stärkesirup nach Beckmann	nach Fiehe	Prüfung auf Melasse	Eiweißfällung nach Lund
− 3,42	− 4,09	1,20	0,0760	0,70	9,2	0,0135	17,7	in 40 Min. hellgelb	positiv (Reduktion ohne Fluoreszenz)	negativ (schwach-orange rasch verschwindend)	negativ	negativ	negativ	0,61
− 2,67	− 3,05	1,30	0,1365	1,85	13,6	0,0180	13,1	in 15 Min. hellgelb	negativ (fluoreszierend)	negativ (gelblich)	„	„	„	1,06
− 2,50	− 2,74	2,25	0,2570	3,06	11,9	0,0205	8,0	in 5 Min. hellgelb	„	negativ (schwach gelb)	„	„	„	1,25
− 2,34	− 2,63	1,68	0,0775	1,00	12,9	0,0175	22,6	in 10 Min. hellgelb	„	„	„	„	„	0,75
− 2,46	− 3,28	1,00	0,0660	0,79	12,0	0,0135	20,4	in 20 Min. gelb	positiv (Reduktion ohne Fluoreszenz)	„	„	„	„	0,5
− 2,40	− 2,56	2,58	0,1055	1,05	9,95	0,0205	19,4	in 5 Min. hellgelb	negativ (fluoreszierend)	negativ (schwach orange)	positiv (sofort starke Fällung)	negativ (klar)	„	4,20
− 2,46	− 2,98	2,38	0,136	1,320	9,7	0,0240	17,6	in 20 Min. hellgelb	„	„	negativ	„	„	1,6
+ 1,53	+ 0,80	2,42	0,673	6,15	9,1	0,0932	13,8	in 15 Min. hellgelb	„	negativ (sehr schwach gelb)	„	„	„	1,3
+ 1,63	+ 0,77	2,40	0,5750	6,09	10,6	0,077	13,4	in 10 Min. hellgelb	„	negativ (schwach gelb)	positiv (sofort Fällung)	„	„	1,4
− 0,68	− 3,13	1,07	0,0520	0,48	9,2	0,011	21,1	in 60 Min. hellgelb	„	„	negativ	negativ	„	1,3
− 2,21	− 3,10	0,78	0,0925	0,79*	8,5*	0,0170	18,4	in 20 Min. hellgelb	„	negativ (schwach orange)	„	„	„	0,8

100 ccm) berechnet; die übrigen Wassergehalte sind gewichtsanalytisch bestimmt worden.
anderen Fällen gegen Methylorange ermittelt.

Laufende Nummer	Herkunftsland	Bezeichnung des Honigs nach Art und Herkunft	Beschafft durch das Kaiserl. Konsulat in	Äußere Eigenschaften	Dichte der wässerigen Lösungen d_{15}^{15}		Wasser[1]	Trockenrückstand	Invertzucker		Rohrzucker nach Meißl bestimmt	Gesamtzucker	Nichtzucker
					20 g zu 100ccm	$33\,^{1}/_{3}\,^{0}/_{0}$	%	%	vor d. Inversion %	nach d. Inversion %	%	%	%
12	Ungarn	Lindenblütenhonig aus Gödöllö	Budapest	hellbraungelb, dickflüssig, Aroma nach Lindenblüten u. Heide	1,0649	1,12	16,42	83,58	75,12	76,52	1,33	76,45	7,13
13	„	Gemischter Blumenhonig aus Klausenburg	„	hellgelb, weich kristallinisch, angenehmes Blütenaroma	1,0636	1,1174	17,94	82,06	76,40	77,72	1,25	77,65	4,41
14	Rußland	Blumenhonig aus dem Gouvernement Taurien	St. Petersburg (durch Vermittelung der russisch. Gesellschaft für Bienenzucht)	weißgelb, dickflüssig, Wiesenblütenaroma	1,0621	—	20,31	79,69	72,28	74,96	2,55	74,83	4,86
15	„	Buchweizenhonig aus dem Gouvernement Kursk		schokoladenbraun, fest, sehr starkes wenig angenehmes Aroma n. Buchweiz.	1,0614	—	20,96	79,04	75,48	76,68	1,14	76,62	2,42
16	„	Buchweizenhonig aus dem Gouvernement Grodno	„	schokoladenbr., kristallinisch, sehr starkes Aroma n. Buchweiz. (karamelisiert)	1,0618	—	20,12	79,88	75,12	76,16	0,99	76,11	3,77
17	„	Akazienhonig aus Bessarabien	„	hellgelb, dickflüssig, angenehmes Blütenaroma	1,0620	—	20,33	79,67	70,40	72,48	1,98	72,38	7,29
18	„	Lindenblütenhonig aus dem Gouvernement Ufa	„	gelb, grünlich fluoreszierend, dickflüssig, Lindenblütenaroma	1,0618	—	20,59	79,41	68,36	70,72	2,24	70,60	8,81
19	„	Kleehonig aus Jekaterinoslaw	„	weiß, dickflüssig, geringes Aroma n. Wiesenblüten	1,0626	—	19,53	80,47	72,52	75,60	2,93	75,45	5,02
20	„	Blumenhonig aus Smolensk	„	braungelb, halb kristallis., Aroma schwach nach gemischt. Blüten u. Buchw. (karam.)	1,0618	—	20,55	79,45	72,00	74,28	2,17	74,17	5,28
21	„	Blumenhonig aus Wladimir	„	weißgelb, in Gärung, Aroma an Buchw. erinnernd	1,0603	—	22,36	77,64	73,48	73,88	0,38	73,86	3,78
22	„	Wiesenblütenhonig aus Grodno	„	tiefgelb, kristallinisch, angenehmes Blütenaroma	1,0618	—	20,55	79,45	72,40	73,72	1,25	73,65	5,80
23	„	Wiesenblütenhonig aus Kostroma	„	desgl.	1,0615	—	20,88	79,12	72,36	73,16	0,76	73,12	6,00
24	„	Ackerhonig aus Tambow	„	braungelb, in Gärung, Aroma: gemischte Blüten mit Buchweizen	—	—	21,99	78,01	—	—	—	—	—

| Polarisation d. wässerigen Lösung 10 g zu 100 ccm im 200 mm Rohr in Kreisgraden | | Säure (ccm Normallauge für 100 g Honig) | Asche | Alkalität der Asche ccm Normalsäure [2] | | Phosphatgehalt der Asche g PO_4 | | Prüfung auf Diastase | Prüfung auf künstlichen Invertzucker | | Prüfung auf Stärkesirup | | Prüfung auf Melasse | Eiweißfällung nach Lund |
vor d. Inversion °	nach d. Inversion °		%	auf die Asche von 100 g Honig	auf 1 g Asche	auf 100 g Honig	in 100 g Asche		nach Ley	nach Fiehe	nach Beckmann	nach Fiehe		
− 1,87	− 2,38	1,75	0,1445	1,45	10,0	0,0235	16,2	in 20 Min. hellgelb	negativ (fluoreszierend)	negativ (schwach gelb)	negativ	negativ	negativ	0,6
− 2,72	− 3,17	1,05	0,0520	0,52	10,0	0,0105	20,2	in 15 Min. hellgelb	„	„	„	„	„	0,8
− 2,22	− 2,86	—	—	—	—	—	—	—	—	negativ (schwach rosa)	—	—	—	—
− 2,64	− 3,18	—	—	—	—	—	—	—	—	„	—	—	—	—
− 2,34	− 2,90	—	—	—	—	—	—	nach 1 Stunde blau	—	zweifelhaft (violettrot, aber rasch verblassend)	—	—	—	—
− 2,58	− 3,08	—	—	—	—	—	—	—	—	negativ (farblos)	—	—	—	—
− 0,90	− 1,22	—	—	—	—	—	—	—	—	negativ (rosa)	—	—	—	—
− 2,22	− 2,84	—	—	—	—	—	—	—	—	negativ (farblos)	—	—	—	—
− 1,94	− 2,44	—	—	—	—	—	—	nach 1 Stunde blau	—	positiv (violettrot)	—	—	—	—
− 2,48	− 2,76	—	—	—	—	—	—	—	—	negativ (farblos)	—	—	—	—
− 1,88	− 2,26	—	—	—	—	—	—	—	—	negativ (rosa)	—	—	—	—
− 1,74	− 2,20	—	—	—	—	—	—	—	—	„	—	—	—	—
—	—	—	—	—	—	—	—	—	—	negativ (fast farblos)	—	—	—	—

Laufende Nummer	Herkunfts-land	Bezeichnung des Honigs nach Art und Herkunft	Beschafft durch das Kaiserl. Konsulat in	Äußere Eigenschaften	Dichte der wässerigen Lösungen d_{15}^{15}		Wasser[1]	Trockenrückstand	Invertzucker		Rohrzucker nach Meißl bestimmt	Gesamtzucker	Nichtzucker
					20 g zu 100 ccm	33⅓%	%	%	vor d. Inversion %	nachd. Inversion %	%	%	%
25	Rußland	Kleehonig aus Podolien	St. Petersburg	weiß, kristallinisch, sehr angenehmes Aroma	1,0617	—	20,68	79,32	74,56	75,24	0,65	75,21	4,11
26	„	Blumenhonig aus Jekaterinoslaw	„	goldgelb, dickflüssig, Aroma fehlt fast	1,0636	—	18,48	81,52	72,00	76,08	3,88	75,88	5,64
27	„	Blumenhonig aus Cherson	„	schmutzig weiß, fest kristallinisch, sehr angenehmes Blütenaroma (Wiesenblüten)	1,0626	—	19,68	80,32	73,00	75,36	2,24	75,24	5,08
28	„	Blumenhonig von St. Petersburg	„	tief dunkelbraun, kristallinisch (karamelisiert)	1,0632	—	18,46	81,54	73,32	76,32	2,85	76,17	5,37
29	„	Kleehonig aus Cherson	„	weiß, kristallinisch, angenehmes Blütenaroma (Wiesenblüten)	1,0625	—	19,46	80,54	73,12	75,48	2,24	75,36	5,18
30	„	Lindenblütenhonig in Waben aus dem Gouvernement Ufa	Saratow	grünlich-gelbweiß, kristallisiert, angenehmes Blütenaroma mit bitterem Nachgeschmack	1,0623	1,1153	19,81	80,19	73,12	73,56	0,42	73,54	6,65
31	„	Schleuderhonig aus verschiedenen Blumen, vor allem Buchweizen aus dem Gouvernem. Ufa	„	tiefbraun, zäh kristallin., stark aromatisch nach Buchweizen	1,0642	—	17,03	82,97	78,32	79,76	1,37	79,69	3,28
32	„	desgl.	„	tiefbraun, zäh kristallinisch, stark aromatisch nach Buchweizen	1,0627	—	18,99	81,01	77,36	78,40	0,99	78,35	2,66
33	„	Linden-Seihhonig aus dem Gouvernement Ufa	„	grünlich-weißgelb, kristallinisch, angenehmes Aroma mit bitterem Nachgeschmack	1,0634	1,1172	18,64	81,36	75,00	75,68	0,64	75,64	5,72
34	„	Buchweizenhonig aus dem Gouvernement Ufa	„	schokoladenbraun, halbkristallinisch, starkes Aroma (Buchweizen)	1,0625	1,1158	19,33	80,67	74,92	75,68	0,72	75,64	5,03

Polarisation d. wässerigen Lösung 10 g zu 100 ccm im 200 mm Rohr in Kreisgraden vor d. Inversion °	nach d. Inversion °	Säure (ccm Normallauge für 100 g Honig)	Asche %	Alkalität der Asche ccm Normalsäure²) auf die Asche von 100 g Honig	auf 1 g Asche	Phosphatgehalt der Asche g PO_4 auf 100 g Honig	in 100 g Asche	Prüfung auf Diastase	Prüfung auf künstlichen Invertzucker nach Ley	nach Fiehe	Prüfung auf Stärkesirup nach Beckmann	nach Fiehe	Prüfung auf Melasse	Eiweißfällung nach Lund
— 2,70	— 3,16	—	—	—	—	—	—	—	—	negativ (farblos)	—	—	—	—
— 2,04	— 2,92	—	—	—	—	—	—	—	—	„	—	—	—	—
— 1,52	— 2,20	—	—	—	—	—	—	—	—	negativ (schwach rosa)	—	—	—	—
— 1,34	— 2,22	—	—	—	—	—	—	nach 1 Stunde blau	—	zweifelh. (violettrot ab. schnell verblassend)	—	—	—	—
— 1,92	— 2,60	—	—	—	—	—	—	—	—	negativ (schwach rosa	—	—	—	—
— 1,46	— 1,88	1,1	0,2650	3,5	13,2	0,0155	5,8	in 10 Min. hellgelb	—	negativ (schwach gelb)	negativ	negativ	negativ	1,05
— 2,59	— 2,89	1,87	0,1770	1,91	10,8	0,0140	7,9	—	—	„	—	—	—	2,15
— 1,91	— 2,27	1,40	—	—	—	—	—	in 10 Min. hellgelb	—	negativ (schwach orange)	—	—	—	2,15
— 1,44	— 1,67	0,73	0,3265	4,30	13,2	0,0205	6,3	„	negativ (fluoreszierend)	negativ (schwach gelb)	negativ	negativ	negativ	0,9
— 2,45	— 2,48	2,32	0,1965	2,29	11,6	0,0295	15,0	in 5 Min. hellgelb	„	negativ (schwach orange)	„	„	„	2,65

Laufende Nummer	Herkunftsland	Bezeichnung des Honigs nach Art und Herkunft	Beschafft durch das Kaiserl. Konsulat in	Äußere Eigenschaften	Dichte der wässerigen Lösungen d_{15}^{15}		Wasser [1] %	Trockenrückstand %	Invertzucker		Rohrzucker nach Meißl bestimmt %	Gesamtzucker %	Nichtzucker %
					20 g zu 100 ccm	33 ⅓ %			vor d. Inversion %	nach d. Inversion %			
35	Rußland	Lindenblütenhonig (pasteurisiert) aus dem Gouvernement Ufa	Saratow	grünlich weißgelb, kristallinisch, angenehmes Blütenaroma mit bitterem Nachgeschmack	1,0632	1,1171	18,50	81,50	74,48	75,72	1,19	75,67	5,83
36	„	desgl.	„	grünlich weißgelb, kristallinisch, angenehm. Blütenaroma	1,0631	—	18,75	81,25	72,64	74,60	1,86	74,50	6,75
37	„	desgl.	„	grünlich weißgelb, kristallinisch, angenehm. Blütenaroma	1,0636	—	17,96	82,04	75,20	76,64	1,37	76,57	5,47
38	„	künstlicher Honig aus dem Gouvernement Ufa	„	braungelb, halbkristallinisch, Bonbongeschmack	1,0605	1,1113	22,73	77,27	73,84	75,20	1,29	75,13	2,14
39	Rußland (Polen)	Zentrifugenhonig, sog. Speisehonig aus dem Gouvernement Lublin	Warschau	braun, seimig, starkes Aroma (Buchweizen)	1,0630	—	18,95	81,05	75,52	76,64	1,06	76,58	4,47
40	„	durch Erwärmen gewonnener Honig (Honigkuchenhonig) aus dem Gouvernement Lublin	„	braun, seimig, sehr starkes Aroma (Buchweizen)	1,0621	—	19,94	80,06	74,76	75,36	0,57	75,33	4,73
41	„	Akazienhonig aus dem Gouvernement Warschau	„	gelbweiß (grünlich fluoreszierend), halbkristallinisch, angenehmes Blütenaroma	1,0644	1,1190	17,37	82,63	75,84	76,92	1,03	76,87	5,76
42	Italien	Blütenhonig aus Trefontana bei Rom	Rom	schmutzig hellgelb, kristallinisch, angenehmes Blütenarom.	1,0625	1,1158	*19,00	81,00	75,12	76,80	1,59	76,71	4,29
43	„	Honig vom Monte Rosa (Sizilien)	„	hellgelb, dickflüssig, geringes Blütenaroma	1,0641	1,1192	*16,9	83,1	74,54	77,79	3,08	77,62	5,48
44	„	Blütenhonig aus der Umgebung Roms	„	schmutzig, dunkelgelb, fast kristallin., sehr starkes Blütenu. Wachsaroma	1,0629	1,1168	*18,2	81,8	74,16	77,64	3,3	77,46	4,34

Polarisation d. wässerigen Lösung 10 g zu 100 ccm im 200 mm Rohr in Kreisgraden — vor d. Inversion °	nach d. Inversion °	Säure (ccm Normallauge für 100 g Honig)	Asche %	Alkalität der Asche ccm Normalsäure [2]) — auf die Asche von 100 g Honig	auf 1 g Asche	Phosphatgehalt der Asche g PO$_4$ — auf 100 g Honig	in 100 g Asche	Prüfung auf Diastase	Prüfung auf künstlichen Invertzucker — nach Ley	nach Fiehe	Prüfung auf Stärkesirup — nach Beckmann	nach Fiehe	Prüfung auf Melasse	Eiweißfällung nach Lund
— 1,40	— 1,74	0,60	0,2520	3,31	13,1	0,0150	5,95	in 15 Min. hellgelb	negativ (fluoreszierend)	negativ (schwach-gelb)	negativ	negativ	negativ	0,75
— 1,00	— 1,45	—	0,3290	4,62	14,0	0,0395	12,0	—	—	negativ (rosa)	—	—	—	—
— 0,27	— 0,66	0,88	—	—	—	—	—	in 20 Min. hellgelb	—	negativ (schwach-gelb)	—	—	—	—
— 2,00	— 2,25	2,47	0,240	1,30	5,4	0,0320	13,3	nach 1 Stunde blau	positiv (Reduktion)	positiv (kirschrot) beständig	negativ	negativ	negativ	0,30
— 2,13	— 2,50	1,45	0,120	—	—	—	—	in 5 Min. hellgelb	negativ (fluoreszierend)	negativ (orange)	„	„	„	2,8
— 2,10	— 2,42	1,90	—	—	—	—	—	„	—	negativ (schwach-gelb)	—	—	—	—
— 2,02	— 2,50	1,40	0,0550	*0,42	* 7,6	0,0115	20,9	in 15 Min. hellgelb	negativ (fluoreszierend)	negativ (schwach-orange)	negativ	negativ	negativ	1,10
— 2,8	— 3,1	2,78	0,1940	2,60	13,4	0,011	5,7	in 10 Min. hellgelb	„	negativ (rosa)	„	„	„	1,0
— 1,35	— 2,10	1,25	0,0615	0,70	11,4	0,008	13,0	in 30 Min. hellbraun	positiv (braun-schwarz ohne Fluoreszenz)	„	„	„	„	0,7
— 1,55	— 2,55	2,00	0,1215	1,46	12,0	0,0145	11,9	„	negativ (fluoreszierend)	„	„	„	„	1,2

Laufende Nummer	Herkunftsland	Bezeichnung des Honigs nach Art und Herkunft	Beschafft durch das Kaiserl. Konsulat in	Äußere Eigenschaften	Dichte der wässerigen Lösungen d^{15}_{15} 20 g zu 100 ccm	Dichte der wässerigen Lösungen d^{15}_{15} $33^1/_3$%	Wasser[1] %	Trockenrückstand %	Invertzucker vor d. Inversion %	Invertzucker nach d. Inversion %	Rohrzucker nach Meißl bestimmt %	Gesamtzucker %	Nichtzucker %
45	Italien	Honig aus Perugia	Rom	weißgelb, dickflüssig, geringes Blütenaroma	1,063	1,1158	*18,34	81,66	71,12	78,12	6,65	77,77	3,89
46	„	„	„	„	1,0635	1,1178	*17,7	82,3	71,2	78,48	6,9	78,1	4,2
47	„	Honig aus Castel S. Pietro dell'Emilia	„	weißgelb, fest kristallinisch, Blütenaroma an Buchweizen erinnernd	1,0628	1,1163	*18,8	81,2	75,84	77,52	1,59	77,43	3,77
48	„	„	„	„	1,0637	1,118	*17,4	82,6	75,96	77,23	1,20	77,16	5,44
49	„	Orangenblütenhonig von Sizilien	„	weißgelb, dickflüssig, aromatisch	1,0644	1,1197	*16,50	83,5	73,12	78,84	5,43	78,55	4,95
50	„	„	„	„	1,0648	1,119	*16,00	84,00	74,0	78,4	4,18	78,18	6,18
51	„	Blütenhonig (sog. Jungfernhonig) von Sizilien (Hyblaeische Berge)	„	braungelb, kristallisiert, sehr stark aromatisch	1,0639	1,1182	17,99	82,01	76,08	76,28	0,19	76,27	5,74
52	Spanien	Feinster Romero (Rosmarinhonig) 1909er aus Catalonien	Barcelona	hellgelb, salbenartig, stark aromatisch (Rosmarin)	1,0639	—	*17,14	82,86	71,12	76,64	5,24	76,36	6,50
53	„	Feinster Romero (Rosmarinhonig) 1908er aus Catalonien	„	weiß, kristallisiert, stark aromatisch (Rosmarin)	1,0627	1,1159	*18,75	81,25	74,28	76,32	1,93	76,21	5,04
54	„	Guter Romero (Rosmarinhonig) 1909er aus Catalonien	„	schmutzig weiß, kristallisiert, wenig Aroma	1,0635	1,1176	*17,7	82,3	72,28	76,24	3,76	76,04	6,26
55	„	Feinster Romero und Tomillo (Rosmarin- und Thymianhonig) gemischt aus Catalonien	„	schmutzig weißgelb, halbkristallisiert, stark aromatisch (Rosmarin)	1,0638	1,1180	16,42	83,58	72,76	76,04	3,12	75,88	7,70
56	„	Feinster Romero (Rosmarinhonig) von Alcaraz, Provinz Lerida, 1909er	„	hellgelb, dickflüssig, schwach aromatisch	1,0649	1,1199	16,02	83,98	63,04	79,25	15,40	78,44	5,54
57	„	Feinster Romero (Rosmarinhonig) von Alcaraz, Provinz Lerida, 1908er	„	schmutzig weiß, fest kristallisiert, stark aromatisch	1,0639	1,1179	16,85	83,15	74,42	76,76	2,19	76,61	6,54

Polarisation d. wässerigen Lösung 10 g zu 100 ccm im 200 mm Rohr in Kreisgraden vor d. Inversion °	nach d. Inversion °	Säure (ccm Normallauge für 100 g Honig)	Asche %	Alkalität der Asche ccm Normalsäure [2]) auf die Asche von 100 g Honig	auf 1 g Asche	Phosphatgehalt der Asche g PO_4 auf 100 g Honig	in 100 g Asche	Prüfung auf Diastase	Prüfung auf künstlichen Invertzucker nach Ley	nach Fiehe	Prüfung auf Stärkesirup nach Beckmann	nach Fiehe	Prüfung auf Melasse	Eiweißfällung nach Lund
— 1,1	— 2,3	1,36	0,0640	0,77	12,0	0,0165	25,8	in 30 Min. hellbraun	positiv (Reduktion)	negativ (farblos)	negativ	negativ	negativ	0,8
— 1,1	— 2,35	1,42	0,0620	0,74	11,9	0,0155	25,0	„	negativ (fluoreszierend)	negativ (gelbgrünlich)	„	„	„	0,9
— 2,25	— 2,6	1,53	0,0670	0,61	9,1	0,0125	18,6	in 30 Min. braun	positiv (Reduktion)	negativ (rosa)	„	„	„	0,8
— 2,10	— 2,60	1,56	0,0620	0,64	10,3	0,0120	19,3	in 25 Min. hellbraun	„	„	„	„	„	0,8
— 1,40	— 2,55	1,00	0,0630	1,31	20,8	0,011	17,5	in 20 Min. hellbraun	positiv (Silberspiegel)	negativ (farblos)	„	„	„	0,6
— 1,6	— 2,5	1,00	0,0680	0,96	14,1	0,011	16,1	„	positiv (Reduktion)	„	„	„	„	0,6
— 3,52	— 3,86	3,2	0,2090	1,99	9,5	0,0235	11,2	in 10 Min. hellgelb	negativ (fluoreszierend)	negativ (gelb)	„	„	„	1,40
— 1,05	— 2,05	0,90	0,0285	0,36	12,6	0,009	31,5	in 25 Min. hellbraun	positiv (Reduktion)	negativ (farblos)	„	„	„	0,5
— 1,75	— 2,15	0,80	0,0270	0,32	11,8	0,0095	35,1	in 20 Min. gelb	„	negativ (rosa)	„	„	„	0,5
— 0,90	— 1,51	1,12	0,0270	0,28	10,6	0,0090	34,1	in 20 Min. hellbraun	„	negativ (farblos)	„	„	„	0,5
— 0,88	— 1,66	0,77	0,0370	0,41	11,1	0,0105	28,3	in 40 Min. hellgelb	„	negativ (rosa)	„	„	„	0,55
+ 0,67	— 2,20	0,62	0,030	0,35	11,7	0,0075	25,0	in 45 Min. hellgelb	„	negativ (farblos)	„	„	„	0,45
— 1,48	— 2,14	0,81	0,0460	0,51	11,1	0,0100	21,7	„	„	„	„	„	„	0,50

Laufende Nummer	Herkunftsland	Bezeichnung des Honigs nach Art und Herkunft	Beschafft durch das Kaiserl. Konsulat in	Äußere Eigenschaften	Dichte der wässerigen Lösungen d_{15}^{15} 20 g zu 100 ccm 33⅓%	Wasser¹) %	Trockenrückstand %	Invertzucker vor d. Inversion %	Invertzucker nach d. Inversion %	Rohrzucker nach Meißl bestimmt %	Gesamtzucker %	Nichtzucker %
58	Spanien	Feiner Espliego (Lavendelhonig) 1909er aus Tortosa, Provinz Tarragona, Aragonesisches Küstenland	Barcelona	schmutzig, tiefgelb, salbenartig, in Gärung, unangenehm stark aromatisch	1,0623 1,1147	19,10	80,90	73,68	74,08	0,38	74,06	6,84
59	„	Feiner Espliego und Romero (Lavendel- und Rosmarinhonig) gemischt, 1909er, aus Tortosa, Provinz Tarragona, Aragonesisches Küstenland	„	tiefgelb, verunreinigt mit Wachs- u. Bienenteilchen, stark in Gärung, stark aromatisch	1,0626 1,1154	18,27	81,73	74,08	75,40	1,25	75,33	6,40
60	„	Guter, grobkörniger Espliego (Lavendelhonig), 1909er, aus Tortosa, Provinz Tarragona, Aragonesisches Küstenland	„	tiefgelb, in Gärung, unangenehm stark aromatisch	1,0619 1,1140	19,35	80,65	73,64	74,48	0,80	74,44	6,21
61	„	Feinster Azahar (Orangenblütenhonig), 1909er, von Castellon im südlichen Aragon	„	dunkelgelb, dickflüssig, angenehmes Blütenaroma nicht nach Orangenblüten	1,0629 1,1163	17,85	82,15	65,88	78,64	12,12	78,00	4,15
62	„	Sog. Bauernhonig aus der Provinz Barcelona (Catalonien)	„	dunkelgelb (mit Wabe), dickflüssig, stark aromatisch	1,0645 1,1194	16,45	83,55	74,88	76,36	1,41	76,29	7,26
63	„	Feiner Romero 1909er (Rosmarinhonig) aus Valencia	„	dunkelgelb, salbenartig, schwach in Gärung	1,0625 1,1153	18,47	81,53	74,04	75,24	1,14	75,18	6,35
64	„	Feiner Azahar (Orangenblütenhonig) 1909er aus Valencia	„	tiefgelb, salbenartig, sehr stark aromatisch nach Orangenblüten	1,0611 1,1119	20,34	79,66	72,32	73,24	0,87	73,19	6,47
65	„	Miel de romero y tomillo (Rosmarin- u. Thymianhonig) de Zaragoza	„	hellgelb, dickflüssig, angenehmes Blütenaroma	1,0641 —	16,84	83,16	72,60	74,72	2,01	74,61	8,55
66	„	Miel de romero (Rosmarinhonig), Provinz Lerida	„	schmutzig weiß, dickflüssig, angenehmes Blütenaroma	1,0638 1,1184	17,37	82,63	71,36	77,52	5,85	77,21	5,42

Polarisation d. wässerigen Lösung 10 g zu 100 ccm im 200 mm Rohr in Kreisgraden vor d. Inversion °	nach d. Inversion °	Säure (ccm Normallauge für 100 g Honig)	Asche %	Alkalität der Asche ccm Normalsäure²) auf die Asche von 100 g Honig	auf 1 g Asche	Phosphatgehalt der Asche g PO_4 auf 100 g Honig	in 100 g Asche	Prüfung auf Diastase	Prüfung auf künstlichen Invertzucker nach Ley	nach Fiehe	Prüfung auf Stärkesirup nach Beckmann	nach Fiehe	Prüfung auf Melasse	Eiweißfällung nach Lund
— 1,74	— 1,94	1,64	0,1015	1,35	13,3	0,0190	18,7	in 15 Min. hellgelb	negativ (fluoreszierend)	negativ (schwach rot)	negativ	negativ	negativ	0,70
— 1,42	— 1,78	1,73	0,0915	1,05	11,5	0,028	30,6	in 10 Min. hellgelb	„	negativ (farblos)	„	„	„	0,75
— 1,25	— 1,51	1,68	0,1220	1,78	14,6	0,0155	12,7	„	„	negativ (rosa)	„	„	„	0,87
— 0,5	— 2,75	1,35	0,0850	1,18	13,9	0,017	20,0	in 40 Min. hellgelb	„	negativ (farblos)	„	„	„	0,82
— 1,65	— 1,98	2,48	0,1480	1,81	12,2	0,0230	15,5	in 15 Min. hellgelb	„	„	„	„	„	1,06
— 1,53	— 1,85	1,81	0,0860	1,03	12,0	0,0305	35,5	in 20 Min. hellgelb	„	negativ (rosa)	„	„	„	1,14
— 2,14	— 2,42	3,33	0,1630	1,91	11,7	0,0525	32,2	„	positiv (Reduktion)	negativ (farblos)	„	„	„	1,00
— 0,81	— 1,41	—	—	—	—	—	—	—	negativ (fluoreszierend)	„	„	„	„	0,60
— 0,96	— 2,27	0,79	—	—	—	—	—	in 40 Min. hellgelb	positiv (Reduktion)	„	„	„	„	0,37

Laufende Nummer	Herkunftsland	Bezeichnung des Honigs nach Art und Herkunft	Beschafft durch das Kaiserl. Konsulat in	Äußere Eigenschaften	Dichte der wässerigen Lösungen d^{15}_{15} 20 g zu 100 ccm	$33\,\tfrac{1}{3}\,\%$	Wasser[1] %	Trockenrückstand %	Invertzucker vor d. Inversion %	Invertzucker nach d. Inversion %	Rohrzucker nach Meißl bestimmt %	Gesamtzucker %	Nichtzucker %
67	Spanien	Miel de ajedrea (Honig d. Satureipflanze) de Zeste	Barcelona	tiefgelb, salbenartig, starkes Blütenaroma	1,0629	—	18,48	81,52	73,34	74,56	1,16	74,50	7,02
68	„	Miel poliflora (gemischter Blütenhonig) Escuela provincial de agriculture (Ackerbauschule) de Barcelona	„	„	1,0625	1,1150	19,30	80,70	70,24	72,92	2,54	72,78	7,92
69	Portugal	Schleuderhonig	Lissabon	schmutziggelb, kristallinisch, starkes Blütenaroma	1,0622	1,115	*19,40	80,60	72,64	76,33	3,49	76,13	4,47
70	„	gewöhnlicher portugiesischer Honig (Preßhonig)	„	dunkelbraun, stark verunreinigt, Aroma an Feigen erinnernd, halb kristallisiert	1,0620	1,1147	*19,65	80,35	71,28	72,16	0,83	72,11	8,24
71	Ver. Staat. von Amerika	Kleehonig (white Clover) aus Wisconsin	Chicago	weißgelb, fest kristallinisch, sehr angenehmes Aroma	1,0639	1,1180	17,27	82,73	75,28	76,16	0,84	76,12	6,61
72	„	Salbeischleuderhonig (Sage extracted Honey) aus Kalifornien	„	weißgelb, dickflüssig, sehr angenehmes Blütenaroma	1,0649	1,1199	15,89	84,11	71,60	76,76	4,91	76,51	7,60
73	„	Klee- und Schwarzlindenhonig aus Wisconsin	„	weißgelb, salbenartig, sehr angenehmes Blütenaroma	1,0643	1,1189	16,77	83,23	77,30	78,21	0,88	78,18	5,05
74	„	Schwarzlindenhonig aus Wisconsin	„	weißgelb, fest kristallinisch, Blütenaroma	1,0645	1,1190	16,35	83,65	76,64	77,36	0,68	77,32	6,33
75	„	Luzernehonig aus Utah	„	weißgelb, dickflüssig, Aroma nach Wiesenblüten	—	1,1174	18,01	81,99	67,48	78,84	10,79	78,27	3,72
76	„	Orangenblütenhonig aus Kalifornien	„	hellgelb, dickflüssig, Blütenaroma (nicht nach Orangenblüten)	1,0649	1,1200	16,33	83,67	70,60	78,48	7,49	78,09	5,58
77	Mexiko	Preßhonig von der Golfküste	Mexiko	dunkel grünlichgelb, dickflüssig, stark aromatisch	1,0614	—	20,48	79,52	69,56	70,12	0,53	70,09	9,43

Polarisation d. wässerigen Lösung 10 g zu 100 ccm im 200 mm Rohr in Kreisgraden vor d. Inversion °	nach d. Inversion °	Säure (ccm Normallauge für 100 g Honig)	Asche %	Alkalität der Asche ccm Normalsäure[2] auf die Asche von 100 g Honig	auf 1 g Asche	Phosphatgehalt der Asche g PO_4 auf 100 g Honig	in 100 g Asche	Prüfung auf Diastase	Prüfung auf künstlichen Invertzucker nach Ley	nach Fiehe	Prüfung auf Stärkesirup nach Beckmann	nach Fiehe	Prüfung auf Melasse	Eiweißfällung nach Lund
−1,52	− 1,90	1,75	—	—	—	—	—	in 15 Min. hellgelb	negativ (fluoreszierend)	negativ (rosa)	negativ	negativ	negativ	0,75
−2,63	− 3,04	3,61	—	—	—	—	—	in 25 Min. hellgelb	„	negativ (farblos)	„	„	„	1,55
−1,25	− 1,85	4,1	0,2320	2,77	11,9	0,034	14,7	in 15 Min. gelb	„	negativ (rosa)	„	„	„	1,8
−1,75	− 1,88	2,7	0,2440	2,43	10,0	0,0335	13,7	in 20 Min. hellgelb	„	„	„	„	„	1,6
−3,54	− 3,95	1,36	0,077	1,06	13,8	0,0145	18,8	in 15 Min. hellgelb	„	negativ (gelbgrün)	„	„	„	0,75
−2,60	− 3,55	1,24	0,060	0,70	11,7	0,0135	22,5	in 40 Min. hellgelb	„	negativ (orange-gelb)	„	„	„	—
−4,45	− 4,79	1,20	0,0765	0,98	12,8	0,0125	16,3	in 25 Min. hellgelb	„	negativ (schwach-orange)	„	„	„	0,5
−3,40	− 3,77	0,69	0,1505	1,97	13,1	0,0130	8,6	in 30 Min. hellgelb	„	negativ (gelb)	„	„	„	0,6
−1,14	− 3,29	1,11	0,0520	0,66	12,7	0,0115	22,1	„	„	„	„	„	„	0,68
−1,55	− 3,10	1,55	0,060	0,78	13,0	0,0125	20,9	in 40 Min. hellgelb	„	„	„	„	„	0,65
−1,75	− 1,95	2,62	0,2390	3,35	14,0	0,0215	9,0	in 5 Min. hellgelb	„	negativ (rosa)	sofort Fällung	negativ (klar)	„	1,75

Laufende Nummer	Herkunftsland	Bezeichnung des Honigs nach Art und Herkunft	Beschafft durch das Kaiserl. Konsulat in	Äußere Eigenschaften	Dichte der wässerigen Lösungen d_{15}^{15} 20 g zu 100 ccm	$33^{1}/_{3}\%$	Wasser [1] %	Trockenrückstand %	Invertzucker vor d. Inversion %	Invertzucker nachd. Inversion %	Rohrzucker nach Meißl bestimmt %	Gesamtzucker %	Nichtzucker %
78	Mexiko	Preßhonig von der Golfküste	Mexiko	braungelb, grünlich fluoreszierend, stark aromatisch nach Zimtblüten	1,0614	—	20,60	79,40	69,20	70,56	1,29	70,49	8,91
79	„	„	„	braungelb, grünlich fluoreszierend, dickflüssig, stark aromatisch nach Zimtblüten	1,0616	1,1132	20,26	79,74	69,68	70,04	0,34	70,02	9,72
80	Brasilien	Honig aus Rio Grande do Sul	Rio de Janeiro	braungelb, kristallisiert, Karamelgeschmack	1,0643	1,1189	*16,60	83,40	77,04	80,44	3,23	80,27	3,13
81	„	Waldhonig aus Sao Paolo (Santa Anna)	Sao Paolo	tiefgelb, kristallinisch, sehr starkes Blütenaroma	1,0643	1,1188	17,26	82,74	78,84	78,96	0,12	78,96	3,78
82	„	Preßhonig aus Sao Paolo	„	dickflüssig, gelb, stark verunreinigt, unangenehmes Aroma	1,0588	1,1078	24,28	75,72	66,88	67,32	0,42	67,44	8,28
83	„	Seihhonig aus Sao Paolo	„	dickflüssig, braun, nur geringes Aroma	1,0621	1,1141	19,85	80,15	73,28	73,60	0,30	73,58	6,57
84	„	Blütenhonig aus Santa Catharina (Orleans do Sul)	Florianopolis	goldgelb, dickflüssig, Blütenaroma	1,0626	1,1154	19,72	80,28	72,04	73,32	1,22	73,26	7,02
85	„	Schleuderhonig aus Santa Catharina (Joinville)	„	schmutziggelb, halbkristallinisch, starkes Blütenaroma	1,0620	1,1140	20,09	79,91	72,76	75,20	2,32	75,08	4,83
86	„	Inga-Schleuderhonig (1907) aus Santa Catharina (Blumenau)	„	braungelb, halbkristallinisch starkes Blütenaroma	1,0635	1,1173	17,96	82,04	76,88	78,04	1,10	77,98	4,06
87	„	Capoeirahonig (1908) aus Santa Catharina (Blumenau)	„	„	1,0626	1,1158	19,02	80,98	76,48	76,88	0,38	76,86	4,12
88	„	Waldhonig (1909) aus Santa Catharina (Blumenau)	„	„	1,0621	1,1143	19,97	80,03	75,48	76,28	0,76	76,24	3,79
89	Argentinien	Blütenhonig aus Córdoba	Buenos Aires	schmutzigweiß, weichkristallinisch, Blütenaroma	1,0649	1,1201	16,15	83,85	78,64	80,08	1,37	80,01	3,84

Polarisation d. wässerigen Lösung 10 g zu 100 ccm im 200 mm Rohr in Kreisgraden vor d. Inversion °	nach d. Inversion °	Säure (ccm Normallauge für 100 g Honig)	Asche %	Alkalität der Asche ccm Normalsäure*) auf die Asche von 100 g Honig	auf 1 g Asche	Phosphatgehalt der Asche g PO_4 auf 100 g Honig	in 100 g Asche	Prüfung auf Diastase	Prüfung auf künstlichen Invertzucker nach Ley	nach Fiehe	Prüfung auf Stärkesirup nach Beckmann	nach Fiehe	Prüfung auf Melasse	Eiweißfällung nach Lund
— 1,60	— 1,95	2,46	0,2175	3,11	14,3	0,0210	9,7	in 5 Min. hellgelb	negativ (fluoreszierend)	negativ (rosa)	positiv (sofort Fallung)	negativ (klar)	negativ	2,16
— 1,73	— 1,76	2,36	0,2285	3,24	14,2	0,0185	8,1	„	„	„	„	„	„	1,65
— 2,4	— 2,9	4,1	0,3005	4,41	14,7	0,023	7,7	nach 1 Stunde blau	„	zweifelhaft (starke Rotfärbung)	negativ	„	„	1,3
— 2,89	— 3,16	1,91	0,1290	1,79	13,9	0,0175	13,6	in 10 Min. hellgelb	„	negativ (gelb)	„	„	„	0,85
— 1,43	— 1,72	1,91	0,1500	2,12	14,1	0,0210	14,0	in 65 Min. hellgelb	„	negativ (schwach orange)	„	„	„	0,90
— 1,42	— 1,90	1,59	0,064	0,74	11,6	0,0150	23,4	nach 1 Stunde blau	positiv (Reduktion)	negativ (rosa)	„	„	„	0,5
— 1,58	— 1,91	0,78	0,4502	*5,51	*12,2	0,0280	6,2	in 20 Min. hellgelb	negativ (fluoreszierend)	negativ (orange)	„	„	„	1,00
— 1,81	— 2,22	2,25	0,238	*2,96	*12,4	0,0185	7,8	in 10 Min. hellgelb	„	negativ (schwach rötlich)	positiv (sofort starke Fällung)	„	„	1,30
— 1,01	— 1,40	3,26	0,211	*2,19	*10,4	0,0210	10,0	nach 1 Stunde blau	„	„	„	„	„	2,60
— 0,66	— 0,93	2,75	0,319	*3,37	*10,6	0,026	8,2	in 40 Min. hellgelb	„	negativ (schwach orange)	„	„	„	2,40
— 0,80	— 1,27	4,44	0,335	*2,57	* 7,6	0,0265	8,0	nach 1 Stunde blau	„	negativ (orange bis rot)	„	„	„	4,35
— 2,45	— 2,84	1,78	0,120	1,53	12,8	0,0210	17,5	in 15 Min. hellgelb	„	negativ (gelb)	negativ	„	„	0,85

Laufende Nummer	Herkunftsland	Bezeichnung des Honigs nach Art und Herkunft	Beschafft durch das Kaiserl. Konsulat in	Äußere Eigenschaften	Dichte der wässerigen Lösungen d_{15}^{15} 20 g zu 100 ccm	$33^{1}/_{3}$ %	Wasser [1] %	Trockenrückstand %	Invertzucker vor d. Inversion %	Invertzucker nach d. Inversion %	Rohrzucker nach Meißl bestimmt %	Gesamtzucker %	Nichtzucker %
90	Argentinien	Blütenhonig aus Córdoba	Buenos Aires	gelblichweiß, fest kristallinisch, Aroma wachsartig	1,0658	—	14,94	85,06	78,24	81,00	2,61	80,85	4,21
91	„	„	„	„	1,0657	1,1217	15,26	84,74	77,80	80,72	2,77	80,57	4,17
92	„	„	„	„	1,0657	—	15,00	85,00	78,64	81,16	2,39	81,03	3,97
93	„	„	„	„	1,0656	—	15,02	84,98	78,60	81,84	3,09	81,69	3,29
94	„	Blütenhonig aus Córdoba (Rosario)	„	braun, krümelig, starkes Blütenaroma	1,0638	—	17,46	82,54	74,88	78,84	3,76	78,64	3,90
95	„	Blütenhonig aus Buenos Aires	„	gelbbraun, halb kristallinisch, Blütenaroma	1,0640	1,179	17,60	82,40	72,88	77,68	4,50	77,38	5,02
96	„	Blütenhonig aus Mendoza	„	schmutzig weiß, salbenartig, wenig Aroma	1,0647	1,1198	16,35	83,65	77,84	79,08	1,18	79,02	4,63
97	„	„	„	weiß, weich kristallinisch, Blütenaroma	1,0629	1,1159	18,82	81,18	77,48	79,52	1,95	79,43	1,75
98	Chile	Blütenhonig aus Valparaiso	Valparaiso	hellbraungelb, kristallinisch, Blütenaroma	1,0642	1,1188	16,81	83,19	72,00	73,04	0,99	72,99	10,20
99	„	„	„	tief dunkelgelb, kristallinisch, Blütenaroma	1,0629	1,1160	18,85	81,15	75,24	76,88	1,56	76,80	4,35
100	„	„	„	schmutzig gelb, kristallinisch, Blütenaroma	1,0618	—	19,90	80,10	71,72	73,96	2,12	73,84	6,26
101	„	„	„	tief dunkelgelb, kristallinisch, Blütenaroma	1,0628	—	18,64	81,36	74,52	75,56	0,99	75,51	5,85
102	„	„	„	braungelb, zäh kristallinisch, stark verunreinigt, unangenehmes Aroma	1,0643	1,1191	16,70	83,30	76,90	77,75	0,81	77,71	5,59
103	Cuba	Rosmarinhonig aus Pinar del Rio	Habana	goldgelb, dickflüssig, starkes Blütenaroma	1,0617	1,1134	20,09	79,91	70,72	71,28	0,53	71,25	8,66
104	„	Gemischter Blütenhonig aus Habana und Pinar del Rio	„	schmutzig gelb, dickflüssig, starkes Blütenaroma	1,0624	1,1148	19,06	80,94	70,52	71,96	1,37	71,89	9,05

Polarisation d. wässerigen Lösung 10 g zu 100 ccm im 200 mm Rohr in Kreisgraden vor d. Inversion °	nach d. Inversion °	Säure (ccm Normallauge für 100 g Honig)	Asche %	Alkalität der Asche ccm Normalsäure²) auf die Asche von 100 g Honig	auf 1 g Asche	Phosphatgehalt der Asche g PO₄ auf 100 g Honig	in 100 g Asche	Prüfung auf Diastase	Prüfung auf künstlichen Invertzucker nach Ley	nach Fiehe	Prüfung auf Stärkesirup nach Beckmann	nach Fiehe	Prüfung auf Melasse	Eiweißfällung nach Lund
— 2,09	— 2,77	1,44	0,0810	0,94	11,60	0,0165	20,3	in 40 Min. hellgelb	—	negativ (schwach orange)	negativ	negativ	negativ	—
— 2,13	— 2,82	1,52	0,084	*0,73	*8,7	0,0140	16,4	in 35 Min. hellgelb	negativ (fluoreszierend)	negativ (gelb)	„	„	„	0,65
— 2,02	— 2,67	1,54	0,081	0,91	11,23	0,0138	17,0	in 40 Min. hellgelb	„	negativ (orange)	„	„	„	0,65
— 2,03	— 2,64	1,49	0,0770	*0,685	*9,0	0,0120	15,6	in 45 Min. hellgelb	„	„	„	„	„	0,6
— 1,65	— 2,37	1,44	0,0725	0,84	11,58	0,0176	24,2	in 60 Min. blau	„	negativ (schwach rot)	„	„	„	0,8
— 1,37	— 2,42	1,74	0,0735	0,70	9,52	0,0194	26,4	in 55 Min. hellgelb	„	negativ (schwach orange)	„	„	„	1,35
— 2,32	— 2,91	1,73	0,1025	1,06	10,3	0,0115	11,2	in 70 Min. schwach rotbraun	„	negativ (gelb)	„	„	„	0,5
— 3,13	— 3,50	1,24	0,056	*0,46	*8,2	0,0075	13,4	in 15 Min. hellgelb	positiv (braun-schwarz)	„	„	„	„	0,5
— 2,41	— 2,76	2,2	0,160	—	—	—	—	in 10 Min. hellgelb	negativ (fluoreszierend)	negativ (orange)	„	„	„	0,93
— 2,43	— 3,05	—	0,1890	2,39	12,6	0,0320	16,9	—	„	negativ (schwach rötlich)	„	„	„	1,42
— 2,16	— 2,48	2.56	—	—	—	—	—	in 15 Min. hellgelb	„	negativ (gelb)	„	„	„	0,98
— 2,45	— 3,32	—	0,1760	2,06	11,7	0,0295	16,8	in 20 Min. gelb	„	negativ (schwach rot)	„	„	„	1,12
— 2,17	— 2,69	2,70	0,1690	1,90	11,2	0,0415	24,6	in 25 Min. gelb	„	negativ (schwach orange)	„	„	„	1,70
— 2,71	— 3,04	1,41	0,0760	1,15	15,1	0,010	13,1	in 10 Min. hellgelb	„	negativ (farblos)	„	„	„	0,63
— 1,25	— 1,70	1,97	0,120	1,66	13,8	0,0160	13,3	in 20 Min. hellgelb	„	negativ (rosa)	„	„	„	1,03

Laufende Nummer	Herkunftsland	Bezeichnung des Honigs nach Art und Herkunft	Beschafft durch das Kaiserl. Konsulat in	Äußere Eigenschaften	Dichte der wässerigen Lösungen d_{15}^{15} 20 g zu 110 ccm	$33^1/_3$ %	Wasser¹) %	Trockenrückstand %	Invertzucker vor d. Inversion %	Invertzucker nach d. Inversion %	Rohrzucker nach Meißl bestimmt %	Gesamtzucker %	Nichtzucker %
105	Cuba	Blütenhonig aus Camaguey	Habana	dunkelgelb, dünnflüssig, verunreinigt, in Gärung	1,0596	—	22,76	77,24	68,24	70,00	1,67	69,91	7,33
106	„	Aquinaldohonig aus Habana	„	hellgelb, dickflüssig, Blütenaroma	1,0627	—	18,61	81,39	71,28	72,92	1,56	72,84	8,55
107	Jamaika	Blütenhonig	Kingston	braungelb, dickflüssig, stark aromatisch	1,063	1,1165	*18,35	81,65	72,64	74,16	1,44	74,04	7,61
108	„	„	„	„	1,064	1,117	*17,0	83,0	74,16	76,32	2,05	76,21	6,79
109	„	„	„	„	1,0637	1,117	*17,4	82,6	76,8	77,28	0,45	77,25	5,35
110	Australien	Schleuderhonig aus Victoria (Grampians)	Sydney	schmutzig weiß, grünlich fluoreszierend, dick, weich kristallinisch, kein ausgesprochenes Aroma nach Eukalyptusöl	1,0649	1,1200	16,51	83,49	71,64	75,92	4,06	75,70	7,79
111	„	„	„	„	1,0647	—	16,72	83,28	71,76	75,56	3,61	75,37	7,91
112	„	„	„	„	1,0649	1,1202	16,46	83,54	73,00	76,40	3,23	76,23	7,31

D. Zusammenstellung der wichtigsten

Zusammensetzung

Laufende Nummer	Herkunftsland	Anzahl der Honige	Wassergehalt % Höchst	Niedrigst	Mittel	Invertzuckergehalt % Höchst	Niedrigst	Mittel	Rohrzuckergehalt % Höchst	Niedrigst	Mittel	Nichtzuckergehalt % Höchst	Niedrigst	Mittel	Asche % Höchst	Niedrigst	Mittel
1	Österreich	9	19,05	15,70	17,51	78,56	61,96	73,13	7,18	0,25	2,46	13,42	2,43	6,90	0,673	0,066	0,2336
2	Ungarn	4	17,94	14,99	16,42	76,40	68,56	73,61	10,83	1,25	4,24	7,13	4,27	5,73	0,1445	0,052	0,0853
3	Rußland	24	22,36	17,03	19,74	78,32	68,36	73,54	3,88	0,38	1,60	8,81	2,14	5,21	0,3290	0,1770	0,2577
4	Rußland (Polen)	3	19,94	17,37	18,75	75,84	74,76	75,37	1,06	0,57	0,89	5,76	4,47	4,99	0,120	0,055	0,0875
5	Italien	10	19,00	16,00	17,68	76,08	71,12	74,11	6,9	0,19	3,41	6,18	3,77	4,83	0,209	0,0615	0,0972
6	Spanien	17	20,34	16,02	17,92	74,88	63,04	72,00	15,40	0,38	3,60	8,55	4,15	6,48	0,1630	0,027	0,0763

Bemerkungen: Zu Nr. 3. Der Invertzucker-, Rohrzucker- und Nichtzuckergehalt wurde nur bei 23 Proben, die Asche und der Phosphatgehalt sowie die Fällung nach Lund nur in 6 Proben (von 24) ermittelt.

Polarisation d. wässerigen Lösung 10 g zu 100 ccm im 200 mm Rohr in Kreisgraden vor d. Inversion °	nach d. Inversion °	Säure (ccm Normallauge für 100 g Honig)	Asche %	Alkalität der Asche ccm Normalsäure[2]) auf die Asche von 100 g Honig	auf 1 g Asche	Phosphatgehalt der Asche g PO$_4$ auf 100 g Honig	in 100 g Asche	Prüfung auf Diastase	Prüfung auf künstlichen Invertzucker nach Ley	nach Fiehe	Prüfung auf Stärkesirup nach Beckmann	nach Fiehe	Prüfung auf Melasse	Eiweißfällung nach Lund
−1,77	−2,05	3,37	0,2160	2,76	12,8	0,0256	11,9	in 20 Min. hellgelb	negativ (fluoreszierend)	negativ (rosa)	positiv (sofort Fällung)	negativ	negativ	1,47
−1,25	−1,75	1,34	0,0945	1,06	11,2	0,0105	11,1	in 15 Min. hellgelb	„	„	negativ	„	„	0,6
−1,6	−1,8	3,75	0,1900	2,45	12,9	0,025	13,2	in 20 Min. hellgelb	„	negativ (farblos)	„	„	„	1,2
−1,4	−1,85	2,48	0,1900	2,37	12,5	0,022	11,6	in 15 Min. hellgelb	„	negativ (rosa)	„	„	„	1,3
−2,4	−2,5	1,9	0,2740	3,24	11,8	0,0205	7,5	in 20 Min. hellgelb	„	„	„	„	„	1,1
−2,48	−3,19	1,06	0,1405	2,07	14,7	0,0110	7,8	in 50 Min. hellgelb	„	negativ (orange)	„	„	„	—
−2,55	−3,25	0,95	0,1610	2,33	14,5	0,0125	7,8	in 65 Min. rötlich braun	„	negativ (gelb)	„	„	„	—
−2,51	−3,19	1,03	0,1590	2,40	15,1	0,0150	9,4	in 65 Min. hellgelb	„	negativ (orange)	„	„	„	—

Untersuchungsergebnisse.

der Auslandshonige.

Phosphatgehalt nach der Veraschung (g PO$_4$ auf 100 g Honig) Höchst	Niedrigst	Mittel	Säuregrad (ccm N-Lauge für 100 g Honig) Höchst	Niedrigst	Mittel	Eiweißfällung nach Lund ccm Niederschlag Höchst	Niedrigst	Mittel	Ausfall der Prüfung auf künstlichen Invertzucker nach Ley negativ	positiv	nach Fiehe negativ	positiv	Ausfall der Prüfung auf Stärkesirup n. Beckmann negativ	positiv	nach Fiehe negativ	positiv	Ausfall d. Prüfung auf Diastase positiv	negativ
0,0932	0,0135	0,0331	2,58	1,00	1,91	4,20	0,5	1,41	7	2	9	0	7	2	9	0	9	0
0,0235	0,0105	0,0155	1,75	0,78	1,16	1,3	0,6	0,88	4	0	4	0	4	0	4	0	4	0
0,0395	0,014	0,0223	2,32	0,60	1,27	2,65	0,75	1,61	3	0	21	1	4	0	4	0	6	3
0,0145	0,0115	0,0130	1,90	1,40	1,58	2,8	1,10	1,95	2	0	3	0	2	0	2	0	3	0
0,0235	0,008	0,0136	3,20	1,00	1,71	1,6	0,6	0,94	4	6	10	0	10	0	10	0	10	0
0,0525	0,0075	0,0185	3,61	0,62	1,57	1,55	0,37	0,74	9	8	17	0	15	0	15	0	16	0

Zu Nr. 4. Die Bestimmung der Asche und der Phosphate sowie die Fällung nach Lund wurde nur in 2 Proben (von 3) ausgeführt.

Zu Nr. 6. Die Asche und der Phosphatgehalt wurde nur in 13 Proben (von 17) ermittelt.

16*

Laufende Nummer	Herkunftsland	Anzahl der Honige	Wassergehalt %			Invertzucker-gehalt %			Rohrzucker-gehalt %			Nichtzucker-gehalt %			Asche %		
			Höchst	Niedrigst	Mittel	Höchst	Niedrigst	Mittel	Höchst	Niedrigst	Mittel	Höchst	Niedrigst	Mittel	Höchst	Niedrigst	Mittel
7	Portugal	2	19,65	19,40	19,52	72,64	71,28	71,96	3,49	0,83	2,16	8,24	4,47	6,36	0,244	0,232	0,2380
8	Ver. Staaten von Amerika	6	18,01	15,89	16,77	77,30	67,48	73,18	10,79	0,68	4,27	7,60	3,72	5,82	0,1505	0,052	0,0793
9	Mexiko	3	20,60	20,26	20,45	69,68	69,20	69,48	1,29	0,34	0,72	9,72	8,91	9,35	0,239	0,2175	0,2283
10	Brasilien	9	24,28	16,60	19,42	78,84	66,88	74,41	3,23	0,12	1,09	8,28	3,13	5,06	0,4502	0,064	0,2441
11	Argentinien	9	18,82	14,94	16,29	78,64	72,88	77,22	4,50	1,18	2,62	5,02	1,75	3,86	0,120	0,056	0,0846
12	Chile	5	19,90	16,70	18,18	75,24	71,72	74,08	2,12	0,81	1,29	10,20	4,35	6,45	0,189	0,1600	0,1735
13	Cuba	4	22,76	18,61	20,13	71,28	68,24	70,19	1,67	0,53	1,28	9,05	7,33	8,40	0,216	0,076	0,1266
14	Jamaika	3	18,35	17,00	17,58	76,8	72,64	74,53	2,05	0,45	1,31	7,61	5,35	6,58	0,274	0,190	0,2180
15	Australien	3	16,72	16,46	16,56	73,00	71,64	72,13	4,06	3,23	3,63	7,91	7,31	7,67	0,1610	0,1405	0,1535
	Gesamt	111	24,28	14,94	18,30	78,84	61,96	73,48	15,40	0,12	2,42	13,42	1,75	5,84	0,673	0,027	0,1499

Zu Nr. 12. Die Asche und der Phosphatgehalt wurde nur in 4 Proben, der Säuregrad in 3 Proben (von 5) ermittelt.

E. Angewandte Untersuchungsverfahren[1]).

Vor der Untersuchung wurde eine gründliche Durchmischung der gesamten Honigprobe vorgenommen. War hierfür eine Erwärmung erforderlich, so wurde die Temperatur nicht über 45⁰ gesteigert.

1. Sinnenprüfung.

Die Honige wurden auf Aussehen, Farbe, Aroma, Geschmack und Konsistenz geprüft.

2. Bestimmung der Dichte der wässerigen Honiglösung.

a) Lösung von 20 g zu 100 ccm. 10,0 g Honig wurden in einem kleinen Bechergläschen abgewogen, in etwa 25 ccm destilliertem Wasser gelöst und die Lösung durch einen Kapillartrichter in ein Pyknometer von 50 ccm Inhalt gefüllt. Gläschen und Trichter wurden wiederholt mit Wasser nachgespült und das Pyknometer bei 15⁰ bis zur Marke aufgefüllt, wobei auf eine gute Durchmischung des Pyknometerinhaltes geachtet wurde.

b) 33¹/₃ %ige Lösung. 30 g Honig wurden in 60 g Wasser gelöst; die Dichte dieser Lösung wurde mittels des Pyknometers bei 15⁰ ermittelt.

---

[1]) Vergl. auch „Entwurf zu Festsetzungen über Honig", herausgegeben vom Kaiserlichen Gesundheitsamt (Verlag Julius Springer, Berlin 1912), und die Abhandlung: „Nachprüfung einiger wichtiger Verfahren zur Untersuchung des Honigs" von J. Fiehe und Ph. Stegmüller (Arbeiten a. d. Kaiserlichen Gesundheitsamt 1912, **40**, 305).

Phosphatgehalt nach der Veraschung (g PO$_4$ auf 100 g Honig)			Säuregrad (ccm N-Lauge für 100 g Honig)			Eiweißfällung nach Lund ccm Niederschlag			Ausfall der Prüfung auf künstlichen Invertzucker				Ausfall der Prüfung auf Stärkesirup				Ausfall d. Prüfung auf Diastase	
									nach Ley		nach Fiehe		n. Beckmann		nach Fiehe			
Höchst	Niedrigst	Mittel	Höchst	Niedrigst	Mittel	Höchst	Niedrigst	Mittel	negativ	positiv	negativ	positiv	negativ	positiv	negativ	positiv	positiv	negativ
0,034	0,0335	0,0338	4,1	2,7	3,40	1,8	1,6	1,70	2	0	2	0	2	0	2	0	2	0
0,0145	0,0115	0,0129	1,55	0,69	1,19	0,75	0,5	0,64	6	0	6	0	6	0	6	0	6	0
0,0215	0,0185	0,0203	2,62	2,36	2,48	2,16	1,65	1,85	3	0	3	0	0	3	3	0	3	0
0,028	0,015	0,0218	4,44	0,78	2,55	4,35	0,5	1,69	8	1	8	0	5	4	9	0	5	4
0,0210	0,0075	0,0140	1,78	1,24	1,55	1,35	0,5	0,74	7	1	9	0	9	0	9	0	8	1
0,0415	0,0275	0,0326	2,70	2,20	2,49	1,70	0,93	1,23	5	0	5	0	5	0	5	0	4	0
0,0256	0,010	0,0155	3,37	1,34	2,02	1,47	0,6	0,93	4	0	4	0	3	1	4	0	5	0
0,025	0,0205	0,0225	3,75	1,9	2,71	1,3	1,1	1,20	3	0	3	0	3	0	3	0	3	0
0,015	0,011	0,0128	1,06	0,95	1,01	—	—	—	3	0	3	0	3	0	3	0	3	0
0,0932	0,0075	0,0198	4,44	0,60	1,79	4,35	0,37	1,13	70	18	107	1	78	10	88	0	87	8
									88		108		88		88		95	

Zur Prüfung auf künstlichen Invertzucker nach Fiehe: Bei 2 Proben von Nr. 3 und 1 Probe von Nr. 10 war der Ausfall der Reaktion zweifelhaft.

3. Bestimmung des Wassers und des Trockenrückstandes.

10 ccm einer 20 g in 100 ccm enthaltenden Honiglösung (= 2,0 g Honig)[1] wurden mit 10 g ausgeglühtem reinem Quarzsand in einer flachen Glasschale gut vermischt und unter Umrühren auf dem Wasserbade eingetrocknet. Das weitere Austrocknen bis zum konstanten Gewicht geschah im luftverdünnten Raume in dem früher von uns angegebenen Apparat[2] unter gleichzeitigem Durchleiten von getrockneter Luft bei einer Temperatur von 65—70°. Die Trockenzeit wurde im allgemeinen auf etwa 10 Stunden ausgedehnt, obwohl durchweg nach 5 Stunden kein wesentlicher Gewichtsverlust mehr festgestellt werden konnte. Die Schale wurde in bedecktem Zustande gewogen und der Gewichtsverlust als Wasser angesehen.

4. Bestimmung der freien Säure.

50 ccm der Honiglösung (= 10 g Honig) wurden mit $^1/_{10}$ normaler Alkalilauge titriert, bis ein Tropfen der Lösung empfindliches blauviolettes Lackmuspapier nicht mehr rötete. Der Gehalt an freier Säure ist in Milligrammäquivalenten (= ccm Normallauge) für 100 g Honig angegeben.

5. Bestimmung des direkt reduzierenden Zuckers.

10 ccm der Honiglösung (= 2,0 g Honig) wurden in einem Meßkolben von 250 ccm Inhalt mit gefälltem Aluminiumhydroxyd geklärt. Die Flüssigkeit wurde bis zur Marke aufgefüllt und filtriert.

---

[1] Für diese und die nachfolgenden Versuche wurde eine Lösung von 50 g Honig zu 250 ccm verwendet.

[2] Vergl. Arbeiten a. d. Kaiserlichen Gesundheitsamt 1912, **40**, 308.

Zur Bestimmung des direkt reduzierenden Zuckers wurden in einer vollkommen glatten Porzellanschale 50 ccm Fehlingscher Lösung mit 25 ccm Wasser gemischt und auf einem Drahtnetz zum Sieden erhitzt. Dieser siedenden Mischung wurden 25 ccm der vorbereiteten Honiglösung (= 0,2 g Honig) zugegeben und die Flüssigkeit genau 2 Minuten, vom Wiederbeginn des lebhaften Aufwallens an gerechnet, im Sieden gehalten. Das ausgeschiedene Kupferoxydul wurde durch ein gewogenes Asbestfilterröhrchen abfiltriert, mit heißem Wasser und zuletzt mit Alkohol und Äther gewaschen, getrocknet, durch Erhitzen unter Luftzutritt oxydiert und dann im Wasserstoffstrom reduziert. Nach dem Erkalten im Wasserstoffstrom wurde das Kupfer zur Wägung gebracht und mit den von E. Meißl ermittelten Reduktionsfaktoren auf Invertzucker umgerechnet.

6. Bestimmung des Rohrzuckers.

50 ccm der Honiglösung (= 10 g Honig) wurden in einem Meßkolben von 100 ccm Inhalt auf 75 ccm verdünnt, zur Inversion des Rohrzuckers mit 5 ccm Salzsäure vom spezifischen Gewicht 1,19 versetzt und im Wasserbade innerhalb $2^1/_2$ bis 5 Minuten auf 67 bis 70° erwärmt. Auf dieser Temperatur wurde der Kolbeninhalt noch 5 Minuten unter häufigem Umschütteln gehalten, dann wurde rasch abgekühlt, mit Kalilauge versetzt, bis die Lösung nur noch schwach sauer reagierte, gefälltes Aluminiumhydroxyd hinzugegeben und auf 100 ccm aufgefüllt.

20 ccm der dann filtrierten Lösung (= 2,0 g Honig) wurden mit Wasser auf 250 ccm aufgefüllt und der Gesamtzucker nach dem unter 5 beschriebenen Verfahren bestimmt und berechnet. Die Differenz zwischen Gesamtzucker und direkt reduzierendem Zucker, mit 0,95 multipliziert, ergab die Menge des Rohrzuckers.

7. Messung der Drehung des polarisierten Lichtes.

50 ccm der Honiglösung (= 10 g Honig) wurden in einem Meßkolben von 100 ccm Inhalt mit Aluminiumhydroxyd geklärt, auf 100 ccm aufgefüllt und filtriert. Nach 24 stündigem Stehen wurde die Drehung polarisierten Natriumlichtes durch diese Lösung bei 20° ermittelt.

In der gleichen Weise wurde die nach dem Verfahren unter 6 invertierte Honiglösung gemessen.

Die Drehungen sind für das 200 mm-Rohr in Kreisgraden angegeben.

8. Prüfung auf Dextrine des Stärkezuckers und Stärkesirups.

a) Verfahren von Beckmann.

5 ccm der Honiglösung (= 1,0 g Honig) wurden mit 3 ccm einer frisch bereiteten 2%igen Baryumhydroxydlösung und 17 ccm Methylalkohol versetzt.

Die sofort auftretenden Trübungen und Fällungen wurden festgestellt. Starke, flockige Trübungen oder Niederschläge wurden als „positiv" angesehen, während geringe Trübungen als „negativ" bezeichnet wurden.

b) Verfahren von Fiehe.

5 g Honig wurden in 10 ccm Wasser gelöst; die Lösung wurde mit 0,5 ccm einer 5 %igen Gerbsäurelösung versetzt und nach erfolgter Klärung filtriert. Ein Teil des Filtrats wurde nach Zugabe von je 2 Tropfen konzentrierter Salzsäure (spez. Gew. 1,19) auf jedes Kubikzentimeter der Lösung mit der 10fachen Menge absoluten Alkohols gemischt und die auftretenden Trübungen festgestellt.

Milchige Trübungen wurden als „positiv" angesehen, während sehr gering getrübte Lösungen sowie klare Lösungen als „negativ" bezeichnet wurden.

9. Prüfung auf Melasse.

5 ccm der Honiglösung (= 1,0 g Honig) wurden mit 2,5 g Bleiessig und 22,5 ccm Methylalkohol versetzt.

Schwere, weiße Niederschläge wurden als „positiv" angesehen, während geringe Trübungen als „negativ" bezeichnet wurden.

10. Fällung der Eiweißstoffe nach Lund.

10 ccm der Honiglösung (= 2,0 g Honig) wurden mit 10 ccm Wasser verdünnt und in die von Lund angegebenen Versuchsröhren gebracht. Die Röhren sind etwa 32 cm lang und im oberen Teil von 16 mm, im unteren Teil von 8 mm lichter Weite. Der untere Teil faßt 4,5 ccm und ist in $^1/_{10}$ ccm eingeteilt; der obere Teil ist in ccm eingeteilt.

Die Honiglösung wurde nun mit 5 ccm des Lundschen Phosphorwolframsäurereagens (2,0 g Phosphorwolframsäure, 20,0 g 20 %ige Schwefelsäure und 80,0 g Wasser) versetzt, vorsichtig gemischt und mit Wasser auf 40 ccm aufgefüllt. Die Fällung erfolgte nach einiger Zeit in Form eines Niederschlages. Durch Drehen um die Längsachse wurde das Absetzen des Niederschlages gefördert. Nach 24 stündigem Stehen wurde das Volumen des Niederschlages in ccm abgelesen.

11. Prüfung auf diastatische Fermente.

5 Probiergläser wurden mit je 5 ccm der frisch bereiteten Honiglösung (20 g zu 100 ccm) und mit je 1 ccm einer 1 %igen Lösung von löslicher Stärke beschickt und im Wasserbade auf 40 ⁰ erwärmt. Nach je 5 bis 10 Minuten wurde ein Röhrchen entnommen und die durch Zusatz einiger Tropfen Jod-Jodkaliumlösung (1,0 g Jod, 2,0 g Jodkalium und 300 ccm Wasser) entstehende Färbung festgestellt. Der Versuch wurde abgebrochen, wenn nach Zugabe der Jodlösung gelbe, gelbgrüne oder gelbbraune Färbungen auftraten oder wenn nach einer Stunde noch Blaufärbung auftrat, also keine Verzuckerung der Stärke bemerkbar war.

12. Prüfung auf künstlichen Invertzucker.

a) Nach Ley.

Als Reagens diente eine ammoniakalische Silberlösung, die folgendermaßen bereitet wurde: 10,0 g Silbernitrat wurden in 100 ccm Wasser gelöst und mit 20 ccm 15 %iger Natronlauge gefällt. Das ausgeschiedene Silberoxyd wurde abgesaugt, mit

400 ccm Wasser gewaschen und in 10 %igem Ammoniak gelöst bis zum Gewicht von 115 g.

Zur Prüfung auf künstlichen Invertzucker wurden 5 ccm einer $33^1/_3$ %igen Honiglösung in einem Probierglase mit 5 Tropfen Silberreagens versetzt. Das Probierglas wurde, mit einem Wattebausch verschlossen, 5 Minuten in ein siedendes Wasserbad gesetzt und die entstandene Färbung festgestellt.

Braunschwarze Färbungen, die des gelbgrünen Scheins entbehrten, sowie auch mehr oder minder vollständige Reduktionen mit oder ohne Bildung von Silberspiegel wurden als „positiv" im Sinne von künstlichem Invertzucker bezeichnet; als „negativ" wurden bezeichnet braunrote Färbungen oder solche braunschwarze, bei denen gleichzeitig die Flüssigkeit fluoreszierte.

b) Nach Fiehe.

Etwa 5 g Honig wurden mit reinem, über Natrium aufbewahrtem Äther im Mörser verrieben, der ätherische Auszug wurde in ein Porzellanschälchen abgegossen. Nach dem Verdunsten des Äthers bei gewöhnlicher Temperatur wurde der Rückstand mit einigen Tropfen einer frisch bereiteten Lösung von 1 g Resorzin in 100 g Salzsäure vom spezifischen Gewicht 1,19 befeuchtet.

Kirschrote, während einer halben Stunde beständige Färbungen wurden als „positiv" im Sinne von Kunsthonig angesehen, während gelbe, gelbgrüne, rosa, orange und schwach rote Färbungen, die zudem rasch verblaßten, als „negativ" bezeichnet wurden.

13. Bestimmung der Asche, der Alkalität der Asche und der Phosphate in der Asche.

10 bis 20 g Honig wurden in einer Platinschale mit kleiner Flamme verkohlt. Die Kohle wurde wiederholt mit kleinen Mengen heißen Wassers ausgezogen, der wässerige Auszug durch ein kleines Filter von bekanntem Aschengehalt filtriert und das Filter samt der Kohle in der Schale mit möglichst kleiner Flamme verascht. Alsdann wurde das Filtrat in die Schale zurückgebracht, zur Trockne verdampft, der Rückstand ganz schwach geglüht und nach dem Erkalten im Exsikkator gewogen.

Die Asche wurde mit überschüssiger $^1/_{10}$ normaler Salzsäure und Wasser in ein Kölbchen aus Jenaer Geräteglas gespült, das mit einem Uhrglas bedeckte Kölbchen 10 Minuten lang auf dem siedenden Wasserbade erwärmt und die erkaltete Lösung nach Zusatz von 1 Tropfen Methylorange und wenigen Tropfen Phenolphthaleinlösung mit $^1/_{10}$ normaler Alkalilauge bis zum Umschlag des Methylorange titriert. Darauf wurden 2 ccm einer 10 %igen neutralen Chlorcalciumlösung hinzugegeben und bis zur schwachen Rötung des Phenolphthaleins titriert.

Die zur Neutralisation gegen Methylorange verbrauchten mg-Äquivalente Säure (= ccm Normalsäure) ergaben die Alkalität der Asche; die vom Umschlag des Methylorange bis zum Umschlag des Phenolphthaleins verbrauchten mg-Äquivalente Alkali (= ccm Normallauge) ergaben mit 47,52 multipliziert die in der Asche enthaltenen mg Phosphatrest (PO_4).

Zu Anfang unserer Versuche haben wir zur Bestimmung der Alkalität der Asche als Indikator Azolithminpapier verwendet. Die auf diese Weise ermittelten Werte, welche in der Tabelle mit * bezeichnet sind, sind um ein geringes niedriger als die mit Methylorange ermittelten Alkalitätszahlen.

F. Besprechung der Untersuchungsergebnisse.

Äußere Eigenschaften.

Die äußeren Eigenschaften — Aussehen, Farbe, Geschmack, Aroma und Konsistenz — wurden bei sämtlichen Honigen festgestellt. Wir halten diese Feststellungen, obgleich sie nicht frei von subjektiven Empfindungen sind, für wertvoll und geeignet, das Bild, welches uns die Analyse über den Honig gibt, zu vervollständigen. Bezüglich des Aussehens und der Beschaffenheit der Auslandshonige sei zunächst hervorgehoben, daß wir die vielfach vertretene Ansicht, die Auslandshonige seien durchweg minderwertig, nicht bestätigen können. Es hat sich vielmehr ergeben, daß die Honige, mit wenigen Ausnahmen, von guter Qualität und Beschaffenheit waren.

Die Farbe der Honige schwankte zwischen weiß und weißgelb bis schokoladenbraun und grünlichschwarzbraun. Die hellen Farben (weiß, weißgelb und hellgelb) waren bei Cruciferen- (Raps), Leguminosen- (Akazie, Klee und Esparsette) und Labiaten-Honigen (Rosmarin und Salbei) vertreten. Die mittleren Farben (dunkelgelb, grünlichgelb, tiefgelb) wiesen zumeist Honige gemischter Tracht (Wiesenblütenhonig), sowie auch in mehreren Fällen die in den meisten Ländern so sehr geschätzten Lindenblütenhonige auf. Von dunkler Farbe (dunkelbraun, schokoladenbraun, grünlichschwarzbraun) waren die Buchweizenhonige, Coniferenhonige und Waldhonige.

Die Farbe der Honige wird offenbar durch verschiedene Faktoren bedingt, von denen die Art der Tracht und die der Gewinnung wohl die wesentlichen sind. Durch eine Erhitzung des Honigs wird die Farbe stets dunkler; daher findet man, daß die sogenannten Seimhonige, die durch Erwärmen und nachfolgendes Pressen gewonnen sind, stets dunkler ausfallen als Schleuderhonige der gleichen Tracht. Für Buchweizenhonig ist die schokoladenbraune Farbe charakteristisch und für Heidehonig die rotbraune bis dunkelbraune Farbe. Hier ist die Farbe nicht auf die Gewinnung, sondern auf die Tracht zurückzuführen. Auch die schwarzbraunen bis grünlichschwarzen Coniferenhonige verdanken ihre Farben der Tracht. Da aber die zuletzt genannten Honige zumeist durch Auspressen und Erwärmen gewonnen werden, indem sich der Schleuderung dieser Erzeugnisse wegen ihrer zähen und schleimigen Beschaffenheit Schwierigkeiten entgegengestellt haben — neuerdings ist das Schleudern dieser Honige nach besonderer Vorbereitung der Waben möglich, — so werden die an und für sich dunklen Honige noch um einen Ton dunkler erscheinen.

Hinsichtlich des Geschmackes und des Aromas möchten wir erwähnen, daß Honige bestimmter Tracht auch im Gemisch mit anderen Honigen wohl mit Sicherheit am Geschmack und Aroma erkannt werden können. Dies trifft besonders für Buchweizenhonig zu, welcher ein starkes und eigenartiges Aroma besitzt. Auch Heidehonig und Coniferenhonig sind leicht am Geschmack zu erkennen. Insbesondere möchten wir hervorheben, daß es keiner besonderen Übung bedarf, einen Coniferenhonig von einem Blütenhonig zu unterscheiden. Wenn man Vertreter der beiden Honigarten einmal in Händen gehabt hat, wird die Unterscheidung leicht möglich sein. Diese Tatsache erscheint uns deshalb von besonderer Bedeutung, weil es keineswegs angebracht ist, an Coniferen- und Blütenhonig die gleichen Anforderungen zu stellen. Während sich z. B. die Blütenhonige . durchweg als rohrzuckerarm erwiesen haben, sind im Gegensatz hierzu bei Coniferenhonigen zumeist verhältnismäßig große Rohrzuckermengen beobachtet worden. Während ferner eine nach der Inversion verbleibende Rechtsdrehung bei Blütenhonig sehr verdächtig ist, wird ein Coniferenhonig nach der Inversion normalerweise die Polarisationsebene nach rechts drehen.

Bemerkenswert erscheint es uns noch, daß mehrere Orangenblütenhonige ein ausgesprochenes Aroma nach dem ätherischen Öl der Orangenblüten besaßen, während anderen Honigen von angeblich der gleichen Tracht diese Eigenschaft abging. Die australischen Honige, welche vorwiegend von Eukalyptusblüten stammen sollen, besaßen ferner kein ausgesprochenes Aroma nach Eukalyptusöl.

Aus der Konsistenz der Honige wird im allgemeinen wenig zu folgern sein. Der Vollständigkeit halber haben wir aber auch die Angaben bezüglich der Konsistenz in unsere Zusammenstellung aufgenommen. Es dürfte vielleicht noch zu erwähnen sein, daß die Farbe des Honigs insofern durch die Konsistenz beeinflußt wird, als zum Beispiel hellgelbe flüssige Honige nach der Kristallisation rein weiß erschienen.

Wassergehalt.

Der Wassergehalt der Honige schwankte zwischen 14,94 und 24,28% und betrug im Mittel von 111 Honigen 18,30%. Nur in 3 Fällen (Nr. 21, 82 und 105) betrug die Wassermenge über 22%; zwei dieser Honige waren in Gärung übergegangen. Ein über 22% liegender Wassergehalt scheint somit für die Haltbarkeit des Honigs wenig günstig zu sein.

Die von uns gefundenen Wassermengen liegen innerhalb der Grenzen, die auch von anderer Seite bei Auslandshonigen und deutschen Honigen beobachtet worden sind. Lendrich und Nottbohm[1]) fanden in 63 Auslandshonigen Wassermengen von 14,59 bis 21,34%; im Mittel betrug der Wassergehalt 18,26%. Browne[2]) ermittelte in 99 amerikanischen Honigproben 12,42 bis 26,88% Wasser, im Mittel betrug der Wassergehalt 17,59%; nur 2 Honigproben, die unreif geerntet waren, überschritten die Grenze von 25% Wasser. Etwas höhere Wassermengen findet Bryan[3]) in Honigproben von Kuba, Mexiko und Haiti; bei 72 Honigen schwankte der Wassergehalt von 16,05 bis 27,0% und betrug im Mittel 21,26%.

Über den Wassergehalt der Schweizer Honige gibt uns die Schweizerische Honigstatistik[4]) Auskunft. Nach dieser schwankte der Wassergehalt von 284 Honigen des Jahres 1909 zwischen 8,9 und 21,24% und bei 230 Honigen des Jahres 1910 von 12,60 bis 23,50%.

---

[1]) Zeitschrift f. Unters. d. Nahrungs- und Genußmittel 1911, **22,** 634.
[2]) Zeitschrift d. Vereins Deutsch. Zuckerind. 1908, **45,** 751.
[3]) U. S. Department of Agriculture, Bureau of Chemistry, Bulletin Nr. 154, 1912.
[4]) Schweizerische Bienenzeitung 1910, Nr. 7 und 1911 Nr. 7.

Reese, Ritzmann und Isernhagen[1] fanden in schleswig holsteinischen Honigen folgende Wassermengen:

Wassergehalt schleswig-holsteinischer Honige	Mittlerer Wert	Höchster Wert	Niedrigster Wert
6 Rapshonige	18,51 %	19,18 %	17,77 %
31 Kleehonige	17,70 „	20,89 „	16,30 „
7 Lindenhonige	19,15 „	20,65 „	17,32 „
4 Buchweizenhonige	19,58 „	20,50 „	18,46 „
2 Heidehonige	21,58 „	—	—
30 Gemischte Honige	18,77 „	21,73 „	16,93 „

Nach Untersuchungen von Witte[2] betrug der Wassergehalt von 24 reinen Honigen 13,86 bis 20,80 % und im Mittel 17,18 % und im Werke von König[3] wird der durchschnittliche Wassergehalt von 173 linksdrehenden Honigen mit 18,96 % angegeben.

Das deutsche Arzneibuch (5. Ausgabe 1910) hat nun die Forderung aufgestellt, daß das spezifische Gewicht der wässerigen Honiglösung 1+2 mindestens 1,11 betragen muß. Diese Dichte würde einem Wassergehalt von 22,5 % (nach der Tabelle von Windisch) entsprechen. Nach den „Vereinbarungen zur einheitlichen Untersuchung und Beurteilung von Nahrungs- und Genußmitteln für das Deutsche Reich" soll das spezifische Gewicht der wässerigen Honiglösung 1+2 gleichfalls nicht unter 1,11 betragen.

Auch der Verein deutscher Nahrungsmittelchemiker hat in den Vorschlägen des Ausschusses zur Abänderung des Abschnittes Honig der „Vereinbarungen"[4] eine Dichte von 1,11 für die $33^{1}/_{3}$ %ige Honiglösung verlangt. In dem vom Kaiserlichen Gesundheitsamt herausgegebenen „Entwurf zu Festsetzungen über Honig"[5] ist der zulässige Höchtgehalt an Wasser mit 22 % angegeben; der mittlere Wassergehalt reiner Honige beträgt nach diesen Festsetzungen 20 %.

Ein Wassergehalt, der 22 % überschreitet, dürfte in der Tat zumeist darauf hinweisen, daß der Honig unreif geerntet wurde. Die von den Bienen eingetragenen Nektariensäfte sind durchweg sehr wasserreich. Nach Untersuchungen von A. von Planta[6] schwankt der Wassergehalt zwischen 59,23 und 84,70 %. Der größte Teil dieses Wassers wird nun von den Bienen fortgeschafft und findet sich nicht mehr im reifen Honig. Der Zeitpunkt der Reife des Honigs ist gekennzeichnet durch die vollendete Deckelung der Waben. Über das Ernten von reifem und unreifem Honig schreibt Professor Sajo in seinem bekannten Werkchen „Unsere Honigbiene"[7] folgendes (S. 38):

---

[1] Zeitschrift f. Unters. d. Nahrungs- und Genußmittel 1910, **19,** 625.

[2] Zeitschrift f. Unters. d. Nahrungs- und Genußmittel 1909, **18,** 625.

[3] Chemie der menschlichen Nahrungs- und Genußmittel 4. Aufl., I. Bd., S. 923.

[4] Zeitschrift f. Unters. d. Nahrungs- und Genußmittel 1907, **14,** 17.

[5] Verlag von Julius Springer, Berlin, 1912.

[6] König, Chemie d. menschl. Nahrungs- und Genußmittel, 4. Aufl., I. Bd., S. 927.

[7] Stuttgart, Kosmos, Gesellschaft der Naturfreunde.

„Es ist überhaupt eine allbekannte Tatsache, daß der Honig umso besser und aromatischer ist, je länger man ihn im Bienenstock selbst lagern und reif werden läßt. Die moderne Imkerei kann aber so hochgradige Reife nicht abwarten, weil man die Waben, sobald sie mit Honig gefüllt sind, sogleich herausnehmen und den Honig aus ihnen herausschleudern muß, um reichere Ernte zu erzielen. Immerhin ist es aber Regel, daß man den Zeitpunkt abwarte, in denen die Honigzellen bereits verdeckelt, also mit den kleinen Wachskäppchen verschlossen sind. Werden die Honigwaben früher herausgenommen, so enthalten sie noch unreifen Honig, der mehr als 25 % Wasser birgt. Und ein Wassergehalt, der 25 % übersteigt, gefährdet die Haltbarkeit der Ware, da solcher Honig in Gärung übergeht und dadurch natürlich verdirbt."

Die von uns bei Auslandshonigen beobachteten Wassermengen liegen fast durchweg innerhalb der Grenzen reifer Honige und können somit als normal bezeichnet werden.

Invertzuckergehalt.

Der Invertzuckergehalt der Honige schwankte zwischen 61,96 und 78,84 % und betrug im Mittel 73,48 %. Im allgemeinen — nämlich bei allen linksdrehenden Honigen — lag die Menge des Invertzuckers zwischen 70 und 80 %. Nur 3 Honige waren rechtsdrehend. Von diesen war einer (Nr. 8) als Coniferenhonig bezeichnet und enthielt 64,80 % Invertzucker. Der zweite (Nr. 9) war als Wiesenblumenhonig bezeichnet und enthielt 61,96 % Invertzucker. Den äußeren Eigenschaften und der Zusammensetzung nach charakterisierte sich aber dieser Honig als ein Erzeugnis, welches nicht unbeträchtliche Mengen Honigtau enthielt. Der dritte rechtsdrehende Honig war ein Rosmarinhonig aus Spanien (Nr. 56). Dieser verdankte seinen niedrigen Invertzuckergehalt einer Rohrzuckermenge von 15,40 %. Invertzuckermengen von 70 bis 80 % können als normal für Blütenhonige angesehen werden, im Gegensatz zu den Coniferenhonigen und Honigtauhonigen, deren Invertzuckergehalt durchweg zwischen 60 und 70 % liegt. Bei den letzteren Honigen hat man mit einem erhöhten Dextrin- und Rohrzuckergehalt und dementsprechend erniedrigtem Invertzuckergehalt zu rechnen. Charakteristische Beispiele für die Zusammensetzung reiner Blütenhonige und für Honige, die mehr oder minder große Mengen Honigtau enthalten, geben die von Reese (a. a. O.) angeführten Analysen schleswig-holsteinischer Blütenhonige des Jahres 1908 und die Analysenzusammenstellung der Schweizerischen Honigstatistik von Honigen des Jahres 1909 (a. a. O.). Bei sämtlichen schleswigholsteinischen Blütenhonigen lag der Invertzuckergehalt zwischen 70 und 80 %, während die Schweizerhonige zum größten Teil Invertzuckermengen enthielten, die unter 70 % lagen. Da die Bienen, nach den Angaben der genannten Statistik, in den Monaten Juni bis August vorzugsweise auf die Sammlung von Blatthonig (Honigtau) angewiesen waren, so werden die niedrigen Invertzuckermengen dieser Honige erklärlich.

In den „Vereinbarungen" ist der durchschnittliche Invertzuckergehalt der Honige mit 70 bis 80 % angegeben; diese Werte können sich nach dem Vorhergesagten nur auf Blütenhonige beziehen, mit Honigtauhonig war wohl im Hinblick auf die geringe Bedeutung, welche diesen Erzeugnissen zugemessen wird, nicht gerechnet worden. Abgesehen davon, daß der Honigtau in heißen Jahren auch bei uns in Norddeutschland eine nicht unbeträchtliche Nährquelle für die Bienen darstellt und die Honigtauhonige in solchen Jahren eine größere Bedeutung erlangen können (z. B. im Jahre 1911), muß noch berücksichtigt werden, daß im Süden des Reiches, besonders im Schwarzwald und in den Vogesen, die Coniferen- und Honigtauhonige und nicht die Blütenhonige die Normalware darstellen. Diese Honige enthalten aber, wie bereits angeführt, Invertzuckermengen, die durchweg zwischen 60 und 70 % liegen. Auf die großen Schwankungen bezüglich des Invertzuckergehaltes haben auch die Vorschläge des Ausschusses zur Abänderung des Abschnittes Honig der „Vereinbarungen" insofern Rücksicht genommen, als sie den Glykosegehalt mit 22—44 % und den Fruktosegehalt mit 32—49 % angeben.

Nach den Angaben des „Entwurfs zu Festsetzungen über Honig" enthalten Blütenhonige im allgemeinen 70 bis 80 % und Honigtau- und Coniferenhonige gewöhnlich nur 60 bis 70 % Invertzucker.

Rohrzuckergehalt.

Der Rohrzuckergehalt der Honige schwankte zwischen 0,12 und 15,40 % und betrug im Mittel 2,42 %. Ein Gehalt von 10 % Rohrzucker wurde in 4 Fällen überschritten. Einer dieser Honige war ein Vusperkrauthonig aus Ungarn (Nr. 10), 2 Honige stammten aus Spanien und waren ihrer Bezeichnung nach Rosmarinhonig (Nr. 56) und Orangenblütenhonig (Nr. 61), und 1 Honig (Nr. 75) trug den Namen Luzernehonig aus Utah (Vereinigte Staaten von Amerika). Während der Vusperkrauthonig und der Luzernehonig die Grenze von 10 % nur wenig überschritten (10,83 und 10,79 %), enthielt der Rosmarinhonig 15 40 und der Orangenblütenhonig 12,12 % Rohrzucker.

Die Annahme, daß vielleicht Rosmarinhonige und Orangenblütenhonige ganz allgemein einen abnorm hohen Rohrzuckergehalt aufzuweisen haben, erscheint im Hinblick auf andere in der Zusammenstellung unter gleicher Bezeichnung aufgeführte Honige nicht haltbar. Da die Honige aus zuverlässiger Quelle stammten und an eine Verfälschung in einem Lande, in welchem der Zucker 40 % teurer ist als Honig (vergl. Konsulatsbericht über Spanien), nicht gedacht werden kann, so kann nur angenommen werden, daß es sich um unreif geerntete Honige handelt. Das gleiche dürfte für den Vusperkraut- und Luzernehonig zutreffen. Auch die sonstigen Eigenschaften, insbesondere der Ausfall der Fermentreaktionen (geschwächte Diastase), sprechen für die mangelnde Reife dieser Honige. Die in den Nektariensäften vorhandenen natürlichen Rohrzuckermengen haben nicht lange genug unter dem gleichzeitigen Einfluß von Stockwärme und invertierender Fermente gestanden, um in Glykose und Fruktose gespalten zu werden. Daß in Nektariensäften hohe Rohrzuckermengen vorkommen können, ist wiederholt festgestellt worden. Planta[1] fand in Hoya-Nektar 87,44 % Rohrzucker (auf Trockenmasse berechnet). Wilson[2] stellte gleichfalls im

---

[1] Zeitschrift f. physiol. Chemie 1886, **10**, 227; vgl. König a. a. O.
[2] Chem. News 1878, **38**, 93; vgl. Browne a. a. O.

Blütennektar zahlreicher Pflanzen größere Rohrzuckermengen fest; er fand in der Fuchsie 5,9 mg auf eine Blüte und im roten Klee 1,98 mg auf ein Blütenköpfchen. Auch Bonnier[1]) ermittelte im Esparsettennektar Rohrzuckermengen von 57,2% der Trockenmasse. Nach Untersuchungen des gleichen Forschers enthielt der Nektar des Geisblattes neben 76% Wasser und 9% reduzierendem Zucker 12% Rohrzucker.

Im Honig sind dagegen weit geringere Rohrzuckermengen als im Nektar aufgefunden worden. Die linksdrehenden Blütenhonige haben sich dabei als weniger reich an Rohrzucker erwiesen als die rechtsdrehenden Honigtau- und Coniferenhonige. Ob bei den letzteren Honigen der hohe Gehalt an Saccharose nur ein scheinbarer ist und das nach der Inversion gefundene „Mehr" an reduzierendem Zucker auf eine Spaltung der Honigdextrine zurückzuführen ist, mag hier dahingestellt bleiben. Von den zahlreichen Literaturangaben über den Gehalt der Honige an Rohrzucker seien folgende angeführt:

Browne (a. a. O.) fand bei 92 linksdrehenden Honigen Rohrzuckermengen von 0,00 bis 10,01% und im Mittel 1,90%. Bryan (a. a. O.) ermittelte in 72 linksdrehenden Honigen 0,00 bis 3,98% Rohrzucker; im Mittel betrug der Rohrzuckergehalt 0,80%. Lendrich und Nottbohm (a. a. O.) fanden in Auslandshonigen, die sämtlich linksdrehend waren, Rohrzuckermengen von 0,04 bis 5,36% und im Mittel 1,48%. In 23 deutschen Blütenhonigen fand Witte (a. a. O.) Rohrzuckermengen von 1,6 bis 7,55%. Im Werke von König (a. a. O.) wird der mittlere Gehalt der linksdrehenden Honige an Saccharose mit 2,69% angegeben; die Schwankungen betragen bei 173 Honigen 0,10 bis 10,12%. Zu erwähnen bleiben noch die Angaben von Reese (a. a. O.) über die Zusammensetzung schleswig-holsteinischer Blütenhonige. Diese Honige enthielten folgende Rohrzuckermengen:

	Mittlerer Wert	Höchster Wert	Niedrigster Wert
6 Rapshonige	0,98%	2,66%	0,34%
1 Obstblütenhonig	1,12 „	—	—
31 Kleehonige	0,97 „	2,48 „	0,09 „
7 Lindenhonige	0,50 „	1,15 „	0
4 Buchweizenhonige	1,48 „	3,75 „	0,14 „
2 Heidehonige	0,50 „	—	—
30 Gemischte Honige	0,56 „	2,80 „	0

In Honigtau- und Coniferenhonigen sind, wie bereits erwähnt, im allgemeinen größere Rohrzuckermengen als in Blütenhonigen beobachtet worden.

So fand Schaffer[2]) in 5 Honigtauhonigen 8,09, 11,28, 10,23, 11,28 und 6,52% Rohrzucker und Hefelmann[3]) ermittelte in gleichfalls 5 Honigen, die vom Honigtau der Laubbäume stammten, Rohrzuckermengen von 5,77, 5,30, 4,60, 18,40, und 6,98%. Die Honigtauhonige der mehrfach erwähnten Schweizerischen Honig-

---

[1]) Vgl. Browne a. a. O.

[2]) Zeitschrift f. Unters. der Nahrungs- und Genußmittel 1908, **15,** 604.

[3]) Pharm. Centralhalle 1894, **35,** 481.

statistik des Jahres 1909 erwiesen sich ferner durchweg als stark saccharosehaltig. Der mittlere Saccharosegehalt rechtsdrehender Coniferenhonige wird endlich im Werke von König (a. a. O.) mit 5,30% angegeben.

Nach den „Vereinbarungen" und nach den bereits näher bezeichneten „Abänderungsvorschlägen" soll der Gehalt des Honigs an Rohrzucker 10% nicht übersteigen. Im „Entwurf zu Festsetzungen über Honig" ist diese Grenze für Blütenhonig auf 8% und für Honigtauhonig auf 10% festgesetzt worden.

Ein höherer Rohrzuckergehalt dürfte in der Tat bei sonst reinem Honig auf Unreife des Honigs hinweisen. Sajo schreibt in seinem Werkchen „Unsere Honigbiene" über diesen Punkt folgendes (S. 39):

„Übrigens besteht der Reifungsvorgang des Honigs nicht bloß im Verdampfen des überschüssigen Wassers, sondern auch in der Bildung von Invertzucker. Unreifer Honig enthält oft 10% Rohrzucker, während der reife keinen oder höchstens 2—3% davon enthält. Eine Ware, deren Rohrzuckergehalt 8% übersteigt, kann nur als minderwertiges Erzeugnis gelten."

Dieser Ansicht möchten wir uns anschließen, jedoch mit der Einschränkung, daß Honigtau- und Coniferenhonige größere Rohrzuckermengen als 8% normalerweise enthalten können.

Bezüglich der rohrzuckerreichen Honige unserer Sammlung möchten wir noch bemerken, daß diese in ihren Erzeugungsländern, Spanien und Vereinigte Staaten von Amerika, zu beanstanden gewesen wären, da in diesen Ländern die höchstzulässige Grenze an Rohrzucker im Honig mit 8% festgesetzt ist. Aus dieser Festsetzung kann auch geschlossen werden, daß größere Rohrzuckermengen als 8% bei reinen Honigen in diesen Ländern höchst selten beobachtet sind.

Zuckerfreier Trockenrückstand.

Der zuckerfreie Trockenrückstand („Nichtzucker") der Honige schwankte zwischen 1,75 und 13,42% und betrug im Mittel 5,84%. Die höchsten Werte wiesen die Honige mit Coniferentracht auf (Nr. 8 und 9), während den niedrigsten Wert ein weißer argentinischer Blütenhonig, der dem Geschmack nach als Luzernehonig anzusehen war, besaß.

Da wir unter zuckerfreiem Trockenrückstand alle unbestimmten Stoffe einschließlich Dextrin verstehen, so werden naturgemäß die Coniferenhonige, welche sich durch einen hohen Gehalt an Honigdextrinen auszeichnen, mehr „Nichtzucker" enthalten als die Blütenhonige.

Über die bei Blüten- und Coniferenhonigen beobachteten Nichtzuckermengen finden sich in der Literatur zahlreiche Angaben.

Reese (a. a. O.) findet in schleswig-holsteinischen Blütenhonigen folgende Nichtzuckermengen:

	Mittlerer Wert	Höchster Wert	Niedrigster Wert
6 Rapshonige	2,31 %	3,19 %	1,39 %
31 Kleehonige	3,92 „	5,27 „	1,53 „
7 Lindenhonige	5,52 „	7,23 „	4,03 „
4 Buchweizenhonige	5,01 „	5,50 „	4,70 „
2 Heidehonige	4,15 „	—	—
30 Gemischte Honige	4,50 „	6,07 „	1,67 „

Lendrich und Nottbohm (a. a. O.) ermittelten in linksdrehenden Auslandshonigen Nichtzuckermengen von 0,94 bis 8,86 % und im Mittel 4,65 %. Während die Honige der einzelnen Länder im Durchschnitt annähernd 3 % Nichtzucker und darüber hatten, lag bei Hawaiihonig dieser Wert bei 1,51 %. Letztere Honige zeigten aber nicht nur bezüglich des Nichtzuckers, sondern auch hinsichtlich der Asche (Chloridgehalt), Gesamtsäure, Stickstoff und Fällung nach Lund so auffallende Befunde, daß den Forschern Zweifel an der Reinheit der Erzeugnisse aufstoßen. Sie schreiben: „Wir erachten das beigebrachte Material nicht für ausreichend, um daraus den Schluß zu ziehen, daß es sich um Eigenarten in der Produktion dieser Länder handelt.“

Bei Coniferen- und Honigtauhonig ist, wie bereits bemerkt, mit einer erhöhten Menge von „Nichtzucker“ zu rechnen. Die von Schaffer (a. a. O.) untersuchten fünf Honigtauhonige enthielten 14,38, 13,52, 13,04, 14,92 und 13,63 % Nichtzucker; in 4 anderen eingesandten Coniferenhonigen betrugen die Werte 15,53, 1641, 16,79 und 14,77 %. Die Honigtauhonige der Schweizerischen Honigstatistik des Jahres 1909 (a. a. O.) zeichnen sich durchweg durch hohen Nichtzuckergehalt aus, und im Werke von König wird der mittlere Nichtzuckergehalt rechtsdrehender Honige mit 7,31 % gegenüber 3,89 % bei linksdrehenden Honigen angegeben.

Die „Vereinbarungen“ und die Vorschläge des Ausschusses zur Abänderung des Abschnittes Honig der „Vereinbarungen“ geben die niedrigste Grenze für den Nichtzuckergehalt reiner Honige mit 1,5 % an; in dem „Entwurf zu Festsetzungen über Honig“ ist diese Grenze beibehalten worden.

Der Wert einer solchen Festsetzung ist vielfach gering eingeschätzt worden, da die Grenze für den Nichtzucker mit Rücksicht auf die Zusammensetzung notorisch reiner Honige sehr niedrig gezogen werden mußte und somit die Möglichkeit besteht, Honige (mit hohem Nichtzucker) mit erheblichen Mengen Invertzucker zu versetzen, ohne daß die Grenze von 1,5 % unterschritten würde.

Säuregehalt.

Im Hinblick auf unsere geringe Kenntnis über die Art der Säuren des Honigs wurde davon Abstand genommen, die Säure des Honigs als Ameisensäure zu berechnen. Der Säuregehalt wurde vielmehr in Milligrammäquivalenten (= ccm Normallauge) für 100 g Honig angegeben. Die Werte schwankten zwischen 0,60 und 4,44 und betrugen im Mittel 1,79. Da 1 ccm Normallauge 0,046 g Ameisensäure neutralisiert, so würden unsere Ergebnisse einem Ameisensäuregehalt von 0,027—0,204 % entsprechen.

Der Säuregehalt war somit großen Schwankungen unterworfen, eine Beobachtung, die auch von anderer Seite gemacht worden ist.

Reese (a. a. O.) ermittelte in schleswig-holsteinischen Honigen folgende Säuregrade:

	Mittlerer Wert ccm n-Lauge	Höchster Wert ccm n-Lauge	Niedrigster Wert ccm n-Lauge
6 Rapshonige	1,53 %	1,97 %	0,95 %
31 Kleehonige.	1,91 „	3,25 „	1,10 „
7 Lindenhonige	3,12 „	3,90 »	2,15 „
4 Buchweizenhonige	2,85 „	3,60 „	3,25 „
2 Heidehonige	2,93 „	—	—
30 Gemischte Honige	2,46 „	3,20 „	1,25 „

Bei Auslandshonigen beobachteten Lendrich und Nottbohm (a. a. O.) größere Schwankungen, nämlich 0,60 bis 5,9 ccm für 100 g Honig und im Mittel 2,30. Ähnliche Werte werden von anderer Seite berichtet; es dürfte sich erübrigen, auf die Ergebnisse im einzelnen einzugehen.

Nach den „Vereinbarungen" enthält Honig 0,2 % und mehr Ameisensäure. Die Vorschläge des Ausschusses der „Freien Vereinigung" zur Abänderung des Abschnittes Honig der „Vereinbarungen" geben den Ameisensäuregehalt mit 0,1 bis 0,2 % an. Im „Entwurf zu Festsetzungen über Honig" ist der Gehalt an „organischer Säure" in der gleichen Höhe aufgeführt; außerdem werden als Höchstgrenze für den Säuregehalt 5 Milligrammäquivalente für 100 g Honig festgesetzt. In Übereinstimmung mit diesen Angaben verlangt das Deutsche Arzneibuch, daß zum Neutralisieren von 10 g Honig höchstens 0,5 ccm Normallauge erforderlich sein dürfen.

Eine Überschreitung dieser Grenze konnte von uns bei den Auslandshonigen nicht festgestellt werden.

Mit Rücksicht auf die hohen Schwankungen, welchen der Säuregehalt der Honige unterliegt, wird diesem Merkmal für die Beurteilung nur geringe Bedeutung zuzumessen sein. Wenngleich es zutreffend ist, daß sich verfälschte Honige und Kunsthonige im allgemeinen als säurearm erwiesen haben, so ist es doch auch andererseits feststehend, daß naturreine Honige sehr arm an Säure und in Ausnahmefällen sogar säurefrei sein können (vgl. Bryan (a. a. O.) Honig Nr. 6666).

Eiweißfällung nach Lund.

Unsere Ansicht über den Wert der Eiweißfällung nach Lund haben wir bereits in einer früheren Abhandlung bekannt gegeben[1]).

Die bei den vorliegenden Auslandshonigen beobachteten Niederschlagsmengen schwankten zwischen 0,37 und 4,35 ccm und betrugen im Mittel 1,13 ccm.

Nach den Angaben von Lund sollen die Niederschlagsmengen 0,6—2,7 ccm und im Mittel 1,1 betragen.

---

[1]) Arbeiten aus dem Kaiserl. Gesundheitsamte 1912, **40,** 348.

Unter Berücksichtigung unserer Ergebnisse müßten diese Grenzen eine beträchtliche Erweiterung erfahren. Würde man die anderweitig bekannt gegebenen Untersuchungsergebnisse berücksichtigen (vgl. unsere frühere Abhandlung S. 167), so würden aber auch diese erweiterten Grenzen nicht ausreichen, da bei Auslandshonigen mit dem Lundschen Reagens sogar keine Niederschläge und bei einheimischem Heidehonig Niederschläge bis zu 6 ccm beobachtet worden sind. Hiermit erscheint aber der Wert des Verfahrens in Frage gestellt.

Der Versuch, die fällbaren Stickstoffverbindungen des Honigs mit für die Beurteilung heranzuziehen, ist im übrigen bereits vor vielen Jahren gemacht worden. Im Jahre 1902 hat Marpmann[1] ein Verfahren zur Untersuchung und Beurteilung des Honigs angegeben unter Zugrundelegung der Annahme, daß in jedem Naturhonig eine bestimmte Menge von Peptonen und Albuminstoffen enthalten sei und daß Kunsthonigen diese Stoffe fehlten. Das Verfahren, welches in einer Fällung des Honigs mittels Sozojodol bestand, hat sich aber nicht einzubürgern vermocht.

Wir können, wie wir in unserer früheren Abhandlung bereits ausgeführt haben, dem Lundschen Verfahren keinen zu großen Wert beimessen. Als weiteres Merkmal zur Bestätigung des Verdachtes eines Invertzuckerzusatzes soll aber immerhin dem Verfahren eine gewisse Bedeutung nicht abgesprochen werden.

Es sei noch erwähnt, daß der eine Kunsthonig der Tabelle (Nr. 38) mit dem Lundschen Reagens 0,3 ccm Niederschlag gab.

Prüfung auf künstlichen Invertzucker.

Über die Verfahren zum Nachweis von künstlichem Invertzucker ist bereits an anderer Stelle eingehend berichtet worden[2]; hier ist nur weniges hinzuzufügen.

Das Verfahren von Ley hat bei der Untersuchung der Auslandshonige in 18 Fällen bei insgesamt 88 untersuchten Honigproben im Stich gelassen. Da diese Honigproben sämtlich verhältnismäßig geringe Fällungen mit Phosphorwolframsäure gaben (0,37 bis 0,8 ccm und in einem Falle 1 ccm), so glauben wir, daß der positive Ausfall der Leyschen Reaktion auf den geringen Gehalt an fällbaren Eiweißstoffen zurückzuführen ist. Daß hierbei aber noch andere Umstände eine Rolle spielen, dürfte wohl anzunehmen sein. Es folgt dies auch daraus, daß Honige mit gleichen Mengen fällbarer Eiweißstoffe sich nach Ley verschieden verhielten.

Aus unseren Untersuchungsergebnissen geht hervor, daß bei einem positiven Ausfall der Leyschen Reaktion noch keineswegs auf die Gegenwart von künstlichem Invertzucker im Honig geschlossen werden darf. Der eine Kunsthonig der Tabelle (Nr. 38) verhielt sich in der von Ley angegebenen Weise und reduzierte die Silberlösung völlig.

Das Verfahren von Fiehe hat sich dagegen bei der Untersuchung der Auslandshonige gut bewährt. Um möglichst unbefangen vorzugehen, wurde das Verfahren von jedem von uns getrennt an den Auslandshonigen ausgeführt. Auch wurde die Prüfung nach etwa Jahresfrist wiederholt, um festzustellen, ob vielleicht eine Änderung

---

[1] Pharm. Ztg. 1902, **47**, 748.
[2] Arbeiten aus dem Kaiserl. Gesundheitsamte 1912, **40**, 328.

im Reaktionsausfall zu verzeichnen sei. Eine solche konnte aber nicht beobachtet werden.

Es hat sich nun ergeben, daß drei aus Rußland stammende Honige Reaktionen aufwiesen, die zu Zweifeln hätten Anlaß geben können. Außerdem gab ein brasilianischer Honig stärkere Färbungen mit Resorzinsalzsäure. Von diesen vier Honigen gab aber nur ein Honig (Nr. 20) Färbungen, die über $1/2$ Stunde beständig waren. Sämtliche vier Honige enthielten ferner keine Diastase mehr und waren ihren äußeren Eigenschaften nach als stark erhitzt zu bezeichnen, indem sie zum Teil stark angebrannt schmeckten und von dunkler Farbe waren. Nach den von uns ausgesprochenen Grundsätzen (vgl. unsere frühere Abhandlung S. 155), nur bei Gegenwart von Diastase eine ausgesprochene positive Reaktion, die mindestens $1/2$ Stunde beständig ist, als beweisend für einen Invertzuckerzusatz anzusehen, dagegen bei Abwesenheit von Diastase und bei gleichzeitigem Karamelgeschmack die Möglichkeit, daß der Reaktionsausfall auf eine übermäßige Erhitzung des Honigs zurückzuführen ist, offen zu lassen, würde somit kein Honig zu beanstanden gewesen sein. Die russischen Honige, welche mit Resorzinsalzsäure stärkere Färbungen gaben, stellten im übrigen Erzeugnisse dar, die infolge ihrer äußeren Eigenschaften und Beschaffenheit wohl nur noch in der Lebkuchenbereitung hätten Verwendung finden können. Als Speisehonig wären sie unverkäuflich gewesen.

Der brasilianische Honig (Nr. 80) war in zugelöteter Blechdose eingesandt worden und an den Lötstellen verbrannt. Hierauf dürfte in diesem Falle die Färbung mit Resorzinsalzsäure zurückzuführen sein.

Von besonderem Interesse erscheint es endlich, daß die als „pasteurisiert" bezeichneten russischen Honige sämtlich negativ reagierten, obwohl sie nach den Konsulatsberichten (vgl. diese S. 181) eine längere Erhitzung durchgemacht haben. Daß diese Erhitzung sich aber in normalen Grenzen gehalten hat, geht aus den Eigenschaften der Honige und aus der Gegenwart von Diastase hervor.

Es sei noch erwähnt, daß der russische Kunsthonig (Nr. 38 der Tabelle) mit Resorzinsalzsäure sehr starke kirschrote Färbungen gab.

Aschenmenge.

Alkalität und Phosphatgehalt der Asche.

Die Aschenmenge der Honige schwankte zwischen 0,027 und 0,673 % und betrug im Mittel 0,150 %. Die höchste Aschenmenge wurde bei Honigen mit Coniferentracht (Nr. 8 und 9), die niedrigste bei spanischen Rosmarin- und Thymianhonigen gefunden. Von letzteren Honigen gaben 5 Proben (Nr. 52—56) die auffallend geringen Aschenmengen von 0,0285, 0,0270, 0,0270, 0,0370 und 0,030 %. Honige mit derartig niedrigen Werten sind bisher selten beobachtet worden. An der Reinheit der Erzeugnisse kann aber nicht gezweifelt werden, und wir halten die geringen Aschenmengen für Eigenheiten der Honige von Rosmarin und Thymian.

Von den gesamten Honigproben enthielten 37 Honige unter 0,1% Asche. Diese Honige entstammten durchweg den Klassen der Leguminosen (Akazie, Klee und Esparsette) und der Labiaten (Rosmarin, Salbei und Lavendel). Auch Orangenblütenhonige erwiesen sich meist als aschenarm.

Den Labiatenhonigen dürfte gegenüber den Leguminosenhonigen eine untergeordnete Bedeutung zustehen. Letztere stellen dagegen einen nicht unbeträchtlichen Teil der inländischen und der aus dem Auslande eingeführten Honige dar. Luzerne, Esparsette und Kleearten werden als Futterpflanzen in den meisten Ländern in großen Mengen angepflanzt und von den Bienen mit Vorliebe beflogen. Die Beobachtung, daß Leguminosenhonige durchweg aschenarm sind, ist wiederholt gemacht worden. Reese (a. a. O.) fand in 31 Kleehonigen Aschenmenmengen von 0,04 bis 0,14% und im Mittel 0,08%. Browne (a. a. O.) ermitteltc in 8 Luzernehonigen, in 15 Weißkleehonigen und in 3 Bastardkleehonigen im Mittel 0,07% Asche. Die mittlere Aschenmenge von 37 Leguminosenhonigen betrug nach Browne 0,10%. Auch Rapshonige haben sich nach Untersuchungen von Reese als aschenarm erwiesen; 6 dieser Honige ergaben Aschenmengen von 0,06 bis 0,09% und im Mittel 0,07%. Reinsch[1] fand gleichfalls, daß Rapshonige aschenarm sind; bei reinem holsteinischen Kleehonig stellte er eine Aschenmenge von 0,05% fest. Die von Utz[2] beobachteten niedrigen Aschenmengen — von 131 Proben deutschen Honigs ergaben 43,1% einen Aschengehalt von unter 0,1% — dürften vielleicht auch auf Klee- und Rapstracht zurückzuführen sein.

Honige anderer Tracht, insbesondere Lindenblütenhonige, Wiesenblütenhonige, Waldhonige und gemischte Blütenhonige haben sich dagegen nach unseren Untersuchungen nicht als aschenarm erwiesen. Diese Ergebnisse stimmen überein mit zahlreichen Literaturangaben. Reese (a. a. O.) fand bei 7 Lindenhonigen Aschenmengen von 0,11 bis 0,66% und im Mittel 0,25%; bei Buchweizen- und Heidehonig sowie bei Honig gemischter Tracht lag ferner die Aschenmenge durchweg über 0,1%. Auch Browne (a. a. O.) fand bei Blütenhonig — ausgenommen Leguminosenhonig — Aschenmengen, die durchweg über 0,1% lagen. Schwarz[3] untersuchte Honige der Jahre 1905, 1906 und 1907 und fand von 374 Honigen nur 18 Proben (= 4,8%), die eine Asche unter 0,1% ergaben, während die übrigen Proben im Mittel 0,41% Asche gaben.

Ein Gehalt des Honigs an Honigtau erhöht die Aschenmenge, da der Honigtau sich stets als sehr reich an Mineralbestandteilen erwiesen hat. In besonders heißen Jahren werden die Sommerhonige wohl nie ganz frei von Honigtau sein; so erklärt es sich, wenn in solchen Jahren die Aschenmenge der Honige durchweg höher ist als in kälteren Jahren, in denen der Sommer keinen Honigtau brachte.

Die reinen Honigtauhonige besitzen oft abnorm hohe Aschenmengen. L. van Dine und Alice Thompson[4] fanden in 44 Honigtau- und Honigtau-Verschnitt-

---

[1] Jahresbericht Altona 1906, S. 22.

[2] Zeitschrift angew. Chemie 1907, **20**, 2222.

[3] Zeitschrift f. Unt. d. Nahrungs- und Genußmittel 1908, **15**, 403.

[4] Hawaii Agricultural Experiment Station, Bulletin Nr. 17, 1908.

honigen von Hawaii Aschenmengen von 0,69 bis 2,10%; allein 32 von diesen
Honigen ergaben über 1,00% Asche. In europäischen Honigtau- und Coniferenhonigen sind selten derartig hohe Aschenmengen beobachtet worden. Die Werte lagen
aber immerhin erheblich über denen der reinen Blütenhonige. So sind in der
Schweizerischen Honigstatistik des Jahres 1909 (a. a. O.) 20 Honigtauhonige
aufgeführt, die folgende Aschenmengen ergaben: 0,79, 0,78, 0,79, 0,77, 0,94, 0,72,
0,83, 0,74, 0,68, 0,73, 0,86, 0,73, 0,51, 0,79, 0,74, 0,84, 0,74, 0,81, 0,61 und
0,40%.

C. Amthor und Stern[1]) fanden ferner in Coniferenhonig 0,63 und 0,77%
Asche und König und Karsch[2]) geben die Aschenmenge eines Coniferenhonigs mit
0,409% an. Auch Schaffer (a. a. O.) beobachtete bei Honigtau- und Coniferenhonig
hohe Aschenmengen.

Nach den „Vereinbarungen" und den mehrfach genannten Vorschlägen des
Ausschusses der „Freien Vereinigung" schwankt der Gehalt der Honige an Mineralbestandteilen zwischen 0,1 und 0,8%. Die gleichen Werte werden vom Deutschen
Arzneibuch für reine Honige angegeben. In dem „Entwurf zu Festsetzungen über
Honig" ist eine Unterscheidung zwischen Honigtauhonig und Coniferenhonig einerseits,
Blütenhonig andererseits gemacht. Die ersteren sollen in der Regel 0,4 bis 0,8%
und die letzteren 0,1 bis 0,35% Asche ergeben. Außerdem ist in diesem Entwurf
darauf verwiesen, daß bei Klee- und Rapshonig, sowie auch bei ausländischem Honig
wiederholt eine Aschenmenge von unter 0,1% festgestellt worden ist.

Der Phosphatgehalt der Honige nach der Veraschung schwankte von 0,0075
bis 0,0932% (als PO_4 berechnet) und betrug im Mittel 0,0198%. Auf die Asche
berechnet ergaben sich Phosphatmengen von 5,7 bis 35,5%. Die Asche der Honige
hat sich durchweg reich an Phosphaten erwiesen im Gegensatz zur Zuckerasche, die
nach Literaturangaben[3]) arm an Phosphaten ist.

Bei der Betrachtung der Zahlen für die Alkalität der Asche ist zu berücksichtigen, daß einige mit * bezeichnete Werte durch Titration gegen Azolithminpapier,
die übrigen Werte durch Titration gegen Methylorange ermittelt wurden. Nach der
ersten Methode wird eine etwas geringere Alkalitätszahl als nach der letzteren erhalten.
Sieht man nun von den wenigen Azolithminwerten ab und vergleicht die übrigen
Werte untereinander, so ergibt sich, daß die Alkalitätszahlen durchweg zwischen 10
und 15 liegen und in den seltensten Fällen 10 um ein Geringes unterschreiten. Da
Zuckeraschen im allgemeinen nur geringe Alkalitätszahlen aufweisen[3]), so erscheint
uns die Alkalitätszahl nicht ohne Bedeutung für die Beurteilung des Honigs. Sollten
sich unsere Beobachtungen auch an deutschen Honigen bestätigen, so würden Werte,
die erheblich unter 10 liegen, stark verdächtig erscheinen und auf einen Zuckerzusatz

[1]) König, Chemie d. menschl. Nahrungs- und Genußmittel 4. Aufl., I. Bd., S. 923.
[2]) König, Chemie d. menschl. Nahrungs- und Genußmittel 4. Aufl., I. Bd., S. 924.
[3]) Zeitschrift f. Untersuchung der Nahrungs- und Genußmittel 1905, **10, 726.**

zum Honig hinweisen. Es sei noch bemerkt, daß der einzige Kunsthonig der Tabelle (Nr. 38) die Alkalitätszahl 5,4 besaß.

Die vorstehenden Untersuchungen sind auf Anregung des Herrn Geh. Regierungsrates Direktor Dr. Kerp im Chemischen Laboratorium des Kaiserlichen Gesundheitsamtes ausgeführt und nach mehrfachen Unterbrechungen im September 1912 zum Abschluß gebracht worden. Für das große Interesse, welches Herr Direktor Kerp unseren Arbeiten entgegengebracht hat, sprechen wir auch an dieser Stelle unsern verbindlichsten Dank aus.

Bei den Untersuchungen wurden wir, soweit es die Feststellung und weitere Prüfung der Asche anbelangt, von Herrn Dr. Bosselmann in dankenswerter Weise unterstützt.

Tabelle II. Einfuhr aus den einzelnen

Einfuhr aus	1900		1901		1902		1903	
	Menge	Wert	Menge	Wert	Menge	Wert	Menge	Wert
	dz	1000 M	dz	1000 M	dz	1000 M	dz	1000 M
Österreich-Ungarn	1 284	77	1 038	62	947	57	701	42
Rußland	8	1	7	1	22	1	16	1
Italien	834	42	932	42	1 429	64	1 479	96
Spanien	1	0	3	0	6	0	59	4
Schweiz	70	8	69	8	80	10	99	12
Dänemark	2	0	4	1	2	0	4	1
Frankreich	259	17	418	27	403	26	1 216	79
Groß-Britannien	160	8	41	2	115	5	186	8
Niederlande	19	1	38	2	131	6	821	33
Chile	9 139	430	7 738	325	12 392	496	9 913	397
Brasilien	41	2	49	3	139	8	173	10
Ver. Staaten von Amerika .	1 826	141	1 668	87	3 454	228	4 296	279
Mexiko	1 758	88	1 677	71	3 561	135	3 182	119
Cuba	2 794	134	5 822	239	6 807	266	6 337	231

G. Anhang. Spezialhandel des Deutschen Reichs in Honig und Kunsthonig[1].

Tabelle I. Einfuhr und Ausfuhr in den Jahren 1897—1909.

	Einfuhr			Ausfuhr		
Jahr	Einheitswert M für 100 kg	Menge dz	Wert 1000 M	Einheitswert M für 100 kg	Menge dz	Wert 1000 M
1897	47,06	18 868	888	120,00	1 137	136
1898	49,69	23 082	1 147	150,00	2 114	317
1899	48,93	21 049	1 030	150,00	5 202	780
1900	51,99	19 117	994	62,15	3 218	200
1901	44,37	20 766	921	62,00	2 309	143
1902	43,97	30 993	1 363	63,00	2 728	172
1903	45,68	30 321	1 385	48,09	9 008	433
1904	44,05	28 580	1 259	36,66	2 687	99
1905	46,32	25 086	1 162	41,10	3 890	160
1906	46,96	28 256	1 326	40,20	3 996	161
1907	48,85	28 970	1 415	41,07	5 810	239
1908	49,01	33 738	1 653	43,67	3 621	158
1909	49,01	43 014	2 108	32,9	17 645	581

Ländern in den Jahren 1900 bis 1909.

1904		1905		1906		1907		1908		1909	
Menge dz	Wert 1000 M	Menge dz	Wert 1000 M	Menge dz	Wert 1000 M	Menge dz	Wert 1000 M	Menge dz	Wert 1000 M	Menge dz	Wert 1000 M
781	47	603	36	389	22	724	47	640	45	421	32
10	1	12	1	—	—	—	—	13	1	83	8
1 120	73	553	36	714	45	1 712	111	1 443	94	2 432	170
9	0	10	1	17	1	33	2	—	—	—	—
78	9	65	8	41	5	64	8	94	11	68	9
5	1	3	0	—	—	—	—	—	—	—	—
709	46	357	23	311	20	417	25	2 417	136	3 410	222
153	7	148	7	72	3	—	—	—	—	—	—
309	14	40	2	27	1	52	3	165	8	60	3
7 260	305	6 808	306	9 652	442	9 765	410	9 798	441	7 978	415
76	5	222	10	94	4	78	3	43	2	85	4
3 730	254	3 419	233	2 497	153	3 322	259	2 369	190	2 147	161
2 882	104	2 286	91	2 468	107	2 752	121	4 316	190	4 630	213
9 222	313	8 857	337	9 985	431	7 052	296	8 193	344	16 340	719

[1] Die Angaben sind der „Statistik des Deutschen Reichs" entnommen.

Maßanalytische Bestimmung der Phosphate in der Asche von Lebensmitteln.

Von

Dr. B. Pfyl,

wissenschaftlichem Hilfsarbeiter im Kaiserlichen Gesundheitsamte.

I. Einleitung.

Zur Beurteilung der normalen Beschaffenheit und des Wertes von Nahrungs- und Genußmitteln ist es wichtig, den Phosphatgehalt ihrer Asche oder der Asche gewisser Auszüge zu ermitteln. Hierbei ergeben sich teils unmittelbar Anhaltspunkte zur Beurteilung, zum Teil ist die Bestimmung des Phosphatgehaltes zur Berechnung anderer für die Beurteilung wichtiger Werte erforderlich. Obwohl die Phosphatbestimmung in Aschen in vielen Fällen vielleicht wichtiger ist als die Ermittelung anderer analytischer Werte, so suchte man sie doch bisher möglichst zu vermeiden, da die zurzeit üblichen gewichtsanalytischen Verfahren zu umständlich sind. Es hat nicht an Versuchen gefehlt, an Stelle der gewichtsanalytischen Verfahren maßanalytische einzuführen. Doch haben die bisher vorgeschlagenen Methoden keinen allgemeinen Eingang in die Laboratorien gefunden, teils weil sie noch nicht den erforderlichen Grad der Genauigkeit und Zuverlässigkeit besitzen, teils weil sie noch nicht genügend bekannt sind.

Von allen zur Bestimmung der Phosphate in Aschen vorgeschlagenen Verfahren erschien nun keines in seinen Grundzügen so zweckmäßig wie das von Doherty[1] für die Phosphatbestimmung in Milchasche empfohlene, welches im wesentlichen auch Fiehe und Stegmüller[2] auf meine Anregung hin zur Phosphatbestimmung in Honigasche verwendet haben.

Nach Doherty[3] wird die Asche mit wenig überschüssiger Säure zur Entfernung des Kohlendioxyds erhitzt, dann nach Zusatz von Methylorange bis zum Farbumschlag in gelb und nach Zusatz von Phenolphthalein und von 5 ccm 20 %iger Chlorcalciumlösung weiter bis zu rot titriert. Aus der Menge der von gelb bis zu rot verbrauchten

---

[1] The Analyst **33**, 273 (1908).

[2] Arb. a. d. Kaiserl. Gesundheitsamte **15**, 305 (1912).

[3] Doherty bezeichnet [The Analyst **33**, 273 (1908)] als Urheber des von ihm empfohlenen Verfahrens Cocksey [Proc. of Roy. Soc. of New South Wales **41**, 163] (eine entsprechende Notiz in den mir zur Verfügung stehenden Zeitschriften war nicht zu finden).

Lauge läßt sich der Phosphatgehalt in einfacher Weise durch Multiplikation mit einem Faktor berechnen. Das Verfahren setzt voraus: 1. daß bei der Titration der Phosphorsäure mit Alkali der Umschlag des Methylorange in gelb gerade dann eintritt, wenn das erste H·-ion abgesättigt und nur noch Dihydrophosphation H_2PO_4' vorhanden ist, 2. daß durch Chlorcalcium die Phosphorsäure vollständig als Tricalciumphosphat ausgefällt und eine der Acidität des Dihydrophosphations entsprechende Menge HCl d. h. H·-ionen in Freiheit gesetzt wird, die bei der Titration mit Alkali gegen Phenolphthalein im Sinne der nachfolgenden Gleichungen abgesättigt wird:

$$2\,NaH_2PO_4 + 3\,CaCl_2 = Ca_3(PO_4)_2 + 2\,NaCl + 4\,HCl$$
$$4\,HCl + 4\,NaOH = 4\,NaCl + 4\,H_2O$$

oder in Ionenform geschrieben:

$$2\,H_2PO_4' + 3\,Ca^{\cdot\cdot} = Ca_3(PO_4)_2 + 4\,H^{\cdot}$$
$$4\,H^{\cdot} + 4\,OH' = 4\,H_2O.$$

1 Mol NaOH würde somit 0,5 PO_4 oder 0,25 P_2O_5', 1 ccm 0,1 norm. NaOH würde 4,75 mg PO_4 oder 3,55 mg P_2O_5 entsprechen.

Bei der Phosphatbestimmung in Milchasche zeigte es sich jedoch, daß das Verfahren hierfür nur insoweit brauchbar ist, als es auf Genauigkeit nicht so sehr ankommt, z. B. zum Nachweis von physiologisch oder pathologisch veränderter Milch. Für den Nachweis der Milchwässerung oder eines Alkalizusatzes zu Milch erwies es sich als ungenau und nicht zuverlässig. Durch Versuche mit reinen Phosphatlösungen wurde festgestellt, daß eine der oben gemachten Voraussetzungen, nämlich die vollständige Ausfällung des Phosphats als Tricalciumphosphat, unter den hisher eingehaltenen Bedingungen nicht erfüllt wird. Es wird infolgedessen bei reinen Phosphatlösungen weniger Alkali gebraucht als der oben aufgestellten Reaktionsgleichung entspricht. Der Fehler ist nur bei allerkleinsten Phosphatmengen so gering, daß noch annähernd brauchbare Werte erhalten werden; bei größern Phosphatmengen, wie sie z. B. in Wein-, Milch-, Bierasche vorkommen, wird der Fehler beträchtlich. Insbesondere aber erwies sich auch bei der Titration reiner Phosphatlösungen der Farbumschlag des Phenolphthaleins in rot als unsicher und unscharf, da die Rotfärbung nach kurzer Zeit immer wieder verschwand, so daß zwei Analytiker bei Titration derselben Phosphatlösung zu voneinander erheblich abweichenden Ergebnissen kommen können. Auf Grund theoretischer Überlegungen und von Vorversuchen war ferner damit zu rechnen, daß das Verfahren bei Gegenwart von Boraten, Silikaten, Meta- und Pyrophosphaten, Eisen-, Aluminium-, Mangan-, Calcium-, Magnesiumsalzen nicht ohne weiteres zu gebrauchen ist.

Es war daher erforderlich das an sich wichtige Verfahren so auszugestalten, daß es den Anforderungen der quantitativen Analyse genügt und in allen Fällen befriedigende Ergebnisse liefert.

II. Zur Entwicklung des Verfahrens.

Das acidimetrische Phosphatbestimmungsverfahren haben zahlreiche Analytiker auch für die Düngeranalyse nutzbar zu machen gesucht. Die Kenntnis der hierbei gemachten Erfahrungen ist nicht nur von allgemeinem Interesse, sondern zum Verständnis der nachfolgenden experimentellen Untersuchungen förderlich. Es soll daher auf die wichtigsten dieser und der sonst mit der acidimetrischen Phosphatbestimmung gemachten Erfahrungen hier näher eingegangen werden.

Als Urheber des Verfahrens wird gewöhnlich Bongartz[1]) (1884) angegeben. Doch war es nach Braun[2]) den in Düngerfabriken beschäftigten Analytikern schon 1858 bekannt, daß 1 Mol primäres Calciumphosphat bei Zusatz von Chlorcalcium zum Übergang in tertiäres Phosphat 2 Mole Alkali gebraucht. Jonas[3]) bestimmte in Superphosphaten die Phosphorsäure in der Weise, daß er nach Ausfällen der Schwefelsäure mit Bleiglätte das Filtrat mit Chlorcalcium und einer gemessenen Menge Ammoniak im Überschuß versetzte und den Überschuß von Ammoniak zurücktitrierte. Rheineck[4]) fällt zur Bestimmung der Phosphate in reinen Lösungen zunächst die Phosphorsäure vollständig als Tricalciumphosphat aus. Dieses wird in einer gemessenen Menge Säure von bestimmtem Gehalt gelöst und sodann mit Lauge von bestimmtem Gehalt bis zum Eintritt der ersten Trübung zurücktitriert. Durch die eben beginnende Trübung soll angezeigt werden, daß gerade alles Ca als primäres Calciumphosphat vorliegt, so daß für 1 Mol $Ca_3(PO_4)_2$ 4 Äquivalente Säure gebraucht werden. Berthelot und Longuine[5]) haben bereits 1876 die Beobachtung gemacht, daß Phosphorsäure mehr Kalk-, Strontian- und Barytwasser verbraucht, wenn man die Phosphorsäure zu der Lauge und nicht umgekehrt die Lauge zu der Phosphorsäure fließen läßt. Von Barytwasser werden im ersten Falle 3 und mehr, bis zu 5 Äquivalente, Baryt verbraucht, wenn man längere Zeit stehen läßt. Maly[6]) führt dies darauf zurück, daß sich bei der Titration der Phosphorsäure mit Erdalkalilauge zunächst das schwer lösliche sekundäre Erdalkaliphosphat bildet, wodurch die Titration beendet erscheint, bei längerem Warten binde dieses Salz weiteres Erdalkali, aber man komme nicht zum vollkommenen Umsatz bis zum tertiären Salz, weil ein Teil sekundäres Salz äußerlich vom tertiären eingehüllt sei. Infolgedessen empfiehlt Maly zur Titration aller H-Atome der Phosphorsäure zunächst Natronlauge im Überschuß und dann erst Bariumchlorid zuzusetzen und den Überschuß zurückzutitrieren. 1 Mol Phosphorsäure braucht hiernach 3 Äquivalente; 1 Mol. NaH_2PO_4 2 Äquivalente, 1 Mol Na_2HPO_4 1 Äquivalent NaOH.

Schlickum[7]) hatte beobachtet, daß eine mit Cochenille versetzte Phosphorsäurelösung auf Zusatz von Alkali Farbwechsel von gelb in violettrot zeigt, wenn die Phosphorsäure in das saure Salz RH_2PO_4 übergeführt ist, was auch Tobias[8]) bestätigte. Ferner fand Schlickum, daß diese primäre Phosphate enthaltende Salzlösung, wenn sie außerdem Magnesiumchlorid enthält, bei Zusatz von Ammoniak gegen Lackmus erst dann in blau umschlägt, wenn sämtliche Phosphorsäure als NH_4MgPO_4 ausgefällt ist. Aus dem Verbrauch von Lauge zwischen dem Farbwechsel der beiden Farbstoffe ließ sich der Phosphatgehalt berechnen, da 2 NH_3 1 PO_4 entsprechen. Calciumsalze hat Schlickum als Gips entfernt, da sie für die Titration hinderlich seien. Mollenda[9]) neutralisiert calciumhaltige Phosphatlösungen bis zur beginnenden Trübung (Ausscheidung von $CaHPO_4$) entfernt das Calcium mit Natriumoxalat und titriert in heißer Lösung bis zur Blaufärbung von Lackmus oder kalt bis zum Phenolphthalein- oder Phenacetolinumschlag, nach der Gleichung $NaH_2PO_4 + NaOH = Na_2HPO_4 + H_2O$. Thomson[10]) und unabhängig von ihm auch Joly[11]) gründen ihre Verfahren zur Phosphatbestimmung auf die Voraussetzung, daß auch bei Gegenwart anderer Mineralsäuren mit Methylorange versetzte Phosphatlösung Farbenumschlag zeigt, wenn alles Phosphat als primäres Phosphat vorliegt und daß nach Zusatz von Phenolphthalein ein Farbenumschlag in rot eintritt, wenn gerade alles Phosphat in sekundäres Phosphat

---

[1]) Arch. d. Pharm. **22**, 846 (1884).

[2]) Zeitschr. f. analyt. Chem. **5**, 433 (1866).

[3]) Ebenda.

[4]) Zeitschr. f. analyt. Chem. **7**, 51 (1868).

[5]) Chem. Zentralbl. **1876**, 41.

[6]) Zeitschr. f. analyt. Chem. **15**, 417 (1876).

[7]) Archiv d. Pharm. **15**, 325 (1879).

[8]) Ber. d. Dtsch. chem. Gesellsch. **15**, 2452 (1882).

[9]) Zeitschr. f. analyt. Chem. **22**, 155 (1883).

[10]) Zeitschr. f. analyt. Chem. **24**, 222 (1885).

[11]) Compt. rend. **94**, 529 (1882) und **100**, 55 (1885).

umgesetzt ist. Auf 1 PO_4 war somit 1 NaOH zu rechnen. Bei Gegenwart von Erdalkalisalzen waren jedoch nach Thomson keine brauchbaren Ergebnisse zu erzielen. Bongartz[1] hat nun gezeigt, daß bei der Titration der Phosphate bei Gegenwart von Erdalkalisalzen erst dann der Umschlag in Phenolphthaleinrot eintritt, wenn die nachfolgenden Reaktionen stattgefunden haben:

I. $Ca(H_2PO_4)_2 + 2\,CaCl_2 + 4\,KOH = Ca_3(PO_4)_2 + 4\,KCl + 4\,H_2O$ bei einem Überschuß von $CaCl_2$ und

II. $2\,Ca(H_2PO_4)_2 + 6\,KOH + 2\,CaCl_2 = Ca_3(PO_4)_2 + CaHPO_4 + K_2HPO_4 + 4\,KCl + 6\,H_2O$ bei Phosphatüberschuß.

Mit Gleichung I war die eigentliche Grundlage des in der Einleitung beschriebenen Verfahrens gegeben. Bongartz beobachtete im Gegensatz zu den meisten nachfolgenden Analytikern, daß die Endreaktion nach Gleichung I um einige Zehntel ccm 0,25 n. NaOH überschritten wird. Um diesen Fehler zu vermeiden, wurde eine etwa 0,25 normale Lauge auf eine Lösung von zwei- bis dreibasischem Calciumphosphat mit nach der Molybdänmethode bekanntem Phosphatgehalt eingestellt. Bei Gegenwart von Eisen- und Aluminiumsalzen führt die direkte Bestimmung nach Bongartz zu unrichtigen Ergebnissen. Die Eisensalze sollten sich nämlich nach Bongartz im Sinne der nachfolgenden Gleichung verhalten:

$$3\,FePO_4 + 3\,HCl = Fe_2(HPO_4)_3 + FeCl_3$$

$$Fe_2(HPO_4)_3 + FeCl_3 + 3\,KOH = 3\,FePO_4 + 3\,KCl + 3\,H_2O$$

so daß 1 PO_4 1 NaOH entspricht. Der Farbenumschlag von Methylorange sollte nach Bongartz bei Gegenwart von Eisen dann eintreten, wenn sekundäres Phosphat vorliegt. Bei der Bestimmung von Phosphaten in Superposphat und andern Düngemitteln wurden daher die Eisenphosphate entweder in essigsaurer Lösung ausgefällt und für sich nach obiger Gleichung titriert, oder die in essigsaurer Lösung gefällten Phosphate wurden in Weinsäure gelöst, diese Lösung zur Abscheidung der Phosphate als $MgNH_4PO_4$ mit Magnesiumchlorid und Ammoniak versetzt und das Magnesiumammoniumphosphat mit der Hauptlösung, die die an Calcium, Magnesium und Alkalien gebundenen Phosphate enthielt, vereinigt. In dieser Mischung wurde indessen der Phosphatgehalt nicht direkt bestimmt, sondern erst nach vorherigem Ausfällen der Phosphate als $CaHPO_4$ zunächst in schwach essigsaurer Lösung und als $Ca_3(PO_4)_2$ mit Ammoniak, wobei Bongartz unverständlicher Weise von einem Eisenchloridzusatz[2] spricht.

Die direkte Titration der Phosphate im Sinne obiger Gleichung wurde zuerst von Emmerling[3] in Vorschlag gebracht. Dieser beobachtete bei der Titration reiner Phosphatlösungen im Gegensatz zu Bongartz, daß vom Farbenumschlag des Methylorange bis zu dem des Phenolphthaleins weniger Alkali gebraucht werde, als der obigen Gleichung entspricht. In der Annahme, daß bei der Titration von mit Chlorcalcium versetzten Phosphatlösungen mit Alkali kleine Mengen Phosphorsäure nicht als Tricalciumphosphat, sondern als Dicalciumphosphat gefällt werden, kehrte er die Titration um und ließ Chlorcalcium enthaltende Phosphatlösungen zu einem gemessenen Volumen (5—10 ccm) mit Phenolphthalein versetzter Lauge fließen, bis der Umschlag nach farblos erfolgte, wobei sich nur Tricalciumphosphat ausscheiden sollte. Der Umschlag des Methylorange wurde in einem besonderen Teil der Phosphatlösung festgestellt. Emmerling erhielt gute Ergebnisse mit dem Verfahren auch bei eisen- und aluminiumhaltigen Phosphaten, doch weist er darauf hin, daß die Schärfe der Endreaktion mit Phenolphthalein noch zu wünschen übrig läßt; auch sei der Farbenumschlag mit Methylorange besonders bei eisenhaltigen Phosphaten noch unsicher. Das Verhalten der Eisenphosphate wurde in folgender Gleichung zum Ausdruck gebracht:

$$Fe(H_2PO_4)_3 + 3\,CaCl_2 + 6\,NaOH = FePO_4 + Ca_3(PO_4)_2 + 6\,NaCl.$$

Hiernach wurden zur Titration von 1 PO_4 ebenfalls 2 NaOH verbraucht.

Kalmann und Meißl[4] suchen Titrationsfehler, welche durch das verschiedene Verhalten der einzelnen in Superphosphaten enthaltenen Phosphate bei der Neutralisation gegen Phenolphthalein und Methylorange bedingt sind, durch eine Kombination von Titrationen zu vermeiden, die nach Theorie und Ausführung nicht einwandfrei erscheint.

Nach Glaser[5] kann man in einfacherer Weise direkt zum Ziele kommen, wenn man zu

---

[1] Arch. d. Pharm. **22**, 846 (1884).

[2] Wohl Druckfehler statt Calciumchlorid!

[3] Landwirtsch. Versuchsstat. **32**, 429 (1886).

[4] Zeitschr. f. analyt. Chem. **33**, 764 (1894).

[5] Chem. Ztg. **18**, 1533 (1894).

der auf Methylorangeumschlag eingestellten Phosphatlösung einen Überschuß von Chlorcalcium setzt und vorsichtig mit 0,1 n. Alkali titriert, bis eben alkalische Reaktion durch die ganze Flüssigkeit bemerkbar ist. Um scharfe Resultate zu bekommen, ist es erforderlich, die Flüssigkeit im Becherglase in starke Rotation zu versetzen, bis alkalische Reaktion zum ersten Mal eintritt. Bei der Bestimmung der Gesamtphosphorsäure sind die Endpunkte nicht mit wünschenswerter Sicherheit zu erkennen, weshalb es sich empfiehlt, die Phosphate mit Chlorcalcium und Ammoniak auszufällen, dann in Säure zu lösen, mit starker und zuletzt mit 0,1 normaler Lauge zu titrieren.

Nach einer Arbeit von Christensen[1]) sind die Farbenumschläge mit Methylorange erst beim Titrieren der Phosphatlösungen mit Normallauge scharf genug zu erhalten. Ferner enthalte das nach dem Verfahren von Emmerling abgeschiedene Calciumphosphat stets mehr Calcium, als dem Tricalciumphosphat entspricht, weshalb er die Phosphorsäure als Ammoniummagnesiumphosphat abscheidet und darin titriert.

Littmann[2]) erblickt in dem Ausfällen der schwer löslichen Phosphate grundsätzlich eine Störung der Titration. Er titriert daher die Phosphatlösung zunächst mit 0,1 normalem Alkali bis zum Eintritt der Gelbfärbung von Methylorange, fügt dann 10 ccm neutrale Natriumcitratlösung hinzu, wodurch alle sonst ausfallenden Phosphate in Lösung gehalten werden, und setzt nun erst die Titration bis zum Umschlag von Phenolphthalein fort. Die Titration ist dann kurz vor Eintritt der ganz schwachen Rotfärbung beendet. Die Berechnung beruht auf nachfolgender Gleichung:

$$NaH_2PO_4 + NaOH = Na_2HPO_4 + H_2O,$$

so daß nach diesem Verfahren auch bei Anwesenheit von Calcium-, Ferrisalzen usf. auf 1 PO_4 1 $NaOH$ verbraucht wird.

Imbert und Pagès[3]) weisen darauf hin, daß bei der Titration von Monocalciumphosphaten bei Gegenwart von Chlorcalcium bis zum Eintritt der Rotfärbung von Phenolphthalein mehr als 2 Mole Alkali verbraucht werden, weil die Rotfärbung infolge Bildung von Polycalciumphosphaten immer wieder verschwindet. Dies läßt sich jedoch dadurch verhindern, daß man einen Überschuß von Chlorcalcium zur Phosphatlösung gibt, zunächst gegen Helianthin, dann gegen Phenolphthalein neutralisiert, hierauf einen gemessenen Überschuß an Alkali zugibt und zurücktitriert. Bei Anwesenheit von Boraten und Silikaten war das Verfahren nicht anwendbar.

Aus der Arbeit von Cavalier[4]), die sich eingehend mit der Titration der Phosphate mit Kalk- und Strontianwasser befaßt, geht hervor, daß der Indikator Methylorange auch durch p-Nitrophenol ersetzt werden kann und daß mit 0,01 normalem Kalkwasser der Farbumschlag des Phenolphthaleins mit mäßiger Schärfe eintritt, wenn alle Wasserstoffatome der Phosphorsäure abgesättigt sind.

Nach Berthelot[5]) zeigt mit Methylorange versetzte Phosphatlösung mit Kalkwasser Umschlag, wenn das Monocalciumsalz entstanden ist. Die Fällung der Phosphorsäure ist fast vollständig, wenn man auf 1 Mol Phosphorsäure 2 Mol Ätzkalk zugesetzt hat. Der Kalk ist indessen als $CaHPO_4$ gefällt, der sich langsam in $Ca_3(PO_4)_2$ umsetzt. Bei weiterer Einwirkung von Kalk wird abermals Ca aufgenommen, wobei sich ein dem Isoklas entsprechendes Salz zu bilden scheint, in welchem 4 CaO auf 1 P_2O_5 kommen. Die durch Einwirkung von Kalkwasser auf das Dicalciumphosphat entstehenden stärker basischen Salze setzen sich nicht klar ab, können aber aus der fast kolloidalen Suspension durch Chlornatrium oder durch Erwärmen abgeschieden werden.

Auf die von Berthelot beobachtete Weiterzersetzung des Tricalciumphosphates hat übrigens schon 1873 Warrington[6]), hingewiesen. Nach Warrington zersetzt sich diese Verbindung mit Wasser in saures und basisches Salz. Bei längerem Kochen mit Wasser hat die Verbindung die Zusammensetzung $Ca_3(PO_4)_2 \cdot Ca(OH)_2$.

---

[1]) Zeitschr. f. analyt. Chem. **36**, 80 (1897).
[2]) Chem. Ztg. **22**, 691 (1898).
[3]) Journ. de Pharm. et Chim. (6) **7**, 378 (1898).
[4]) Compt. rend. **132**, 1330 (1901).
[5]) Compt. rend. **132**, 1274 und 1517 (1901).
[6]) Journ. of Chem. Soc. (2) **11**, 983 (1873).

Clowes[1]) neutralisiert zur Bestimmung von Phosphaten in der Asche von Magensaft die mit verdünnter Schwefelsäure hergestellte Aschenlösung gegen Phenolphthalein mit 0,1 oder 0,02 norm. Alkali und titriert mit 0,1 oder 0,02 norm. Schwefelsäure bis zum Farbwechsel des Alizarins. Ferner kann die gegen Phenolphthalin neutralisierte Lösung in folgender Weise titriert werden: Die Lösung wird, gegebenenfalls wiederholt, mit 3—4 ccm 0,1 norm. NaOH versetzt, gekocht und nach dem Abkühlen mit 0,1 norm. Schwefelsäure wieder gegen Phenolphthalein neutralisiert, bis zugesetztes Alkali und zurücktitrierte Säure nicht mehr als 0,1 ccm voneinander abweichen. Hierauf versetzt man abermals mit 5 ccm Lauge und Bariumchloridlösung, kocht und neutralisiert nach dem Abkühlen von neuem gegen Phenolphthalein. Das nach dem ersten Verfahren gebrauchte Alkali entspricht dem Übergang von Na_2HPO_4 in NaH_2PO_4; das nach dem zweiten Verfahren demjenigen von Na_3PO_4 in Na_2HPO_4. Das zweite Verfahren soll sich auch direkt mit Magensaft ausführen lassen.

Nach Hirt und Steel[2]) hat sich zur Titration der Phosphorsäure das Citratverfahren von Littmann[3]) am besten bewährt. Das Verfahren wurde jedoch in folgender Weise abgeändert: 25 ccm Phosphorsäurelösung werden mit 3 Tropfen Methylorange versetzt, zunächst mit 1 norm., dann mit 0,1 norm. NaOH gegen Methylorange neutralisiert. Hierzu gibt man 10 ccm Citratlösung[4]) und 0,25 ccm Phenolphthalein und titriert mit Natronlauge, von der 1 ccm bei Anwendung von 0,25 g Substanz 1 % P_2O_5 entspricht, bis zum Auftreten der Rötung.

Nach Schucht[5]) wird bei der Titration der Phosphorsäure in Superphosphat bis zum Umschlag des Methylorange weniger Lauge verbraucht als zur Bildung des primären Phosphates erforderlich ist. Andrerseits setzen sich Eisen- und Aluminiumsalze schon bei der Neutralisation der Lösung gegen Methylorange um und bedingen einen Mehrverbrauch an Alkali. Um diese Übelstände bei der „freien Säure" in Superphosphat zu verhindern, wird zur Phosphatlösung soviel neutrales Oxalat zugesetzt, daß das Calcium als Oxalat ausgefällt und die Eisen- und Aluminiumsalze in komplexe Verbindungen übergeführt werden. Ferner wird diese Lösung erst nach Zusatz von 4 normaler Kochsalzlösung bis zur Neutralisation gegen Methylorange titriert. Den Einfluß von Kochsalz auf die richtige Titration sucht Schucht auch rechnerisch zu beweisen. Die kleine Menge der vorhandenen organischen Säure soll auf den Farbwechsel des Methylorange entgegen anderen Ansichten ohne Belang sein.

Farnsteiner[6]) ist bei Titrationsversuchen von Phosphatlösungen unter Zusatz von Chlorcalcium „zu einer ähnlichen Art des Operierens" wie Emmerling[7]) gelangt. Er bemängelt jedoch den unscharfen Farbenumschlag des Verfahrens insbesondere deshalb, weil dadurch mehrere Titrationen erforderlich werden und infolgedessen zu viel Substanz gebraucht wird. Viel bessere Ergebnisse lassen sich unter Benutzung seines bekannten Verfahrens zur Alkalitätsbestimmung erzielen. Hiernach wird die Phosphatlösung zunächst auf den Umschlag von Methylorange eingestellt, dann eine gemessene Menge Ammoniak und Magnesiumsalz zugesetzt und im Filtrat vom Magnesiumammoniumphosphat der Ammoniaküberschuß mit Lackmus als Indikator zurücktitriert (vergl. Verfahren von Schlickum S. 250).

Nach Versuchen von Cohn[8]) wäre zu schließen, daß die Titration der Phosphate in Superphosphat (wasserlösliche Phosphorsäure) mit Chlorcalcium auch bei Anwesenheit von Eisen- und Aluminiumsalzen dann gute Ergebnisse gibt, wenn die Phosphatlösung genügend verdünnt (1 g Superphosphat auf 350 ccm), ferner ein reichlicher Überschuß von Chlorcalcium nach dem Farbwechsel des Methylorange zugesetzt und der Umschlag gegen Phenolphthalein mit einer

[1]) Chem. Zentralbl. **1903**, II, 524.

[2]) Chem. News. **92**, 113 (1905).

[3]) Vgl. S. 252.

[4]) 110 g Ätznatron und 192 g Citronensäure löst man in 300 ccm **Wasser**, kocht zur Vertreibung des Kohlendioxyds auf, neutralisiert mit Natronlauge und Phenolphthalein sehr genau und verdünnt auf 1032 ccm. Zugabe von 1 ccm Alkohol erhöht die Haltbarkeit der Lösung.

[5]) Zeitschr. f. angew. Chem. **18**, 1021 (1905) und **19**, 184 und 1708 (1906).

[6]) Zeitschr. f. Unters. d. Nahrungs- u. Genußm. **13**, 305 (1907).

[7]) Vergl. S. 251.

[8]) Chem. Ztg. **32**, 375, 573, 718 (1908).

früher titrierten Probe verglichen wird, wobei die erste nicht augenblicklich verschwindende Rotfärbung mit 0,3 norm. NaOH maßgebend ist. Das Mitausfallen von Eisen- und Aluminumphosphaten ist nach Cohn belanglos, da diese als tertiäre Phosphate gefällt werden und infolgedessen ebensoviel Alkali gebraucht wird, wie wenn Phosphorsäure als Tricalciumphosphat niedergefallen wäre. Der Übelstand, daß der Methylorangeumschlag wegen Trübung oft unsicher ist, läßt sich nach Cohns Versuchen durch Anwendung einer Mischung von Indigo mit Methylorange als Indikator beheben, wobei ein scharfer Umschlag in grau zu sehen ist. Titrationsfehler, die durch Ausfallen von Dicalciumphosphat bedingt sind, werden nach Cohn durch das von den Niederschlägen mitgerissene Alkali ausgeglichen.

Moeller[1]) hat unter den von Cohn angegebenen Bedingungen durch direkte Titration von Phosphaten mit Chlorcalcium bei Anwesenheit von Eisen- und Aluminiumsalzen zu wenig Phosphat erhalten. Dies erklärt er ebenso wie Schucht (vergl. S. 253). Andererseits ist Moeller der Ansicht, daß der Endpunkt der Titration über die Bildung von Tricalciumphosphat hinausgeht. Durch Ausgleichung beider entgegengesetzten Fehler sind richtige Werte möglich.

Schucht[2]) erhält dagegen mit einer Phosphatlösung nach dem Verfahren von Cohn richtige Ergebnisse. Die Anwesenheit von Eisen- und Tonerdesalzen macht aber auch nach Schucht den Umschlag unscharf und bedingt einen Mehrverbrauch von Alkali. Dieser wird jedoch dadurch ausgeglichen, daß das ausgeschiedene $AlPO_4$ durch Alkali wieder in Lösung geht. Die Ausschaltung des Einflusses der Sesquioxyde läßt sich nach Schucht nur durch Hinzufügen einer die Fällung der Sesquioxyde hindernden organischen Säure beseitigen. Zur Bestimmung der wasserlöslichen Phosphate in Superphosphaten wird daher die Phosphatlösung zunächst mit normaler Oxalatlösung von den Calciumsalzen bei 70° befreit, wobei ein Überschuß über die Bildung der komplexen Eisen- und Aluminiumsalze zu vermeiden ist. Ein Teil des Filtrates wird hiernach mit 0.5 norm. Lauge bis zur deutlichen Gelbfärbung (bei Indigo-Methylorange bis zur Graufärbung) titriert. Ein anderes gleiches Volumen wird mit normaler Oxalatlösung versetzt und bis zum Umschlag des Phenolphthaleins titriert. Die Berechnung erfolgt auf Grund der beim Citratverfahren angegebenen Gleichung, wonach auf 1 PO_4 1 NaOH gebraucht wird.

Richmond[3]) hat bei der Titration von Phosphatlösungen mit Erdalkalien bei Benutzung von Methylorange und Phenolphthalein als Indikatoren beobachtet, daß der Phenolphthaleinumschlag sehr unscharf ist und daß die Titration nicht genau in stöchiometrischen Verhältnissen verläuft, sondern daß die Menge der vom Farbwechsel des Methylorange bis zu dem des Phenolphthaleins verbrauchten Lauge sich ändert mit der Konzentration der Lösungen, mit der Art der Zufügung der Lösung und ein wenig mit der Temperatur. Er bezweifelt daher die Zuverlässigkeit der von Doherty[4]) angegebenen Methode zur Bestimmung der Phosphate in Milchasche.

Demgegenüber bemerkt Doherty, daß sein Verfahren nur unter genauer Einhaltung der von ihm angegebenen Bedingungen brauchbare Ergebnisse liefere und daß Richmond diese Bedingungen nicht eingehalten habe.

Pozzi-Escot[5]) bestätigt die Richtigkeit der von Thomson und Joly (vergl. S. 250) gefundenen Ergebnisse. An Stelle von Methylorange könne auch Kongorot und Dimethylbraun verwendet werden. Für Erdalkaliphosphate soll das Verfahren nicht brauchbar sein.

Fiehe und Stegmüller (vergl. S. 248) haben für die Bestimmung der Phosphate in Honigasche das Verfahren von Doherty mit der Abänderung übernommen, daß nicht bis zum Umschlag des Methylorange in gelb, sondern gerade auf die Übergangsfarbe titriert und daß eine bedeutend geringere Konzentration des Chlorcalciums gewählt wird (2 ccm 10%ige Lösung auf 10—20 ccm Phosphatlösung).

Biltz und Marcus[6]) brauchen für die Titration des ersten H-Ions der Phosphorsäure bis zum Umschlag des Methylorange (im Gegensatz zu bisherigen Beobachtungen) regelmäßig mehr Alkali, als der Theorie entspricht. Die bis zum Umschlag des Phenolphthaleins für 2 H-Atome der Phosphorsäure gebrauchte Alkalimenge entspricht dagegen ziemlich gut der Theorie. Die

---

[1]) Chem. Ztg. **32**, 631 (1907).
[2]) Chem. Ztg. **32**, 719, 1201 (1908).
[3]) The Analyst **33**, 273 (1908).
[4]) Vergl. S. 248.
[5]) Chem. Zentralbl. 1909, II, 1165 und 1910, I, 1382.
[6]) Zeitschr. f. anorgan. Chem. **17**, 131 (1912).

Differenz zwischen den Farbumschlägen von Methylorange und Phenolphthalein fällt daher immer etwas niedriger aus als die Theorie verlangt. Bei Zusatz von Magnesiumsalzen zu Phosphaten werden bis zum Methylorangeumschlag genau dieselben Ergebnisse erhalten. Der Phenolphthaleinpunkt verschiebt sich nur ein wenig, da nur ein sehr geringer Teil als Trimagnesiumphosphat gefällt wird, was von der Konzentration der Magnesiumchloridlösung ziemlich unabhängig sein soll. Bei Zusatz von Chlorcalcium ändert sich die Menge der vom Umschlag des Methylorange bis zur Phenolphthaleinrötung verbrauchten Alkalilauge mit der Konzentration des Chlorcalciums. Auch bei Zusatz von 3—15 Molen $CaCl_2$ auf 1 P_2O_5 wurde noch nicht die nach der Gleichung S. 249 verlangte Menge Lauge verbraucht. Biltz und Marcus nehmen daher an, daß hierbei ein wesentlicher Teil des Calciumphosphates als sekundäres Salz in Lösung bleibt. Bei gleichzeitiger Anwesenheit von Boraten und Phosphaten titriert man nach Biltz und Marcus zunächst die Phosphate vom Farbwechsel des Methylorange bis zu dem des Phenolphthaleins, setzt dann Mannit zu und titriert bis zur abermaligen Rötung. Hierbei wird etwas mehr PO_4 und weniger Borsäure gefunden als der wirklich vorhandenen Menge entspricht, da die Borsäure zum Teil auch schon ohne Mannit reagiert.

Nach Wagenaar[1]) läßt sich das dritte H-Ion der Phosphorsäure am besten durch Zusatz von Bleinitrat und Neutralisation gegen Phenolphthalein titrieren.

Gottfried[2]) hat das Verfahren von Fiehe und Stegmüller bei Honig nachgeprüft und als brauchbar befunden mit der Abänderung, daß nicht bis zum Farbwechsel des Methylorange in orange (Neutralfarbe), sondern in zitronengelb titriert wird.

III. Vorschrift zur Titration von reinen Phosphatlösungen.

Auf Grund zahlreicher Vorversuche hat sich für die meisten praktischen Zwecke schließlich nachfolgende Vorschrift bewährt:

Das Volumen der Phosphatlösung soll etwa 20 bis 30 ccm betragen und nicht mehr als etwa 70 mg PO_4, entsprechend etwa 15 ccm 0,1 normaler Lauge, enthalten.

Man versetzt die Lösung in einem verschließbaren Kölbchen von Jenaer Glas mit 1 Tropfen Methylorangelösung (1 g in 1 l) und mit 0,1 normaler Salzsäure bis zum Farbumschlag in rosa. Hierauf wird tropfenweise (1 Tropfen = 0,025 ccm) 0,1 normale Lauge bis zum Umschlag in gelb zugegeben, wobei ein gleiches Volumen Wasser, mit 1 Tropfen Methylorange und 1 Tropfen 0,1 normaler Lauge versetzt, als Vergleichslösung dient. Eine scharfe Einstellung läßt sich auch auf einer Unterlage von gelbem Glanzpapier erzielen.

Die auf gelb eingestellte Lösung wird nun mit 30 ccm einer 40 %igen neutralen Chlorcalciumlösung[3]) vermischt, bis zum beginnenden Sieden erhitzt, und auf etwa 14 ° abgekühlt. Auf den durch den Zusatz von Chlorcalcium bewirkten Farbenumschlag in rosa ist keine Rücksicht zu nehmen.

Nun gibt man 2 Tropfen Phenolphthaleinlösung (1 g in 100 ccm 96 %igen Alkohols) zu und titriert mit möglichst carbonatfreier 0,1 normaler Natronlauge[4]) unter lebhaftem Umschwenken, bis eben die ganze Flüssigkeit deutlich rot gefärbt ist.

---

[1]) Ch. Weekbl. **45** (1911), Ref. Chem. Zentralbl. **1911**, II, 721.

[2]) Pharm. Zentralh. **53**, 1440 (1912).

[3]) Zur Kontrolle der Neutralität der Lösung dient folgender Versuch: 20 ccm Chlorcalciumlösung werden mit 10 ccm Wasser gemischt und bis zum Sieden erhitzt (zur Entfernung des CO_2); diese erkaltete Lösung, mit 2 Tropfen Phenolphthalein versetzt, soll durch 1 Tropfen 0,1 normaler NaOH deutlich gerötet werden.

[4]) Zur Kontrolle der Carbonatfreiheit der Natronlauge dient folgende Prüfung: für 20 ccm 0,1 normaler Salzsäure sollen vom Farbwechsel des Methylorange in gelb bis zur Rötung von Phenolphthalein höchstens 0,15 ccm 0,1 normaler Alkalilauge verbraucht werden.

Hierauf verschließt man das Kölbchen mit einem Gummistopfen, läßt es 2 Stunden in Wasser von etwa 14⁰ stehen, wobei in der Regel wieder Entfärbung eintritt, und titriert mit 0,1 normaler Natronlauge bis zur Rötung nach.

Von der nach dem Zusatz von Chlorcalcium bis zur endgültigen Phenolphthaleinrötung verbrauchten Menge 0,1 normaler Lauge wird als Korrektur für den in der Regel unvermeidlichen Carbonatgehalt der Lauge 1% abgezogen. Der Rest, mit 4,75 multipliziert, ergibt die mg PO_4, mit 3,55 multipliziert, die mg P_2O_5 in der angewandten Lösung.

Für die Titration von mehr als etwa 70 mg PO_4 und für möglichst genaue Untersuchungen ist es erforderlich, die nicht mehr als etwa 20 bis 25 ccm betragende und höchstens etwa 119 mg PO_4 enthaltende Lösung vor der Titration gegen Phenolphthalein bis auf etwa 4⁰ abzukühlen, nach der Titration in Eiswasser zu stellen, in Eiswasser (im Eisschrank) über Nacht stehen zu lassen und erst dann die Nachtitration auszuführen. Außerdem ist für genaue Analysen die Korrektur für den Laugenverbrauch jeweils durch einen blinden Versuch zu ermitteln; für Versuchsreihen mit ungefähr gleichbleibenden Titrationsverhältnissen genügt ein blinder Versuch. Der blinde Versuch ist in folgender Weise auszuführen:

Eine der im Hauptversuch vom Farbwechsel des Methylorange bis zur Rötung des Phenolphthaleins verbrauchten Natronlauge entsprechende Menge 0,1 normaler Salzsäure wird mit Wasser ungefähr auf das Volumen der Phosphatlösung ergänzt, mit ebensoviel Methylorange und Chlorcalciumlösung versetzt wie im Hauptversuch, erhitzt, wieder abgekühlt und nach Zugabe von Phenolphthalein titriert (sofort und nach etwa 24 Stunden) wie im Hauptversuch. Die hierbei von gelb bis zur Rötung von Phenolphthalein verbrauchte Menge Natronlauge wird als Korrektur von der im Hauptversuch verbrauchten Menge abgezogen.

Begründung des Verfahrens. Für die Einstellung der Phosphatlösung auf denjenigen Aciditätsgrad, bei dem alles Phosphat als primäres Salz NaH_2PO_4 vorhanden ist, hat sich die Anwendung von Methylorange unter Benützung der angegebenen Vergleichslösung oder der gelben Unterlage als genügend scharf erwiesen. Die Titration auf gelb wurde der auf eine Übergangsfarbe vorgezogen, weil man durch diese Farbe bereits auf gelb vorbereitet wird und daher etwas sicherer geht, und insbesondere weil dabei eine Vortäuschung von Phosphaten durch die Gegenwart kleiner Mengen von Eisensalzen vermieden wird (vgl. S. 274). Die Titration auf gelb wird daher mit Recht von den meisten Analytikern bevorzugt. Daß die Titration mit Methylorange nicht in der Wärme ausgeführt werden darf, hat schon Lunge[1]) nachgewiesen.

Durch eine große Anzahl von Versuchen wurde festgestellt, daß der Umschlag von Methylorange in gelb unter den in der Vorschrift gegebenen Bedingungen gerade dann eintritt, wenn alles Phosphat in Dihydrophosphation umgesetzt ist und nur eine Spur von Monohydrophosphation sich gebildet hat. Durch den von Schucht (vgl. S. 253) empfohlenen Zusatz von 4-normaler Kochsalzlösung wird allerdings der Alkali-

---

[1]) Ber. d. Deutsch. chem. Ges. **18**, 3290 (1885).

verbrauch für Phosphorsäure beeinflußt, aber in fehlerhafter Weise, weil mehr Alkali verbraucht wird, als zur Bildung der primären Alkaliphosphate erforderlich ist. Die Anwendung von Indigo-Methylorangemischung nach Cohn (vgl. S. 253) dürfte für die Bestimmung der Phosphate in Aschen von Nahrungs- und Genußmitteln im allgemeinen kaum erforderlich sein. Für Beobachter, deren Farbensinn für den Farbwechsel des Methylorange weniger empfindlich ist, könnte jedoch diese Mischung immerhin Vorteile bieten. Die Benutzung anderer Indikatoren an Stelle von Methylorange wird nur in Ausnahmefällen in Frage kommen, wobei natürlich nur solche Indikatoren in Betracht fallen, die ungefähr bei derselben H-Ionenkonzentration Farbwechsel zeigen wie Methylorange. Das von Pozzi-Escot (vgl. S. 254) vorgeschlagene p-Nitrophenol kann aus diesem Grunde nicht empfohlen werden; bei Anwendung von 20 ccm 0,05 normaler NaH_2PO_4-Lösung trat dessen Umschlag erst nach Zusatz von 2 ccm 0,1 normaler Natronlauge äußerst unscharf ein[1]). Eine mit Cochenillelösung versetzte NaH_2PO_4-Lösung zeigt zwar nach Zusatz von etwa 0,1 bis 0,2 ccm 0,1 normaler Lauge oder Säure deutlichen, aber doch nicht so scharfen Umschlag wie mit Methylorange.

Der durch Zusatz von Chlorcalcium bewirkte Rückschlag der auf Methylorangegelb eingestellten Lösung in rosa ist darauf zurückzuführen, daß durch das Chlorcalcium schon vor der Neutralisation gegen Phenolphthalein ein Teil der Phosphate (zum Teil in kolloidaler Form) sich in Di- und Tricalciumphosphat umsetzt, wodurch H-Ionen frei werden. Bei konzentrierten Lösungen treten insbesondere beim Erwärmen Fällungen ein. Ganz falsch ist es daher, den Umschlagspunkt des Methylorange nach Zusatz von Chlorcalcium zu bestimmen, wie es bisher vielfach üblich war.

Sowohl die Phosphat- wie die Chlorcalciumlösung können kleine Mengen Kohlendioxyd enthalten. Da dieses bei der Titration der Lösungen Alkali verbraucht, so könnte hierdurch ein Titrationsfehler von einigen Zehntel ccm 0,1 normaler Alkalilauge entstehen. Es ist daher erforderlich, das Kohlendioxyd vorher zu entfernen, am einfachsten durch Erhitzen der Lösung. Gewöhnliches Glas würde nun hierbei Alkali und Alkalisilikate an die Lösung abgeben; durch das Alkali würde natürlich ein Minderverbrauch, durch die Kieselsäure ein Mehrverbrauch an Alkali bei der Titration bedingt werden; der durch Alkali bewirkte Fehler ist indessen größer als der entgegengesetzte (vgl. Versuche S. 271). Durch Verwendung von Jenaerglas und durch kurzes (nicht länger als etwa $\frac{1}{2}$ Minute dauerndes) Aufkochen der Lösung lassen sich diese Fehler vermeiden.

Die älteren Versuche zur Titration der Phosphorsäure bei Gegenwart von Chlorcalcium deuten darauf hin, daß bei reinen Phosphatlösungen die Reaktion vom Farbwechsel des Methylorange bis zu demjenigen des Phenolphthaleins nicht unter allen Umständen im Sinne der Gleichung:

$$2\,NaH_2PO_4 + 3\,CaCl_2 + 4\,NaOH = Ca_3\,(PO_4)_2 + 6\,NaCl + 4\,H_2O$$

verläuft; vielmehr scheint nach den bisherigen Vorschriften einerseits ein Teil der Phosphorsäure nach der Gleichung:

$$NaH_2PO_4 + CaCl_2 + NaOH = CaHPO_4 + 2\,NaCl + H_2O$$

---

[1]) Nach den Arbeiten von Fels schlägt Methylorange bei einer H-Ionenkonzentration von $1,8 \cdot 10^{-5}$, p-Nitrophenol aber bei $1,8 \cdot 10^{-7}$ in gelb um. Zeitschrift für Elektrochemie 10, 208 (1904).

als sekundäres Salz auszufallen, andererseits ein kleiner Teil des Tricalciumphosphats in Lösung zu bleiben und infolge hydrolytischer Spaltung alkalisch zu reagieren. Endlich ist das ausgefällte Tricalciumphosphat sehr wenig beständig und bildet durch Einwirkung von Wasser je nach den Umständen sehr rasch ein sauer reagierendes Salz. Nach den Untersuchungen von Berthelot und Warrington (vgl. S. 252) scheint diese Hydrolyse im Sinne der nachfolgenden Gleichung vor sich zu gehen:

$$2\,Ca_3(PO_4)_2 + 2\,H_2O = 2\,CaHPO_4 \text{ (schwerlöslich)} + Ca_3(PO_4)_2 \cdot Ca(OH)_2 \text{ (unlöslich)}.$$

Infolge der Abscheidung von Dicalciumphosphat und der Löslichkeit von Tricalciumphosphat würde zu wenig, infolge der Hydrolyse zuviel Alkali verbraucht werden. Es ist möglich, daß die entgegengesetzten Fehler zufällig sich ausgleichen können. Andererseits lassen sich je nach der Art der Titration sowohl positive als negative Fehler voraussehen, so daß die vielen Widersprüche in der Beurteilung des Verfahrens erklärlich werden.

Von verschiedenen Seiten wurde nun mit Recht darauf hingewiesen, daß zur Ausfällung des Tricalciumphosphates ein Überschuß von Chlorcalcium anzuwenden sei. Es ist dies einerseits deshalb erforderlich, um durch einen Überschuß von Ca-Ionen die Bildung des Tricalciumphosphates zu begünstigen und somit diejenige des Dicalciumphosphates möglichst zu verhindern, andererseits um das Tricalciumphosphat durch Zurückdrängung seiner Ionisation mit einem gleichionigen Salze möglichst schwer löslich zu machen. Die bisher üblichen Mengen des Chlorcalciumüberschusses betrugen jedoch nicht mehr als das 2 bis 10fache der zur Bildung des tertiären Phosphates erforderlichen Menge. Hierdurch wird zwar mit steigender Chlorcalciumkonzentration eine vollkommenere Abscheidung des Tricalciumphosphates bewirkt, doch entspricht die verbrauchte Lauge noch nicht der theoretischen Menge. Auch hat es sich gezeigt, daß bei diesen Konzentrationen der Phenolphthaleinumschlag unscharf war, weil die Rötung alsbald wieder verschwand. Diese Erscheinung ist offenbar nur durch die Hydrolyse des Tricalciumphosphates im Sinne obiger Gleichung zu erklären. Da nun die Hydrolyse bekanntlich durch Herabsetzung der Temperatur sich vermindert, so wurde eine möglichst quantitative Abscheidung des Tricalciumphosphates durch Zusammenwirken einer außerordentlich hohen Chlorcalciumkonzentration und einer tiefen Temperatur erzielt. Wie die unten angeführten Beleganalysen zeigen, läßt sich der Einfluß der Konzentration des Chlorcalciums sowie der Temperatur auf die Bildung und auf die Hydrolyse des Tricalciumphosphates zeitlich verfolgen. Die Hydrolyse ist bei Zimmertemperatur und bei Anwendung hoher Konzentrationen von Chlorcalcium nicht bedeutend. Bei Temperaturen von 14 bis 15° wird sie noch geringer. Immerhin wird der Endpunkt der Titration beim Farbumschlag des Phenolphthaleins schon etwas unsicher uud nicht immer gleichmäßig, so daß sich insbesondere bei größeren Phosphatkonzentrationen Eiskühlung empfiehlt. Da nicht alles Calciumphosphat sofort als Tricalciumphosphat gefällt wird, und da offenbar der Umsatz des mitgefallenen Dicalciumphosphats in Tricalciumphosphat erst allmählich stattfindet, so muß man die Lösung nach der ersten Titration stehen lassen und zwar bei Temperaturen, bei welchen die Hydrolyse nicht mehr in Betracht kommt.

Der von verschiedenen Seiten gemachte Vorschlag, bei der Titration mehr Alkali zuzusetzen als zur Bildung des Tricalciumphosphates erforderlich ist und dann zurückzutitrieren, muß schon deshalb abgelehnt werden, weil durch die überschüssigen OH-Ionen die Umwandlung des Tricalciumphosphates in basisches Salz nur begünstigt statt verzögert und der Alkaliverbrauch dadurch erhöht wird. Wenn trotzdem die betreffenden Analytiker richtige Werte bekommen haben, so ist dies auf den Zufall zurückzuführen, daß gleichzeitig bei der gewählten Chlorcalciumkonzentration infolge teilweiser Abscheidung von Dicalciumphosphat zu wenig Alkali gebraucht wurde.

Trotz großer Sorgfalt bei der Herstellung und Aufbewahrung von carbonatfreien Laugen kann es vorkommen, daß diese Laugen, zumal mit der Zeit, doch etwas Kohlendioxyd aufnehmen. Ferner lösen sich mit der Zeit Silikate. Auch die Chlorcalciumlösung kann mit der Zeit geringe Mengen von Silikaten aufnehmen. Hierdurch werden kleine Differenzen für den Alkaliverbrauch verursacht, die selbst bei sehr sorgfältig bereiteten Lösungen 0,15 bis 0,20 ccm 0,1 normaler Lauge für etwa 20 bis 25 ccm verbrauchter Lauge betragen.

Für genaue Titrationen ist es erforderlich, den PO_4-Gehalt der Lösung vorher annähernd zu kennen, da bei größeren PO_4-Konzentrationen nur mit Eiskühlung titriert werden soll. Man kann sich darüber durch eine rohe Titration orientieren, indem man die nach Zusatz von Methylorange bis auf gelb eingestellte Lösung mit einigen ccm 40%iger Chlorcalciumlösung und Phenolphthalein versetzt und mit 0,1 normaler Lauge bis zur starken Rotfärbung titriert. Bei etwaigem Substanzmangel ließe sich der Niederschlag nach einigem Stehen abfiltrieren, in wenig überschüssiger 0,1 normaler Salzsäure lösen und nochmals genau titrieren. Die besten Ergebnisse werden nach dem Verfahren erzielt, wenn etwa 50 bis 119 mg PO_4 (entsprechend etwa 10 bis 25 ccm 0,1 n NaOH) austitriert werden, da alsdann die Titrationsfehler so klein sind, daß sie kaum in Betracht kommen. Mehr als etwa 119 mg PO_4 (entsprechend 25 ccm 0,1 n NaOH) zu titrieren, wäre schon deshalb nicht zweckmäßig, weil die meisten Büretten nur 25 ccm fassen. Außerdem würde es bei solchen PO_4-Konzentrationen länger dauern als in der Vorschrift vorgesehen ist, bis sich das Gleichgewicht der Lösung eingestellt hätte.

Beleganalysen.

Durch nachstehende Analysen soll nicht nur bewiesen werden, daß nach der gegebenen Vorschrift richtige Ergebnisse erhalten werden, sondern auch gezeigt werden, inwieweit die Ergebnisse bei Abänderung der einzelnen Bedingungen fehlerhaft werden.

Zu den Analysen wurden reine Lösungen von Di- und Mononatriumphosphat verwendet. Als Dinatriumphosphat diente ein nach S. P. L. Sörensen[1] bereitetes Salz von der Zusammensetzung $Na_2HPO_4 + 2H_2O$, dessen PO_4-Gehalt vorher gewichtsanalytisch bestimmt und der Zusammensetzung genau entsprechend gefunden worden war. Als Mononatriumphosphat wurde ein reines, von Kahlbaum bezogenes Präparat benutzt, dessen gewichtsanalytisch ermittelter PO_4-Gehalt einem Salz von der Zusammensetzung NaH_2PO_4 (ohne H_2O) entsprach. Die Lösungen enthielten genau $^1/_{40}$

---

[1] Biochem. Zeitschr. **21**, 170 (1909).

oder $^1/_{20}$ Mol PO_4 im Liter, so daß für a ccm der Lösung nach dem Chlorcalcium-verfahren zwischen den beiden Farbumschlägen entweder $\frac{a}{2}$ oder a ccm 0,1 normaler Alkalilauge gebraucht werden sollten.

Bei den einzelnen Versuchen wurde teils nur die Phosphatmenge, teils nur die Chlorcalciumkonzentration, teils nur die zur Ausfällung des Tricalciumphosphates eingehaltene Temperatur variiert.

Um den Eintritt des bei der Bildung des Tricalciumphosphates sich einstellenden Gleichgewichtes, sowie auch eine etwaige langsame Hydrolyse dieses Salzes erkennen zu können, wurde der Verbrauch von 0,1 normaler Alkalilauge sofort nach der erstmaligen Titration und sodann nach verschiedenen Zeiten des Stehenlassens ermittelt. Sofern die Hydrolyse praktisch verhindert war, mußte der Verbrauch an Alkali nach einer bestimmten Zeit (wenn die Ausfällung des Tricalciumphosphats beendet war) der Theorie entsprechen und sich dann gleich bleiben, was unter den vorgeschriebenen Bedingungen auch zutraf.

Für je eine Versuchsreihe wurde ein blinder Versuch ausgeführt.

Aus den 3 nachfolgenden Tabellen ist ohne weiteres zu ersehen, daß die zur Titration verbrauchte Laugenmenge abhängig ist

1. von der Temperatur bei der Fällung des Tricalciumphosphates,

2. von der Konzentration des Chlorcalciums,

3. von der Zeit zwischen Zusatz des Chlorcalciums und endgültiger Titration.

Zu den einzelnen in den Tabellen angegebenen Analysen ist noch folgendes zu bemerken:

1. Analysen bei gewöhnlicher Temperatur.

Tabelle 1 zeigt, daß bei gewöhnlicher Temperatur, aber bei Anwendung der in der Vorschrift verlangten Chlorcalciumkonzentration (30 ccm 40%ige Lösung zu etwa 30 ccm Phosphatlösung) nach etwa $^1/_2$—1 stündigem Stehen der Lösung der Theorie annähernd entsprechende Ergebnisse erhalten werden. Der Einfluß der Hydrolyse ist jedoch durch den Mehrverbrauch an Lauge nach längerem Stehen deutlich bemerkbar. Bei geringerer Chlorcalciumkonzentration sind die dadurch verursachten Fehler zu erkennen. Bemerkenswert ist noch der Umstand, daß oft dieselben Phosphatmengen unter äußerlich sonst gleichen Bedingungen sich beim Stehen der Lösungen verschieden verhielten, so daß auf einen ungleichmäßigen Verlauf der Hydrolyse geschlossen werden muß.

2. Analysen bei 14 bis 15°.

Bei ziemlich genauer Einhaltung der Temperatur von 14 bis 15° für die Ausfällung des Tricalciumphosphates wurden mit der vorgeschriebenen Chorcalciumkonzentration nach 2 stündigem Stehen bessere Ergebnisse erhalten. Kleine Abweichungen in Parallelbestimmungen kommen noch vor, offenbar weil bei 15° der Einfluß der Hydro-

Tabelle 1. Einfluß der Konzentration des Chlorcalciums und der Zeit des Verlaufes der Reaktion auf den Verbrauch von Alkali zur Titration von Phosphatlösungen.

Tricalciumphosphatfällung bei Zimmertemperatur.

Ange-wandte Na$_2$HPO$_4$-Lösung ccm	Zuge-setzte 0,1 n HCl-Lösung ccm	Zuge-setztes Wasser ccm	Zuge-setzte 40 %ige Chlor-calcium-lösung ccm	Verbrauch von 0,1 n NaOH vom Farbwechsel des Methylorange in gelb bis zu dem des Phenolphthaleins in rot*)					
				sofortige Titration ccm	nach $^1/_2$ Std. ccm	nach 1 Std. ccm	nach 4 Std. ccm	nach 24 Std. ccm	nach 48 Std. ccm
				a) 0,025 mol. Na$_2$HPO$_4$-Lösung					
20	5	—	1	9,6	—	9,7	—	10,4	—
20	5	—	1	9,67	—	9,72	9,82	10,54	10,84
20	5	—	1	9,65	—	9,70	9,80	10,5	10,8
20	5	—	5	9,72	—	9,82	9,92	10,62	10,87
20	5	—	5	9,80	—	9,87	9,96	10,56	10,76
20	5	—	5	9,75	—	9,88	—	10,40	—
20	5	—	10	9,76	—	9,86	—	10,26	—
20	5	—	10	9,85	—	9,90	10,09	10,64	10,89
20	5	—	10	9,87	—	9,92	10,07	10,57	10,87
20	5	—	20	9,79	—	9,99	9,99	10,14	10,3
20	5	—	20	9,73	—	—	9,93	10,03	—
20	5	—	20	9,78	—	9,99	—	10,04	—
20	5	—	25	9,85	—	10,05	10,07	10,12	10,42
20	5	—	25	9,87	—	10,07	10,07	10,17	10,52
50	12,5	—	1	23,53	—	23,78	23,93	25,93	26,63
50	12,5	—	1	23,5	—	23,75	23,90	26,30	26,9
50	12,5	—	5	24,08	—	24,33	24,43	26,33	26,98
50	12,5	—	5	24,10	—	24,3	24,45	26,45	27,0
50	12,5	—	15	24,30	—	24,55	24,65	26,35	27,0
50	12,5	—	15	24,42	—	24,62	24,77	26,57	27,12
50	12,5	—	25	24,3	—	—	25,6	—	—
50	12,5	—	25	24,45	—	—	25,75	—	—
50	12,5	—	30	24,51	—	25,05	25,10	25,50	26,4
50	12,5	—	30	24,60	—	24,85	25,35	26,55	27,05
50	12,5	—	50	24,4	—	24,85	24,85	24,95	—
50	12,5	—	50	24,4	—	—	—	25,6	—
50	12,5	—	50	24,4	—	—	—	25,55	—
50	12,5	—	50	24,4	—	—	—	25,55	—
50	12,5	—	60	24,55	—	25,10	25,10	25,20	26,30
50	12,5	—	60	24,50	—	25,30	25,42	26,3	26,7
50	12,5	—	60	24,45	25,05	25,05	25,15	25,45	26,20
50	12,5	—	60	24,45	25,02	25,10	25,15	25,55	26,15
50	12,5	—	60	24,45	25,10	25,15	25,15	25,45	26,25
50	12,5	—	60	24,40	25,0	25,05	25,10	25,40	26,10

*) Nach dem Ergebnis der blinden Versuche sind bei etwa 15—25 ccm verbrauchter 0,1 n NaOH 0,15—0,2 ccm; bei etwa 10 ccm 0,1 ccm als Korrektur abzuziehen.

Ange-wandte Na$_2$HPO$_4$-Lösung ccm	Zuge-setzte 0,1 n HCl-Lösung ccm	Zuge-setztes Wasser ccm	Zuge-setzte 40 %ige Chlor-calcium-lösung ccm	Verbrauch von 0,1 n NaOH vom Farbwechsel des Methylorange in gelb bis zu dem des Phenolphthaleins in rot*)					
				sofortige Titration ccm	nach $^1/_2$ Std. ccm	nach 1 Std. ccm	nach 4 Std. ccm	nach 24 Std. ccm	nach 48 Std. ccm

b) 0,05 mol. Na$_2$HPO$_4$-Lösung

10	5	15	30	9,8	10,0	—	—	—	—
10	5	15	30	9,82	10,05	—	—	—	—
15	7,5	7,5	30	14,60	15,10	—	—	—	—
15	7,5	7,5	30	14,72	15,10	—	—	—	—
20	10	—	35	19,35	—	20,25	—	—	—
20	10	—	35	19,15	—	20,35	—	—	—
25	12,5	10	35	23,96	24,31	25,31	—	—	—
25	12,5	10	35	23,96	24,31	25,25	—	—	—
25	12,5	—	40	24,31	—	25,21	26,21	—	—
25	12,5	—	40	24,25	—	25,52	26,37	—	—
25	12,5	—	40	24,16	25,26	—	—	—	—
25	12,5	—	40	24,31	25,11	—	—	—	—
25	12,5	—	40	—	25,24	—	—	—	—
25	12,5	—	40	—	25,34	—	—	—	—

lyse noch immer bemerkbar ist und weil anderseits nach 2 Stunden der Umsatz in Tricalciumphosphat oft noch nicht beendet ist[1]).

Wenn jedoch für die Titration nicht mehr als etwa 10 ccm 0,1 normaler Alkalilauge gebraucht werden, so sind die Ergebnisse zufriedenstellend. Immerhin ist bei diesem Verfahren das Gefühl der richtigen Ausführung noch nicht so sicher wie in den nachfolgenden Versuchen.

3. Analysen bei Eiskühlung.

Entsprechend der Vorschrift für genaue Analysen wurde bei diesen Analysen die auf den Methylorangefarbenwechsel eingestellte und dann mit Chlorcalcium versetzte, zum Sieden erhitzte Lösung zunächst unter dem Wasserstrahl, dann in Eiswasser gekühlt, bis zum Umschlag in rot titriert, darauf in verschlossenen Kölbchen zunächst in Eiswasser, dann über Nacht im Eisschrank stehen gelassen und am andern Tage zu Ende titriert.

---

[1]) Auch Tabelle 16 enthält ein Beispiel, woraus hervorgeht, daß nach 2 Stunden die Alkalimenge noch nicht der aus der gewichtsanalytischen Bestimmung berechneten entsprach die bei Milch mit * bezeichnete Titration).

Tabelle 2. Einfluß der Konzentration des Chlorcalciums und der Zeit des Verlaufs der Reaktion auf den Verbrauch von Alkali zur Titration von Phosphatlösungen.

Tricalciumphosphatfällung bei 14 bis 15°.

Angewandte 0,05 mol. Na_2HPO_4-Lösung ccm	Zugesetzte 0,1 n HCl-Lösung ccm	Zugesetztes Wasser ccm	Zugesetzte 40%ige Chlorcalcium-lösung ccm	Verbrauch von 0,1 n NaOH vom Farbwechsel des Methylorange in gelb bis zu dem des Phenolphthaleins in rot*)				
				sofortige Titration ccm	nach 1 Std. ccm	nach 1½ Std. ccm	nach 2 Std. ccm	nach 4 Std. ccm
1	0,5	28,5	30	1,04	1,05	—	1,05	1,05
1	0,5	28,5	30	1,02	1,03	—	1,03	1,05
2	1	27	30	2,04	2,06	—	2,07	2,10
2	1	27	30	2,05	2,05	—	2,06	2,06
5	2,5	22,5	30	5,02	5,09	—	5,14	5,14
5	2,5	22,5	30	5,02	5,07	—	5,09	5,11
10	5	15	30	10,03	10,10	—	10,23	10,28
10	5	15	30	10,08	10,28	—	10,30	10,30
15	7,5	7,5	30	14,72	—	—	15,39	—
15	7,5	7,5	30	14,72	15,07	—	15,32	15,70
20	10	—	35	19,57	20,32	—	20,42	20,47
20	10	—	35	19,87	19,99	—	20,49	20,51
25	12,5	—	40	24,64	25,29	25,29	25,29	25,29
25	12,5	—	40	24,64	25,22	25,22	25,27	25,27
25	12,5	—	40	24,64	25,22	25,22	25,27	25,27
25	12,5	10	40	24,64	24,99	25,25	25,30	25,30
25	12,5	10	40	24,64	24,99	25,25	25,27	25,27
25	12,5	10	40	24,59	24,59	25,25	25,30	25,50
25	12,5	—	40	24,75	—	—	25,35	—
25	12,5	—	40	24,60	—	—	25,20	—
25	12,5	—	40	24,60	—	—	25,20	—
25	12,5	—	40	24,63	—	—	25,25	—
25	12,5	—	40	24,70	—	—	25,25	—
25	12,5	—	40	24,65	—	—	25,25	—
25	12,5	—	40	24,60	—	—	25,20	—
25	12,5	—	40	24,55	—	—	25,25	—
25	12,5	10	40	24,63	—	—	25,15	—
25	12,5	10	40	24,60	—	—	25,10	—
25	12,5	10	40	24,60	—	—	25,25	—
25	12,5	10	40	24,63	—	—	25,22	—
25	12,5	10	40	24,60	—	—	25,20	—

*) Nach dem Ergebnis der blinden Versuche sind bei 1–5 ccm verbrauchter 0,1 n NaOH 0,025—0,1 ccm; bei 10—15 ccm 0,15—0,2; bei 20 ccm 0,3 ccm; bei 25 ccm 0,18 ccm (andere Lauge!) als Korrektur abzuziehen.

Tabelle 3. Einfluß der Konzentration des Chlorcalciums und der Zeit des Verlaufes der Reaktion auf den Verbrauch von Alkali zur Titration von Phosphatlösungen.

Tricalciumphosphatfällung bei Eiskühlung.

Angewandte Na$_2$HPO$_4$-Lösung ccm	Zugesetzte 0,1 n HCl-Lösung ccm	Zugesetztes Wasser ccm	Zugesetzte 40 %ige Chlorcalciumlösung ccm	Verbrauch von 0,1 n NaOH vom Farbwechsel des Methylorange in gelb bis zu dem des Phenolphthaleins in rot*)					
				sofortige Titration ccm	nach 1 Std. ccm	nach 4 Std. ccm	nach 24 Std. ccm	nach 48 Std. ccm	nach 72 Std. ccm
a) 0,025 mol. Na$_2$HPO$_4$-Lösung.									
2	0,5	47,5	1	1,0	1,0	1,05	1,07	—	—
2	0,5	47,5	5	1,0	1,0	1,05	1,07	—	—
2	0,5	47,5	12,5	1,0	1,0	1,05	1,07	—	—
2	0,5	47,5	25	1,0	1,0	1,05	1,07	—	—
2	0,5	47,5	50	1,0	1,0	1,05	1,07	—	—
20	5	—	1	9,7	9,75	9,80	9,9	10	10,3
20	5	—	1	9,7	9,75	9,80	9,9	10,15	10,55
20	5	—	5	9,73	9,78	9,83	10,08	10,28	10,58
20	5	—	5	9,75	9,80	9,85	9,95	10,18	10,48
20	5	—	10	9,83	9,91	9,96	10,06	10,11	10,18
20	5	—	10	9,85	9,90	9,95	10,10	10,15	10,17
20	5	—	20	9,73	9,78	9,83	9,98	10,13	10,18
20	5	—	20	9,73	9,78	9,83	9,98	10,13	10,18
20	5	—	25	9,85	9,87	9,92	10,05	10,07	10,09
20	5	—	25	9,85	9,9	10,14	10,04	10,16	10,19
50	12,5	—	1	23,96	24,16	24,26	—	26,06	—
50	12,5	—	1	23,6	23,75	23,85	24,85	25,85	26,55
50	12,5	—	1	23,5	23,65	23,75	24,05	25,1	25,9
50	12,5	—	5	24,35	24,55	24,65	—	26,35	—
50	12,5	—	5	24,0	24,1	24,25	24,55	25,35	25,95
50	12,5	—	5	23,95	24,15	24,25	24,45	25,45	26,15
50	12,5	—	12	24,35	24,45	24,55	—	26,05	—
50	12,5	—	15	24,20	24,35	24,42	24,65	24,75	25,15
50	12,5	—	15	24,15	24,3	24,5	25,0	25,55	26,05
50	12,5	—	25	24,4	24,5	—	25,05	—	—
50	12,5	—	25	24,4	24,5	24,85	—	25,25	—
50	12,5	—	30	24,40	24,60	24,70	25,15	25,25	25,30
50	12,5	—	30	24,35	24,55	24,75	25,15	25,25	25,35
50	12,5	—	50	24,6	24,71	24,95	25,05	25,05	—
50	12,5	—	50	24,5	24,7	—	25,05	25,10	25,15
50	12,5	—	50	24,5	24,65	—	25,05	25,10	25,10
50	12,5	—	50	24,4	—	—	25,10	—	—
50	12,5	—	50	24,4	—	—	25,05	—	—
50	12,5	—	50	24,4	—	—	25,05	—	—
50	12,5	—	50	24,46	24,66	24,81	25,05	25,10	—
50	12,5	—	60	24,4	24,6	25,05	25,15	25,20	25,20
50	12,5	—	60	24,30	24,45	25,05	25,15	25,20	25,20

*) Nach dem Ergebnis der blinden Versuche sind für etwa 15—20 ccm verbrauchter 0,1 n NaOH 0,15 ccm; für etwa 5—10 ccm 0,1 ccm; für 1—5 ccm 0,05 ccm als Korrektur abzuziehen.

An-gewandte Na$_2$HPO$_4$-Lösung ccm	Zu-gesetzte 0,1 n HCl-Lösung ccm	Zu-gesetztes Wasser ccm	Zu-gesetzte 40 % ige Chlor-calcium-lösung ccm	Verbrauch von 0,1 n NaOH vom Farbwechsel des Methylorange in gelb bis zu dem des Phenolphthaleins in rot*)					
				sofortige Titration ccm	nach 1 Std. ccm	nach 4 Std. ccm	nach 24 Std. ccm	nach 48 Std. ccm	nach 72 Std. ccm
				b) 0,05 mol. Na$_2$HPO$_4$-Lösung.					
1	0,5	28,5	30	1,0	—	—	1,05	1,07	—
1	0,5	28,5	30	1,0	—	—	1,05	1,07	—
2	1	27	30	1,98	—	—	2,08	2,10	—
2	1	27	30	1,98	—	—	2,08	2,10	—
5	2,5	22,5	30	4,95	—	5,05	5,10	5,15	—
5	2,5	22,5	30	4,95	—	5,05	5,10	5,15	—
10	5	15	30	9,79	—	9,99	10,09	10,09	—
10	5	15	30	9,9	—	10,05	10,10	10,12	—
15	7,5	7,5	30	14,7	—	14,95	15,15	15,15	—
15	7,5	7,5	30	14,7	—	14,95	15,15	15,15	—
20	10	—	35	19,56	—	19,91	20,10	20,10	—
20	10	—	35	19,56	—	19,91	20,10	20,10	—
25	12,5	—	25	24,4	—	24,6	24,8	25,1	—
25	12,5	—	25	24,45	—	24,55	24,77	25,05	—
25	12,5	—	40	24,4	—	24,95	25,15	25,15	—
25	12,5	—	40	24,45	—	25,0	25,10	25,10	—
25	12,5	—	40	24,7	—	—	25,15	—	—
25	12,5	—	40	24,65	—	—	25,15	—	—
25	12,5	—	40	24,76	—	—	25,15	—	—
25	12,5	10	40	24,50	—	—	25,17	—	—
25	12,5	10	40	24,60	—	—	25,15	—	—

Es ist ohne weiteres aus der Tabelle zu entnehmen, daß bei Einhaltung der vorgeschriebenen Chlorcalciumkonzentration die Hydrolyse nunmehr praktisch aus-geschaltet ist, da die Lösungen meistens selbst nach 48 Stunden kaum noch 1 Tropfen 0,1 normale Alkalilauge gebrauchen. Man ist deshalb unter diesen Umständen auch in der Lage, gegebenenfalls durch eine zweite Nachtitration die richtige Einstellung des Gleichgewichts nachzukontrollieren, während dies bei 15° nicht möglich ist. Auch bei ziemlich weitgehenden Abweichungen von der vorgeschriebenen Chlorcalcium-konzentration, wie sie vielleicht vorkommen können, bleiben die Ergebnisse noch übereinstimmend. Auch unabhängig voneinander arbeitende Analytiker kommen bei dieser Ausführungsform zu genau den gleichen Ergebnissen.

IV. Anwendung des Verfahrens zur Bestimmung der Phosphate in der Asche von Lebensmitteln.

Nachdem an reinen Phosphatlösungen befriedigende Analysenergebnisse erhalten worden waren, mußte zur Beurteilung der Anwendbarkeit des Verfahrens noch ge-prüft werden, inwieweit es durch die in der Asche von Lebensmitteln sonst noch enthaltenen Stoffe beeinflußt wird.

Zu diesem Zwecke wurden zunächst Lösungen derjenigen in Aschen vorkommenden Einzelstoffe, von denen eine störende Beeinflussung vorauszusehen war, im blinden Versuch für sich sowie in Mischungen mit Phosphatlösungen nach der Vorschrift titriert. Das Verfahren wurde dann soweit abgeändert, um Störungen infolge der Gegenwart einzelner oder mehrerer dieser Stoffe tunlichst auszuschließen.

Auf Grund der hierbei gesammelten Erfahrungen wurde dann das Analysenverfahren unmittelbar auf die Asche solcher Lebensmittel angewandt, bei denen die Phosphatbestimmung hauptsächlich in Betracht kommt.

Die Ergebnisse wurden durch Vergleich mit den auf gewichtsanalytischem Wege erhaltenen Resultaten kontrolliert.

Einfluß von Pyro- und Metaphosphaten.

Sofern das in den Lebensmitteln vorhandene Alkali nicht ausreicht, um alle Wasserstoffatome der Phosphorsäure abzusättigen, hinterbleibt bei der Veraschung die Phosphorsäure entweder als Pyro- oder als Metaphosphat, da primäre und sekundäre Orthophosphate im Sinne der nachfolgenden Gleichungen Wasser abgeben.

$$1) \qquad NaH_2PO_4 = NaPO_3 + H_2O$$
$$2) \qquad 2Na_2HPO_4 = Na_4P_2O_7 + H_2O.$$

Um den Einfluß dieser Salze auf das Verfahren quantitativ verfolgen zu können, wurde von den oben beschriebenen 0,05 molaren Lösungen von Mono- und Dinatriumphosphat ausgegangen.

Gemessene Volume dieser Lösungen wurden in Platinschalen zur Trockene verdampft, der Rückstand nach Aufsetzen eines Platindeckels über einem Spiritusbrenner (zur Vermeidung der bei Leuchtgas unvermeidlichen Aufnahme von Schwefeldioxyd) geglüht und mit Wasser zu dem ursprünglichen Volumen gelöst. Die Acidität dieser Lösungen gegenüber Methylorange blieb ganz oder sehr annähernd gleich derjenigen der ursprünglichen Lösungen.

Hieraus wäre zu schließen, daß bei der Titration des aus 2 Mol Na_2HPO_4 entstandenen $Na_4P_2O_7$ der Farbenwechsel des Methylorange eintritt, wenn das Pyrophosphat eben in $Na_2H_2P_2O_7$ übergegangen ist.

Bei der weiteren Titration nach dem Chlorcalciumverfahren verbrauchen, wie aus nachfolgenden Versuchen hervorgeht, die entstandenen Pyrophosphate etwas mehr als die Hälfte 0,1 normaler Alkalilauge gegenüber den ursprünglichen Orthophosphatlösungen, während bei den Metaphosphaten im Mittel nur etwa $^1/_{20}$ des Alkalis gebraucht wird wie für die ursprüngliche Orthophosphatlösung, so daß es fast den Eindruck macht als ob

$$1 \, Mol \, Na_4P_2O_7 \quad 2 \, NaOH$$
$$1 \, Mol \, NaPO_3 \quad 0 \, NaOH$$

verbrauchen würde, wenn nicht durch das Verfahren schon eine teilweise Überführung in Orthophosphat stattgefunden hätte.

Tabelle 4. Titration von Pyro- und Metaphosphaten.

Angewandte ursprüngliche Lösungen, die zur Überführung in Pyro- oder Metaphosphat eingedampft und geglüht werden ccm	Verbrauch von 0,1 n HCl bis zum Farbwechsel des Methylorange in rosa ccm	Verbrauch von 0,1 n NaOH vom Farbumschlag des Methylorange in gelb bis zur Rötung des Phenolphthaleins bei der Titration nach der Vorschrift Seite 255		
		vor der Einwirkung von HCl ccm	nach 2—3 stündigem Erhitzen auf dem Wasserbade mit 5—10 ccm 0,1 n HCl	
			ohne Eindampfen ccm	unter Eindampfen auf etwa 1 ccm ccm
a) 0,05 mol. Na_2HPO_4-Lösung.				
20	9,86	11	—	—
20	9,78	10,17	—	—
20	9,9	—	15,09	—
25	12,36	—	23,75	—
25	12,36	—	—	25,05
25	12,36	—	—	24,85
b) 0,05 mol. NaH_2PO_4-Lösung.				
20	0,1	1,68	—	—
20	0,05	0,8	—	—
20	—	—	19,0	—
20	—	—	18,5	—
25	—	—	24,32	—
20	—	—	—	20,05
25	—	—	—	24,92

Unter diesen Umständen ist es erforderlich, die in Aschen etwa entstandenen Pyro- und Metaphosphate vor der Titration wieder in Orthophosphate überzuführen. Hierbei wäre es vorteilhaft, die Bedingungen dieser Umwandlung so zu wählen, daß sich gegebenenfalls die Phosphatbestimmung direkt mit der Alkalitätsbestimmung verbinden läßt. Die Umwandlung der Meta- und Pyrophosphate wird gewöhnlich durch starke Säuren bewirkt. Dies würde bei der nachfolgenden Titration gegen Methylorange aber einen großen Verbrauch von Alkali bedingen, wodurch allein schon die Alkalitätsbestimmung an Genauigkeit einbüßt. Es kommt nun aber ferner in Betracht, daß die Laugen gewöhnlich kleine Mengen von Silikaten enthalten, wodurch auch die Phosphatbestimmung störend beeinflußt würde (vgl. Seite 271). Für genauere Bestimmungen kann daher nur die Behandlung der Pyro- und Metaphosphate mit kleinen Mengen verdünnter Säure in Frage kommen. Aus den in Tabelle 4 angeführten Versuchen ergibt sich nun, daß die Umwandlung der Pyro- und Metaphosphate bei einem Überschuß von 5 bis 10 ccm 0,1 normaler Säure nur dann annähernd quantitativ verläuft, wenn die saure Lösung während der Erhitzung auf dem Wasserbade bis zu einigen ccm eingedampft wird. Hierbei sind kleine Salzsäureverluste kaum zu vermeiden, so daß dann die Alkalitätsbestimmung durch Zurücktitrieren nicht mehr ausführbar ist. Da nun oben gezeigt wurde, daß die Pyro und Metaphosphate in ihrer Acidität gegen Methylorange den ursprünglichen Orthophosphaten entsprechen, so wäre es richtiger, die Alkalität vor der Umwandlung zu bestimmen und hernach die Lösung mit einigen ccm starker Salzsäure vollkommen einzudampfen, wobei der Säureüberschuß unschädlich gemacht würde.

Noch zweckmäßiger aber dürfte es sein, bei der Herstellung der Asche soviel 0,1 normaler Na_2CO_3 zuzusetzen, daß die Bildung von Pyro- und Metaphosphaten überhaupt verhindert und alle Phosphorsäure in Orthophosphat übergeführt wird. Bei gleichzeitiger Anwesenheit von Boraten, die man quantitativ bestimmen will, ist diese Veraschungsart ohnehin erforderlich.

Einfluß von Boraten und Silikaten.

Daß Borate und Silikate bei dem gewählten acidimetrischen Titrationsverfahren Phosphate vortäuschen können, ergibt sich schon aus der bekannten Tatsache, daß Alkalien und Säuren mit Methylorange als Indikator ohne Rücksicht auf die Gegenwart von Kiesel- und Borsäure titriert werden können, daß dagegen beide Säuren gegenüber Phenolphthalein sich als Säuren verhalten, ohne dabei in stöchiometrischen Verhältnissen titrierbar zu sein. Die diesbezüglichen Versuche wurden daher zunächst nur zu dem Zwecke ausgeführt, um ein ungefähres Bild über die Größe des möglichen Fehlers bei der Analyse der Asche von Lebensmitteln zu gewinnen. Hierbei ergaben sich für Borsäure unerwartete neue Tatsachen.

a) Einfluß von Boraten.

Es fanden nachfolgende Lösungen Verwendung:

Von reinem kristallisierten Borax wurden aus dem Innern eines sehr großen Kristalls 0,05 Mol = 19,115 g $Na_2B_4O_7 \cdot 10H_2O$ zu 1 l gelöst.

Von reiner, über Schwefelsäure getrockneter Borsäure wurde 0,1 Mol = 6,2 g $B(OH)_3$ zu 1 l gelöst.

0,1 bis 10 ccm Boraxlösung wurden mit 1 Tropfen Methylorange und soviel 0,1 normaler Salzsäure versetzt, bis Rötung eintrat und somit die Borsäure vollständig als solche in der Lösung vorhanden war. Die durch Wasser auf gleiche Volume (20 bis 25 ccm) ergänzten Lösungen wurden durch 1 bis 2 Tropfen (0,025 ccm) 0,1 normaler Alkalilauge auf gelb eingestellt und weiter in genau derselben Weise wie Phosphate unter Chlorcalciumzusatz titriert. Zum Vergleich wurde auch die Menge 0,1 normaler Lauge ermittelt, die ohne Zusatz von Chlorcalcium vom Farbwechsel des Methylorange bis zur Rötung des Phenolphthaleins verbraucht wurde. Entsprechend der Boraxlösung wurden auch 1 bis 20 ccm Borsäurelösung mit Wasser auf dieselbe Volume ergänzt und mit und ohne Chlorcalciumzusatz titriert.

Es ergab sich nun die Tatsache, daß die Borsäure nach dem Chlorcalciumverfahren bei kleineren Mengen fast in stöchiometrischen Verhältnissen als einbasische Säure austitriert wird, ohne daß hierbei etwa Calciumborat ausfällt (siehe Tabelle 5 Spalte b)[1]).

---

[1]) Durch Steigerung der Konzentration des Chlorcalciums wird die Titration fast ebenso genau wie diejenige mit Glycerin und Mannit. Ich werde an anderer Stelle hierauf zurückkommen.

Tabelle 5. Titration von Borsäure- und Boraxlösungen.

Angewandte Lösungen		Zugesetztes Wasser	Verbrauch von 0,1 n HCl bis zum Farbumschlag des Methylorange in rosa	Verbrauch von 0,1 n NaOH vom Farbwechsel des Methylorange in gelb bis zur Rötung des Phenolphthaleins			
0,1 molare H_3BO_3- Lösung	0,05 molare $Na_2B_4O_7$- Lösung			a) ohne Zusätze	b) nach Zusatz von Chlorcalcium (nach der Vorschrift S. 255 titriert)	c) nach Zusatz von Natriumcitrat (nach der Vorschrift S. 271 titriert)	d) nach Zusatz von Natriumcitrat und Mannit
ccm	ccm	ccm	ccm	ccm	ccm	ccm	ccm
1	—	24	0,025	0,25	—	0,00	0,92
1	—	24	0,025	0,20	—	0,00	0,92
2	—	23	0,025	0,425	—	0,00	1,92
2	—	23	0,025	0,40	—	0,00	1,92
5	—	20	0,025	1,05	—	0,00	4,90
5	—	20	0,025	0,90	—	0,00	4,90
10	—	10	0,025	2,08	—	0,00	9,84
10	—	10	0,025	1,80	—	0,00	9,90
20	—	5	0,05	3,90	—	0,20	19,84
20	—	5	0,05	4,10	—	0,15	19,80
—	1	18	1,02	—	—	0,00	1,96
—	1	18	1,02	—	—	0,00	1,98
—	1	18	1,02	—	—	0,00	2,02
—	2	16	2,02	—	—	0,00	4,03
—	2	16	2,02	—	—	0,00	4,08
—	5	10	5,09	—	—	0,10	10,00
—	5	10	5,09	—	—	0,10	10,14
—	10	—	10,14	—	—	0,25	20,03
—	10	—	10,14	—	—	0,25	20,03
—	10	—	10,14	—	—	0,30	19,98
—	0,1	30	0,1	—	0,30	—	—
—	0,5	29	0,5	—	1,05	—	—
—	1	28	1,02	—	1,95	—	—
—	2	26	2,02	—	4,00	—	—
—	5	20	5,05	—	10,02	—	—
—	5	20	5,05	—	10,05	—	—
—	10	—	10,14	—	19,58	—	—
—	10	—	10,14	—	19,48	—	—

Bei gleichzeitiger Gegenwart von Phosphaten wurde nach dem Chlorcalcium-verfahren annähernd soviel Alkali verbraucht als den Phosphaten und der Borsäure zusammen entspricht (siehe Tabelle 8, Spalte a).

Hieraus ergibt sich, daß für die Phosphatbestimmung nach dem Chlorcalcium-verfahren Borsäure vorher entfernt werden muß. Dies läßt sich durch wiederholtes Eindampfen der borsäurehaltigen Lösung mit konzentrierter Salzsäure oder besser mit einer Mischung von Methylalkohol und konzentrierter Salzsäure erreichen. Sofern allerdings die Borsäure in derselben Aschenlösung quantitativ bestimmt werden sollte, könnte diese einfache Maßnahme nicht in Frage kommen. Vielmehr würde sich dann die Abtrennung der Borsäure recht umständlich gestalten.

Es wurden daher Versuche ausgeführt, um gegebenenfalls die Phosphorsäure neben Borsäure ohne Anwendung von Chlorcalcium zu titrieren, indem man die schon vorhandenen Calciumsalze, Magnesiumsalze usw. nach dem Vorgange von Littmann (vgl. Seite 252) durch Zusatz von Natriumcitrat unschädlich machte. Die Versuche in dieser Richtung (Tabelle 5 und 8) ergaben

1. daß Borsäure bei Gegenwart von genügend neutralem Trinatriumcitrat neutral oder (in größeren Mengen) fast neutral reagiert (Tabelle 5, Spalte c);

2. daß auf den Farbwechsel des Methylorange eingestellte citrathaltige Phosphatlösungen auch bei Gegenwart von Boraten fast genau nach der Gleichung:

$$NaH_2PO_4 + NaOH = Na_2HPO_4$$

titriert werden können (Tabelle 8, Spalte b);

3. daß auch in Mischungen mit Phosphaten und Silikaten, in denen die Phosphate nach dem Citratverfahren bis zur Rötung von Phenolphthalein austitriert waren, nach Zusatz von Mannit die Borsäure annähernd als einbasische Säure bis zur abermaligen Rötung des Phenolphthaleins austitriert werden kann (Tabelle 5, Spalte d; Tabelle 8, Spalte c). Da in einer besonderen Arbeit auf diese Bestimmung der Borate neben Phosphaten eingegangen werden soll, sind hier vorläufig nur die Belegzahlen der Tabelle 5 und 8 wiedergegeben.

Zur Bestimmung der Phosphate neben Boraten, wenn man nicht die Borsäure vertreiben will, empfiehlt sich somit die Titration ohne Chlorcalcium, aber mit Natriumcitratzusatz, wobei zwischen dem Methylorange- und Phenolphthaleinumschlag nur soviel Lauge verbraucht wird, als dem Übergang von NaH_2PO_4 in Na_2HPO_4 entspricht, also nur halb soviel wie bei dem Chlorcalciumverfahren. Daß dies auch bei Gegenwart von Calcium- und Magnesiumsalzen (wie sie in Aschenlösungen in der Regel vorhanden sind) zutrifft, zeigen die in Tabelle 6 wiedergegebenen Versuche.

Tabelle 6. Titration von Calciumchlorid und Magnesiumsulfat
enthaltenden Phosphatlösungen nach dem Citratverfahren.

Angewandte Lösungen			Verbrauch von 0,1 n NaOH bis zum Farbwechsel des Methylorange in gelb	Verbrauch von 0,1 n NaOH vom Farbwechsel des Methylorange in gelb bis zur Rötung des Phenolphthaleins (Vorschrift S. 271)
0,05 molare NaH_2PO_4-Lösung ccm	0,075 molare $CaCl_2$-Lösung ccm	0,075 molare $MgSO_4$-Lösung ccm	ccm	ccm
1	20	—	0,00	0,51
2	20	—	0,00	1,05
5	15	—	kaum 0,025	2,44
10	10	—	„ 0,025	5,10
20	20	—	0,05	9,96
25	25	—	0,05	12,45
1	—	20	0,00	0,55
2	—	20	0,00	1,07
5	—	15	0,00	2,56
10	—	10	kaum 0,025	4,97
20	—	20	„ 0,025	10,00
25	—	25	„ 0,025	12,55

Für die Ausführung des Citratverfahrens hat sich folgende Vorschrift als zweckmäßig erwiesen:

Die auf den Farbwechsel des Methylorange nach der Vorschrift S. 255 auf gelb eingestellte, etwa 20 ccm betragende, von Kohlendioxyd befreite Phosphatlösung wird mit dem gleichen Volumen einer 40%igen neutralen Trinatriumcitratlösung[1]) versetzt. Nun gibt man 2 Tropfen Phenolphthalein (1 Tropfen auf je 20 ccm der Mischung) zu und titriert mit möglichst carbonatfreier 0,1 normaler Lauge bis zum Eintritt der auf gelber Unterlage zuerst sichtbaren Rötung, stellt 20 Minuten in Eiswasser und titriert die inzwischen wieder entfärbte Lösung nach.

Bei dieser Titrationsweise entsprechen nicht wie bei dem Chlorcalciumverfahren 2 $NaOH$ 1 PO_4, sondern 1 $NaOH$ sehr annähernd 1 PO_4 (1 ccm 0,1 normale Lauge $= 9,5$ mg PO_4). Durch einen Fehler von 0,1 ccm 0,1 normaler Lauge bei der Titration wird daher ein Fehler von 0,95 (gegen 0,475) mg PO_4 bedingt.

Bei schwächeren als in der Vorschrift gewählten Citratkonzentrationen reagiert die Borsäure gegen Phenolphthalein nicht mehr neutral. Die Konzentration wurde außerdem in dieser Höhe bemessen, damit sie gegebenenfalls auch für die Titration der tertiären. Ferri- und Aluminiumphosphate ausreicht (vergl. S. 280).

Nur bei Kühlung in Eiswasser entspricht die verbrauchte Menge Lauge der berechneten fast genau. Mit zunehmender Temperatur tritt der Umschlag des Phenolphthaleins in rot viel früher ein. Dies ist auf die zunehmende Hydrolyse des bei der Titration gebildeten sekundären Phosphates nach der Gleichung:

$$Na_2HPO_4 + H_2O = NaH_2PO_4 + NaOH$$

zurückzuführen.

Die Konzentration des Phenolphthaleins ist ebenfalls genau einzuhalten, nämlich 1 Tropfen auf je 20 ccm Lösung. Durch jeden Tropfen Phenolphthalein mehr tritt der Umschlag um 0,1 ccm der 0,1 normalen Lauge früher ein, da bei höherer Phenolphthaleinkonzentration die Säurenatur des Phenolphthaleins gegenüber dem Mononatriumphosphat zur Geltung kommt.

Wenn größere Mengen von Phosphat zu bestimmen sind oder wenn nicht mit möglichst carbonatfreier Lauge (Kontrolle s. S. 255) titriert wird, so ist es erforderlich, durch einen blinden Versuch zu ermitteln, wieviel 0,1 n Natronlauge für das bei der Titration aus dem Carbonat in Freiheit gesetzte Kohlendioxyd verbraucht wird. Zu diesem Zwecke wird eine der im Hauptversuch verbrauchten Natronlauge entsprechende Menge 0,1 normale Salzsäure mit der gleichen Natronlauge und unter den gleichen Bedingungen titriert. Die hierbei vom Farbumschlag des Methylorange in gelb bis zur Rötung des Phenolphthaleins verbrauchte Menge Alkalilauge ist von der im Hauptversuch verbrauchten Menge abzuziehen.

b) Einfluß von Kieselsäure.

1—20 ccm einer wässerigen Lösung von Na_2SiO_3, die nach einer gewichts-analytischen Bestimmung 0,8 mg SiO_2 in 1 ccm enthielt, wurden mit 1 Tropfen

---

[1]) 400 g reinstes kristallisiertes Salz werden in 600 ccm ausgekochtem, noch heißem Wasser gelöst. 20 ccm der Lösung, die etwa 1,4 normal ist, sollen nach Zusatz des gleichen Volumens ausgekochten Wassers und von 2 Tropfen Phenolphthalein bei Eiskühlung durch 1 Tropfen 0,1 normaler Alkalilauge deutlich gerötet werden.

Methylorange und soviel 0,1 normaler Salzsäure ·versetzt, bis Farbwechsel in rosa eintrat, so daß alle Kieselsäure als solche in Lösung war. Die mit Wasser auf das gleiche Volumen ergänzte Lösung wurde nun in derselben Weise wie Phosphatlösungen nach dem Chlorcalciumverfahren titriert. Zum Vergleich wurden die auf den Umschlag von Methylorange eingestellten Lösungen auch für sich ohne Zusatz von Chlorcalcium bis zum Phenolphthaleinumschlag titriert. Die Ergebnisse sind in Tabelle 7 (Spalte a und b) zusammengestellt.

Tabelle 7. Titration von Silikatlösungen.

Natriumsilikatlösung: In 1 ccm 0,8 mg SiO_2.

| Angewandte Lösung | Zugesetztes Wasser | Verbrauch von 0,1 n HCl bis zum Farbwechsel des Methylorange in rosa | Verbrauch von 0,1 n NaOH vom Farbumschlag des Methylorange in gelb bis zu dem des Phenolphthaleins in rot | | | |
| | | | a) ohne Zusätze | b) nach Zusatz von Chlorcalcium (nach der Vorschrift S. 255 titriert) | c) nach Zusatz von Natriumcitrat (nach der Vorschrift S. 271 titriert) | d) nach Zusatz von Natriumcitrat und Mannit |
ccm	ccm	ccm	ccm	ccm	ccm	ccm
1	29	0,35	0,05	—	0,05	0,05
1	29	0,35	0,07	—	0,05	0,05
2	28	0,65	0,07	—	0,05	0,05
2	28	0,65	0,07	—	0,05	0,05
5	25	1,60	0,10	—	0,05	0,05
5	25	1,60	0,12	—	0,07	0,07
10	20	3,12	0,15	—	0,07	0,07
10	20	3,20	0,15	—	0,07	0,07
20	10	6,30	0,27	—	0,10	0,10
20	10	6,30	0,27	—	0,15	0,15
30	—	9,52	0,3	—	0,17	0,17
30	—	9,52	0,27	—	0,15	0,15
1	29	0,30	—	0,10	—	—
1	29	0,30	—	0,05	—	—
2	28	0,70	—	0,15	—	—
2	28	0,67	—	0,10	—	—
3	27	1,00	—	0,10	—	—
3	27	0,97	—	0,17	—	—
4	26	1,30	—	0,15	—	—
4	26	1,30	—	0,22 (Fällung)	—	—
5	25	1,60	—	0,17	—	—
5	25	1,60	—	0,17	—	—
10	20	3,05	—	0,30 (Fällung)	—	—
10	20	3,12	—	0,30 „	—	—
20	10	6,30	—	0,65 „	—	—
20	10	6,30	—	0,70 „	—	—
30	—	9,52	—	1,20 „	—	—
30	—	9,52	—	1,25 „	—	—

Hiernach wird in reinen Silikatlösungen nach Zusatz von Chlorcalcium etwas mehr Lauge verbraucht als ohne Chlorcalcium. 16 mg SiO_2 können bereits 3 mg PO_4 vortäuschen. Schon bei 3 mg SiO_2 ist eine Fällung von Calciumsilikat zu beobachten, so daß der Mehrverbrauch von Alkali bei der Titration nach dem Chlorcalciumverfahren offenbar durch eine Reaktion nach der Gleichung

$$H_2SiO_3 + CaCl_2 = CaSiO_3 + 2\,HCl$$

bedingt ist.

Es war zwar nicht anzunehmen, daß sich bei gleichzeitiger Gegenwart von Phosphaten die Beeinflussung der Titration durch Silikate anders verhalte. Der Sicherheit halber wurden jedoch einige Versuche ausgeführt, wobei sich nichts Neues ergab (s. Tabelle 8, Spalte a).

Tabelle 8. Titration von Phosphaten neben Boraten oder Silikaten.

Angewandte Lösungen			Zugesetztes Wasser	Zugesetzte 0,1 n HCl bis zum Farbumschlag des Methylorange in rosa	Verbrauch von 0,1 n NaOH vom Farbumschlag des Methylorange in gelb bis zur Rötung des Phenolphthaleins		
0,05 mol. NaH_2PO_4-Lösung	Silikatlösung (1 ccm = 0,8 mg SiO_2)	0,05 mol. Boraxlösung			a) nach Zusatz von Chlorcalcium (nach der Vorschrift S. 255 titriert)	b) nach Zusatz von Natriumcitratlösung (nach der Vorschrift S. 271 titriert)	c) nach Zusatz von Natriumcitrat und Mannit
ccm	ccm	ccm	ccm	ccm	ccm	ccm	ccm
2	—	10	—	10,14	20,68 [1]	—	—
5	—	5	5	5,10	14,88	—	—
5	—	2	11	2,05	9,02	—	—
20	—	1	—	1,05	22,03	—	—
2	—	10	—	10,14	—	1,30	1,30 + 19,98
5	—	5	5	5,10	—	2,65	2,65 + 10,20
10	—	2	6	2,05	—	4,93	4,93 + 4,03
20	—	1	—	1,02	—	10,04	10,04 + 2,00
5	25	—	—	7,90	6,12	—	—
10	20	—	—	6,30	10,75	—	—
20	10	—	—	3,15	20,53	—	—
5	25	—	—	7,80	—	2,62	2,65
5	25	—	—	7,80	—	2,67	2,67
10	20	—	—	6,30	—	5,10	—
10	20	—	—	6,30	—	5,20	5,25
20	10	—	—	3,15	—	10,03	—
20	10	—	—	3,15	—	10,03	10,05

Die störende Wirkung der Silikate auf das Verfahren läßt sich nun ohne weiteres durch Abscheidung der Kieselsäure mittels Eindampfen der Lösung mit Salz- oder Salpetersäure beseitigen. Nimmt man den Rückstand der mit Säure ein-

---

[1] Bei größeren Borsäuremengen genügt die vorgeschriebene Konzentration der Chlorcalciumlösung noch nicht, um auch die Borsäure quantitativ abzuscheiden.

gedampften Silikatlösung mit Wasser auf, so erhält man, wie Tabelle 15 (S. 286) zeigt, auch ohne Filtration richtige Werte für den Phosphatgehalt.

Bei gleichzeitiger Anwesenheit von Boraten wäre nun allerdings dieses Verfahren nicht anzuwenden, sofern man auch die Borsäure bestimmen will. Es wurde daher versucht, für diesen Fall die Phosphorsäure nach dem Citratverfahren (vergl. S. 271) zu titrieren. Zuvor mußte festgestellt werden, inwieweit Silikatlösungen etwa hierbei stören können. Aus der Tabelle 7 (Spalte c und d) ergibt sich, daß Silikatlösungen bei Gegenwart von Natriumcitrat zwischen dem Farbwechsel des Methylorange und dem des Phenolphthaleins bis zu einer Menge von etwa 16 mg SiO_2 nur 0,05—0,15 ccm 0,1 n Natronlauge verbrauchen. Die verbrauchte Alkalimenge ist auch für größere Silikatmengen geringer, als wenn Silikatlösungen ohne Natriumcitrat titriert werden.

Wie ferner Tabelle 8 (Spalte b und c) zeigt, wird unter Anwendung des beschriebenen Citratverfahrens bei Gegenwart von SiO_2 bis zu etwa 20 mg der PO_4-Gehalt von Phosphatlösungen mit ausreichender Genauigkeit gefunden.

Einfluß von Ferri- und Aluminiumsalzen.

Da Ferri- und Aluminiumsalze durch Wasser bekanntlich rasch und ziemlich weitgehend in Hydroxyde und freie Säuren gespalten werden, so könnte man erwarten, daß ihre mit Methylorange versetzten Lösungen bei langsamem Zusatz von Alkali dann eine bleibende Gelbfärbung zeigen, wenn alle Säureäquivalente durch Alkali abgesättigt sind. Da ferner die hierbei gebildeten Ferri- und Aluminiumhydroxyde sich gegenüber Phenolphthalein neutral verhalten, so sollte der Farbwechsel des Methylorange mit demjenigen des Phenolphthaleins zusammenfallen. Bei der Titration von Ferri- und Aluminiumsalzen nach dem Chlorcalciumverfahren wäre nach dieser Annahme keine Vortäuschung von Phosphat zu erwarten.

Versuche haben jedoch gezeigt, daß der Farbwechsel des Methylorange sowohl bei Ferri- wie bei Aluminiumsalzen, wohl infolge kolloidal gelöster Hydroxyde oder vielleicht auch basischer Salze sehr unscharf ist und früher eintritt als derjenige des Phenolphthaleins.

Bei Eisensalzen läßt sich indessen in der Regel ein scharfer Umschlag erzielen, wenn die nahezu austitrierte Lösung kurze Zeit erwärmt, wieder abgekühlt und gegebenenfalls filtriert wird. Es gelingt dann, denjenigen Punkt genau zu treffen, bei welchem gerade alle Säureäquivalente abgesättigt sind, so daß die Farbumschläge von Methylorange und Phenolphthalein fast genau zusammentreffen.

Bei der Titration von Aluminiumsalzen mit Alkali tritt jedoch trotz vorsichtigem Erhitzen und Filtrieren der Farbumschlag des Methylorange in gelb bedeutend früher ein als derjenige des Phenolphthaleins, so daß Aluminiumsalze bei dem Chlorcalciumverfahren zweifellos in phosphatfreien Lösungen Phosphat vortäuschen würden. Es wird später (S. 280) gezeigt werden, wie sich dieser Fehler vermeiden läßt.

In phosphathaltigen Lösungen von Ferri- und Aluminiumsalzen scheiden sich während der Titration phosphathaltige Niederschläge ab. Bei der Prüfung, ob hierdurch die Ergebnisse der Phosphatbestimmung beeinflußt werden, störte zunächst die braune Färbung des Eisenniederschlages, die den Farbumschlag sehr undeutlich macht. Es wurde versucht, die Lösung zum Zwecke der Abscheidung des Ferri-phosphats in reinerem (weißem) Zustande mit konzentrierter Salpetersäure zur Trockene einzudampfen, den Rückstand mit einigen Tropfen konzentrierter Salpetersäure an-zureiben, in Wasser aufzunehmen und dann zu titrieren. Auf diese Weise wurde zwar bei Gegenwart genügender Phosphatmengen ein scharfer Methylorange-Umschlag erzielt, derjenige von Phenolphthalein war aber weniger scharf und die so gefundene Phosphatmenge zu klein. Nur bei sehr kleinen Mengen von Eisensalzen wurden noch einigermaßen befriedigende Ergebnisse erhalten.

Der Vorschlag verschiedener Analytiker, diesen Fehler durch eine genügende Verdünnung zu verringern, dürfte bei Lösungen von ungefähr bekanntem gleich-bleibendem Gehalt dieser Stoffe eine gewisse Berechtigung haben. Durch die Ver-dünnung wird indessen die Phosphatbestimmung an und für sich ungenauer und eine gewisse Unsicherheit des Verfahrens bleibt trotzdem bestehen.

Es lag nun der Gedanke nahe, Eisen- und Aluminiumsalze durch Überführung in stark geglühte und daher schwer lösliche oder unlösliche, von Phosphaten leicht trennbare Oxyde unschädlich zu machen. Bei eisenhaltiger Asche konnte tatsächlich so auf einfache Weise der Einfluß des Eisens ausgeschaltet werden. Es hat sich gezeigt, daß in eisen- und carbonathaltiger Asche auch bei Anwesenheit von Phos-phaten das Eisen als Ferrioxyd vorliegt, welches im Gegensatz zu den Phosphaten beim Erhitzen in 0,1 normaler Schwefelsäure sich nicht löst. Bei der Herstellung von nicht carbonathaltiger Asche läßt sich natürlich die Bildung des Oxydes durch Zusatz von Alkali zu der zu veraschenden Substanz erzielen. Dagegen gelang es nicht, das Aluminium, das in der Asche als Aluminat vorliegt, von den Phosphaten auf einfache Weise als Oxyd abzutrennen.

Weiteren Versuchen lag der Gedanke zugrunde, die Aluminium- und Ferri-verbindungen möglichst in Chloride überzuführen und diese nach dem Eindampfen unter Zusatz von HCl abspaltenden Stoffen wegzusublimieren. Die Chloride allein ließen sich z. B. mit Ammoniumchlorid oder mit Sulfurylchlorid quantitativ verflüchtigen; bei gleichzeitiger Anwesenheit von Sulfaten und Phosphaten war indessen das Ver-fahren nicht ausführbar.

Schließlich gelang es, durch das Studium der bei der Phosphattitration in An-wesenheit von Eisen- und Aluminiumsalzen vor sich gehenden Reaktionen über die Schwierigkeiten hinwegzukommen.

Wie aus der obigen Literaturzusammenstellung hervorgeht, bestehen über die Einwirkung der Phosphate auf Ferri- und Aluminiumsalze bei der Ausführung des Chlorcalciumverfahrens sehr verschiedene Ansichten. Nach der einen würden Eisen- und Aluminiumsalze ähnlich wie Calciumsalze nach der Gleichung

$$Fe\,(H_2PO_4)_3 + 3\,CaCl_2 + 6\,NaOH = FePO_4 + Ca_3\,(PO_4)_2 + 6\,NaCl + 6\,H_2O$$

vom primären zum tertiären Salz titriert, nach der andern aber nach der Gleichung

$$2\,Fe_2\,(HPO_4)_3 + 3\,CaCl_2 + 6\,NaOH = 4\,FePO_4 + Ca_3(PO_4)_2 + 6\,NaCl + 6\,H_2O$$

vom sekundären zum tertiären; wieder nach einer andern Ansicht sollte das tertiäre Salz zum Teil oder ganz vor dem Farbwechsel des Methylorange ausgefällt sein.

Durch Vorversuche wurde nun diese letztere Ansicht bestätigt. Schon bei noch schwach saurer Reaktion der Phosphatlösung werden Eisen und Aluminium quantitativ ausgefällt.

Untersuchungen über die Zusammensetzung dieser Niederschläge führten zu dem Ergebnis, daß bei Gegenwart von überschüssigem Phosphat Aluminium- und Ferrisalze aus der sauren Lösung bei der Titration mit Alkali bis zum Farbwechsel des Methylorange als $FePO_4$ und $AlPO_4$ gefällt werden.

Im Filtrat der Niederschläge muß sich daher der Rest der überschüssigen Phosphate bestimmen lassen; anderseits müssen die Gewichte der Niederschläge den berechneten Mengen der tertiären Salze entsprechen. Dieses Ergebnis wird durch die drei verschiedenen nachfolgenden Versuchsreihen gesichert:

a) Es wurde diejenige Menge Alkali ermittelt, welche in Mischungen von primärem Alkaliphosphat mit Ferrichlorid oder Aluminiumsulfat verbraucht wurde, um die hierbei durch Fällung von tertiären Salzen in Freiheit gesetzten Säuren gegen Methylorange zu neutralisieren:

$$NaH_2PO_4 + R^{III}Cl_3 + 2\,NaOH = R^{III}PO_4 + 3\,NaCl + 2H_2O.$$

Eine genaue Einstellung auf den Farbwechsel des Methylorange in gelb war in der Regel nur nach der Filtration der Niederschläge möglich. Die hierbei verbrauchte Menge Alkali betrug $^2/_3$ derjenigen Menge, welche für die Titration der phosphatfreien Ferri- und Aluminiumsalze allein bis zum Phenolphthaleinumschlag in der Kälte verbraucht wurde (s. Tabelle 9, S. 277).

In Mischungen von Eisensalzlösung, die länger gestanden hat, mit Phosphatlösung, wird mitunter etwas mehr Alkali verbraucht als bei frischen Lösungen, da offenbar das kolloidal ausgeschiedene $Fe(OH)_3$ mit PO_4 nicht mehr in Reaktion tritt. Die Phosphatniederschläge von älteren Ferrichloridlösungen sind daher auch stark braun gefärbt, während diejenigen frischer Lösungen fast weiß aussehen.

b) Es wurde der PO_4-Gehalt der Filtrate der Ferri- und Aluminiumphosphatniederschläge bestimmt. Um das Mitfällen von kolloidalen oder etwaigen basischen Salzen zu verhindern, wurden die Mischungen von Phosphat-, Ferri- und Aluminiumsalzlösung zunächst für sich mit konzentrierter Salpetersäure bis auf einige Tropfen eingedampft und dann in wenig konzentrierter Salpetersäure und Wasser gelöst. Der bei der Neutralisation der Lösung sich ausscheidende Niederschlag war nun auch bei Eisensalzen weiß, so daß der Farbwechsel des Methylorange auch ohne Filtration ziemlich scharf erkennbar war. Es wurde zunächst nur bis zu schwach rot titriert, zur besseren Abscheidung der Niederschläge erwärmt und nach dem Erkalten weiter bis zum Umschlag in gelb titriert, dann wieder mit 1—2 Tropfen 0,1 normal-HCl auf rot zurücktitriert, filtriert und der Niederschlag mit wenig Wasser nachgewaschen. Das Filtrat wurde nun wieder genau auf Methylorange-gelb eingestellt und mit 0,1 normaler Alkalilauge bis zum Umschlag von Phenolphthalein auf rot (ohne Chlorcalciumzusatz) titriert.

Tabelle 9. Alkaliverbrauch für Mischungen von NaH_2PO_4-Lösung mit $FeCl_3$- oder $Al_2(SO_4)_3$-Lösung bis zum Farbwechsel des Methylorange in gelb in Vergleich zum Alkaliverbrauch der reinen $FeCl_3$- oder $Al_2(SO_4)_3$-Lösung bis zum Umschlag des Phenolphthaleins.

25 ccm $FeCl_3$-Lösung enthalten im Mittel 0,0965 g Fe_2O_3 (gewichtsanalytisch).
1 l der Lösung enthält daher 0,04832 g-Atom Fe.
10 ccm „ „ entsprechen im Mittel 13,90 ccm 0,1 n $AgNO_3$ (nach Volhard).
1 l „ „ enthält daher 0,139 g-Atom Cl[1]).
25 ccm „ $Al_2(SO_4)_3$-Lösung enthalten im Mittel 0,07585 g Al_2O_3 (gewichtsanalytisch).
1 l „ Lösung enthält daher 0,05938 g-Atom Al.
25 ccm „ „ entsprechen im Mittel 0,4154 g $BaSO_4$ „
1 l „ „ enthält daher 0,07116 Mol SO_4[1]).

Angewandte Lösungen			Die angewandte Lösung entspricht ccm 0,05 molarer		Verbrauch von 0,1 n NaOH bei der Titration der Eisen- oder Aluminiumsalze für sich		Verbrauch von 0,1 n NaOH für die Mischungen
0,05 mol. NaH_2PO_4-Lösung ccm	Eisenchloridlösung ccm	Aluminiumsulfatlösung ccm	III Fe-Lösung	Al-Lösung	kalt titriert	heiß titriert	ccm
10	1	—	0,9664	—	1,50	1,50	0,92
10	1*	—	0,9664	—	1,50	1,50	0,85
10	2	—	1,9328	—	2,92	2,95	1,85
10	2*	—	1,9328	—	2,95	2,97	1,85
20	5	—	4,8320	—	7,10	7,20	4,65
20	5	—	4,8320	—	7,10	7,20	4,65
20	5*	—	4,8320	—	7,05	7,15	4,90
20	5*	—	4,8322	—	7,10	7,20	4,95
25	10	—	9,664	—	14,27	14,47	9,40
10	—	1	—	1,190	1,55	1,62	0,97
10	—	1*	—	1,190	1,60	1,65	0,95
10	—	2	—	2,380	3,02	3,20	1,95
10	—	2*	—	2,380	3,02	3,22	1,97
10	—	3	—	3,570	4,50	4,77	3,00
10	—	3*	—	3,570	4,52	4,82	2,97
20	—	5	—	5,955	7,30	7,75	4,90
20	—	5*	—	5,950	7,40	8,00	4,85
25	—	10	—	11,90	14,65	15,40	9,63
25	—	10*	—	11,90	14,67	15,42	9,61

Die mit * bezeichneten Lösungen hatten vor der Mischung längere Zeit gestanden.

Wie aus Tabelle 10 hervorgeht, entsprechen die gefundenen PO_4-Mengen, wie sie sich aus der für das Filtrat verbrauchten Lauge berechnen, dem Überschuß der angewandten Phosphatmenge über die von Eisen und Aluminium in Form tertiärer Phosphate gebundenen PO_4-Mengen.

---

[1]) Auf 1 Fe berechnet sich somit nur 2,87 Cl (statt 3), auf 1 Al nur 1,198 SO_4 statt 1,5. Die Salzlösungen waren somit basisch und verbrauchten daher für sich weniger Alkali als dem Fe- und Al-Gehalt der Lösung entspricht. Die für die Mischungen verbrauchte Alkalimenge (letzte Spalte) beträgt jedoch $^2/_3$ derjenigen Menge, welche bei der Titration der Eisen- oder Aluminiumsalze für sich gebraucht wurde.

Tabelle 10. Alkaliverbrauch für das auf Methylorange - gelb eingestellte Filtrat von Fällungen von $FeCl_3$ - oder $Al_2(SO_4)_3$ - Lösung mit NaH_2PO_4 - Lösung.

1 ccm 0,05 mol. $\overset{\text{III}}{R}$-Lösung ergibt, sofern R als $\overset{\text{III}}{R}\overset{\text{III}}{PO_4}$ gefällt wird, im Filtrat einen Mindergehalt an Phosphat entsprechend 1 ccm 0,05 mol. NaH_2PO_4.

1 ccm 0,05 mol. NaH_2PO_4-Lösung, ohne $CaCl_2$ titriert, entspricht sehr annähernd 0,5 ccm 0,1 n NaOH.

| Angewandte Lösungen | | | Die angewandten Lösungen entsprechen ccm 0,05 molarer | | Verbrauch von 0,1 n NaOH bei der Titration des Filtrates (ohne $CaCl_2$) | |
| 0,05 molar. NaH_2PO_4- Lösung | Eisenchlorid- lösung | Aluminium- sulfatlösung | $\overset{\text{III}}{\text{Fe}}$-Lösung | Al-Lösung | gefunden | berechnet |
ccm	ccm	ccm			ccm	ccm
10	1	—	0,9664	—	4,48	4,51
10	1	—	0,9664	—	4,48	4,51
10	2	—	1,9328	—	4,08	4,03
10	2	—	1,9328	—	4,08	4,03
10	3	—	2,8992	—	3,47	3,55
10	3	—	2,8992	—	3,47	3,55
20	5	—	4,8320	—	7,50	7,58
20	5	—	4,8320	—	7,50	7,58
10	5	—	4,8320	—	2,60	2,58
25	10	—	9,664	—	7,40	7,67
10	—	1	—	1,190	4,48	4,40
10	—	1	—	1,190	4,45	4,40
10	—	1*	—	1,190	4,42	4,40
10	—	1*	—	1,190	4,55	4,40
10	—	2	—	2,380	3,87	3,81
10	—	2	—	2,380	3,92	3,81
10	—	2*	—	2,380	3,85	3,81
10	—	2*	—	2,380	3,95	3,81
10	—	3	—	3,570	3,43	3,21
10	—	3	—	3,570	3,43	3,21
10	—	3*	—	3,570	3,35	3,21
10	—	3*	—	3,570	3,30	3,21
10	—	5	—	5,950	2,25	2,02
20	—	5	—	5,950	7,02	7,02
20	—	5	—	5,950	7,10	7,02
20	—	5*	—	5,950	7,07	7,02
20	—	5*	—	5,950	7,00	7,02
25	—	10*	—	11,90	6,75	6,55
25	—	10*	—	11,90	6,40	6,55

Die mit * bezeichneten Lösungen hatten längere Zeit gestanden.

c) Es wurde das Gewicht der aus Mischungen von bekanntem Gehalt durch Neutralisation ausgefällten Niederschläge von Ferri- oder Aluminiumphosphat bestimmt.

Auch diese in Tabelle 11 wiedergegebenen Bestimmungen weisen nur auf das Vorhandensein von tertiärem Phosphat hin. Kleinere Differenzen lassen sich bei der nicht völligen Reinheit der Niederschläge voraussehen.

Tabelle 11. Gewicht des aus Fe^{III}- oder Al-haltigen Phosphatlösungen durch Neutralisation gefällten Ferri- oder Aluminiumphosphats.

1 ccm 0,05 mol. $\overset{III}{Fe}$-Lösung entspricht 7,545 mg $FePO_4$.

1 „ 0,05 „ Al- „ „ 6,105 „ $AlPO_4$.

Angewandte Lösungen			Die angewandten Lösungen entsprechen ccm 0,05 molarer		Gewicht der Phosphat-niederschläge	
0,05 mol. NaH_2PO_4-Lösung ccm	Eisenchlorid-lösung ccm	Aluminium-sulfatlösung ccm	$\overset{III}{Fe}$-Lösung	Al-Lösung	gefunden mg	berechnet mg
10	1	—	0,9664	—	7,8	7,3
10	2	—	1,9328	—	14,0	14,6
10	3	—	2,8992	—	23,0	21,9
20	5	—	4,8320	—	38,6	36,5
25	10	—	9,664	—	75,8	72,9
10	—	1	—	1,190	6,8	7,3
10	—	2	—	2,380	14,3	14,5
10	—	3	—	3,570	21,8	21,8
10	—	5	—	5,950	32,4	36,3

Nachdem nun festgestellt war, daß sowohl Eisen- wie Aluminiumsalze als tertiäre Phosphate vor dem Farbenumschlag des Methylorange ausgefällt und abfiltriert werden können, ergab sich die für die Praxis wichtige Aufgabe, diese Niederschläge nach der Filtration für sich zu titrieren.

Hierbei wurden in folgenden Richtungen Versuche angestellt:

1. direkte Titration des Niederschlages mit $NaOH$ gegen Phenolphthalein und zwar

    a) ohne $CaCl_2$;

    b) mit $CaCl_2$ (40 °/₀ige Lösung);

2. Zersetzung des Niederschlages mit Na_2CO_3 und Titration des Filtrates;

3. oxydimetrische Bestimmung des Eisens;

4. Titration mit Alkali nach Auflösen des Niederschlages in Natriumoxalat- oder Natriumcitratlösung.

Als zweckmäßig erwies sich hierbei nur die Titration des Niederschlages nach Auflösung in neutraler Trinatriumcitratlösung, wobei die für das Citratverfahren (S. 271) angegebenen Bedingungen einzuhalten sind. Tabelle 12 zeigt, daß unter diesen Umständen auf ein $R^{III}PO_4$ mit ausreichender Schärfe gerade 1 $NaOH$ gebraucht wird.

**Tabelle 12. Titration der Ferri- und Aluminium-Phosphatniederschläge
in 40%iger Natriumcitratlösung.**

Lösungen siehe Tabelle 9.

1 ccm 0,05 mol. R-Lösung entspricht 0,5 ccm 0,1 n NaOH, sofern $\overset{\text{III}}{\text{R}}PO_4$ sich einbasisch titriert.

Angewandte Lösungen			Die angewandten Salzlösungen entsprechen ccm 0,05 molarer		Verbrauch von 0,1 n NaOH	Berechnete Menge 0,1 n NaOH
0,05 mol. NaH_2PO_4-lösung ccm	Eisenchlorid-lösung ccm	Aluminium-sulfatlösung ccm	III Fe-Lösung	Al-Lösung	ccm	ccm
10	1	—	0,9664	—	0,45	0,48
10	2	—	1,933	—	0,95	0,97
10	3	—	2,899	—	1,65	1,45
20	5	—	4,832	—	2,60	2,42
10	5	—	4,832	—	2,30	2,42
25	10	—	9,664	—	5,10	4,83
10	—	1	—	1,19	0,55	0,59
10	—	2	—	2,38	1,20	1,19
20	—	5	—	5,95	2,85	2,98
20	—	5	—	5,95	2,95	2,98
20	—	10	—	11,9	5,80	5,95

Für die Untersuchung von Asche, die neben Eisen und Aluminium
Phosphate im Überschuß enthält, ergibt sich somit eine verhältnismäßig einfache Modifikation des Verfahrens. Die Eisen- und Aluminiumsalze
sind zunächst durch annähernde Neutralisation ihrer sauren Lösung gegen Methylorange
als tertiäre Phosphate auszufällen, der Niederschlag ist abzufiltrieren, nachzuwaschen,
in etwa 20—40 ccm neutraler Citratlösung durch Erwärmen auf dem Wasserbad zu
lösen und nach dem Citratverfahren (jedoch ohne Methylorange) zu titrieren (vergl.
S. 271) (1 ccm 0,1 normale Lauge = 9,5 mg PO_4).

In dem auf Methylorange-gelb eingestellten Filtrate von der Phosphatfällung
lassen sich die übrigen Phosphate nach dem Chlorcalciumverfahren titrieren.

Gegen diese Ausführungsart des Phosphatbestimmungsverfahrens ist umso weniger
etwas einzuwenden, als es vielfach erwünscht ist, den Gehalt der Asche an Ferri-
und Aluminiumphosphat zu kennen. Dieser aber läßt sich ohne weiteres aus der
Titration der Niederschläge berechnen: 1 NaOH entspricht 1 Al oder 1 Fe.

Es bestehen auch keine Bedenken, die Ferri- und Aluminiumphosphat enthaltenden Citratlösungen, sei es vor oder nach ihrer Titration, dem auf Methylorange-
gelb eingestellten Filtrat wieder zuzusetzen und das Gemisch ohne Chlorcalcium bis
zum Phenolphthaleinumschlag zu titrieren, sofern nicht zu geringe Phosphatmengen
vorhanden sind.

Bei Asche, die Eisen- und Aluminiumsalze in molekularem Überschuß gegenüber PO_4 enthält, oder bei phosphatfreier, eisen- und aluminiumhaltiger Asche kann die Vortäuschung von Phosphaten dadurch sicher vermieden werden, daß der Asche eine gemessene Menge 0,05 molare Phosphatlösung zugesetzt und nun weiter wie oben verfahren wird, wobei natürlich das zugesetzte PO_4 abzurechnen ist.

Einfluß von Mangansalzen.

Je nach der Menge der vorhandenen Alkalien und Erdalkalien kann eine manganhaltige Asche Verbindungen des drei-, vier- und sechswertigen Mangans (Mn_2O_3, Manganite, Manganate, Permanganate) enthalten. Nach Behandlung dieser Verbindungen mit Mineralsäuren werden in der Lösung Salze des zwei-, drei- und vierwertigen Mangans vorliegen; schon durch das dreiwertige Mangan ist aber wegen der hydrolytischen Säureabspaltung aus Manganisalzen mindestens eine ähnliche Vortäuschung der Gegenwart von Phosphaten wie bei eisenhaltigen Aschen zu erwarten.

Versuche zeigten, daß in solchen Lösungen noch eine andere, bisher nicht bekannte Ursache Phosphate vorzutäuschen vermag. Diese Lösungen zeigen nämlich unter Umständen eine stark bleichende Wirkung gegenüber Methylorange, und zwar scheint es, als ob ein Farbwechsel des Methylorange von rot in gelb stattgefunden hätte. Infolgedessen wird der Methylorangeumschlag noch bei saurer Reaktion der Lösung beobachtet, und es können somit ganz erhebliche Mengen PO_4 vorgetäuscht werden. Die bleichende Wirkung von solchen Lösungen läßt sich nun durch Einwirkung von etwas Hydroperoxyd, das auf die höheren Manganoxyde reduzierend einwirkt, nach einiger Zeit beheben. Die Lösung kann dann genau auf Methylorangegelb eingestellt werden, wobei als Kontrolle dienen kann, daß ein Zusatz von 1—2 Tropfen 0,1 normaler HCl wieder Rotfärbung hervorrufen soll[1]).

Obwohl in der mit Hydroperoxyd versetzten Lösung voraussichtlich nur zweiwertiges Mangan vorliegt, so verbraucht doch diese Lösung auch bei Abwesenheit von Phosphaten zwischen dem Methylorange- und Phenolphthaleinpunkt erhebliche Mengen Alkali, wobei sich gleichzeitig Mangandioxyd ausscheidet. Nach der Neutralisation der Lösung wirkt nämlich das Hydroperoxyd oxydierend und die dem abgeschiedenen Mangandioxyd entsprechende Säure wird titrierbar[2]).

Durch weitere Versuche ergab sich, daß eine Ausscheidung von Mangandioxyd nicht eintritt, wenn der hydroperoxydhaltigen Mangansalzlösung neutrale Natriumcitratlösung zugesetzt wurde. Infolgedessen werden nunmehr vom Farbwechsel des Methylorange bis zur Rötung von Phenolphthalein nur 0,05 ccm 0,1 normale Lauge verbraucht, so daß nach dem Citratverfahren Vortäuschungen von PO_4 durch Mangan vermieden werden können. Einige auf diese Weise, unter Anwendung von Hydroperoxyd und Citrat ausgeführte Phosphatbestimmungen in manganhaltigen Lösungen sind in Tabelle 13 wiedergegeben. Die Versuche zeigen auch, daß dieses Verfahren auch bei gleichzeitiger Gegenwart von Mangan und Borsäure anwendbar ist.

---

[1]) Diese Feststellung ist auch für die Alkalitätsbestimmung wichtig.

[2]) Hierauf läßt sich ein Verfahren zur maßanalytischen Bestimmung des Mangans in Aschen begründen.

Tabelle 13.   Titration von Manganosulfat und Borsäure enthaltenden, mit Hydroperoxyd behandelten Phosphatlösungen nach dem Citratverfahren (Vorschrift S. 271).

Angewandte Lösungen			Verbrauch von 0,1 n NaOH		Mehrverbrauch an 0,1 n NaOH nach dem Erwärmen der titrierten, H_2O_2-haltigen Citrat-Mannit-Lösung
0,05 mol. NaH_2PO_4-Lösung	0,0125 mol. $MnSO_4$-Lösung	0,1 mol. H_3BO_3-Lösung	a) für das Phosphat	b) nach Zusatz von Mannit für die Borsäure	
ccm	ccm	ccm	ccm	ccm	ccm
20	2	—	9,98	—	0,02
20	5	—	10,28	—	0,25*
20	10	—	10,42	—	0,30*
20	20	—	10,52	—	0,40*
10	2	2	4,97	2,02	0,10
10	5	2	5,02	2,02	0,17*
10	20	10	5,43	10,44	0,45*
20	2	5	10,05	5,03	0,12
20	5	5	10,00	4,98	0,25*
20	10	5	10,34	5,02	0,30*
20	20	5	10,54	5,28	0,45*

Die mit * bezeichneten Lösungen sind mit zunehmendem Mehrverbrauch an Alkali zunehmend dunkler gefärbt, so daß Titrationsfehler hierdurch angezeigt werden.

Wie Tabelle 13 zeigt, ist der Einfluß von Mangansalzen auf das Citratverfahren unter diesen Umständen bei kleineren Mengen Mangan, wie sie in Aschen etwa vorkommen, belanglos. Sollten ausnahmsweise größere Mengen vorhanden sein, so wird ein klein wenig zu viel Phosphat gefunden; diese Fälle sind aber dadurch leicht zu erkennen, daß die austitrierte Lösung beim Erwärmen sich dunkel färbt und nach dem Erkalten nochmals einige Zehntel ccm 0,1 normale Alkalilauge bis zum Umschlag des Phenolphthaleins verbraucht. (Hieraus ergibt sich, daß man manganhaltige Lösungen vor der Titration von gelb zu rot nicht mit Citratlösung erwärmen darf.)

Ein zweites Verfahren, die Vortäuschung von Phosphaten durch höherwertige Mangansalze zu vermeiden, beruht darauf, daß man die Manganverbindungen der Asche durch Eindampfen mit konzentrierter Salzsäure auf dem Wasserbad in Manganosalze überführt. In Lösungen der auf diese Weise erhaltenen Rückstände fallen bei Abwesenheit von Phosphaten bei der Neutralisation mit 0,1 normaler Lauge der Farbwechsel des Methylorange und der des Phenolphthaleins auf 0,025—0,05 ccm genau zusammen. Infolgedessen läßt sich in derartigen Rückständen bei Gegenwart von Phosphat dieses nach dem Chlorcalciumverfahren bestimmen. Dies wurde noch durch besondere Versuche bestätigt.

Tabelle 14. Titration von Manganosulfat enthaltenden Phosphatlösungen nach dem Chlorcalciumverfahren (Vorschrift S. 255).

Angewandte Lösungen		Verbrauch von
0,05 mol. NaH_2PO_4-Lösung	0,0125 mol. $MnSO_4$-Lösung	0,1 n $NaOH$
ccm	ccm	ccm
20	1	20,02
20	2	20,00
20	3	20,02
20	5	20,07
20	10	20,20
20	10	20,34
20	20	20,30

Aus Tabelle 14 ist ersichtlich, daß erst bei höheren Mangangehalten (etwa 7—14 mg Mn entsprechend), ein klein wenig Phosphat zu viel gefunden wird. Dieser Fehler ist offenbar auf die Hydrolyse des mit dem $Ca_3(PO_4)_2$ gleichzeitig gefällten $Mn_3(PO_4)_2$ zurückzuführen; er läßt sich verkleinern, wenn langsam titriert wird, da in diesem Falle die Phosphorsäure fast quantitativ als $Ca_3(PO_4)_2$ ausfällt. Ein (in Ausnahmefällen) erheblicher Fehler zeigt sich durch Braunfärbung des Calciumphosphates an und kann nachträglich durch Lösen der gefällten und filtrierten Phosphate (im Trichter mit Schlauch und Klemme) mit einem kleinen Überschuß von Salzsäure und abermalige Titration nach der Vorschrift beseitigt werden.

Da die Borsäure nach dem Chlorcalciumverfahren ebenfalls Alkali verbraucht und sich beim Eindampfen mit Salzsäure nur zum Teil verflüchtigt, so ist das zweite Verfahren, die Vortäuschung von Phosphaten zu vermeiden, nur dann anwendbar, wenn Borsäure nicht vorhanden ist. (Durch 4—5 maliges Eindampfen des mit Salzsäure erhaltenen Rückstandes mit Methylalkohol oder mit Methylalkohol und Salzsäure läßt sich zwar Borsäure völlig entfernen, jedoch sind Substanzverluste nur bei sehr sorgfältigem Arbeiten zu vermeiden.)

In Lösungen, die wenig oder gar keine Phosphate, aber Mangan und außerdem Eisen enthalten, wird auch nach Zusatz von Hydroperoxyd oder nach dem Eindampfen mit Salzsäure Methylorange gebleicht und zwar so stark, daß auch bei Zusatz von größeren Mengen des Indikators kein scharfer Umschlag zu erhalten ist Durch Anwendung anderer Indikatoren, wie p-Nitrophenol oder Cochenille, wird zwar ein besserer Umschlag als mit Methylorange erzielt, eine Vortäuschung von Phosphaten durch Alkaliverbrauch bis zum Farbwechsel des Phenolphthaleins ist jedoch auch so nicht zu vermeiden. Durch Zusatz von überschüssiger Phosphatlösung und Hydroperoxyd zu solchen Lösungen wurde jedoch ein scharfer Umschlag des Methylorange erhalten, da die durch Ausfällung des Ferriphosphats vom Eisen befreite Lösung Methylorange nun nicht mehr bleichte. Wurde das kurz vor dem Farbwechsel des Methylorange abgeschiedene Ferriphosphat nach dem Abfiltrieren in Citratlösung gelöst und diese Lösung mit dem vorher auf den Farbwechsel des Methylorange scharf eingestellten Filtrat wieder vereinigt und zusammen titriert, so entsprach das verbrauchte Alkali mit ausreichender Genauigkeit der zugesetzten Phosphatlösung.

Bei der Ähnlichkeit des Mn^{III}-Ion mit dem Fe^{III}-Ion hätte man erwarten sollen, daß durch Neutralisation von Aschenlösungen, welche PO_4 im molekularen Überschuß zu Mn enthalten, das Mangan in ähnlicher Weise wie Ferriphosphat als $Mn^{III}PO_4$ abgeschieden würde, umsomehr als $Mn^{III}PO_4$ als in verdünnten Säuren unlösliches Pulver beschrieben wird. Eine derartige Verbindung ließ sich jedoch aus künstlichen, Mangan und Phosphate enthaltenden Aschen durch einfaches Behandeln mit verdünnten Säuren und Neutralisation gegen Methylorange niemals erhalten. Wurden aber solche Aschen mit konzentrierter Salpetersäure eingedampft, so hinterblieb beim ersten Eindampfen ein schmutzig-grünlicher Rückstand, reichlich mit violetten Streifen durchsetzt, die bei wiederholtem Eindampfen mit konzentrierter Salpetersäure verschwanden. Durch Anreiben des das Manganphosphat enthaltenden Rückstandes mit 1—2 Tropfen konzentrierter Salpetersäure und Zusatz von Wasser war nun nicht wie bei Eisenphosphat eine Lösung des Rückstandes zu erzielen, sondern es hinterblieb ein schmutzig grünlich-schwarzes, äußerst feines, alle Filter passierendes Pulver. Nach längerem Stehen war es möglich, die Lösung zu dekantieren, wobei sie sich als manganfrei erwies. Da eine Filtration wie bei Ferriphosphaten undurchführbar war und daher eine scharfe Einstellung auf den Methylorangepunkt nur durch Dekantation eines aliquoten Teiles der Lösung möglich wäre, ist es vorzuziehen, das Mangan bei der Phosphatbestimmung in der oben beschriebenen Weise entweder durch Hydroperoxyd oder durch Eindampfen mit konzentrierter Salzsäure in Manganoverbindungen überzuführen.

Einfluß von Calcium- und Magnesiumsalzen.

Wie bereits in der Begründung der Vorschrift S. 255 erwähnt wurde, wird die auf den Farbwechsel des Methylorange eingestellte Phosphatlösung nach Zusatz von — allerdings — 40 %iger Chlorcalciumlösung stark rot gefärbt und verbraucht erhebliche Mengen Alkali, bis wieder Farbumschlag in gelb erfolgt (wegen der Erklärung vergl. S. 257).

Hiernach schien es nicht ganz ausgeschlossen, daß auch die in Aschen vorkommenden Calcium- und Magnesiumsalze eine Verschiebung des Methylorangeumschlages und damit einen Minderverbrauch an Alkali bei der Titration nach der Vorschrift bewirken könnten. Um diese Bedenken zu zerstreuen, wurden nachfolgende Versuche ausgeführt (vergl. Tabelle 6, S. 270): Auf den Farbwechsel des Methylorange in gelb eingestellte 0,05 molare Lösungen von NaH_2PO_4 wurden mit soviel 0,075 molaren Lösungen von Calciumchlorid oder Magnesiumsulfat versetzt, als zur Bildung des tertiären Phosphates erforderlich war (gleiche Volumen). Bei Magnesiumsalzen war nun unter diesen Bedingungen keine Verschiebung des Umschlagspunktes von Methylorange bemerkbar. Bei Calciumsalzen zeigte sich ein zwar merklicher, jedoch ganz unerheblicher Einfluß. Selbst bei Zusatz von 25 ccm 0,075 mol. Chlorcalciumlösung zu 25 ccm 0,05 mol. Phosphatlösung wurden bis zum Wiedereintritt der Gelbfärbung nur knapp 0,05 ccm 0,1 normale Lauge verbraucht; ein solcher Zusatz entspricht mindestens denjenigen Calcium- und Magnesiummengen, die in einer Lösung von Milchasche vorkommen können. Höhere Konzentrationen dürften auch in anderen Aschen kaum in Frage kommen.

Phosphatbestimmung in Mischungen von Phosphaten mit Silikaten, Boräten, Eisen-, Aluminium-, Mangan-, Calcium- und Magnesiumsalzen.

Obwohl kaum zu erwarten war, daß bei gleichzeitiger Anwesenheit mehrerer, die Phosphatbestimmung störender Stoffe andere Schwierigkeiten auftreten als diejenigen, welche durch die Einzelstoffe verursacht sind, so schien es sicherheitshalber doch zweckmäßig, durch eine Anzahl von Analysen zu zeigen, daß selbst bei Mischungen sämtlicher oder fast sämtlicher erörterten Stoffe die Phosphate mit genügender Genauigkeit bestimmt werden können, ohne daß das Verfahren dadurch zu umständlich wird.

Um bei der Ausführung dieser Analysen zu vermeiden, daß etwa durch Zufälligkeiten richtige Ergebnisse vorgetäuscht werden könnten, und anderseits um die Richtigkeit der bisherigen Schlußfolgerungen einwandfrei zu beweisen, wurden Mischungen von so großen Mengen der störenden Stoffe gewählt, wie sie in Aschen kaum vorkommen. Hierdurch sollte außerdem gezeigt werden, daß das Verfahren auch für die Düngeranalyse nutzbar gemacht werden kann.

Mischungen mit Pyro- und Metaphosphaten wurden nicht analysiert, da deren Überführung in Orthophosphate durch Alkali oder starke Säuren keine Schwierigkeiten macht.

Um die benutzten Stoffe in solche Verbindungen überzuführen, wie sie sich in der Asche finden (Manganite, Manganate, Mn_2O_3, Fe_2O_3, Al_2O_3, $CaCO_3$, $Ca_3(PO_4)_2$, $MgCO_3$, $Mg_3(PO_4)_2$ usw.), wurden die Mischungen der Salze mit überschüssiger 0,1 normaler Sodalösung auf dem Wasserbade eingedampft und schwach geglüht.

Bei Mischungen sämtlicher genannten Stoffe ergab sich folgender Analysengang:

Der schwach geglühte Rückstand wurde mit wenig Wasser und einigen Tropfen konzentrierter Salzsäure angerieben, mit 1 Tropfen 30%igen Hydroperoxyds versetzt und so lange stehen gelassen, bis das Eisenoxyd gelöst war. Ohne Rücksicht auf etwa ausgeschiedenen Gips oder Kieselsäure wurden sodann bei 15° 1—2 Tropfen Methylorange und soviel 0,25 normales Alkali zugegeben, bis der Farbenumschlag des Methylorange nahezu erreicht war. Zur besseren Abscheidung der Ferri- und Aluminiumphosphate wurde hierauf fünf Minuten auf dem Wasserbade erwärmt und erforderlichenfalls in der Kälte nochmals mit einigen Tropfen 0,1 normalem Alkali bis fast zur Gelbfärbung versetzt. Die abgeschiedenen Phosphate, denen auch Kieselsäure und Gips beigemischt sein können, wurden in kleinen Trichterchen von 3 ccm Durchmesser abfiltriert, zweimal mit 3—4 ccm Wasser nachgewaschen und samt dem Filter mit 30 ccm 40%iger, genau neutraler Natriumcitratlösung auf dem Wasserbade in einem Jenaerkölbchen höchstens 20 Minuten erwärmt.

Das Filtrat wurde genau auf Methylorange-gelb eingestellt, dann mit der die Eisen- und Aluminiumphosphate enthaltenden Citratlösung vereinigt, abgekühlt, mit einem Tropfen Phenolphthalein (1 g in 100 ccm Alkohol) versetzt und mit 0,1 normaler Alkalilauge bis zum Farbenumschlag in Rot auf gelber Unterlage titriert. Die Lösung wurde hierauf in Eiswasser gestellt und nach 20 Minuten nachtitriert (vergl. S. 271) (1 ccm 0,1 n $NaOH$ = 9,5 mg PO_4).

Sofern man auf die gesonderte Bestimmung der Eisen- und Aluminiumphosphate Wert legte, mußte der Niederschlag zunächst für sich titriert werden, wobei der Niederschlag mindestens 3 mal nachzuwaschen war.

Tabelle 15. Titration von Mischungen nachfolgender Lösungen:

0,05 mol. NaH_2PO_4-Lösung; etwa 0,05 mol. $FeCl_3$-Lösung; etwa 0,025 mol. $Al_2(SO_4)_3$-Lösung; 0,0125 mol. $MnSO_4$-Lösung; 0,075 mol. $CaCl_2$-Lösung; 0,075 mol. $MgSO_4$-Lösung; 0,1 mol. H_3BO_3-Lösung; Natriumsilikatlösung (1 ccm enthält 0,8 mg SiO_2)*).

| Angewandte Lösungen | | | | | | | | Die angewandte Eisen- und Aluminiumlösung entspricht ccm 0,05 molarer | | Verbrauch von 0,1 n NaOH zur Titration | | | Gesamtphosphat (PO_4) | |
| NaH₂PO₄-Lösung | Eisenlösung | Aluminiumlösung | Manganlösung | Calciumlösung | Magnesiumlösung | Borsäurelösung | Silikatlösung | III Fe-Lösung | Al-Lösung | a) der Phosphatniederschläge | b) des Filtrates nach dem Chlorcalciumverfahren (Vorschrift S. 255) | c) des in Citratlösung gelösten Niederschlages mit dem Filtrat zusammen gemischt (Vorschrift S. 271) | gefunden | berechnet |
ccm	ccm	ccm	ccm	ccm	ccm	ccm	ccm			ccm	ccm	ccm	mg	mg
20	2	2	2	10	5	—	5	1,9328	2,38	2,5	14,34	—	91,9	95
20	5	2	2	20	10	—	5	4,8320	2,38	3,88	12,61	—	96,8	95
20	5	5	5	20	10	—	5	4,8320	5,95	—	—	9,94	94,4	95
20	5	5	5	20	10	—	5	4,8320	5,95	—	—	9,96	94,6	95
20	5	5	5	20	10	—	5	4,8320	5,95	5,65	8,84	—	95,7	95
20	2	2	2	10	5	—	2	1,9328	2,38	—	—	9,86	93,6	95
20	2	2	2	10	5	—	2	1,9328	2,38	—	—	10,16	96,5	95
10	1	1	2	10	10	—	10	0,9664	1,19	1,01	7,88	—	47,0	47,5
10	1	1	2	10	10	—	10	0,9664	1,19	0,95	7,68	—	45,5	47,5
20	2	2	2	10	10	—	10	1,9328	2,38	2,12	15,80	—	95,2	95
20	2	2	2	10	10	—	10	1,9328	2,38	2,17	15,85	—	95,9	95
10	1	1	2	10	10	10	10	0,9664	1,19	1,18	—	5,19	49,3	47,5
10	1	1	2	10	10	10	10	0,9664	1,19	1,18	—	5,02	47,7	47,5
10	1	1	2	10	10	10	10	0,9664	1,19	—	—	5,25	49,9	47,5
10	1	1	2	10	10	10	10	0,9664	1,19	—	—	5,18	49,2	47,5
15	1	1	2	75	5	20	10	0,9664	1,19	—	—	7,78	73,9	71,3
15	1	1	2	5	5	20	10	0,9664	1,19	—	—	7,82	74,3	71,3
20	1	1	2	5	5	5	10	0,9664	1,19	—	—	9,93	94,3	95
20	1	1	2	5	5	5	10	0,9664	1,19	—	—	10,23	97,2	95
10	1	1	2	5	5	1	10	0,9664	1,19	—	—	5,05	48,0	47,5
10	1	1	2	5	5	1	10	0,9664	1,19	—	—	5,14	48,8	47,5
10	1	1	2	5	5	5	10	0,9664	1,19	—	—	5,02	47,7	47,5
10	1	1	2	5	5	5	10	0,9664	1,19	—	—	4,92	46,7	47,5
10	1	1	2	5	5	10	10	0,9664	1,19	—	—	5,20	49,4	47,5

*) Vorbehandlung der Mischungen s. S. 285.

Die Borsäure läßt sich nach Zusatz von Mannit zu der obigen, zu Ende titrierten Lösung durch weitere Titration bis zur abermaligen Phenolphthaleinrötung bestimmen (1 ccm 0,1 n NaOH = 6,2 mg H_3BO_3).

Wenn Borsäure nicht vorhanden war, so wurde bei der Analyse von Mischungen sämtlicher übrigen genannten Stoffe nachfolgender Analysengang eingehalten:

Der schwach geglühte Rückstand der mit 0,1 normaler Na_2CO_3 eingedampften Lösungen (der Asche entsprechend) wurde mit Wasser angerieben, dann vorsichtig mit konzentrierter Salzsäure versetzt und zur Trockene verdampft. Der Rückstand wurde mit konzentrierter Salzsäure angerieben, mit wenig Wasser versetzt und die Lösung nun ohne Rücksicht auf die abgeschiedene Kieselsäure wie oben behandelt. Das bei 15° auf Methylorange-gelb eingestellte Filtrat wurde jedoch in der Regel nach dem Chlorcalciumverfahren titriert.

Die nach beiden Analysenreihen erhaltenen Ergebnisse sind in Tabelle 15 (S. 286) aufgenommen. Sie zeigen durchweg befriedigende Übereinstimmung.

Wenn einzelne Bestandteile in der Mischung nicht vorhanden sind, so läßt sich der Analysengang natürlich vereinfachen; die Grundlagen dafür sind in den vorstehenden Abschnitten zu finden.

Phosphatbestimmungen in Lösungen der Asche von Lebensmitteln.

Obwohl kaum zu erwarten war, daß Lösungen der Asche von Lebensmitteln noch weitere das Verfahren störende Stoffe enthalten, oder daß durch eine besonders ungünstige Stoffkombination sich neue Schwierigkeiten einstellen könnten, so schien es doch unerläßlich, den Phosphatgehalt von Lösungen solcher Aschen, in denen die Phosphatbestimmung bisher üblich war, sowohl gewichts- wie maßanalytisch nebeneinander zu bestimmen, um durch den Vergleich dieser Ergebnisse die Zuverlässigkeit des Verfahrens mit seinen Abänderungen einwandfrei zu beweisen.

Da hierbei nur die gewichts- und maßanalytische Untersuchung derselben Lösung derselben Asche nebeneinander maßgebend war, so wurde die maßanalytische Bestimmung in einzelnen Fällen umständlicher, als wenn sie für sich allein auszuführen gewesen wäre (z. B. bei Milch). Anderseits wurden der Einfachheit halber einige Gesichtspunkte, die für die zweckmäßige Phosphatbestimmung der betreffenden Lebensmittel wichtig sind, nicht berücksichtigt (z. B. Art der Veraschung, Verbindung der Phosphatbestimmung mit der Bestimmung der Alkalität, der Borsäure usw.). In den in Tabelle 16 (S. 288) aufgenommenen Analysenergebnissen handelt es sich somit lediglich um Vergleichszahlen der gewichts- und maßanalytisch ermittelten Phosphatmengen von in gleicher Weise hergestellten und vorbehandelten Aschen.

Um Störungen des gewichtsanalytischen Verfahrens durch Kieselsäure, Mangan-, Calcium-, Ferri-, Aluminiumsalze, Chloride zu vermeiden, war es erforderlich, nachfolgenden, zwar umständlichen, aber jedenfalls einwandfreien Analysengang einzuhalten:

Tabelle 16. **Maß- und gewichtsanalytische Bestimmung der Phosphate in der Asche einiger Lebensmittel.**

	Angewandt		Verbrauch von 0,1 n NaOH für die Titration nach dem $CaCl_2$-Verfahren	Gefundenes $Mg_2P_2O_7$	Gefundenes PO_4 für 100 ccm Aschenlösung	
für die Veraschung und Auflösung der Asche	für die Titration	für die gewichtsanalytische Bestimmung			maßanalytisch	gewichtsanalytisch
	ccm	ccm	ccm	mg	mg	mg
150 ccm Milch; Asche in 150 ccm Lösung	30	—	16,06	—	254	—
	30	—	15,98	—	253	—
	—	30	—	90,8	—	258
	—	30	—	89,4	—	254
200 ccm Milch; Asche in 100 ccm Lösung	25*	—	28,41	—	540	—
	25	—	28,78	—	547	—
	—	20	—	127,7	—	545
	—	25	—	161,0	—	550
200 ccm Süßwein; Asche in 100 ccm Lösung	25*	—	4,82	—	92	—
	20*	—	3,88	—	92	—
	—	25	—	24,2	—	83
	—	25	—	26,0	—	89
140 ccm Süßwein; Asche in 100 ccm Lösung	25*	—	4,07	—	77	—
	25	—	4,09	—	78	—
	—	20	—	17,4	—	74
	—	25	—	22,6	—	77
Je 200 ccm Bier; Asche in 100 ccm Lösung. Bier a)	25	—	9,75	—	185	—
	25	—	9,73	—	185	—
	—	20	—	46,6	—	199
	—	25	—	55,0	—	188
Bier b)	25*	—	10,58	—	201	—
	25	—	10,60	—	201	—
	—	20	—	47,7	—	204
	—	25	—	59,6	—	204
Je 100 g Honig; Asche in 100 ccm Lösung. Honig a)	25*	—	0,63	—	12	—
	25*	—	0,68	—	13	—
		20	—	2,6	—	11
		25	—	3,2	—	10
Honig b)	25*	—	0,60	—	11	—
	25	—	0,60	—	11	—
	—	20	—	2,6	—	11
	—	25	—	3,2	—	10
Je 35 g gepulverte Eiernudeln. Lezithinasche (nach Juckenack) in 50 ccm Lösg. Eiernudeln a)	25	—	3,94	—	75	—
	—	20	—	17,6	—	75
Eiernudeln b) (10 Std. extrahiert)	25	—	6,50	—	124	—
	—	20	—	29,1	—	124
Eiernudeln b) (14 Std. extrahiert)	25	—	6,88	—	131	—
	—	20	—	31,1	—	133

Die mit * bezeichneten Titrationen wurden bei 14—15°, die andern nach Eiskühlung ausgeführt.

Die in der üblichen Weise, jedoch aus bedeutend mehr Substanz hergestellte Asche wurde zunächst zur Entfernung der die nachfolgende Phosphormolybdänfällung störenden Chlorionen, der Kieselsäure und des Mangans mit Hydroperoxyd (etwa 1 ccm 30%ige Lösung) und konzentrierter Salpetersäure, dann noch ein zweites Mal mit konzentrierter Salpetersäure allein zur Trockene verdampft. Der Rückstand wurde mit einigen Tropfen konzentrierter Salpetersäure angerieben, hierzu etwa 20 ccm Wasser gegeben und in ein geeichtes Kölbchen unter Nachwaschen des Rückstandes hineinfiltriert; das Filtrat wurde dann genau bis zur Marke des Kölbchens mit Wasser aufgefüllt.

Je zwei aliquote Teile dieser Lösung wurden zur gewichtsanalytischen Bestimmung verwendet. Hierzu wurde die Phosphorsäure zunächst nach der Vorschrift von Woy als Ammonium-Phosphormolybdat abgeschieden (zweimal), der Niederschlag in überschüssigem, $2^1/_2$%igen warmem Ammoniak gelöst, die Lösung mit verdünnter Salzsäure bis zur eben beginnenden Trübung, dann mit Magnesiamischung versetzt, zum Sieden erhitzt und die Phosphorsäure nunmehr durch Zufließenlassen von $2^1/_2$%igem, heißem Ammoniak (in dünnem Strahle) bis zur schwachen Phenolphthaleinrötung und durch Zugabe von konzentriertem Ammoniak nach dem Erkalten gefällt. Das vollkommen kristallinisch ausgefallene Ammoniummagnesiumphosphat wurde in der Regel nach 24 Stunden im Neubauertiegel abfiltriert und im elektrischen Ofen bis zur Gewichtskonstanz geglüht (etwa $^1/_2$ Stunde).

Je zwei andere aliquote Teile der Lösung wurden zur maßanalytischen Bestimmung mit Methylorange versetzt und mit Lauge auf gelb eingestellt. Auftretende Trübungen (nur bei Honig und Süßwein) wurden abfiltriert und für sich mit Citratlösung nach S. 271 titriert, wobei aber nur Spuren von an Eisen oder Aluminium gebundener Phosphorsäure gefunden wurden. Das Filtrat wurde nach dem Chlorcalciumverfahren S. 255 titriert.

Die Übereinstimmung der Vergleichszahlen ist befriedigend. Vorkommende erheblichere Differenzen sind eher auf die Fehlerquellen der viel umständlicheren gewichtsanalytischen Bestimmung als auf die Titrationsmethode zurückzuführen.

Die in verdünnter Salpetersäure unlöslichen Bestandteile der Aschen wurden mit dem Filter verascht, gewogen und auf ihre Zusammensetzung geprüft. Hierbei zeigte es sich, daß bei Bier nur reine Kieselsäure vorlag, während die Aschen von Wein und Honig außerdem Manganiphosphat enthielten. Die Mengen von Manganiphosphat waren jedoch so gering, daß die Phosphatmenge höchstens 0,2 ccm 0,1 normaler Natronlauge entsprochen hätte und daher bei der Titration des aliquoten Teiles gar nicht mehr in Betracht gekommen wäre. Der Kieselsäuregehalt in Honig und Milch lag für die Gesamtasche innerhalb der Fehlergrenzen, während diejenigen von Wein (11,6 mg auf 200 ccm und 11,8 mg auf 140 ccm Wein) und von Bier (33,8 mg und 37,6 mg auf 200 ccm Bier) die Titration eines aliquoten Teiles um einige $^1/_{10}$ ccm 0,1 normaler Natronlauge hätten beeinflussen können, wenn die Kieselsäure nicht vorher abgeschieden worden wäre.

Auf genaue Vorschriften zur zweckmäßigen Bestimmung der Phosphate der Asche in einzelnen Lebensmitteln wird an anderer Stelle näher eingegangen werden.

Es soll jedoch schon hier darauf hingewiesen werden, daß der auf S. 285 angegebene Analysengang auch unter den ungünstigsten Umständen sich anwenden läßt. In den meisten Fällen wird sich der Analysengang erheblich einfacher gestalten. Für Phosphatbestimmung in solcher Asche, die keine oder nur Spuren von Eisen-, Aluminium-, Mangan-, Bor- und Siliciumverbindungen, wohl aber Carbonate enthält (z. B. Milchasche), ist die für reine Phosphatlösung angegebene Vorschrift ohne weiteres anwendbar.

Zusammenfassung.

1. Die bisher vorgeschlagenen Verfahren zur Phosphatbestimmung in der Asche von Lebensmitteln, welche auf der Titration der Phosphorsäure vom primären zum sekundären oder tertiären Salz unter Zuhilfenahme zweier Indikatoren beruhen, sind zwar außerordentlich einfach, aber nicht einwandfrei. Selbst reine Phosphatlösungen lassen sich nach diesen Verfahren nur unsicher und ungenügend genau titrieren.

2. Es wurde daher zunächst eine Vorschrift für die einwandfreie Titration von reinen Phosphatlösungen vom primären zum tertiären Salz ausgearbeitet. Das Verfahren beruht nach dem Vorbild einiger älterer darauf, daß die Phosphatlösung vom Farbwechsel des Methylorange zu gelb nach Zusatz von Chlorcalciumlösung bis zum Farbenumschlag des Phenolphthaleins in Rot titriert wird. Durch Versuche wurde erwiesen, daß die dem Verfahren zugrunde liegende Gleichung:

$$2\,NaH_2PO_4 + 3\,CaCl_2 \rightarrow Ca_3(PO_4)_2 + 4HCl + 2\,NaCl$$
$$\text{oder}\quad 2\,H_2PO_4{'} + 3\,Ca^{\cdot\cdot} \rightarrow Ca_3(PO_4)_2 + 4\,H^{\cdot}$$

nur dann erfüllt ist, wenn die Löslichkeit von Tricalciumphosphat, sowie die Bildung von sekundärem Calciumphosphat und basischen Polycalciumphosphaten durch Anwendung ausreichender Chlorcalciumkonzentration, geeigneter Temperatur und geeigneter Wartezeit praktisch vollständig zurückgedrängt werden. Kleinere Fehlerquellen sind leicht auszuschalten.

3. Durch Versuche wurde gezeigt, inwiefern bei der Titration phosphatfreier Lösungen von Aschen, die Eisen- und Aluminiumsalze, Manganverbindungen, Borate und Silikate enthalten, nach diesem und ähnlichen Verfahren die Anwesenheit von Phosphaten vorgetäuscht werden kann, und inwiefern diese Stoffe sowie Meta- und Pyrophosphate bei der Titration von Lösungen phosphathaltiger Aschen nach diesem und ähnlichen Verfahren Titrationsfehler verursachen.

4. Es wurde gezeigt, daß sich diese Störungen folgendermaßen beseitigen lassen.

    a) Durch Veraschen nach vorherigem Zusatz von Alkali, wodurch die Bildung von Pyro- und Metaphosphaten (z. B. in Milch- und Bierasche) verhindert wird. Diese Maßnahme ist bei Aschen, in denen Borsäure bestimmt werden soll, ohnehin erforderlich.

    b) Durch Ausscheidung von Aluminium und Eisen als tertiäre Phosphate mittels unvollkommener Neutralisation der sauren Lösung gegen Methylorange und Titration der abfiltrierten Phosphate für sich nach Auflösung in neutraler Trinatriumcitratlösung.

c) Durch Eindampfen der Asche mit konzentrierter Salzsäure, sofern Borsäure nicht vorhanden ist, wodurch Kieselsäure und höherwertige Manganverbindungen unschädlich gemacht, Pyro- und Metaphosphate in Orthophosphate übergeführt werden.

d) Durch Titration der mit Hydroperoxyd versetzten, gegen Methylorange
neutralisierten, vom Eisen- und Aluminiumphosphat abfiltrierten Lösung
nach Zusatz von neutraler Citratlösung (ohne Zusatz von Chlorcalciumlösung),
sofern Borsäure vorhanden ist. Hierdurch werden die durch Borate und
kleine Mengen höherwertiger Manganverbindungen sowie von Silikaten verursachten Störungen beseitigt. Außerdem wird nach Zusatz von Mannit
eine einwandfreie Borsäurebestimmung neben Phosphaten ermöglicht.

e) Durch Zusatz bekannter Mengen von Phosphatlösung bei Aschen, die
wenig oder kein Phosphat neben Eisen-, Aluminium- oder Mangansalzen
enthalten, um Vortäuschungen von Phosphat durch diese Salze zu vermeiden.

5. Unter Berücksichtigung dieser Punkte wurden Mischungen von bekannten
Mengen Phosphat mit Silikaten, Boraten, Eisen-, Aluminium-, Mangan-, Calcium-
und Magnesiumsalzen analysiert, wobei die Phosphatbestimmungen genügend genau
ausfielen.

6. Durch vergleichende Phosphatbestimmungen in Lösungen von Aschen einiger
Lebensmittel einerseits nach dem gewichtsanalytischen, anderseits nach dem maßanalytischen Verfahren wurde die Zuverlässigkeit und Genauigkeit des letzteren nachgewiesen.

Vorliegende Arbeit wurde im chemischen Laboratorium des Kaiserlichen Gesund-
heitsamtes im Jahre 1912/1913 ausgeführt. Herrn Direktor Dr. Kerp sowie Herrn
Regierungsrat Dr. Auerbach spreche ich für das der Arbeit entgegengebrachte
Interesse meinen besten Dank aus.

Berlin, im Mai 1913.

Maßanalytische Bestimmung des Kaseins in der Milch mittels des Tetraserums.

Von

Dr. B. Pfyl und **Dr. R. Turnau,**

wissenschaftlichen Hilfsarbeitern im Kaiserlichen Gesundheitsamte.

Inhaltsübersicht: Einleitung; Besprechung der acidimetrischen Verfahren zur Bestimmung des Kaseins in der Milch. — Zur Feststellung des Stickstoffgehaltes von Kasein. — Zur Feststellung des Säure-äquivalentes von Kasein. — Einfluß von Kohlendioxydverlusten auf die indirekte Titration des Kaseins. — Titration des Kaseins unter Anwendung des Tetraserums. — Beleganalysen. — Zusammenfassung.

Einleitung.

Die Kaseinbestimmung in der Milch ist bekanntlich unentbehrlich für die Kontrolle des Molkereibetriebes, die vielfach in den Nahrungsmittel-Untersuchungsanstalten ausgeübt wird. Für die eigentliche Kontrolle des Milchverkehrs hat die Kaseinbestimmung bisher nur beschränkte Anwendung gefunden. Einerseits waren die üblichen Verfahren der Kaseinbestimmung zu umständlich, anderseits wurde die Bedeutung der Kaseinbestimmung noch nicht genügend gewürdigt. In den letzten Jahren sind nun für die Kaseinbestimmung in der Milch zahlreiche einfachere, maß-analytische und physikalisch-chemische Verfahren in Vorschlag gebracht worden. Da diese Verfahren zum Teil noch Mängel besitzen, zum Teil noch wenig erprobt sind, so haben sie noch keine allgemeine Anwendung gefunden.

Die Kaseinbestimmung scheint uns nun besonders wichtig für den Nachweis von Verfälschungen der Milch mit Molke. Ambühl hat zuerst auf diese Verfälschung hingewiesen. Sie kommt gar nicht selten vor[1]). Bei der Umständlichkeit der üblichen Verfahren war es jedoch wenig verlockend, die Milch auf solche Zusätze zu prüfen. Ferner ist die Kaseinbestimmung wichtig für die Erkennung von physiologisch und pathologisch veränderter Milch. Sowohl Kolostrum wie Milch von z. B. euterkranken Kühen oder von Kühen, die am Ende der Laktation stehen, enthält in der Regel neben abnormen Mengen anderer Stoffe auch abnorme Mengen von Kasein. Schließlich dürfte die Kaseinbestimmung insbesondere bei Sammelmilch in Verbindung

---

[1]) Vergl. Teichert, Methoden zur Untersuchung von Milch und Molkereiprodukten. 1909. S. 159.

mit andern Werten den Nachweis der Wässerung ergänzen. Aus den bisher veröffentlichten Analysen geht nämlich hervor, daß der Kaseingehalt von Sammelmilch
nur geringen täglichen Schwankungen unterliegt und daß auch der Kaseingehalt der
Milch verschiedener Herden keine großen Abweichungen zeigt. Da sowohl fettfreie
Trockenmasse wie fett- und kaseinfreie Trockenmasse, zum Nachweis der Wässerung
gute Dienste leisten, so muß auch die Differenz dieser Werte — das Kasein — zu
diesem Zwecke geeignet sein.

Im Hinblick auf diese vielseitige Verwendbarkeit der Kaseinbestimmung erschien
es von Interesse, auf die neueren maßanalytischen Verfahren näher einzugehen und
eine möglichst einwandfreie Vorschrift zur raschen Bestimmung des Kaseins auszuarbeiten. Von den verschiedenen vorgeschlagenen Verfahren erschienen diejenigen am
aussichtsreichsten, die auf der acidimetrischen Bestimmung des Kaseins beruhen.

Ein solches Verfahren hat zuerst Matthaiopoulos[1] in Vorschlag gebracht. Hiernach
wird das Kasein indirekt gegen Phenolphthalein austitriert, indem einerseits diejenige Menge
Alkali ermittelt wird, die zur Neutralisation der Gesamtsäure der Milch erforderlich ist, anderseits diejenige Menge Alkali, die der Gesamtsäure minus Kasein entspricht. 20 ccm Milch und
80 ccm Wasser werden unter Umrühren mit 0,04 n. Schwefelsäure versetzt, bis gerade alles Kasein
in großen Flocken ausgefällt ist, und filtriert; 100 ccm des Filtrates werden mit 0,1 n. Alkali gegen
Phenolphthalein neutralisiert. Weitere 20 ccm Milch und 80 ccm Wasser versetzt man mit genau
derselben Menge 0,04 n. Schwefelsäure und neutralisiert, ohne zu filtrieren, gegen Phenolphthalein.
Die Differenz der im zweiten und ersten Versuch ermittelten ccm 0,1 n. Alkali gibt, mit 0,11315
multipliziert, das Kasein für 20 ccm Milch, wobei 1131,5 als das Säureäquivalent des Kaseins
angenommen ist. Van Slyke und Bosworth[2] neutralisieren 20 ccm Milch und 80 ccm Wasser mit
0,1 n. Alkali gegen Phenolphthalein, lassen dann unter beständigem Schütteln bei 18—24° solange
0,1 n. Essigsäure (a ccm) zufließen, bis der Niederschlag sich klar abscheidet. Dann wird mit
Wasser zu 200 ccm aufgefüllt, filtriert und zu 100 ccm des Filtrates 0,1 n. Alkali bis zur eben
eintretenden Rötung des Phenolphthaleins gegeben (b ccm). Durch Multiplikation der Differenz
$\frac{a}{2}$ — b mit 1,0964 erhält man die Gramme Kasein in 100 ccm Milch (Säureäquivalent des Kaseins
= 1096,4). Hart[3] verdünnt 10,5 ccm Milch mit 75 ccm Wasser, fällt das Kasein mit 1 bis 1,5 ccm
10 %iger Essigsäure aus, filtriert, wäscht nach, bis keine Säure mehr nachweisbar ist, löst das
Kasein in 10 ccm 0,1 n. Alkali und neutralisiert mit 0,1 n. Säure gegen Phenolphthalein; 1 ccm
NaOH entspricht 0,108 g Kasein (Säureäquivalent 1080). Burr und Berberich[4] haben das Verfahren von Matthaiopoulos nachgeprüft, indem sie Vergleichsversuche mit dem Schloß-
mannschen, auf der Stickstoffbestimmung beruhenden Verfahren anstellten. Die Abweichungen
der beiden Verfahren bei normaler Milch sind unbeträchtlich (± 0,1 %), bei Kolostrum dagegen
erheblich (in einem Falle wurde acidimetrisch 0,65 % weniger Kasein erhalten als nach Schloßmann). Um die Umrechnung auf das Gesamtvolumen des Serums zu umgehen, soll es zweckmäßiger sein, das Kasein mit Wasser nachzuwaschen und Filtrat und Waschwasser zusammen
zu titrieren. In diesem Falle läßt sich auch der ausgeschiedene Kaseinniederschlag in der Weise
titrieren, daß man ihn zunächst mit Wasser in einen Porzellanmörser spült, fein zerreibt und
mit 0,1 n. Alkali gegen Phenolphthalein neutralisiert. De Graaf[5] erhielt nach dem Verfahren
von Matthaiopoulos und nach dem gewichtsanalytischen Verfahren von Hoppe-Seyler bei
Vollmilch, Magermilch, Buttermilch genügend übereinstimmende Werte. Er bemängelt indessen,

---

[1]) Zeitschr. f. analyt. Chem. **47**, 492 (1908).

[2]) Journ. of Ind. and Engin. Chem. **1**, 768 (1909); Zeitschr. f. Unt. d. Nahr.- u. Genußm.
22, 618 (1911).

[3]) Journ. of Biol. Chemistry **6**, 445 (1909); Zeitschr. f. Unt. d. Nahr.- u. Genußm. **22**,
304 (1911).

[4]) Molkereiztg. Hildesh. **23**, 1453 (1909).

[5]) Pharm. Weekblad **47**, 34 (1910).

daß der Endpunkt der Titration unscharf und das Abfiltrieren äußerst zeitraubend sei; bei Frauenmilch lasse sich das Kasein schwer abscheiden, auch sei voraussichtlich mit einer andern Äquivalentzahl des Kaseins in Frauenmilch zu rechnen. Nach Engel[1] ist das maßanalytische Verfahren von Van Slyke und Bosworth für die Kontrolle des Molkereibetriebes brauchbar. Die Abweichungen gegen das gewichtsanalytische Verfahren betragen 0,2 %.

Für die Nachprüfung dieser Verfahren kam es nun in erster Linie darauf an, einen möglichst richtigen Säuretiter für das Kasein festzusetzen, da die bisher angegebenen Säureäquivalente für das Kasein auf Grund nicht ganz einwandfreier Verfahren ermittelt schienen.

Als Vergleichsmethoden konnten ferner nur einwandfreie Verfahren dienen. Als solche wurden bisher die Verfahren von Hoppe-Seyler[2] und Schloßmann[3] angesehen. Da das Verfahren von Hoppe-Seyler umständlicher ist als dasjenige von Schloßmann, gaben wir dem letzteren den Vorzug. Hiernach wird bekanntlich das Kasein quantitativ mit Alaun ausgefällt, ausgewaschen und sein Stickstoffgehalt nach dem Verfahren von Kjeldahl bestimmt. Gegen die Richtigkeit der nach diesem Verfahren bisher erhaltenen Ergebnisse sprechen jedoch einige neuere Mitteilungen (vergl. S. 297), wonach der bisher für die Berechnung angenommene, mittlere Stickstoffgehalt des Kaseins, 15,7 %, zu hoch, infolgedessen der Stickstofffaktor 6,37 % zu niedrig wäre.

Wir haben daher möglichst reines Milch Kasein hergestellt und dessen Stickstoffgehalt und Säuretiter bestimmt.

Unter den angeführten acidimetrischen Verfahren sind einige, bei denen das abgeschiedene Kasein direkt mit Phenolphthalein als Indikator titriert wird. Bei praktischen Versuchen zeigte es sich jedoch, daß eine scharfe Titration nur dann möglich ist, wenn das abgeschiedene Kasein zuvor von Fett und sonstigen Beimengungen befreit ist. Hierdurch würde das Verfahren zu umständlich werden. Wir haben uns daher der indirekten Titration des Kaseins zugewandt. Alle diese Verfahren besitzen nun den gemeinsamen Mangel, daß das Kasein sich schwer filtrieren läßt. Soweit zur Abscheidung des Kaseins Mineralsäuren benutzt werden, liegt außerdem die Möglichkeit vor, daß sich kleine Mengen Kasein im geringsten Überschuß der Säuren lösen, worauf auch von anderer Seite schon vielfach hingewiesen wurde.

Da es uns in letzter Zeit gelungen war[4], einwandfreie Essigsäureseren (ohne Verdünnung der Milch mit Wasser) in einfacher Weise herzustellen, so lag es nahe, diese Seren — die Tetraseren — auch zur Kaseinbestimmung heranzuziehen.

Bei den bisherigen Verfahren zur indirekten Titration des Kaseins wird bei der Berechnung des Kaseins angenommen, daß a Volumen Milch a Volumen Serum entsprechen, wodurch bei normaler Milch ein Fehler bis zu 5 % des gefundenen Kaseins, bei Kolostrum ein beträchtlicher Fehler bedingt wird. Nur so ist es zu erklären, daß Burr und Berberich (vergl. S. 293) acidimetrisch bei Kolostrum 0,65 % Kasein weniger gefunden haben als nach dem Verfahren von Schloßmann.

[1] Molkereiztg. Hildesh. 24, 1454 (1910).

[2] Hoppe-Seyler, Handb. d. physiol. u. patholog. chem. Analyse 1903; Zeitschr. f. physiolog. Chem. 9, 246 (1884).

[3] Zeitschr. f. physiol. Chem. 22, 197 (1897); Milchztg. 26, 169 (1897).

[4] Arb. a. d. Kaiserl. Gesundheitsamte 40, 245 (1912).

Versucht man mit Burr und Berberich diesen Fehler dadurch zu vermeiden, daß man nicht einen aliquoten Teil des Filtrates vom Kasein, sondern das ganze Filtrat samt Waschwasser titriert, so wird bei den Tetraseren das Verfahren zu umständlich. Wir haben daher zur richtigen Berechnung des Kaseins aus der Titration eines aliquoten Teiles des Kaseinfiltrates sachgemäße Formeln abgeleitet.

Schließlich kann gegen die indirekten Verfahren zur Titration des Kaseins der Einwand erhoben werden, daß unter Umständen Kohlendioxydverluste beim Abfiltrieren des Kaseins zuviel Kasein finden lassen. Es war daher erforderlich, auch hierauf näher einzugehen.

Zur Feststellung des Stickstoffgehaltes von Kasein.

Für die Herstellung von reinem Kasein aus Milch wurde nachfolgendes Verfahren eingehalten:

Je 5 Liter frische, durch Zentrifugieren entrahmte Milch werden mit 15 Litern destilliertem Wasser verdünnt und unter Einleitung von Kohlendioxyd[1]) mit etwa 100 ccm 20 %iger Essigsäure (zuletzt tropfenweise) versetzt. Nach ganz kurzer Zeit hat sich das Kasein feinflockig ausgeschieden. Nach dem Absetzen des Niederschlags wird die nahezu vollkommen klare überstehende Flüssigkeit abgehebert, der Niederschlag noch im ursprünglichen Gefäße wiederholt mit sehr verdünnter Essigsäure behandelt, durch ein Koliertuch abfiltriert und oft mit heißem Wasser nachgewaschen, schließlich in kleinen Anteilen mit Wasser zentrifugiert. Das letzte abgeschleuderte Wasser darf keinen Glührückstand hinterlassen.

Das Kasein wird nun auf Koliertüchern ausgepreßt, an der Luft zwischen Filtrierpapier etwas getrocknet, dann zur Entfernung von Fett und Wasser wiederholt mit absolutem Alkohol und Äther behandelt. Hierbei wird das Kasein nacheinander mit Alkohol, Alkoholäthermischung und Äther in Reibschalen fein zerrieben und wiederholt in der Schüttelmaschine mit Äther und etwas Alkohol in großen Stöpselflaschen geschüttelt, bis 200 ccm der Waschflüssigkeit nach dem Verdunsten nicht den mindesten Fettrückstand hinterlassen. Mittels reinen Äthers wird das Kasein aus den Schüttelflaschen herausgebracht. Es hinterbleibt nach dem Verdunsten des anhaftenden Äthers und Abpressen zwischen Filtrierpapier als feines, schneeweißes Pulver, das sich zwar trocken anfühlt, aber trotzdem noch sehr beträchtliche Mengen Feuchtigkeit, Äther und Alkohol enthält. Es wird daher im Vakuumexsikkator über öfter erneuertem Phosphorpentoxyd bis zur Gewichtskonstanz getrocknet, was etwa 8 Tage dauert. Das so getrocknete Kasein gibt nun auch im Trockenschrank bei 100° nur mehr Spuren von Feuchtigkeit ab.

Nach den bisher üblichen Darstellungsverfahren wurde das in ähnlicher Weise behandelte Kasein zur weiteren Reinigung wiederholt in sehr verdünntem Alkali gelöst und mit verdünnter Essigsäure wieder ausgefällt. Nach einer Mitteilung von Lindet[2]) soll durch diese Behandlung aus dem Kasein Schwefel und Phosphor abgespalten

---

[1]) Nach De Jager (Malys Jahresber. d. Tierchem. **25**, 178 [1895]) wird durch den Gasstrom eine glattere Abscheidung des Kaseins erzielt.

[2]) Compt. rend. **155**, 12 (1912).

werden, während nach Hammarsten[1]) das Kasein hierdurch nicht verändert wird. Um sicher zu gehen, haben wir unsere Kaseinpräparate sowohl vor wie nach der Behandlung mit Alkali und verdünnter Essigsäure (3maliges Ausfällen) auf den Gehalt an Stickstoff, Phosphor und Asche geprüft.

Die Stickstoffbestimmung wurde nach Kjeldahl unter alkalimetrischer Titration des Ammoniaks gegen Methylorange ausgeführt. Für Substanzmengen unter 0,5 g wurden 0,1 n., für größere Mengen 0,25 n. Maßflüssigkeiten benutzt.

Für die Bestimmung des Phosphors wurde das Kasein mit Salpeter-Schwefelsäure aufgeschlossen und in der sehr stark eingeengten Lösung der Phosphor zuerst als Ammoniumphosphormolybdat, dann als Ammoniummagnesiumphosphat gefällt und in Magnesiumpyrophosphat übergeführt.

Zur Aschenbestimmung wurde das Kasein in einer Platinschale langsam im elektrischen Ofen verkohlt und bei einer Temperatur von höchstens 650° verascht. Bei dieser Temperatur wurden die Platinschalen nicht wie bei höheren Temperaturen durch die aus dem Kaseinphosphor entstandene Phosphorsäure angegriffen.

Die Ergebnisse der Analysen sind in der nachstehenden Tabelle 1 zusammengestellt.

Tabelle 1. Analysen von Kaseinpräparaten.

Kaseinpräparat	Stickstoffgehalt %	Phosphorgehalt %	Fettgehalt %	Asche %
A (nicht mit Alkali behandelt)	15,53	0,83	0,03	0,08
	15,51	0,86	0,03	0,07
	15,50	—	—	—
	15,50	—	—	—
B (nicht mit Alkali behandelt)	15,58	0,84	0,05	0,09
	15,60	0,83	0,04	0,08
	15,48	—	—	—
	15,44	—	—	—
C (durch dreimaliges Auflösen in Lauge und Wiederausfällen mit Säure gereinigt)	15,58	0,82	0,02	0,06
	15,52	0,83	0,03	0,07
	15,48	—	—	—
	15,44	—	—	—

Mittel: 15,51% ± 0,015

Hieraus ergibt sich, daß der Gehalt unserer Kaseinpräparate an Stickstoff und Phosphor bei der Behandlung mit sehr verdünntem Alkali nicht wesentlich geändert wird. Auch die Asche veränderte sich kaum und enthielt fast ausschließlich Phosphorsäure, wie wir uns durch besondere Versuche überzeugten.

Während der übliche Stickstofffaktor des Kaseins zu 6,37 angenommen wird, was einem mittleren Stickstoffgehalt von 15,7 % entspricht, berechnet sich für den Durchschnitt unserer Stickstoffbestimmungen 15,5 % Stickstoff oder ein Stickstofffaktor von $100 : 15,5 = 6,45$.

[1]) Zeitschr. f. physiol. Chem. 7, 263 (1882).

Im nachfolgenden sollen diese Werte mit den wichtigsten bisher ermittelten verglichen werden.

Die reinsten von Hammarsten[1]) hergestellten Kaseinpräparate hatten einen mittleren Stickstoffgehalt von 15,65 %, was einem Stickstofffaktor von 6,39 entspricht. Hammarsten hat jedoch den Stickstoff nach dem Verfahren von Dumas bestimmt, womit bekanntlich leicht etwas zu hohe Resultate erhalten werden[2]); aber trotzdem ist dieser Stickstoffgehalt noch niedriger, der Faktor höher als allgemein angenommen wird.

Chittenden und Painter[3]), deren Kaseinanalysen in einigen Lehrbüchern[4]) angeführt sind, finden als mittleren Kaseinstickstoffgehalt den Wert von 15,91 %, woraus sich der Faktor 6,27 berechnet. Der hohe Wert von 15,91 erklärt sich zum Teil durch den Umstand, daß er nach dem Verfahren von Dumas gefunden wurde. Hierzu kommt, daß Chittenden und Painter auch für Kohlenstoff etwas höhere Werte als die meisten andern Autoren gefunden haben. Ferner wurde das Kasein für die Analyse bei 105° getrocknet, wobei es offenbar etwas verändert wird.

Nach Sebelien[5]) enthält das Albumin der Milch etwas mehr Stickstoff als das Kasein. Aus den Analysen berechnet Sebelien einen mittleren Stickstoffgehalt der Eiweißstoffe der Milch von 15,7 % und hieraus den Faktor 6,37. Dieser Wert ging nun auch für Kasein in die Lehr- und Handbücher der Milchuntersuchung usw. über und hat sich bis heute hartnäckig gehalten.

Nach Analysen von Laqueur und Sackur[6]) hat Kasein einen Gehalt von 15,45 % Stickstoff. Diese Verfasser haben lufttrockene Kaseinpräparate untersucht, die etwa 10 % lose gebundenes Wasser und etwa 1,4 % Asche enthielten. Asche und Wasser wurden zwar von der angewandten Substanz abgezogen, jedoch wurde nicht berücksichtigt, daß ein Teil des Phosphors in der Asche aus dem Kasein stammt.

Burow[7]) beschreibt zuerst ein asche- und fettfreies Kasein. Burows Stickstoffbestimmungen, nach Kjeldahl ausgeführt, führen zu dem Mittelwert 15,65 %.

Auch Tangl[8]) hat später asche und fettfreie Kaseine hergestellt und den Stickstoffgehalt sowohl nach Kjeldahl als nach Dumas bestimmt. Der Durchschnitt der Kjeldahlbestimmungen ergab 15,54 %, die Bestimmung nach Dumas den viel höhern Wert von 15,76 % N.

Droop Richmond[9]) berechnet aus einer Reihe von Analysen von allerdings beträchtlich verunreinigten Kaseinen den Stickstoffgehalt zu 15,65 %.

Burr[10]) fand bei Kaseinen, die Asche und Fett nur in Spuren enthielten, einen durchschnittlichen Stickstoffgehalt von 15,6 %.

Nach Bonnema[11]) ist der übliche Stickstofffaktor zur Bestimmung des Eiweiß in Milch — und somit auch für Kasein, welches etwa 80 % vom Gesamteiweiß der Milch beträgt — zu niedrig. Das nach Bonnema hergestellte Eiweiß hatte nämlich einen Stickstoffgehalt von 14,3 %, woraus sich der Faktor 6,99 berechnet. Das Eiweiß wurde indessen aus bei 80° pasteurisierter Milch mit Essigsäure abgeschieden, nach dem Auswaschen bei 105° getrocknet und dann mit Äther extrahiert (4 Tage). Durch diese Behandlung — wahrscheinlich schon durch das Pasteurisieren der Milch — wurde das Eiweiß offenbar verändert. Es enthielt übrigens viel zu viel Asche (1,8 %), um als Grundlage zur Bestimmung einer Konstante zu dienen[12]).

---

1) Zeitschr. f. physiol. Chem. **7**, 263 (1882).

2) Vergl. Hans Meyer, Analyse und Konstitutionsermittlung org. Körper 1909, S. 187.

3) Malys Jahresber. f. Tierchem. **17**, 16 (1887).

4) z. B. Cohnheim, Chemie der Eiweißkörper 1904, S. 192. Abderhalden, Handbuch der Biochem. Arbeitsmethoden 1910, S. 385.

5) Zeitschr. f. physiol. Chem. **13**, 135 (1889).

6) Beiträge z. chem. Physiol. u. Pathol. **3**, 222 (1903).

7) Burow, Beiträge zur Entscheidung der Frage, ob die Kaseine verschiedener Tiere verschieden sind. Dissertation Basel 1905.

8) Archiv f. d. gesamte Physiol. **121**, 541 (1908).

9) The Analyst **33**, 179 (1908).

10) Milchw. Zentralbl. **6**, 385 (1910).

11) Pharm. Weekbl. **45**, 1254 (1908).

12) Die von Bonnema aufgestellten Werte sind auch schon in neuere Lehrbücher übergegangen, z. B. Lunge-Berl., Chem. techn. Untersuchungsmethoden, Bd. 3, S. 966.

Daß Vaubel[1]) durch Anwendung des Faktors 6,7 bei der Analyse von Handelspräparaten von Kasein der Wirklichkeit eher entsprechende Werte als mit dem üblichen Faktor 6,37 fand, reicht zur Begründung des Wertes 6,7 nicht hin.

In allerletzter Zeit haben Van Slyke und Bosworth[2]) versucht, reines Kasein herzustellen und zu analysieren. Der Gehalt an Stickstoff wurde höher gefunden als bisher (im Mittel zu 15,8%), der an Phosphor niedriger als bisher (0,71%). Vermutlich war das Kasein durch die mehrfache Einwirkung von konzentriertem Ammoniak und Salzsäure etwas verändert.

Aus dieser Zusammenstellung und unsern Analysen ergibt es sich, daß der Faktor 6,37 entschieden zu niedrig ist. Anderseits aber sind die von Bonnema und Vaubel vorgeschlagenen Faktoren zu hoch. Der Stickstoffgehalt der relativ reinsten, von Burow, Tangl und Burr hergestellten und analysierten Kaseine, nach Kjeldahl bestimmt, betrug 15,55—15,65 %.

Diese kleinen Abweichungen erklären sich insbesondere wohl durch die Schwierig- keit der Herstellung von reinem Kasein.

Die Stickstoffbestimmungen des von uns mit besonderer Sorgfalt aus Milch her- gestellten, trockenen und nur noch minimale Spuren von Fett und Asche enthaltenden Kaseins ergaben als Mittel von 12 Analysen an drei verschiedenen Präparaten 15,51 % N mit einem mittleren Fehler von $\pm$ 0,015 %

(für die einzelnen Präparate: A 15,51 %,

B 15,525 %,

C 15,505 %).

Es kann daher der Wert **15,5 % N**, der von den besten früheren Werten nur wenig abweicht, mit großer Wahrscheinlichkeit als der richtige Stickstoffgehalt des Milch-Kaseins angenommen werden, so daß sich aus dem gefundenen Stickstoff die Menge des Kaseins durch Multiplikation mit 100/15,5 = **6,45** ergibt. Mit diesem Faktor ist weiterhin gerechnet worden.

Zur Feststellung des Säuretiters von Kasein.

Matthaiopoulos[3]) bestimmte das Säureäquivalent des Kaseins gegen Phenol- phthalein durch Vergleichung der in Milch gewichtsanalytisch ermittelten Kaseinmenge mit ihrem Alkaliverbrauch vor und nach der Kaseinfällung. Dies setzt voraus, daß die indirekte Titration des Kaseins in Milch sowie das zur Ermittelung des Kaseins angewandte gewichtsanalytische Verfahren keine Fehlerquellen haben. Beides ist nicht zutreffend. Die Titration ist schon wegen der in der Milch vorhandenen Kohlensäure und wegen des bei der Titration sich bildenden unbeständigen Tricalciumphosphats nicht sicher genug, um eine Konstante daraus abzuleiten. Anderseits hat Matthaio- poulos bei der gewichtsanalytischen Bestimmung des Kaseins die beim Erhitzen des Filtrates vom Kasein noch ausfallenden Eiweißstoffe auch als Kasein gerechnet, was nicht angängig ist. Gegen die Richtigkeit der von Van Slyke und Bosworth und von Hart (vergl. S. 293) aufgestellten Werte, die durch Titration von gereinigtem

---

[1]) Zeitschr. f. öffentl. Chem. **15**, 53 (1909).

[2]) Journ. of Biol. Chemistry **14**, 203 (1913).

[3]) Vergl. S. 293.

Kasein ermittelt wurden, sprach die Beobachtung von Laqueur und Sackur[1]), wonach bei 100⁰ getrocknetes Kasein sich in Alkali nur mehr unvollständig lösen und der gelöste Teil (das Isokasein) außerdem höhere Acidität besitzen soll; die von Hart, Van Slyke und Bosworth benutzten Kaseine wurden aber sogar über 100⁰ erhitzt. Gegen frühere Bestimmungen[2]) des Basenbindungsvermögens des Kaseins wird ferner von Laqueur und Sackur der berechtigte Einwand erhoben, daß hierbei lufttrockene Kaseine zur Analyse verwendet wurden. Solche Kaseine enthalten bis 10 % Wasser, was bei der Berechnung des Säureäquivalentes abgezogen werden muß. Laqueur und Sackur haben dies berücksichtigt. Ihre Bestimmungen schienen jedoch aus dem Grunde nicht völlig einwandfrei, weil ihre analysierten Kaseine verhältnismäßig viel Asche (1,5 %) enthielten. Diese Asche wurde allerdings bei der Berechnung in Abzug gebracht, jedoch wurde nicht berücksichtigt, daß ein Teil der Asche aus dem Phosphor des Kaseins besteht. Auch war es von vornherein nicht sicher, ob bei der Wasserbestimmung nach Laqueur und Sackur bei 100⁰ nur mechanisch gebundenes Wasser entweicht. Long[3]), der das Säureäquivalent des Kaseins durch direkte Titration von gereinigtem, getrocknetem Kasein bestimmt hat, macht über die Art des Trocknens keine Angaben.

Bei fast allen bisherigen Mitteilungen über das Säureäquivalent des Kaseins fehlen ausreichende Angaben über Konzentration der angewandten Lösungen und der Phenolphthaleinlösung.

Unsere Versuche wurden mit den oben näher beschriebenen, besonders reinen Kaseinpräparaten ausgeführt. Hierbei wurde angenommen, daß beim Trocknen bei Zimmertemperatur im Vakuumexsikkator über Phosphorpentoxyd eine chemische Veränderung des Kaseins nicht vor sich geht.

Zur Titration wurde 1 g oder annähernd 1 g Kasein genau abgewogen, mit 40 ccm ausgekochtem Wasser und etwas mehr als der erforderlichen Menge 0,1 n. Alkalilauge versetzt und geschüttelt oder unter Luftabschluß stehen gelassen, bis sich alles Kasein gelöst hatte. Die nur sehr schwache Opaleszenz zeigende Lösung wurde dann mit 0,1 n. Salzsäure bis zur Entfärbung des Phenolphthaleins zurücktitriert. Es wurde soviel Phenolphthalein zugesetzt, wie bei der Titration von 50 ccm Milch erforderlich ist, um einen deutlichen Farbenumschlag zu bekommen (5—6 Tropfen einprozentige Lösung). Die hiernach gefundenen Werte sind in der folgenden Tabelle 2 zusammengestellt.

---

[1]) Vergl. S. 297.

[2]) Söldner, Dissertation Erlangen 1888; Courant, Pflügers Archiv f. Physiol. **50**, 109 (1891); Spiro und Pemsel, Zeitschr. f. physiol. Chem. **26**, 235 (1898); Bugarsky und Liebermann, Pflügers Arch. f. Physiol. **72**, 51 (1898).

[3]) Journ. Amer. Chem. Soc. **28**, 372 (1906).

Tabelle 2. Bestimmung des Säuretiters von Kaseinpräparaten.

Kaseinpräparat	Tropfenzahl der Phenol- phthaleinlösung (1 : 100)	Abgewogene Menge Kasein g	Verbrauchte Menge 0,1 n. Alkali ccm	Verbrauchte Menge 0,1 n. Alkali auf 1 g Ka- sein berechnet ccm
Präparat A der Tabelle 1	6	1,0000	8,65	8,65
	6	1,0000	8,80	8,80
	6	1,0000	8,75	8,75
	6	1,0000	8,75	8,75
	6	0,8991	7,87	8,75
Präparat A, im Wasser- trockenschrank getrocknet	6	1,0000	8,70	8,70
	6	1,0000	8,80	8,80
	6	1,0000	8,70	8,70
	6	1,0000	8,85	8,85
	6	1,0000	8,70	8,70
	15	1,0000	(8,50)	(8,50)
Präparat B der Tabelle 1	6	1,0000	8,75	8,75
	6	1,0000	8,70	8,70
	6	1,0000	8,80	8,80
	6	1,0000	8,85	8,85
	6	1,0000	8,75	8,75
	40	1,0000	(8,45)	(8,45)
	40	1,0000	(8,50)	(8,50)
Präparat C der Tabelle 1	6	0,9533	8,35	8,75
	6	1,1210	9,70	8,65
	6	1,0000	8,80	8,80
	6	0,9766	8,50	8,70
	6	1,0000	8,75	8,75
	15	1,0000	(8,55)	(8,55)
	40	1,0000	(8,50)	(8,50)
	40	1,0000	(8,40)	(8,40)

Als Mittelwert aus 20 Titrationen an 4 verschiedenen Präparaten ergibt sich für 1 g Kasein **8,75 ccm** 0,1 n Lauge mit einem mittleren Fehler $\pm$ 0,01 ccm

(für die einzelnen Präparate: A 8,75 ccm,

A erhitzt 8,75 ccm,

B 8,77 ccm,

C 8,73 ccm).

Daraus berechnet sich das Äquivalentgewicht des Kaseins als Säure zu **1143.**

(In einigen Versuchen, bei denen absichtlich bedeutend mehr Phenolphthalein verwendet wurde, trat der Farbumschlag beim Zurücktitrieren später ein.)

Nach Laqueur und Sackur sollte bei 100° getrocknetes Kasein weniger Alkali verbrauchen als unverändertes Kasein. Wir konnten dies nicht bestätigen (vergl. in Tab. 2 die Werte für A und A erhitzt). Bei zahlreichen Versuchen haben wir zwar beobachtet, daß das auf 100° erhitzte Kasein sich schwerer und langsamer in 0,1 n.

Alkali löst als das bei gewöhnlicher Temperatur im Vakuum über Phosphorpentoxyd getrocknete. Aber bei längerem Stehen wurde selbst ein 30 Stunden lang im Wasserbadtrockenschrank erhitztes Präparat vollkommen in Lösung gebracht. Die Acidität hatte sich selbst in diesem Falle nicht geändert.

Einfluß von Kohlendioxydverlusten auf die indirekte Titration des Kaseins.

Nach älteren Untersuchungen[1]) enthält die Milch keine oder fast keine Carbonate, dagegen etwa bis zu 5 mg freie Kohlensäure in 100 ccm.

Nach neueren Untersuchungen[2]) soll bei 40^0 durch einen Luftstrom aus Milch ein Teil der Kohlensäure entfernt werden, der Rest erst nach dem Ansäuern der Milch entweichen. 100 ccm Milch sollen hiernach bis zu 20 mg Gesamtkohlendioxyd abgeben.

Da nun bei allen bisherigen indirekten Titrationsverfahren des Kaseins das zu titrierende saure Serum filtriert wird, so ist zu befürchten, daß das in Freiheit gesetzte Kohlendioxyd während des Filtrierens mindestens zum Teil entweicht. Hierdurch würde sich gegebenenfalls zwischen der ersten und zweiten Titration eine kleine Differenz im Verbrauch von Alkali ergeben. Da die Äquivalente von CO_2 und Kasein sich wie $44:1143$ verhalten, würde z. B. ein Verlust von 10 mg CO_2 aus 100 ccm Milch bereits etwa 0,26 g Kasein entsprechen.

Zur Prüfung, inwieweit in der Tat mit dieser Fehlerquelle zu rechnen ist, haben wir einerseits die Gesamtkohlensäure eines bestimmten Volumens mit Essigsäure versetzter Milch, anderseits eines gleichen Volumens des daraus durch Filtration erhaltenen Serums bestimmt.

Das Kohlendioxyd wurde durch einen kohlendioxydfreien Luftstrom ausgetrieben, in Barytwasser absorbiert und titriert. Die Differenzen zwischen dem Kohlensäuregehalt vor und nach der Filtration waren nun wider Erwarten so gering (0,1 bis 0,2 ccm 0,1 n. NaOH auf 25 ccm Milch und Serum), daß sie für praktische Bestimmungen nicht in Betracht kommen; die höchste Differenz von 0,2 ccm würde ein Zuviel an Kasein von 0,09 g in 100 ccm Milch vortäuschen.

Noch kleiner schienen diese Differenzen bei den nicht durch Filtration, sondern durch Zentrifugieren gewonnenen Tetraseren auszufallen. Man könnte das Kohlendioxyd sowohl aus der mit Essigsäure versetzten Milch als aus dem Serum durch Evakuieren in einer Saugflasche entfernen; wir haben uns jedoch in Anbetracht der kleinen Fehlerquelle umso weniger dazu entschließen können, das Verfahren in dieser Richtung abzuändern, als das Kasein der Milch sich hierbei allmählich abscheidet und schwer zu titrieren ist.

Titration des Kaseins unter Anwendung des Tetraserums.

Auf Grund unserer Versuche hat sich für die acidimetrische Titration des Kaseins der Milch folgendes Verfahren als zweckmäßig erwiesen:

---

[1]) **Hoppe-Seyler**, Arch. pathol. Anat. u. Physiol. **17**, 435; **Setschenow**, Zeitschr. f. rat. Med. (3), **10**, 285; **Pflüger**, Arch. f. Physiol. **2**, 166, nach **Stohmann**, Die Milch- und Molkereiprodukte 1898, S. 88.

[2]) **Barillé**, Journ. Pharm. et Chim. **30**, 444 (1909).

50 ccm auf etwa 15⁰ abgekühlte Milch werden mit 5 bis 6 Tropfen einer 1 proz. Phenolphthaleinlösung versetzt und bis zur eben auftretenden Rötung mit 0,1 n. carbonatfreier Alkalilauge titriert. Weitere 50 ccm Milch werden mit etwa 5 ccm Tetrachlorkohlenstoff in einer Stöpselflasche 10 Minuten gut durchgeschüttelt, mit genau 1 ccm einer etwa 20%igen Essigsäure, deren Acidität genau bestimmt ist, versetzt, nochmals kurze Zeit geschüttelt und filtriert. 25 ccm des so erhaltenen Serums werden nach Zugabe von 2 bis 3 Tropfen einer 1%igen Phenolphthaleinlösung ebenfalls bei 14—15⁰ bis zur eben eintretenden Rötung titriert.

Aus der ersten Titration und der vorher genau ermittelten Acidität der benutzten Essigsäure berechnet man den Alkaliverbrauch von 25 ccm Milch + 0,5 ccm Essigsäure (a ccm 0,1 n. Lauge). Hieraus, aus dem Alkaliverbrauch bei der Titration des Serums (b ccm 0,1 n. Lauge) und aus dem Fettgehalt der Milch (f g Fett in 100 ccm) berechnet sich der Kaseingehalt praktisch ausreichend genau nach folgender Formel:

$$\text{g Kasein in } 100 \text{ ccm} = 0{,}457 \left(a - b \cdot \frac{99{,}3 - f}{100} \right) \qquad \text{(Formel I)}.$$

Da die zugesetzte Essigsäure ziemlich konzentriert ist, so ist besondere Vorsicht im Abmessen der Säure erforderlich. Zweckmäßig bedient man sich einer Pipette von sehr engem Lumen, deren Auslaufzeit und -art bei der Bestimmung des Säuretiters und bei der Serumherstellung peinlich genau eingehalten werden muß. Zur Bestimmung der Acidität wird je 1 ccm der Essigsäure mit 50 ccm ausgekochtem Wasser und 5 Tropfen Phenolphthaleinlösung versetzt und mit 0,1 n. carbonatfreier Alkalilauge bis zur eben eintretenden Rotfärbung titriert; aus 3 bis 5 Titrationen, die um nicht mehr als 0,1 ccm Alkali voneinander abweichen dürfen, wird das Mittel genommen.

Wir titrieren nicht wie Matthaiopoulos[1]) Milch + Essigsäure gemeinsam, weil sich hierbei bereits Kasein abscheidet, wodurch die Titration erheblich verlangsamt und unsicher wird. Durch eine Reihe von Versuchen hat es sich gezeigt, daß bei sorgfältiger Titration genau gleichviel Alkali verbraucht wird, ob man die Mischung Essigsäure + Milch oder beide Flüssigkeiten getrennt titriert.

Um einen hinreichend scharfen Umschlag des Phenolphthaleins zu bekommen, ist es erforderlich, bei höchstens 14—15⁰ zu titrieren, weil bei höherer Temperatur die Hydrolyse des bei der Titration abgeschiedenen Tricalciumphosphates stört.

Zur Ableitung der Formel ist folgendes zu bemerken: Der Ausdruck $b \cdot \dfrac{99{,}3 - f}{100}$ entspricht sehr annähernd derjenigen Anzahl ccm 0,1 n. Alkali, die für das Serum aus 25 ccm Milch verbraucht würden. 100 ccm Milch liefern nämlich bei der Serumherstellung 100 ccm (Milch) + 2 ccm (Essigsäure) — f ccm (Fett) — 2,7 ccm (Kasein), sofern man 2,7 g als mittleren Kaseingehalt von 100 ccm Milch annimmt und ferner voraussetzt, daß Milchfett und Kasein das spez. Gewicht 1 besitzen. Das letztere ist natürlich nicht zutreffend; da indessen das spez. Gewicht des Fettes kleiner, das des Kaseins höher als 1 ist, so gleicht sich der Fehler fast aus. 25 ccm Milch würden somit

---

[1]) Vergl. S. 293.

$\dfrac{99,3 - f}{4}$ ccm Serum liefern. Wenn nun für 25 ccm Serum b ccm 0,1 n. Alkali ver-
braucht werden, so würden $\dfrac{99,3 - f}{4}$ ccm Serum $b \cdot \dfrac{99,3 - f}{4 \cdot 25} = b \cdot \dfrac{99,3 - f}{100}$ ccm
Alkali verbrauchen. Der Überschuß des für 25 ccm Milch $+$ 0,5 ccm Essigsäure ver-
brauchten Alkalis (a ccm) über das zur Titration des zugehörigen Serums erforder-
liche Alkali $\left(b \cdot \dfrac{99,3 - f}{100} \text{ ccm} \right)$ ergibt nun, mit 0,1143 multipliziert, das Kasein in
25 ccm Milch, mit $4 \cdot 0,1143 = 0,457$ multipliziert, das Kasein für 100 ccm Milch,
da zur Neutralisation von 0,1143 Kasein gegen Phenolphthalein 1 ccm 0,1 n. Alkali
erforderlich ist.

Für Milchproben, die abnorm viel Kasein enthalten, müßte an Stelle des Durch-
schnittswertes des Kaseingehaltes der Milch ein höherer Wert eingesetzt werden. Für
derartige Fälle ist es jedoch zweckmäßiger, statt der annähernden eine genaue
Formel zu benutzen. Eine solche läßt sich aus nachfolgender Überlegung, die wir
Herrn Regierungsrat Dr. F. Auerbach verdanken, ableiten:

In 100 ccm Milch seien enthalten f g Fett und x g Kasein; s_m sei das spezifische
Gewicht der Milch, s_s dasjenige des zugehörigen Tetraserums. Zu 100 ccm Milch
werden e g 20 %ige Essigsäure hinzugefügt. Dann liefern 100 ccm $= 100 \cdot s_m$ g Milch
$$\dfrac{100 s_m + e - f - x}{s_s} \text{ ccm Serum.}$$

25 ccm Serum verbrauchen b ccm 0,1 n. Alkali, daher das 25 ccm Milch entsprechende Serum $b \cdot \dfrac{100 s_m + e - f - x}{25 \cdot 4 \, s_s}$ ccm.

Wenn 25 ccm Milch $+ \dfrac{e}{4}$ g Essigsäure a ccm 0,1 n. Alkali verbrauchen, so
entspricht die Differenz $a - b \cdot \dfrac{100 s_m + e - f - x}{100 \, s_s}$ dem ausgefällten Kasein.

Durch Multiplikation der Differenz mit 0,1143 ergeben sich daher die g Kasein in
25 ccm Milch, durch Multiplikation mit 0,457 die g Kasein in 100 ccm Milch:
$$x = 0,457 \left(a - b \cdot \dfrac{100 s_m + e - f - x}{100 \, s_s} \right).$$

Durch eine kleine Umformung und Auflösung der Gleichung nach x ergibt sich
$$x = \dfrac{100 \, (a s_s - b s_m) + b \, (f - e)}{8,75 \cdot 25 \cdot s_s - b} \qquad \text{(Formel II).}$$

8,75 im Nenner der Formel ist gleich der Anzahl ccm 0,1 n. Lauge, die 1 g
Kasein neutralisieren; 25 ist die Zahl der angewandten ccm Milch und Serum und
ist daher bei einer etwaigen Abänderung der Mengenverhältnisse entsprechend zu
ändern. Für e läßt sich die Zahl $2 \cdot 1,0284 = 2,057$ einsetzen, da 20 %ige Essig-

säure die Dichte 1,0284 hat. Das spezifische Gewicht des Serums s_s läßt sich aus der Refraktion (R Refraktometergrade) nach den Formeln

$$s_s = 1 + \frac{R - 15 + 0,4}{1000} \text{ (für rohe Milch) und}$$

$$s_s = 1 + \frac{R - 15 + 1,7}{1000} \text{ (für erhitzte Milch)}$$

berechnen.

Beispiel: 25 ccm Milch verbrauchen 4,7 ccm 0,1 n. Alkali zur Neutralisation; 0,5 ccm der 20 %igen Essigsäure erforderte a) 17,30, b) 17,30, c) 17,35, d) 17,30, e) 17,25, durchschnittlich daher 17,3 ccm 0,1 n. Alkali; a = 4,7 + 17,3 = 22,0 ccm. 25 ccm Serum verbrauchen b = 16,25 ccm Lauge.

Spez. Gew. der Milch s_m = 1,0325.

„ „ des Serums s_s = 1,0289.

Fettgehalt f = 2,7 g in 100 ccm Milch.

Diese Werte in Formel II eingesetzt, ergeben

$$x = \frac{100\,(22 \cdot 1,0289 - 16,25 \cdot 1,0325) + 16,25\,(2,7 - 2,057)}{8,75 \cdot 25 \cdot 1,0289 - 16,25}$$

$$x = \mathbf{2,86} \text{ g in 100 ccm.}$$

Nach der Annäherungsformel I wäre

$$x = 0,457 \left(22 - 16,25\,\frac{99,3 - 2,7}{100}\right) = \mathbf{2,88} \text{ g in 100 ccm.}$$

Beleganalysen.

Es wurden 30 Proben Milch, teils Stallproben, teils Handelsmilch, teils gewässerte, teils erhitzte Milch, auf ihren Kaseingehalt untersucht. Zur Anwendung der Formel I war es erforderlich, den Fettgehalt nach Gerber, für Formel II auch die Refraktion des Tetraserums und das spezifische Gewicht der Milch zu bestimmen. Als Vergleichsverfahren für die Kaseinbestimmung diente, wie bereits erwähnt, dasjenige von Schloßmann mit der Abänderung, daß an Stelle des bisher üblichen Stickstofffaktors 6,37 der richtigere Wert 6,45 eingesetzt wurde.

Die nach beiden Verfahren erhaltenen Werte für den Kaseingehalt der Milchproben sind in Tabelle 3 (S. 305) zusammengestellt.

Hieraus ergibt sich, daß in roher Milch die acidimetrisch ermittelten Werte sehr wenig von denen abweichen, die nach dem Verfahren von Schloßmann erhalten wurden. Wenn bei der acidimetrischen Bestimmung mitunter ein wenig höhere Werte gefunden worden sind, so kann dies durch kleine Fehler infolge des Entweichens von Kohlendioxyd verursacht sein.

Wie nicht anders zu erwarten war, stimmen die aus den Titrationen nach Formel I und II berechneten Werte fast genau miteinander überein, so daß im allgemeinen die einfachere Berechnung nach Formel I genügt.

In erhitzter Milch würden nach dem Verfahren von Schloßmann zu hohe Werte (durchschnittlich um etwa 0,5 %) gefunden, weil beim Erhitzen der Milch das Albumin und Globulin gerinnt und in die Kaseinfällung hereingeht. Dagegen ergibt sich aus Tabelle 3 die für die Praxis wichtige Feststellung, daß die acidimetrisch ermittelten Mengen Kasein in roher und erhitzter Milch miteinander übereinstimmen.

Tabelle 3. Beleganalysen.

Milch Nr.	Spezifisches Gewicht der Milch	Lichtbrechung des Tetraserums (Skalenteile des Eintauchrefraktometers)	Spezifisches Gewicht des Tetraserums, aus der Lichtbrechung berechnet	Fettgehalt der Milch %	Verbrauch von 0,1 n. Alkali a) für 25 ccm Milch $+ \frac{1}{2}$ ccm 20 %iger Essigsäure ccm	b) für 25 ccm Tetraserum ccm	Kaseingehalt in 100 ccm Milch nach dem Verfahren von Schloßmann g	nach der acidimetr. Methode berechnet nach Formel I g	nach Formel II g
1	1,0325	43,5	1,0289	2,7	22,0	16,25	2,71	2,88	2,86
2	1,0326	—	. —	2,6	22,0	16,25	2,77	2,88	—
3	1,0328	—	—	2,7	21,95	16,15	2,85	2,88	—
4	1,0332	—	—	2,6	21,9	16,65	2,67	2,65	—
5	1,0324	43,2	1,0286	3,4	21,9	16,35	2,73	2,83	2,81
6	1,0320	43,9	1,0293	3,1	22,0	16,75	2,76	2,68	2,65
7	1,0322	43,0	1,0284	2,1	22,1	16,7	2,71	2,70	2,65
8	1,0328	43,0	1,0284	2,2	21,8	16,6	2,50	2,56	2,57
9	1,0320	42,6	1,0280	3,2	21,8	16,75	2,52	2,60	2,57
10 a[1]	1,0322	43,1	1,0285	2,9	22,3	16,55	2,71	2,92	2,96
10 b[2]		41,0	1,0277		22,25	16,45		2,92	2,95
11	1,0322	43,1	1,0285	2,8	22,1	16,5	2,59	2,79	2,83
12	1,0321	44,2	1,0296	2,9	22,0	17,0	2,64	2,56	2,52
13	1,0318	42,5	1,0279	3,4	21,75	16,35	2,63	2,64	2,69
14 a[1]	1,0325	43,7	1,0291	2,9	21,42	15,9	2,69	2,79	2,77
14 b[2]		41,5	1,0282		21,35	15,85		2,77	2,76
15 a[1]	1,0328	43,0	1,0284	3,2	21,3	15,9	2,51	2,74	2,72
15 b[2]		40,0	1,0267		21,2	15,75		2,76	2,74
16 a[1]	1,0316	42,2	1,0276	3,4	21,3	16,0	2,54	2,72	2,69
16 b[2]		40,0	1,0267		21,2	15,9		2,72	2,68
17 a[1]	1,0332	44,1	1,0295	3,7	21,4	15,85	2,55	2,84	2,83
17 b[2]		41,0	1,0277		21,3	15,62		2,90	2,87
18 a[1]	1,0326	42,1	1,0275	2,5	21,0	16,0	2,41	2,51	2,45
18 b[2]		40,0	1,0267		20,9	15,9		2,51	2,44
19 a[1]	1,0322	41,6	1,0270	2,9	21,35	16,2	2,48	2,62	2,57
19 b[2]		39,9	1,0266		21,30	16,12		2,61	2,56
20 a[1]	1,0338	43,45	1,0288	3,2	21,35	16,0	2,52	2,71	2,68
20 b[2]		41,5	1,0282		21,30	15,95		2,72	2,70
21	1,0334	43,5	1,0289	2,7	21,43	16,07	2,48	2,49	2,45
22 [3]	1,0230	33,5	1,0189	2,1	19,85	16,0	1,75	1,91	1,89
23	1,0342	43,8	1,0292	3,2	22,25	17,5	2,51	2,49	2,49
24	1,0320	42,1	1,0275	2,9	21,25	15,95	2,59	2,57	2,59
25	1,0342	44,0	1,0294	3,3	22,15	17,55	2,48	2,42	2,39
26	1,0350	44,6	1,0300	4,0	21,95	14,85	3,46	3,62	3,61
27	1,0343	43,8	1,0292	3,5	21,95	16,2	2,85	2,92	2,94
28 [4]	1,0362	46,1	1,0315	3,7	22,35	16,0	3,22	3,24	3,23
29	1,0332	42,8	1,0282	2,7	21,35	15,8	2,79	2,74	2,74
30 [4]	1,0362	46,4	1,0318	4,1	22,35	15,8	3,29	3,35	3,34

[1]) Nicht erhitzte Milch. — [2]) Erhitzte Milch. — [3]) Stark gewässerte Milch. — [4]) Milch einer Kuh am Schluß der Laktationsperiode.

Nach diesen Ergebnissen erscheint unser Verfahren zur Kaseinbestimmung bei rascher und einfacher Ausführung hinreichend genau nicht nur für die Kontrolle des Käsereibetriebes, sondern auch für den Nachweis von Verfälschungen der Milch mit Molke oder von abnormer Milch. Wir zweifeln auch nicht daran, daß gegebenenfalls das Verfahren neben anderen für den Nachweis von Wässerung der Milch gute Dienste leisten wird.

Zusammenfassung.

1. Es wurde möglichst reines Kasein aus Milch hergestellt und dessen Stickstoffgehalt und Säureäquivalent bestimmt. Der mittlere Stickstoffgehalt ergibt sich zu 15,5 % N, woraus sich der Stickstofffaktor $100 : 15,5 = 6,45$ berechnet.

1 g Kasein verbrauchte zur Neutralisation gegen Phenolphthalein im Mittel 8,75 ccm 0,1 n. Alkali, woraus sich das Säureäquivalent zu $10000 : 8,75 = 1143$ berechnet.

2. Es wurde eine Vorschrift ausgearbeitet, um durch acidimetrische Titration der Milch und des Tetraserums das Kasein zu bestimmen. Die nach diesem rasch ausführbaren und einfachen Verfahren erhaltenen Werte für den Kaseingehalt der rohen Milch weichen von den nach Schloßmann erhaltenen nur unerheblich ab.

Bei erhitzter Milch liefert das Verfahren im Gegensatz zu dem Verfahren von Schloßmann und Hoppe-Seyler ebenfalls richtige Werte.

Die Mängel früherer acidimetrischer Verfahren sind bei dem neuen Verfahren vermieden; ein besonderer Vorteil liegt darin, daß das benutzte Tetraserum auch zu vielen anderen Zwecken verwendbar ist.

Vorliegende Arbeit wurde im chemischen Laboratorium des Kaiserlichen Gesundheitsamtes ausgeführt. Herrn Direktor Dr. Kerp sowie Herrn Regierungsrat Dr. Auerbach sprechen wir für das Interesse, das sie der Arbeit entgegenbrachten, unsern besten Dank aus.

Berlin, Chem. Laboratorium des Kaiserl. Gesundheitsamtes, Juni 1913.